"十三五"江苏省高等学校重点教材(编号:2017-2-056)

计算思维之程序设计

（C++描述）

沈　军　沈凌翔　著

U0396204

东南大学出版社
SOUTHEAST UNIVERSITY PRESS
·南京·

内 容 提 要

本书以程序设计方法为主线,介绍其构建原理、基本应用和蕴含的计算思维。全书分为基础、方法和应用三篇,其中,基础篇包括第1~3章,主要解析程序的两个基因——数据组织和数据处理的基础方法构建原理及各种支持机制,为基本方法的构建奠定基础;方法篇包括第4~9章,主要解析目前主流的两种程序设计基本方法构建原理及各种支持机制;应用篇包括第10~18章,主要解析两种程序设计基本方法的具体应用。应用篇又细分为面向C++的内向应用(第10~14章)和面向实际应用的外向应用(第15~18章)两个单元,对于外向应用进一步细化为基于演绎思维(第15和16章)和基于归纳思维(第17和18章)的两个层次,实现知识和方法学习到实际应用的思维平滑过渡。全书三篇都基于计算思维原理进行解析,各种机制与案例采用C++语言描述。

本书可以作为普通高等院校程序设计类课程的教材及教学参考书,也适合已有一定基础、需要进一步系统化提高程序设计思维能力和认知能力的广大程序设计从业人员自学。本书可以作为各个层次程序设计课程相关教师的教学指导用书。

图书在版编目(CIP)数据

计算思维之程序设计：C++描述 / 沈军,沈凌翔著
. —南京：东南大学出版社,2022.7
    ISBN 978-7-5766-0177-0

    Ⅰ.①计… Ⅱ.①沈… ②沈… Ⅲ.①C++语言—程序
设计 Ⅳ.①TP312.8

中国版本图书馆 CIP 数据核字(2022)第126030号

责任编辑：张　煦　责任校对：子雪莲　封面设计：王　玥　责任印制：周荣虎

计算思维之程序设计（C++描述）
Jisuan Siwei Zhi Chengxusheji(C++ Miaoshu)

著　　者：沈　军　沈凌翔
出版发行：东南大学出版社
社　　址：南京四牌楼2号　邮编：210096　电话：025-83793330
网　　址：http://www.seupress.com
电子邮件：press@seupress.com
经　　销：全国各地新华书店
印　　刷：江苏凤凰数码印务有限公司
开　　本：787mm×1092mm　1/16
印　　张：30
字　　数：749千字
版　　次：2022年7月第1版
印　　次：2022年7月第1次印刷
书　　号：ISBN 978-7-5766-0177-0
定　　价：98.00元

前　　言

随着泛计算社会的到来,程序及程序设计成为人们的一种生活和工作习惯。然而,目前对于程序设计的教学,未能面向这种目标在认知能力和思维能力培养上给予重视,导致程序设计应用能力和创新能力得不到应有培养。鉴于计算机学科固有的多维特征,程序设计具有显著的多维属性,主要表现为其同时涉及程序构造基本范型及方法、程序设计语言、程序设计环境和程序设计应用几个方面。因此,如何协调好各个维度,成为程序设计相关课程教学必须考虑的核心。另一方面,计算机学科的多维特征形成了其自身独有的计算思维,程序设计显然也满足计算思维基本原理,或者说程序设计是计算思维的典型应用。因此,基于计算思维并同步多个维度来构建程序设计相关课程的知识体系并建立学习程序设计的有效认知方式,有利于从根本上培养程序设计应用的创造力。

多年来,作者一直从事计算思维原理及其应用的研究与实践,并将其与认知科学相关理论融合,取得较好的教学效果。在此基础上,构建了本书的体系结构,转"形而下"为"形而上",开辟程序设计相关课程教学的新思路。本书主要特色如下:1)正确梳理了程序构造基本范型及方法、程序设计语言、程序设计环境和程序设计应用四个方面的同步关系,并以计算思维原理耦合四个方面;2)以程序构造基本范型及方法的演化为主线,将程序设计语言机制作为方法的支持而展开,倡导程序设计语言学习的正确方法;3)从演化角度,系统地解析两种主流程序设计方法的内在思维联系;4)详细解析C++语言机制及其对程序构造基本范型及方法的支持与拓展;5)将计算思维原理隐式地贯穿在全书体系、各个章节、各个维度、各个程序设计知识的解析之中;6)基于计算思维,以统一的认知模式作用于各层次方法构建原理的认知,有效降低认知负荷,提高认知效率、质量和深度。

本书的出版,期望引起各界同行对普通高校程序设计相关课程教学思路和改革方向的深度思考与讨论,并且,面向泛计算社会,为从根本上提高程序设计应用能力,构筑有效的认知和思维基础。

本书的出版得到江苏省教育厅("十三五"江苏省高等学校重点教材立项)、东南大学(中央高校建设一流大学/学科经费)的支持,在此表示衷心的致谢!

本书的出版得到东南大学出版社的大力支持，在此表示衷心的感谢！特别感谢张煦编辑为本书出版所做出的贡献。

本书中的观点都是基于作者个人的认识、理解和感悟，难免存在错误和不妥之处，希望读者来信批评与指正。作者恳切盼望各位同仁来信切磋，作者的 E-mail 地址是：junshen@ seu. edu.cn。

作　者

2022 年春于古都金陵九龙湖

目　　录

第一篇　基　　础

第1章　走进程序设计 ··· 3

1.1　程序与程序设计 ··· 3

　　1.1.1　程序 ··· 3

　　1.1.2　程序设计 ··· 4

1.2　程序设计四要素 ··· 4

　　1.2.1　方法 ··· 4

　　1.2.2　语言 ··· 5

　　1.2.3　环境 ··· 6

　　1.2.4　应用 ··· 6

　　1.2.5　程序设计四要素的关系 ··························· 6

1.3　程序设计的思维特征 ··· 7

1.4　程序设计的基本学习策略及其 C++ 映射 ············· 7

　　1.4.1　基本学习策略 ··· 7

　　1.4.2　基本学习策略的 C++ 映射 ····················· 8

　　1.4.3　Baby 程序及其 C++ 描述 ······················· 9

1.5　本章小结 ··· 9

习题 ··· 9

第2章　数据组织基础 ··· 11

2.1　数据类型 ··· 11

2.2　单个数据的组织 ··· 13

2.3　数据之间关系的组织 ··· 15

　　2.3.1　堆叠 ··· 15

　　2.3.2　绑定 ··· 18

　　2.3.3　关联 ··· 19

2.4　数据组织中的计算思维 ······································· 22

2.5　常用基本数据组织结构 ······································· 24

　　2.5.1　线性数据组织 ··· 24

1

　　　　2.5.2　层次数据组织 ··· 27

　　　　2.5.3　网状数据组织 ··· 28

　　　　2.5.4　数据组织基础方法的综合应用及思维解析 ······················ 30

　　2.6　本章小结 ·· 41

　　习题 ·· 41

第3章　数据处理基础 ·· 44

　　3.1　预定义基本运算与表达式 ··· 44

　　3.2　基本处理语句 ··· 47

　　3.3　基本处理语句的一阶组合关系：流程控制语句 ····························· 49

　　3.4　基本处理语句的二阶组合关系：堆叠与嵌套 ······························· 53

　　3.5　数据处理中的计算思维 ·· 59

　　　　3.5.1　表达式嵌套 ··· 59

　　　　3.5.2　语句堆叠与嵌套 ··· 60

　　3.6　常用数据处理方法 ·· 60

　　3.7　本章小结 ·· 79

　　习题 ·· 79

第二篇　方　　法

第4章　程序设计方法概述 ·· 85

　　4.1　方法与模型 ·· 85

　　4.2　程序构造方法的认识视图 ··· 85

　　4.3　程序构造方法构建的基本原理 ·· 86

　　4.4　两种主流程序设计方法及其思维联系 ··· 87

　　　　4.4.1　面向功能方法概述 ··· 87

　　　　4.4.2　面向对象方法概述 ··· 88

　　　　4.4.3　两者的思维联系 ··· 88

　　4.5　程序构造方法的进一步认识 ·· 89

　　　　4.5.1　数据组织与数据处理的关系 ·· 89

　　　　4.5.2　程序构造方法的计算思维应用特征 ··································· 90

　　　　4.5.3　C++语言对数据组织和数据处理的统一 ···························· 90

　　4.6　本章小结 ·· 91

　　习题 ·· 92

第5章　面向功能方法：函数 ··· 93

　　5.1　基本功能模块的构造机制及其描述 ·· 93

　　　　5.1.1　基本功能模块构造机制的抽象 ··· 93

　　　　5.1.2　C++语言对基本功能模块构造机制的支持及描述 ················ 94

　　5.2　常用基本数据处理方法的C++语言函数定义及解析 ····················· 95

5.3　基本功能模块构造机制对数据组织方法应用的具体规则 ················· 99
　　　5.3.1　基本功能模块构造机制中数据组织方法的应用规则 ············· 99
　　　5.3.2　C++语言对基本功能模块中数据组织方法的拓展 ·············· 100
5.4　C++语言对基本功能模块表达模型的进一步拓展 ····················· 101
　　　5.4.1　空返回值或没有返回值 ···································· 101
　　　5.4.2　空函数 ··· 101
　　　5.4.3　无参函数、默认参数与可变参数 ···························· 101
　　　5.4.4　多重返回 ··· 102
5.5　系统库函数及C++函数库 ··· 103
5.6　本章小结 ·· 105
习题 ··· 105

第6章　面向功能方法：函数关系 ·· 106
6.1　函数之间的耦合 ··· 106
　　　6.1.1　函数之间交互关系的实现机制 ······························ 106
　　　6.1.2　函数调用 ··· 107
　　　6.1.3　函数返回 ··· 107
　　　6.1.4　C++语言中函数调用与返回的描述 ························ 108
6.2　函数的一种特殊耦合关系——递归 ·································· 112
6.3　C++语言对函数耦合关系的拓展 ··································· 115
　　　6.3.1　表达式参数与表达式返回 ·································· 115
　　　6.3.2　函数重载 ··· 116
　　　6.3.3　函数模板 ··· 117
　　　6.3.4　高阶函数 ··· 120
6.4　C++语言中面向功能方法的程序基本结构 ··························· 121
　　　6.4.1　多文件结构概述 ·· 121
　　　6.4.2　编译预处理 ··· 123
6.5　深入认识面向功能方法 ··· 126
　　　6.5.1　函数与函数耦合两者的思维一致性 ·························· 126
　　　6.5.2　模型化方法的建立 ·· 126
　　　6.5.3　存在的弊端 ··· 127
　　　6.5.4　多维思维特征 ··· 127
6.6　本章小结 ·· 127
习题 ··· 128

第7章　面向对象方法：对象 ·· 138
7.1　概述 ·· 138
　　　7.1.1　数据类型的重要性 ·· 138
　　　7.1.2　运用面向功能方法拓展新的数据类型——对象 ··············· 138
　　　7.1.3　C++语言对对象类型的支持机制及其拓展 ················· 140

7.2 数据类型拓展后带来的问题及其处理 ·· 145
　　7.2.1 实例的构造和销毁 ·· 145
　　7.2.2 默认构造函数与复制构造函数 ·· 149
　　7.2.3 初始化参数列表 ·· 152
　　7.2.4 实例访问与 this 指针 ··· 154
　　7.2.5 同一种对象多个实例之间的数据共享 ···································· 156
　　7.2.6 如何实现新类型的基本运算 ·· 158
　　7.2.7 如何解决类型不一致问题 ·· 163
　　7.2.8 如何实现新类型的输入和输出（定义可流类） ···························· 165
7.3 让对象生活在面向功能方法时代 ·· 169
　　7.3.1 基于对象的数据组织方法 ·· 169
　　7.3.2 基于抽象数据类型的数据处理方法 ······································ 172
　　7.3.3 支持抽象数据类型的面向功能方法程序构造 ······························ 177
7.4 深入认识数据类型 ·· 181
7.5 本章小结 ·· 181
习题 ·· 182

第8章 面向对象方法：对象关系 ·· 188
8.1 对象关系概述 ·· 188
8.2 对象嵌套关系 ·· 188
　　8.2.1 对象嵌套时的实例构造与析构 ·· 189
　　8.2.2 宿主对象的使用 ·· 193
8.3 同族对象之间的关系 ·· 198
　　8.3.1 继承（或普通遗传） ··· 198
　　8.3.2 多态（或遗传变异） ··· 220
　　8.3.3 C++语言对继承和多态的拓展 ·· 222
　　8.3.4 对同族对象关系的进一步认识 ·· 226
8.4 进一步认识对象及其关系 ·· 229
　　8.4.1 完整的实例构造过程（包括嵌套、继承和多态） ···························· 229
　　8.4.2 完整的实例析构过程（包括嵌套、继承和多态） ···························· 229
8.5 抽象数据类型的进一步抽象与拓展 ·· 229
　　8.5.1 类模板 ·· 229
　　8.5.2 类模板特化 ·· 231
　　8.5.3 类模板与继承 ·· 232
　　8.5.4 泛型编程 ·· 233
8.6 C++语言面向对象方法的程序基本结构 ·· 233
　　8.6.1 普通型结构 ·· 233
　　8.6.2 总线型结构 ·· 234
　　8.6.3 框架型结构 ·· 234
8.7 深入认识面向对象方法 ·· 234

8.8 本章小结 …………………………………………………………………………… 235

习题 ………………………………………………………………………………………… 235

第 9 章 高级机制：共享、安全与性能 ………………………………………………… 240

9.1 共享 ………………………………………………………………………………… 240

9.1.1 函数内的数据共享 ……………………………………………………… 240

9.1.2 抽象数据类型内的数据共享 …………………………………………… 241

9.1.3 单文件程序内的数据共享 ……………………………………………… 241

9.1.4 多文件程序内的数据共享 ……………………………………………… 241

9.1.5 共享带来的问题 ………………………………………………………… 242

9.2 安全 ………………………………………………………………………………… 242

9.2.1 引用 ………………………………………………………………………… 242

9.2.2 const 限定 ………………………………………………………………… 242

9.2.3 异常控制 …………………………………………………………………… 245

9.2.4 动态类型检查 ……………………………………………………………… 245

9.3 性能 ………………………………………………………………………………… 246

9.3.1 inline 函数 ………………………………………………………………… 246

9.3.2 类的友元 …………………………………………………………………… 246

9.3.3 类数据成员的 mutable 限定 …………………………………………… 247

9.3.4 临时变量 …………………………………………………………………… 247

9.3.5 初始化参数列表 ………………………………………………………… 251

9.4 对共享、安全与性能的综合认识 ……………………………………………… 251

9.5 本章小结 …………………………………………………………………………… 252

习题 ………………………………………………………………………………………… 252

第三篇 应 用

第 10 章 程序设计应用概述 ………………………………………………………… 257

10.1 什么是应用 ………………………………………………………………………… 257

10.2 应用的思维特征及其 C++ 映射 ……………………………………………… 258

10.2.1 应用的思维特征 ………………………………………………………… 258

10.2.2 应用思维特征的 C++ 映射 …………………………………………… 258

10.3 学习应用的基本策略 …………………………………………………………… 259

10.4 本章小结 …………………………………………………………………………… 259

习题 ………………………………………………………………………………………… 259

第 11 章 I/O 流 ……………………………………………………………………… 260

11.1 什么是 I/O 流 ……………………………………………………………………… 260

11.2 C++ I/O 流机制实现概述 ……………………………………………………… 263

11.3 C++ 标准 I/O 流 ………………………………………………………………… 265

11.3.1 标准输入流类型及其使用 ······················ 266

11.3.2 标准输出流类型及其使用 ······················ 267

11.3.3 标准 I/O 流的状态管理和格式控制 ·················· 268

11.3.4 对标准 I/O 流的深入认识 ······················ 271

11.4 C++ 文件 I/O 流 ···························· 272

11.4.1 操作系统文件处理的一般原理 ···················· 272

11.4.2 如何创建文件输入流对象实例 ···················· 272

11.4.3 如何创建文件输出流对象实例 ···················· 273

11.4.4 如何访问文件 ···························· 273

11.4.5 如何关闭文件 I/O 流 ························· 276

11.4.6 文件流应用示例及解析 ······················ 276

11.5 对 I/O 流的深入认识 ·························· 281

11.5.1 I/O 流概念的认知层次 ······················ 281

11.5.2 I/O 流概念的通用性 ······················· 282

11.5.3 I/O 流机制的安全性 ······················· 282

11.5.4 I/O 流概念的递归性 ······················· 282

11.5.5 I/O 流的模板化(模板化 I/O 流) ················· 283

11.5.6 标准 I/O 流体系的可扩展性 ···················· 283

11.6 本章小结 ······························· 283

习题 ·································· 283

第 12 章 字符串 ····························· 285

12.1 字符串的传统处理方法 ························ 285

12.1.1 通过字符数组处理符号串 ····················· 285

12.1.2 通过字符型指针处理符号串 ···················· 286

12.1.3 传统处理方法存在的问题 ····················· 288

12.2 自己构建字符串数据类型 String ···················· 288

12.3 C++ 标准库的字符串数据类型 string ·················· 295

12.4 字符串流 ······························· 299

12.5 进一步认识字符串 ·························· 303

12.6 本章小结 ······························· 305

习题 ·································· 305

第 13 章 异常 ······························ 306

13.1 什么是异常 ···························· 306

13.2 如何处理异常 ··························· 306

13.3 C++ 语言异常处理机制 ······················· 307

13.3.1 异常处理框架及其描述 ······················ 307

13.3.2 C++ 异常机制使用的基本规则 ···················· 310

13.3.3 异常处理时的对象实例析构 ···················· 311

13.4　深入认识异常 ··· 313

13.5　本章小结 ··· 315

习题 ··· 316

第 14 章　标准模板库（STL） ··· 317

14.1　泛型程序设计及其思维本质 ··· 317

14.1.1　泛型程序设计 ··· 317

14.1.2　泛型程序设计的思维本质 ··· 317

14.2　C++ 标准模板库 STL ··· 318

14.2.1　STL 的基本原理及体系结构 ··· 318

14.2.2　对类型通用化的处理 ··· 319

14.2.3　实例解析 ··· 323

14.2.4　STL 的基本应用 ··· 325

14.2.5　深入认识 STL ··· 329

14.3　本章小结 ··· 330

习题 ··· 330

第 15 章　应用框架 ··· 331

15.1　什么是应用框架 ··· 331

15.2　基于框架的程序设计思维特征 ··· 332

15.3　MFC 框架的基本原理 ··· 332

15.3.1　Windows 操作系统定义的基本程序模型 ······························· 332

15.3.2　MFC 对 Windows 基本程序模型的包装 ································· 336

15.3.3　MFC 与 Visual C++ 的关系 ··· 356

15.4　MFC 框架的基本应用 ··· 357

15.4.1　MFC 框架编程概述 ··· 357

15.4.2　MFC 框架编程的基本步骤 ··· 357

15.4.3　应用示例及解析 ··· 358

15.4.4　从 Visual C++ 到 Visual Studio ····································· 374

15.5　深入认识基于框架的程序设计 ··· 375

15.5.1　框架式程序设计方法的必要性 ··· 375

15.5.2　MFC 框架的高级应用 ··· 375

15.5.3　框架式程序设计方法的高阶思维特征 ··································· 380

15.6　本章小结 ··· 380

习题 ··· 380

第 16 章　应用模式及其建构 ··· 383

16.1　基本应用模式及其建构 ··· 383

16.1.1　基本惯用法及其建构 ··· 383

16.1.2　数据结构中的基本应用模式及其建构 ··································· 387

      16.1.3　算法中的基本应用模式及其建构 ································· 395
  16.2　设计模式及其建构 ··· 405
      16.2.1　MVC 模式及其建构 ··· 405
      16.2.2　工厂方法模式及其建构 ·· 407
      16.2.3　适配器模式及其建构 ··· 411
  16.3　模式及其建构（应用）中的计算思维 ································· 412
  16.4　本章小结 ··· 412
  习题 ··· 412

第 17 章　广谱隐式应用 ··· 415
  17.1　什么是广谱隐式应用 ·· 415
  17.2　广谱隐式应用的核心与关键 ·· 415
  17.3　应用示例 ··· 416
  17.4　深入认识广谱隐式应用 ·· 425
  17.5　本章小结 ··· 425
  习题 ··· 425

第 18 章　应用之道 ··· 427
  18.1　应用的进化之道 ··· 427
  18.2　应用的思维之道 ··· 428
  18.3　应用之大道 ·· 428
  18.4　本章小结 ··· 428
  习题 ··· 428

附录 A　ASCII 字符集 ··· 429
附录 B　C++语言定义的运算符 ·· 430
附录 C　标准库 cstring 的函数定义（基于面向功能方法的字符串处理函数） ··· 432
附录 D　标准库 string 类的定义 ·· 434
附录 E　典型风格 MFC 程序描述 ·· 439
附录 F　MFC 程序去框架特征的回归 ·· 452
附录 G　C++开发环境简介 ··· 463
附录 H　程序设计之计算思维准则 ·· 467

参考文献 ··· 468

第一篇

基 础

第 **1** 章　走进程序设计

本章主要解析：什么是程序，什么是程序设计，程序和程序设计的本质区别；程序设计的四要素及其关系；程序设计的思维特征；程序设计的基本学习策略及其 C＋＋ 映射。

本章重点：程序与程序设计的本质区别；程序设计的四要素及其关系；程序设计的思维特征。

人类发明工具的目的是为了延伸和拓展自身功能器官的能力，例如：汽车、飞机等延伸和拓展了人类双腿的能力，望远镜延伸和拓展了人类眼睛的能力……计算机则是延伸和拓展了人类自身最高级器官——大脑的能力。

计算机工具的特殊结构及其带来的工作原理，决定了程序设计的必要性。为了有效地使用计算机工具，我们必须学会程序设计。另一方面，随着社会发展进程进入信息化时代，由 0 和 1 组成的信息空气分子包围着我们，我们的生活、学习和工作等都需要与信息打交道！由于信息处理的核心工具就是计算机，因此，为了适应信息社会的生存需要，我们也必须懂得程序设计及其带来的基本思维方式和行为习惯。

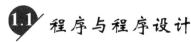 1.1 程序与程序设计

1.1.1 程序

所谓"程序"（program），广义地讲是指某件事情进行的过程安排，它取"程"字的本义"（一段）过程"（例如：一段时间、一段距离或一件事情的开始到结束等）和"序"字的本义"次序、顺序"合并而成。引申而言，"程"表示我们需要处理的问题，该问题的处理一般需要涉及多个阶段或步骤，为了高效地处理该问题，需要给出这些阶段或步骤的顺序安排，也就是它们的"序"。可见，"程序"作为一个名词，它给出了某件事情进行过程先后次序的既定安排。狭义地讲，在计算机世界中，"程序"是特指为了使用计算机工具处理某种问题，人们用计算机语言给出符合计算机环境特点的某种问题处理步骤的既定安排、定义或描述。因此，从认识论的角度，计算

机世界中的"程序"是通用"程序"概念在计算机世界中的具体应用，是通用"程序"概念对计算机世界的直接投影。两种"程序"概念构成普遍性与特殊性的辩证关系。图1-1所示给出了这种关系的解析。

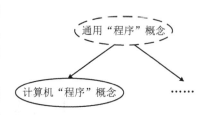

图1-1　"程序"概念的基本解析

显然，本书讨论的"程序"，实际上是对通用"程序"概念施加了一个限制条件和约束，即计算机工具。正是这个限制条件和约束，缩小了"程序"概念的范畴（或定义域），扩大了其内涵，从而建立起一个崭新的信息世界，使人类文明经历农耕文明、工业文明，走向信息文明。

1.1.2　程序设计

根据"程序"概念的解析，显而易见，某件事情进行过程的次序安排存在多种方案，每种方案都有利有弊，人们需要根据给定的约束和限制条件来进行权衡，以便为某件事情的进行及完成最终确定一种最佳方案。这个权衡的过程就是"程序设计"（Programming，在通用世界的概念范畴中，更通俗地称为"安排""计划"等）。

因此，在计算机世界中，人们为了使用计算机工具处理某种问题，用计算机语言给出符合计算机特点的某种问题处理步骤安排、定义或描述的过程，称为"程序设计"（如不做特殊说明，本书以后的"程序"和"程序设计"都是指计算机世界中的概念）。

由此可见，"程序"是指面向计算机的工作指令及其执行顺序的一种安排，是一种结果，是静态的；而"程序设计"则是指"程序"的形成和产生过程，是动态的。正是这种动态属性，给予了人们思维能力表现的空间和舞台，呈现了由不同人类思维所带来的色彩缤纷的信息世界美丽画卷及其魅力！进而，也形成了信息世界独有的思维——计算思维（Computational Thinking）。因此，"程序设计"的内涵要比"程序"的内涵丰富。一方面，"程序设计"涉及较多的内容和方面；另一方面，"程序设计"过程呈现了人类智慧的火花。

1.2 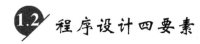 程序设计四要素

依据"程序设计"概念的解析，程序设计涉及计算机语言（简称语言，用以描述程序）、计算机环境（简称环境，用以给出程序构造和运行的基础）、计算机应用（简称应用，用以给出符合计算机特点的某种问题处理方法及步骤安排）和程序构造基本方法（简称方法，用以给出程序的基本结构定义，包括基本构成元素及其相互关系）四个方面，称为程序设计四要素。其中，方法是程序设计的内因，语言、环境和应用都是程序设计的外因。

1.2.1　方法

程序设计方法的认识分为多个逻辑层次，一般包括面向数据组织和数据处理的基础方法、面向程序模型及结构定义的基本方法和面向应用的应用方法。基本方法是对基础方法的应用，应用方法是对基本方法的应用。本质上，基础方法和基本方法属于原理性层次，应用方法则属于原理的具体应用层次。

　　对数据组织和数据处理两个方面基础方法及其耦合关系的不同认识,构成不同的程序设计基本方法。伴随着人类自身对程序构造问题认识的不断深入,程序设计基本方法得到不断的演化,经历面向功能方法、面向对象方法、面向组件(或接口)方法和面向服务方法的发展阶段,每一种基本方法都给出其程序构成的基本元素及其相互关系的定义,即程序基本结构模型的定义。各种应用方法都是建立在某种程序结构模型基础上。

　　本书主要解析原理性的基础方法和基本方法,适当涉及一些通用的、基本的应用方法(本书将应用方法归入应用要素)。

　　作为程序设计的内因,基本方法的演化带动了语言和环境的同步演化,最终又驱动了应用的发展。

1.2.2　语言

　　作为一种描述和表达工具,任何语言都具备如图 1-2(a)所示的基本体系,它给出了语言的各种机制及其关系。显然,作为一种描述程序的特殊语言,程序设计语言也基本满足该体系。然而,由于其作用的特殊范畴,程序设计语言又具有其自身的特殊性,主要表现为: 1)每个层次的机制数量较少,而且形式化程度高;2)各种机制的具体表达方式具有计算机器的明显痕迹;3)各种机制都是围绕对基础方法和基本方法的支持而展开。图 1-2(b)所示给出了程序设计语言的基本体系及相应机制。

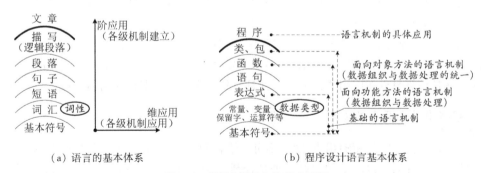

(a) 语言的基本体系　　　　　(b) 程序设计语言基本体系

图 1-2　"语言"概念的基本解析

　　为了方便人类使用,程序设计语言经历了面向机器的机器语言(或称 01 语言)到面向人类的高级语言的发展,其特征也与低层的机器越来越远,与人越来越近。然而,高级语言最终都必须转换为机器语言才能使计算机识别。图 1-3 所示给出了转换的原理,其中,汇编程序、解释程序、编译程序及链接程序都是预先构造好的特殊程序,它们是程序开发环境的一部分。

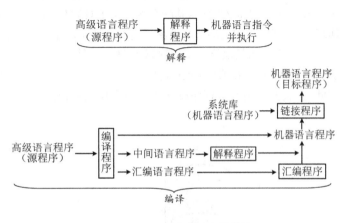

图 1-3　程序设计语言的转换

1.2.3　环境

任何语言都有其赖以作用的环境,不同的环境对语言有不同的要求,同一种语言在不同的环境中,也会有不同的调整,以适应环境的需要。程序设计语言赖以作用的环境可以分为程序运行支撑环境(或称开发平台、运行平台)和程序开发(或写作、构造)环境两大类。程序运行支撑环境就是指计算机系统,包括系统软件操作系统(Operating System,OS)。程序开发环境主要是指用于程序开发的工具集(也称为程序开发工具)。程序设计中,两种环境的关系如图1-4所示。

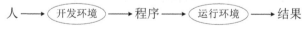

图1-4　程序设计环境

本书不涉及运行支撑环境,有关开发环境的概念将在附录G中介绍。

1.2.4　应用

应用一般是指对具体问题的处理。也就是,针对给定的具体问题,基于基本方法找到一种问题处理的方案,然后用语言将其表达出来并在环境中实现。尽管某个问题的解决方案是多样的,然而,在此,问题的解决方案必须受到计算机这个特定环境的限制和约束。也就是,程序设计中的应用是人类处理问题的思维在计算机环境中的投影,这种投影具体表现为问题解决方案应满足计算机系统的特性和程序基本模型。

特别是,这种独有的、在约束条件下的问题处理过程,形成了程序设计所必须的计算思维。程序设计应用的精髓在于发掘各种基本应用模式,以及对各种应用模式进行建构。应用模式及其建构就是计算思维在应用要素中的一种具体外化表现。本书将在第16章给予具体解析。

1.2.5　程序设计四要素的关系

程序设计四要素之间相辅相成,缺一不可。语言和环境成为"程序"的约束条件,应用就是满足这些约束条件的"程序"。语言是一种粘合剂,将应用和环境连接起来。一方面,语言必须将应用中的各种应用模式及其建构策略所对应的逻辑描述清楚,也就是将思维形式化并记录下来。另一方面,语言本身(及其配套的开发工具)又考虑了环境的特征,从而将应用问题映射到具体环境,实现应用问题的最终求解。图1-5所示给出了语言、环境和应用三个要素的基本关系。

图1-5所示仅仅给出了程序设计要素的外化关系(或者纵向关系)。事实上,语言和环境的各项机制设立,都必须围绕方法展开或支持方法,应用也是基于方法或是方法的具体运用。因此,方法要素给出了程序设计要素的内化关系(或者横向关系),如图1-6所示。

图1-5　程序设计要素的外化关系

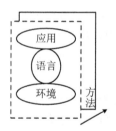

图1-6　程序设计四要素的关系(内化关系)

1.3　程序设计的思维特征

程序设计思维具有明显的多维特征。一方面,其四个要素需要同步展开。尽管方法作为内因起到核心作用,其他要素都围绕它展开。但是,程序设计的学习却是不断在四个要素之间跳跃或切换。图 1-7(a)所示给出了四个要素的同步性。另一方面,计算思维作为一个隐式的维度,分别作用于四个基本要素,成为耦合四个基本要素的关键。图 1-7(b)所示给出了相应的解析。

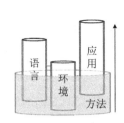
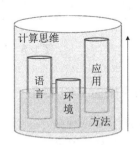

(a) 基于方法驱动的四个要素的同步性　　　(b) 计算思维对四个要素的作用

图 1-7　程序设计的多维特征

计算思维是继形象思维、抽象思维和逻辑思维之后的一种思维,是对逻辑思维的一种进化,或者说,是逻辑思维在计算机世界中的一种特殊形态。本质上,计算思维的核心是递归思维,它用有限的方法实现无限的能力。因此,计算思维具有天生的高阶属性。

(注:计算思维基本原理包括内因和外因,外因是指建模及各种计算行为的广义思维,内因是指外因的统一元思维。)

1.4　程序设计的基本学习策略及其 C++ 映射

1.4.1　基本学习策略

鉴于程序设计思维的多维特征,其学习也具有明显的特殊性。首先,相对抽象的程序设计方法及其演化轨迹是学习的主线,由它驱动的语言、环境和应用则是学习的副线。也就是说,语言、环境和应用的学习都是建立在方法学习的基础上。其次,计算思维的感悟和运用是学习的最终目标。方法的学习,语言、环境和应用的学习都是计算思维的具体应用,或者说,它们的学习都是以计算思维原理为基础构建自身的基本学习策略。图 1-8 所示给出了程序设计学习的基本路线。其中,在客观世界和用于解决客观世界中问题的程序之间就是程序设计方法构建的基本原理,它从数据类型出发又回到数据类型,具有显著的计算思维应用特征。显然,程序设计的学习是一种综合学习或高阶学习,覆盖思维、方法和具体语言、环境及应用三个逻辑层次。尽管程序设计是一种高阶学习,然而计算思维给出了统一的元方法,可以实现高阶学习的低阶学习成本,显著降低认知负荷,并提高学习效率、质量和深度。

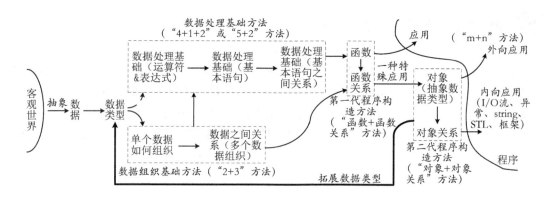

图 1-8 程序设计学习的基本路线

1.4.2 基本学习策略的 C++ 映射

程序设计语言作为一种描述工具,其各种机制的建立必然是围绕如何有效支持程序设计方法而展开。为了支持图 1-8 中的两代程序构造方法,C++ 语言建立了对应的各种语言机制,并且,针对有效性和性能问题,对相应机制做适当拓展。基本学习策略及相应学习路线对于 C++ 学习的映射如图 1-9 所示。

图 1-9 以语言本身机制构建的逻辑为基础,将图 1-8 所示学习路线贯穿在其中。针对图 1-8 中数据组织基础方法,由基础语言机制和数据组织语句实现;针对数据处理基础方法,由基础语言机制和数据处理语句实现;针对第一代程序构造方法,由函数机制实现;针对第二代程序构造方法,由对象机制实现。并且,基于两代方法通过内向应用构建一些拓展机制,进一步完善基于 C++ 语言进行程序设计的基础机制。

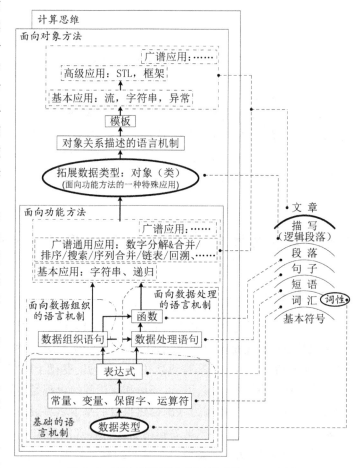

图 1-9 程序设计基本学习策略的 C++ 映射

1.4.3　Baby 程序及其 C++ 描述

Baby 程序是指满足某种程序构造范型所定义的程序基本结构模型及其某种支持语言所规定的基本描述规范的最简程序,其功能仅仅是输出"Hello world!"。它借用婴儿诞生时通过第一声啼哭向世界宣告自己到来的现象,来寓意第一个程序的诞生。Baby 程序是程序设计行业的一种风俗,往往作为对程序及程序设计的认知开端。可见,程序设计也具有活生生的生活气息。图 1-10 给出了 C++ 描述的 Baby 程序及其解析。

```
#include<iostream>    // 基于第二代程序构造方法定义的标准流输入对象和输出对象,
                      // 并建立其实例 cin(对应键盘)和 cout(对应屏幕)。
                      // 支持基本数据类型的标准流输入和输出
using namespace std;  // 指定标准流对象定义规范在标准库中的逻辑分布位置

int main()      // ①↓支持第一代程序构造方法,每个程序必须有一个 main 函数
{
  cout<<"Hello world!";    // "第一声啼哭",向世界打一个招呼!
  return 0;   // ①↑
}   // ①↑
```

图 1-10　C++ 描述的 Baby 程序

尽管 Baby 程序比较简单,但它具备程序的基本结构形态,可以正确运行。Baby 程序中,除了程序的"第一声啼哭",剩下的部分就是满足相应程序构造范型及其 C++ 语言支持机制和描述规范的程序基本结构形态(相当于文章基本格式,供翻译程序阅读),本书将其称为"Baby 程序躯体"。

1.5　本章小结

本章主要解析了"程序"与"程序设计"两个基本概念及其内涵,以及程序设计的四个基本要素及其关系。并且,本章剖析了程序设计蕴含的计算思维应用特征及学习内涵。由此,建立起学习程序设计的基本认知框架和应有的思维基础。同时,本章解析了 Baby 程序,既体现出程序设计行业的文化现象,也为后续各章的案例提供一个可运行的程序基本框架。

习　题

1. 什么是程序?什么是程序设计?它们的关系是什么?

2. 程序设计受到哪些约束?没有约束的思维和有约束的思维哪个更难?

3. 为什么说程序设计最能发挥人的思维潜能?

4. 假设某个问题的处理步骤有 n 个,则该问题的处理程序是不是最多共有 n!种?你的答案正确吗?为什么?(提示:考虑步骤的重复与嵌套)

5. 为什么要学习程序设计?谈谈自己的见解。

6. 人类日常生活中存在大量的程序设计现象,请举例并解析说明。

7. 什么是程序设计四要素? 它们的关系如何?

8. 什么是思维? 什么是文化? 思维和文化的关系是什么?

9. 什么是计算思维? 什么是计算文化? 计算思维和计算文化的关系是什么?

10. 思维和计算思维的关系是什么? 文化和计算文化的关系是什么?

11. 举例说明形象思维、抽象思维、逻辑思维和计算思维之间的区别与联系。

12. 什么是递归? 为什么说计算思维的本质就是递归思维? 它与计算机工具本身有何关系?

13. 如何认识计算机学科的综合学科特性和元学科特性? 对于"一个人可以主修计算机科学而从事其他任何行业"这句话,请结合计算机学科的综合学科特性和元学科特性给予解析说明。

14. 计算思维是人的思维还是计算机的思维? 为什么? 如何理解"当计算机像人类一样思考之后,思维就真的变成机械的了。"这句话?

15. 对于下面这段话,谈谈自己的认识和见解:

"计算机科学在本质上源自于数学思维,因为像所有的科学一样,其形式化基础建筑于数学之上。计算机科学又从本质上源自于工程思维,因为我们建造的是能够与实际世界互动的系统,基本计算设备的限制迫使计算机科学家必须计算性地思考,不能只是数学性地思考。构建虚拟世界的自由使我们能够设计超越物理世界的各种系统。"

16. 程序设计会涉及两种文化,请问是哪两种文化? 它们的关系是什么?

17. 如果将"程序设计"过程本身看作是需要解决的问题,则该问题的解决又是一个"程序设计",是"程序设计"的"程序设计",可以称为元程序设计(Meta Programming)(如图 1-11 所示)。请解析元程序设计的计算思维应用特征。

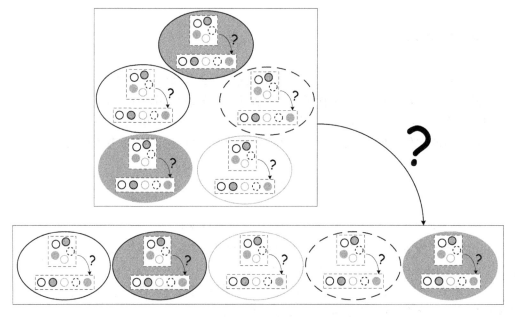

图 1-11 元程序设计的思维解析

第 2 章　数据组织基础

本章主要解析：程序设计中的数据组织基础方法及其在 C++ 语言中的支持机制；程序设计中的一些常用数据组织结构及其 C++ 语言描述；计算思维原理在数据组织基础方法中的具体应用。

本章重点：程序设计中数据组织基础方法的构建原理及其诠释的计算思维原理应用；程序设计中的一些常用数据组织结构。

为了简化，计算世界中将现实世界中需要处理的一切东西都抽象为数据（data）。因此，数据的组织成为程序的基因之一，其主要作用是如何将自然界中各种各样的数据有效地映射到计算机中。它不仅要考虑单个数据如何存储，还要考虑多个数据之间的关系及其如何存储。数据组织基础方法是建立程序设计基本方法的基础之一。

数据组织的目的是为了数据处理，而数据处理最终都是通过 CPU 的指令完成，因此，程序设计中的数据组织基础方法一般都是基于 CPU 的指令寻址模式展开，即程序设计中的数据组织基础方法都是 CPU 指令寻址模式的一种抽象映射。

尽管计算世界中以数据概念抽象了现实世界的一切东西，然而，考虑到数据的多样性，程序设计中，一般都是以数据类型概念为基础，对抽象的数据进行最基本的大类区分。并且，以不变和可变两者特性对应于单个数据的组织，以单个数据组织之间的有限关系集对应于多个数据之间关系的组织，最后，以（单个数据组织方法，单个数据组织方法之间的有限关系）二元组定义整个数据组织基础方法。特别是，该二元组具备自我演化特性，即单个数据组织方法经过其有限关系的作用结果又可以作为新的粒度更大的"单个"数据组织方法。由此，可以建立几乎满足任意需求的数据组织结构形态。

2.1 数据类型

数据类型是对相似数据共性特征的一种抽象，通过数据类型概念可以将杂乱无章数据进行分类，实现数据的条理化和逻辑化，以便对数据进行处理。

程序设计中，数据类型主要用于规定数据的存储特性、取值范围和运算特点。存储特性规定数据在存储器中存放的字节数，以及一些附加的约定（比如：存储的字节数何时分配、何时回收,多字节时字节的高低顺序定义等);取值范围建立在存储特性基础上,不同的存储特性规定了不同的取值范围;运算特点依据数学原理,规定相应数据应有的运算操作和运算规则。另外,数据类型还可以辅助编译程序在翻译源程序时进行一些错误检查。

针对千姿百态的自然界数据,为了降低复杂性,现代计算中通过抽象实现了高度简约,归纳出数字型、逻辑型和符号型三种基本数据类型。其中,符号型数据是指除数字型和逻辑型之外的所有其他数据,包括声音、图像等。与之对应,程序设计语言中一般都事先定义有限的几种基本数据类型(也称为内置数据类型)并给出相应的语言描述机制。C++语言中,定义了整型、浮点型、布尔型和字符型四种基本数据类型,分别用 int、float(或后缀 f、F)或 double、bool 和 char(或前缀 u8,即 UTF-8,仅用于字符串字面常量)关键词表示。对于 32 位的计算机环境,C++ 编译程序对基本数据类型的一般约定如图 2-1 所示(在此未考虑值在计算机内部的编码方式)。另外,C++ 语言还提供一种空类型 void,用于特殊场合。

bool

存储特性:1个字节
取值范围:true 和 false
运算特点:主要是逻辑运算,关系运算

char

存储特性:1字节
取值范围:$0\sim2^8-1$ 或 $-2^7\sim2^7-1$
运算特点:主要是算术运算,关系运算,逻辑运算

int

存储特性:4字节;符号1位(最前面),0表示正,1表示负
取值范围:无符号时,$0\sim2^{32}-1$;有符号时,$-2^{31}\sim2^{31}-1$
运算特点:主要是算术运算,关系运算,逻辑运算

float

存储特性:4字节,模式:符号1位、阶码8位(含阶符号1位)、尾数23位
取值范围:$-(1-2^{-23})\times2^{(2^7-1)}\sim(1-2^{-23})\times2^{(2^7-1)}$
运算特点:主要是算术运算,关系运算($>$, $>=$, $<$, $<=$),逻辑运算

double

存储特性:8字节,模式:符号1位、阶码11位(含阶符号1位)、尾数52位
取值范围:$-(1-2^{-52})\times2^{(2^{10}-1)}\sim(1-2^{-52})\times2^{(2^{10}-1)}$

运算特点:主要是算术运算,关系运算($>$, $>=$, $<$, $<=$),逻辑运算

图 2-1　C++ 语言中的基本数据类型

源自于 C 语言诞生的背景及其设计目标,C++ 语言为了增强其自身的描述能力,对上述基本数据类型又进行了细粒度拓展,具体是:对 int 类型又分为短整型(short)、长整型(long 或后

缀 l、L)、长长整型(long long 或后缀 ll、LL)。并且,还引入进位计数制概念(以前导符 0、0x 分别表示八进制和十六进制,以尾符 b 或 B、h 或 H 分别表示二进制和十六进制),使得同一个整型数据可以以不同的表现形态出现。对于 double 类型,增加一种长 double 型(long double 或后缀 l、L);对于 char 类型,增加一种宽 char 型(wchar_t 或前缀 L)、一种 Unicode 字符类型(char16_t 或前缀 u,char32_t 或前缀 U)。除布尔类型和扩展的字符类型外,其他类型还可以分为无符号(unsigned 或后缀 u、U)和有符号(signed)两种。并且,这种细粒度的拓展,也会对基本类型的特性产生细微的改变。例如:short 类型的存储大小为 1 个字节,wchar_t 类型的存储大小为 2 个字节,等等。

2.2　单个数据的组织

对于单个数据的组织,程序设计语言中直接通过基本数据类型进行描述和说明。依据数据在程序工作过程中的使用特点(同时,也对应自然界物体的直接和间接两种基本呈现方式或不可改变与可改变两者基本使用特性),单个数据一般分为常量和变量两种,常量在程序整个工作过程中,其值保持不变;变量在程序整个工作过程中,其值可以改变。无论是常量还是变量,都满足相应数据类型的基本属性。

C++语言中,单个数据的组织方法是:对于常量,既可以直接以不同表示格式来直观描述一个固定值数据(称为字面值常量),也可以通过数据定义语句或编译预处理指令(有关编译预处理指令相关解析,参见第6.4.2小节)进行符号常量描述(即为一个常量取一个表意名称,以直观表达常量数据的应用语义,如图 2-3 所示);对于变量,以存储类别(用以说明所分配存储空间的生命期或位置)、数据类型、变量名以及变量的初始值几个元素构成数据定义语句来描述。图2-2所示给出了常量和变量描述的一些示例。

```
常量:
8            //十进制 int 型字面值
8.8          //十进制 float 型字面值
'8'          //char 型字面值
8L           //十进制long型字面值
0xB          //十六进制 int 型字面值
016          //八进制 int 型字面值
L'a'         //wchar_t 型字面值
42ULL        //unsigned long long 型字面值
1E-3F        //float 型字面值
3.14159L     //long double 型字面值
```

```
变量:
int k = 0;        //整型数据k,初始值为0
bool m = false;   //布尔型数据m,初始值为false
float h = 0.1;    //单精度浮点型数据h,初始值为0.1
char ch = '0';    //字符型数据ch,初始值为'0'
auto int q;       //整型数据q,无初始值
                  └─变量初始值
              └─变量名
          └─变量的数据类型
      └─变量的存储类别
[5种: auto / static / register / extern
/ mutable,auto为默认(可省略)]
```

图 2-2　C++ 语言中的常量定义、变量定义示例

```
常量:
const int _x = 66;    //整型常量数据_x,值为66

#define LENGTH 6.6 //浮点型常量数据LENGTH,值为6.6
        (该方法在编译预处理时以6.6替换LENGTH)
```

图 2-3　C++ 语言中的符号常量描述示例

为了方便处理一些不可打印或具有特殊含义的特殊符号,对于字符型常量,C++ 语言还提供了转义字符表达机制,即通过转义标志符号"\",将一些常用字符转变为一种特殊含义。表2-1所示给出了一些转义字符。

表 2-1　C++ 语言中定义的转义字符示例

转义符号	含义	转义符号	含义
\ n	换行符	\?	问号符
\ v	纵向制表符	\f	进纸符
\\	反斜杠符 \	\a	报警(响铃)符
\r	回车符	\"	双引号符
\t	横向制表符	\'	单引号符
\b	退格符		

另外,基于转义表达机制,C++ 语言支持泛化的转义序列表达方式,即以前缀 \x 后紧跟 1 个或两个十六进制数字,或者以前缀 \ 后紧跟 1 个、2 个或 3 个八进制数字,来表达一个(转义)字符。其中,数字部分表示的是字符对应的 ASCII 码值。图 2-4 所示给出了一些示例。

```
\7     (响铃 bel)      \15    (换行符 cr)     \40    (空格 space)
\0     (空字符 nul)     \115   (字符 M)        \x4d   (字符 M)
```

图 2-4　C++ 语言中定义的泛化转义字符示例

【例 2-1】　认识常量和变量。

通过 Baby 程序躯体,可以验证常量和变量的实际效果。相应程序描述如下:

```cpp
#include<iostream>
using namespace std;

#define LENGTH 6.6
int main( )
{
    cout<<8<<" "<<8.8<<" "<<'8'<<" "
        <<8L<<" "<<0xB<<" "<<016<<" "
        <<L'a'<<" "<<42ULL<<" "<<1E-3F<<" "
        <<3.14159L<<endl;

    int k=0;
    bool m=false;
    float h=0.1;
    char ch='0';
    auto int q=8;
    const int _x=66;
    cout<<k<<" "<<m<<" "<<h<<" "
        <<ch<<" "<<q<<" "<<_x<<" "<<LENGTH<<endl;

    cout<<'\115'<<" "<<'\x4d'<<" "<<"abc\n\\'\""<<'\n'
        <<"A\065"<<'\t'<<'\\';

    return 0;
}
```

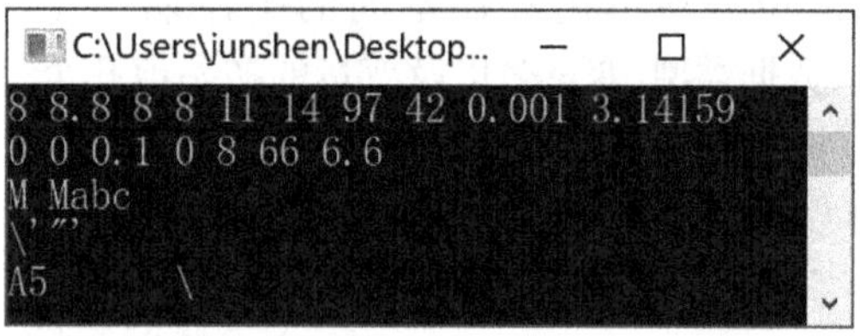

2.3　数据之间关系的组织

对于批量数据,尽管可以通过若干单个数据组织方法给予描述,但这种方法不仅繁琐不实用,而且也不利于对批量数据的整体处理。事实上,批量数据反映的是数据之间的关系。因此,可以通过定义单个数据组织方法之间的关系来实现批量数据的整体组织。

C++ 语言中,单个数据组织方法之间的基本关系有堆叠、绑定与关联三种,经过基本关系处理得到的数据组织方法称为构造数据类型(相对于基本内置数据类型而言)。

2.3.1　堆叠

所谓堆叠,是指将相同类型或不同类型的若干个数据并列在一起,形成一个整体。堆叠后的数据组织一般有一个整体名,其中的每个数据称为该整体名的分量。C++ 语言中,基本的堆叠方法有枚举、数组和结构体三种。

1. 枚举

枚举用于符号常量的堆叠,堆叠后的整体称为枚举类型,其名称为枚举类型名。C++ 语言通过关键词 enum 作为枚举类型的标识。图 2-5 所示给出了枚举类型的数据组织方法及其描述和解析。

枚举类型的名称可以给出,也可以不给出。对于枚举类型,大括号中的每个名字都是符号常量,其对应值按顺序从 0 开始。如果其中某个符号常量重新赋予新值,则由该符号常量开始按顺序以新值为起始值。枚举类型定义的所有符号常量,可以直接作为常量值赋给枚举类型的变量。例如：对于图 2-5,可以将符号常量值 South 赋值给变量 d1。

```
enum { 符号常量列表 };
或者:
enum 枚举类型名 { 符号常量列表 };        描述方法
                                    应用示例
enum { East, South, West, North };
或者:
enum Direction { East, South, West, North };
enum Direction { East, South, West=8, North };

enum { East, South, West, North } d1, d2;
或者:
Direction d1 = South, d2;
```

图 2-5　C++ 语言中枚举类型数据组织方法的描述及示例

【例 2-2】　认识枚举类型。

通过 Baby 程序躯体,可以验证枚举类型的实际效果。相应程序描述如下：

```
#include<iostream>
using namespace std;

int main( )
{
    enum Direction { EAST, SOUTH, WEST, NORTH } b = WEST;
    cout<<b<<endl;
    enum _Direction { East, South, West =8, North };
    _Direction c =West;
    cout<<c<<endl;
```

```
        enum { RED, BLUE, YELLOW =8, BLACK} a =BLUE;
        cout<<a<<endl;

        return 0;
}
```

2. 数组

数组用于相同类型变量的堆叠,堆叠后的整体称为数组类型,整体名称为数组名。C++语言通过符号[ ]作为数组类型的标识。图2-6所示给出了数组类型的数据组织方法及其描述和解析。

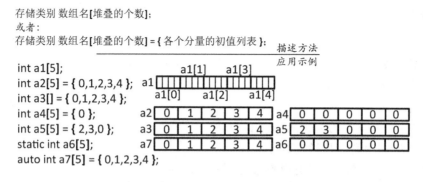

图 2-6 C++语言中数组类型数据组织方法的描述及示例

对于数组类型,其中每个数据称为数组元素,通过"数组名[数组元素标号]"访问(与定义时[ ]作为一种类型标志不同,在此,[ ]是一种运算,称为分量运算)。并且,数组元素标号按顺序从0开始,最后一个数组元素的标号为 n−1(其中,n 为数组堆叠的元素个数)。

【例 2-3】 认识数组。

通过 Baby 程序躯体,可以验证数组的实际效果。相应程序描述如下:

```
#include<iostream>
using namespace std;

int main( )
{
    int a1[5];  //没有初始化,其值不确定(随机)
    int a2[5] ={ 0, 1, 2, 3, 4 };
    int a3[ ]={ 4, 3, 2, 1, 0 };  //元素值全部给出时数组大小可省略
    int a4[5] ={ 0 };  //后面元素值置0
    int a5[5] ={ 6, 8, 0 };  //后面元素值置0
    static int a6[5];  //静态量没有初始化时自动置0
    auto int a7[5] ={ 2, 4, 6, 8, 10 };

    cout<<a1[0]<<','<<a1[1]<<','<<a1[2]<<','<<a1[3]<<','<<a1[4]<<endl;
    cout<<a2[0]<<','<<a2[1]<<','<<a2[2]<<','<<a2[3]<<','<<a2[4]<<endl;
    cout<<a3[0]<<','<<a3[1]<<','<<a3[2]<<','<<a3[3]<<','<<a3[4]<<endl;
    cout<<a4[0]<<','<<a4[1]<<','<<a4[2]<<','<<a4[3]<<','<<a4[4]<<endl;
```

```
cout<<a5[0]<<','<<a5[1]<<','<<a5[2]<<','<<a5[3]<<','<<a5[4]<<endl;
cout<<a6[0]<<','<<a6[1]<<','<<a6[2]<<','<<a6[3]<<','<<a6[4]<<endl;
cout<<a7[0]<<','<<a7[1]<<','<<a7[2]<<','<<a7[3]<<','<<a7[4]<<endl;

return 0;
}
```

3. 结构体

结构体用于不同类型变量的堆叠,堆叠后的整体称为结构体类型,整体名称为结构体类型名。C++ 语言通过关键词 struct 作为结构体类型的标识。图 2-7 所示给出了结构体类型的数据组织方法及其描述和解析。

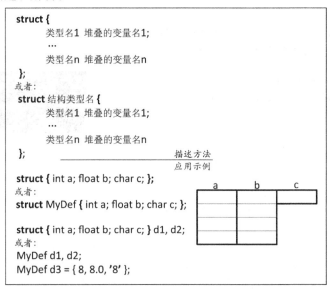

图 2-7　C++ 语言中结构体类型数据组织方法的描述及示例

对于结构体类型,其中每个数据称为结构体的分量,通过"结构体名.分量名"访问(在此. 是一种运算,也称为分量运算)。结构体变量的初始值赋值形式与数组类似,只是大括号中每个分量元素的初值类型必须与定义的类型一致。

对于不同类型变量的堆叠,除结构体外,C++语言还提供一种共享堆叠空间的数据组织方法,称为联合体,并用关键词 union 作为标识。联合体中,各个堆叠的变量共享同一片存储空间,共享空间的大小由堆叠中占用空间最大的基本数据类型决定。显然,联合体类型的数据,每次只能存储并访问其中堆叠的数据之一,不能同时访问两个及以上数据。数据访问方式类似结构体,也是通过"联合体名.堆叠的基本数据名"访问。图 2-8 所示给出了

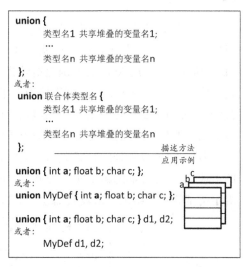

图 2-8　C++ 语言中联合体类型数据组织方法的描述及示例

17

联合体类型的数据组织方法及其描述和解析。

【例 2-4】 认识结构体和联合。

通过 Baby 程序躯体,可以验证结构体和联合体的实际效果。相应程序描述如下:

```cpp
#include<iostream>
using namespace std;

int main( )
{
    struct { int a; float b; char c; } d1 = { 6, 6.6, '6' }, d2;
    struct MyDef { int a; float b; char c; };
    MyDef d3 = { 8, 8.8, '\0x38' };

    cout<<d1.a<<','<<d1.b<<','<<d1.c<<'\n';
    cout<<d3.a<<','<<d3.b<<','<<d3.c<<'\n';

    union { int a; float b; char c; } e1 = { 8.8 };
    union _MyDef { int a; float b; char c; };
    _MyDef e3;
    e3.a =8; cout<<e3.a<<',';
    e3.b =8.8; cout<<e3.b<<',';
    e3.c ='\0x48'; cout<<e3.c<<endl;

    cout<<e3.a<<','<<e3.b<<','<<e3.c<<'\n';
    cout<<e1.a<<','<<e1.b<<','<<e1.c<<'\n';

    return 0;
}
```

```
C:\User...    —    □    ×
6, 6. 6, 6
8, 8. 8, 8
8, 8. 8, 8
1091357752, 8. 79986, 8
8, 1. 12104e-044,
```

2.3.2 绑定

所谓绑定,是指将一个名字粘贴到某个数据上,使得该名字成为某个数据的别名或化身,以便通过别名操作某个数据。也就是将一个名字绑定到一个数据上。绑定仅仅是给出了一种机制,绑定关系的建立需要明确地给予描述。绑定一般只针对变量数据,特殊性场合也可以绑定到常量数据。C++语言将绑定称为引用,并通过符号 & 作为绑定的标识(放在变量名前面进行修饰,说明该变量是引用变量,是某个引用宿主的别名)。尽管通常也将绑定称为引用类型,但引用并不是一种数据类型,仅仅是用于给变量取别名的一种语言机制,因此,引用变量只是一个名称,它不会被分配存储空间(具体实现时,引用变量还是被分配存储空间并存放其宿主的地址,只是编译器隐藏了实现细节,对外确保引用机制被使用的语义)。图 2-9 所示给出了绑定类型的数据组织方法及其描述和解析。

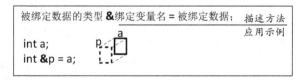

图 2-9 C++语言中绑定类型数据组织方法的描述及示例

对于引用,可以直接通过引用变量访问被绑定的数据,不需要任何其他运算。因为它们是同一个数据。另外,对于一个数据,可以按需建立多个引用。反之,一个别名只能绑定到一个数据。并且,引用必须在定义时进行初始化。

【例 2-5】　认识绑定。

通过 Baby 程序躯体,可以验证绑定关系的实际效果。相应程序描述如下:

```cpp
#include<iostream>
using namespace std;

int main( )
{
    int a =66;
    int & p =a;
    int & p1 =a;
    int & q =p;
    const int & u =8;    //绑定到常量

    cout<<a<<' '<<p<<' '<<p1<<' '<<q<<endl;
    cout<<& a<<' '<<& p<<' '<<& p1<<' '<<& q<<endl;   // 取变量地址
    cout<<u+1<<endl;

    return 0;
}
```

2.3.3　关联

所谓关联,是指在两个数据之间建立某种联系,使得可以通过其中一个数据间接地操作另一个数据。关联涉及两个数据,一个是关联数据(C++ 语言中称之为指针变量,简称指针或地址),另一个是被关联数据(即指针所指的目标,简称指针目标或指针宿主),关联仅仅是给出了一种机制,关联关系的建立需要明确地给予描述。关联一般针对变量数据,也可以用于常量。C++ 语言通过符号 * 作为关联数据的类型标识(放在变量名前面进行修饰,说明该变量是指针变量,存放某个指针宿主的地址),并将关联数据的类型称为指针类型。图 2-10 所示给出了指针类型的数据组织方法及其描述和解析。

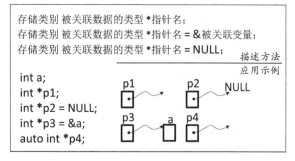

图 2-10　C++ 语言中指针类型数据组织方法的
描述及示例

对于指针,可以通过运算符 * ,简接地访问其关联的目标;反之,可以通过运算符 & ,获取某个目标变量的存储地址,以便将该地址值赋给一个指针变量。

关联关系中,指针和指针目标是两个相对独立的数据,在关联关系明确建立之前,两者互不相干,一旦关系建立,则一个数据的变化会影响另一个数据。另外,针对同一个数据,可以按需建立多个不同的关联。反之,一个指针不能同时关联多个独立的数据。并且,指针本身的类型与其关联的目标的类型必须一致或匹配,必要时可以通过强制类型转换实现一致(参见图2-28及第3.1、3.2.1 小节)。

因为指针类型直接映射到内存的存储地址,因此,指针的不恰当使用会带来安全隐患。指针使用前,必须明确地建立好关联,否则,其关联是不安全的。C++语言中,对于指针有三种状态:无明确关联、空关联和明确关联。其中,空关联的目标通过特殊符号常量 NULL 表示,它通常用于指针的初值和对指针当前值的测试。相对于无明确关联,空关联给予指针确定化。

除上述安全隐患外,指针类型的间接操作特性还带来了另外一种安全隐患,即对目标数据的破坏问题。为了预防指针以及它所关联的目标数据可能涉及的安全隐患,C++语言中提供关键词 const 进行约束,具体解析如图2-11 所示。其中,const 既可以约束指针目标(即 *指针名,称为指向常量的指针),表示指针指向的目标数据不能通过指针间接地被修改;又可以约束指针本身(即 指针名,称为常量指针),表示指针变量的值一经初始化,就不可以再改变其指向。

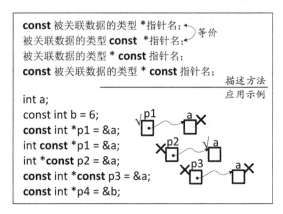

图 2-11 C++ 语言中对于指针类型数据组织方法安全隐患的约束

【例 2-6】 认识关联。

通过 Baby 程序躯体,可以验证关联的实际效果。相应程序描述如下:

```cpp
#include<iostream>
using namespace std;

int main( )
{
    int a =66;
    int *p1;
    int *p2 =NULL;
    int *p3 =& a;
    auto int *p4 =& a;
    const int b =6;
    const int *q1 =& a;
    int const *q2 =& a;
    int *const q3 =& a;
    const int *const q4 =& a;
    const int *q5 =& b;

    cout<<*p3<<','<<*p4<<','<<*q1<<','
        <<*q2<<','<<*q3<<','<<*q4<<','<<*q5<<endl;
```

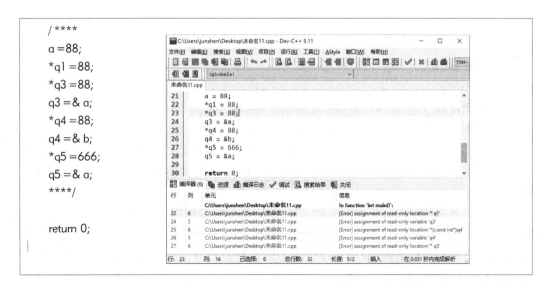

```
/****
a =88;
*q1 =88;
*q3 =88;
q3 =& a;
*q4 =88;
q4 =& b;
*q5 =666;
q5 =& a;
****/


return 0;
}
```

相对于关联,绑定类型比较安全。首先,引用变量定义时就必须绑定到某个变量,即引用在使用时,其绑定关系总是明确的。其次,引用关系一旦绑定,终身不可改变。因此,它避免了指针类型因指针随意改变关联关系或没有给予明确关联说明所带来的安全隐患。

另外,由于绑定关系中引用变量仅仅是绑定宿主变量的别名,引用变量本身也没有存储空间,因此,引用变量也不可能取其地址,对其取地址也是取其宿主变量的地址(参见例 2-5),因此,不能定义指向 int & 的指针变量(例如:int & *p;是错的),也不可能有引用的引用(对引用变量的引用,本质上也是对原引用宿主的引用)。尽管可以存在空指针,但不能有空引用。

进一步,针对 char 型数据,鉴于其通常采用多个符号构成的符号串来表意,C++ 中首先通过数组存储符号串,然后通过关联用指针指向该数组,同时规定转义字符 '\0' 作为符号串的结束标志,由此通过指针和字符 '\0' 的结合实现符号串的含义,并且通过双引号作为符号串常量的标志(参见 Baby 程序的第一声啼哭)。下列程序给出了相应解析。有关字符串处理的系统化解析参加第 12 章。

```cpp
#include<iostream>
using namespace std;

int main( )
{
    char a[6] ={ 'a', 'b', 'c', 'd', 'e', '\0'}, *p =a;
    char b[6] ="edcba", *q =b;
    char d[ ] ="abcdefghijk";    //符号串常量最后自动添加结束标志符 '\0'
    char *r ="1234567890";

    cout<<p<<endl;
    cout<<b<<endl<<q<<endl;
    cout<<d<<endl;
    cout<<r<<endl;
    cout<<" \t\"\065\x5b\n" <<"ab\n\044\\\"";

    return 0;
}
```

数据组织中的计算思维

从思维角度看,堆叠的本质是将一个标量范畴的数据组织拓展到一组标量范畴的数据组织。绑定的本质并没有拓展一个标量范畴的数据组织,仅仅是实现一个标量的多种外部视图。关联的本质是将一个标量范畴的数据组织拓展到多个标量范畴的数据组织,实现多个标量之间的逻辑联系建立。堆叠是一种维拓展,关联是一种阶拓展,绑定即可以是维拓展,也可以是阶拓展。

尽管单个数据组织方法只有常量和变量两种,单个数据组织方法之间的基本关系也只有堆叠、绑定和关联三种,但是,建立在二元组({常量,变量},{堆叠,绑定,关联})基础上的数据组织方法具有自我演化特性,使得程序设计中的数据组织方法具有强大的拓展和适应能力。一方面,关系作用的结果可以作为一个更大粒度的"单个"数据组织方法并加入到二元组的单个数据组织方法中;另一方面,新加入的"单个"数据组织方法与原来已经存在的单个数据组织方法一起,又可以依据单个数据之间的基本关系进行新的数据组织。如此,通过一个具备自我演化特性的有限方法,可以实现几乎无限的数据组织应用需求。这种数据组织基础方法可以俗称为"2+3"的游戏。图 2-12 所示解析了数据组织基础方法蕴含的计算思维原理应用。

({常量,变量},{堆叠,绑定,关联})

图 2-12 数据组织方法的计算思维原理应用解析

【例 2-7】 针对图 2-13 中的各种数据组织结构,请给出相应的 C++ 描述。

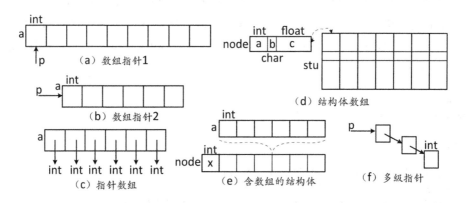

图 2-13 数据组织结构示例

基于"2+3"游戏原理,具体解析如下:

对于图 2-13(a)的数据组织结构,首先通过 9 个 int 型变量堆叠为一个数组 a,然后再通过关联,将指针 p 指向数组 a 的第一个元素。因此,该数据组织结构的 C++ 描述如下:

```
int a[9];
int *p =& a[0];
```

由于数组 a 在内存是连续存放的,a 的值是整个数组的起始地址,它与第一个元素的地址相等,因此,也可以采用 int * p = a; 建立关联。

对于图 2-13(b)的数据组织结构,首先通过 6 个 int 型变量堆叠为一个数组 a,然后再通过关联,将指针 p 指向数组 a。因此,该数据组织结构的 C++ 描述如下:

```
int a[6];
int (*p)[6] = & a;        //符号[]优先于符号*,小括号改变优先关系
```

与图 2-13(a)不同,在此指针 p 所指的目标类型是整个数组 a(即 int [6],相当于 int [6] * p。只是考虑到表示方式的一致性,将[6]移到了 * p 的后面),不是数组的一个元素(即 int)。本质上,在此是将图 2-13(a)的一个 int 拓展到一组 int,两者描述方法是一致的,图 2-14 所示给出了相应解析。另外,严格来说,数组指针 1 并不是真正的数组指针,而仍然是一个整数的指针,它只是利用了数组在内存连续存放的存储特点,以一个整数指针来按序操作数组。

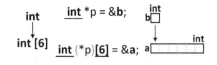

图 2-14　数组指针的解析

对于图 2-13(c)的数据组织结构,首先通过关联,将指针指向一个 int 型变量,构成一个基本关联;然后再通过堆叠将 6 个这样的基本关联堆叠为一个数组 a。因此,该数据组织结构的 C++ 描述如下:

```
int *a[6];        //符号[]优先于符号*
```

对于图 2-13(d)的数据组织结构,首先将一个 int 型变量、一个 char 型变量和一个 float 型变量堆叠为一个结构体 node,然后再通过堆叠,将 7 个 node 型结构体堆叠为一个数组 stu。因此,该数据组织结构的 C++ 描述如下:

```
struct node { int a; char b; float c; };
node stu[7];
```

对于图 2-13(e)的数据组织结构,首先将 6 个 int 型变量堆叠为一个数组 a,然后再通过数组 a 和一个 int 型变量堆叠为一个结构体 node。因此,该数据组织结构的 C++ 描述如下:

```
struct node { int x; int a[6]; };
```

对于图 2-13(f)的数据组织结构,首先通过关联将一个指针指向一个 int 型变量,构成一个基本关联(假设为 k),然后再通过关联将一个指针指向基本关联 k,构成一个二级指针,最后,再通过关联将指针 p 指向这个二级指针,构成三级指针。因此,该数据组织结构的 C++ 描述如下:

```
int ***p;
```

通过 Baby 程序躯体,可以验证图 2-13 所示各种数据组织结构的实际效果。相应程序描述如下:

```cpp
#include<iostream>
using namespace std;

int main( )
{
    int a[9]={ 9, 8, 7, 6, 5, 4, 3, 2, 1}, *p=& a[0];
    int b[6]={ 2, 4, 6, 8, 10, 12}, (*p1)[6]=& b;
    int *c[6]={ & a[1], & a[3], & a[5], & a[7], & b[2], & b[4]};

    struct node { int a; char b; float c;};
    node stu[7]={{ 66, 'x', 6.6}};
    struct node1 {int x; int a[6];} f={ 88, { 6, 5, 4, 3, 2, 1}};
    int **p2=c;
    int ***p3=& p2;

    cout<<*(p+5)<<endl;
    cout<<*(*p1+2)<<endl;
    cout<<*c[2]<<" "<<*c[4]<<endl;
    cout<<stu[0].a<<" "<<stu[0].b<<" "<<stu[0].c<<endl;
    cout<<f.x<<" "<<f.a[3]<<endl;
    cout<<***p3<<endl;

    return 0;
}
```

2.5 常用基本数据组织结构

基于（或应用）数据组织基础方法的基本原理，可以建立各种各样的数据组织结构。本节主要解析程序设计中广泛使用的一些基本数据组织结构。

2.5.1 线性数据组织

程序设计中，为了对应 CPU 的指令寻址模式，基本的线性数据组织结构只有两种：连续型结构和非连续型结构。用连续型线性数据组织结构所组织的数据，在内存中连续存放，因此，这种方法一般适用于数据规模相对不变且可以预先确定的场景。并且，这种方法有利于对数据进行顺序访问和随机访问。用非连续型线性数据组织结构所组织的数据，在内存中随机存放，因此，这种方法一般适用于数据规模可变且不能预先确定的场景。但是，这种方法仅有利于对数据进行顺序访问，不利于对数据进行随机访问。

连续型线性数据组织结构通过堆叠实现，非连续型线性数据组织结构通过堆叠与关联共同实现。图 2-15 所示给出了两种结构的基本原理。

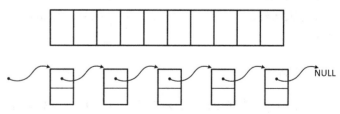

图 2-15　连续型、非连续型数据组织结构的基本原理

C++ 语言中的数组类型就是一种典型的连续型线性数据组织结构的具体实现。对于数组,可以在其定义时进行初始化,其初始化方法是对一个变量初始化方法的拓展。具体方式是将对应于每个数组元素的所有初值用逗号分隔并用大括号括起来(参见图 2-6 所示)。C++ 语言中,考虑到使用的方便性,对于数组的初始化方法给出了一些简化规则,具体参见图 2-6 的解析。由于数组在内存中是顺序连续存放,因此,数组 a 的第 i 个元素的存放地址等于 a+i∗k(在此,k 为一个数组元素存放的字节数,该字节数由数组元素的基本数据类型决定)。事实上,数组对应的是基址变址寻址方式,即以一个基本地址为基础(即数组名),加上一个可变的地址值(即数组元素的下标值)。例如:a[6]、6[a] 都是取地址 a+6∗k 地址中的数据。

C++ 语言中,非连续型线性数据组织结构的具体实现称为链接表(简称链表)。链表中用于关联的基本"数据元素称为链表结点,最简单的结点由一个数据域和一个指针域堆叠而成。图 2-16 所示给出了一个链表结点及相关工作变量定义的示例及其解析。

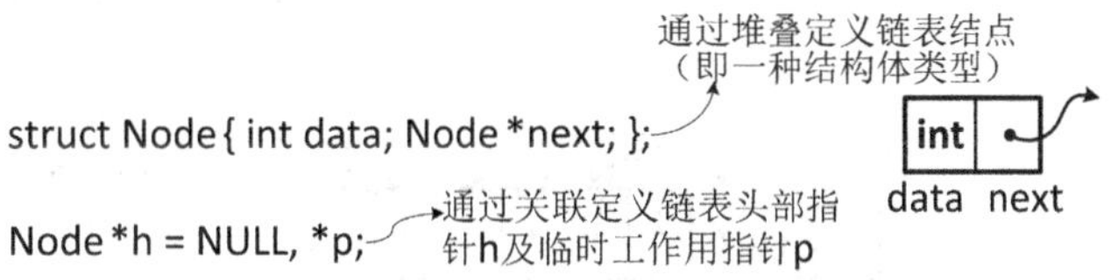

通过堆叠定义链表结点
(即一种结构体类型)

struct Node{ int data; Node *next; };

Node *h = NULL, *p;

通过关联定义链表头部指针h及临时工作用指针p

int
data next

图 2-16　C++ 语言中链表的定义

与数组不同,链表的定义仅仅给出了基本数据元素所在结点的堆叠结构并定义若干个用于关联的指针,而链表本身并没有实现(即各个结点之间的关联并没有建立)。因此,链表的构建需要动态实现,不能像数组一样在源程序编译时依据其定义语句分配内存,而是要在运行时动态申请存储数据元素的结点空间并建立基本数据元素之间的关联(参见图 3-7b 所示的解析)。正是这种动态特性,使得链表结构满足数据规模事先无法确定的应用场景。

C++ 语言中,对于链表只能进行顺序访问,因为每个数据结点在内存的存放地址都存放在其前面的一个结点中。因此,要访问某个结点数据,必须从链表的头指针开始,顺序经过各个结点直到要访问的结点。

相对于连续型数据组织结构,链表通过牺牲空间(为每个数据元素增加一个指针)换取了对数据组织结构维护(即插入、删除)的灵活性和时间效率。

遵循计算思维原理,对于基本的线性数据组织结构,仍然可以依据数据组织基础方法的原理进行自我演化,以便实现更为复杂的数据组织。图 2-17 所示解析了连续型线性数据组织方法的二阶形态,图 2-18 所示解析了非连续型线性数据组织形态的二维堆叠形态,图 2-19 所示解析了连续型线性数据组织形态和非连续型数据组织形态相混合的二阶形态(该数据组织结构也称为静态链表)。

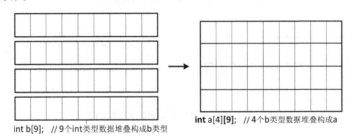

int b[9];　//9个int类型数据堆叠构成b类型　　int a[4][9];　//4个b类型数据堆叠构成a

图 2-17　连续型线性数据组织方法的二阶形态(两次堆叠)

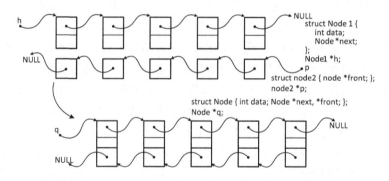

图 2-18 非连续型线性数据组织方法的二维堆叠形态

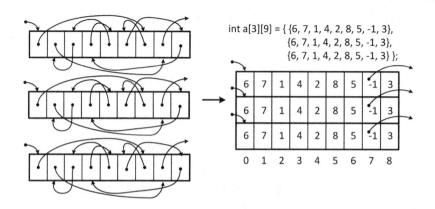

图 2-19 连续型线性数据组织方法和非连续型数据组织方法相混合的二阶形态

针对线性数据组织结构,通过增加一些约束条件,可以演变成具有特殊作用的数据组织结构。堆栈(stack)和队列(queue)就是两种广泛使用的特殊数据组织结构。

堆栈是通过对线性数据组织结构施加如下使用约束来实现:1)数据元素的插入与删除都在同一端进行,另外一端封闭;2)每次操作只能是一个数据元素。显然,堆栈具有"先进后出"(First In Last Out,FILO)特点。

队列通过对线性数据组织结构施加如下使用约束来实现:1)数据元素的插入在一端进行,数据元素的删除在另一端进行;2)每次操作只能是一个数据元素。显然,队列具有"先进先出"(First In First Out,FIFO)特点。

图 2-20(a)和图 2-20(b)分别给出了堆栈和队列的基本原理。

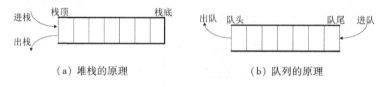

（a）堆栈的原理　　　　　　　　（b）队列的原理

图 2-20 堆栈和队列的基本原理

与堆栈不同,随着进队和出队的多次操作,基于连续型数据组织方式实现的队列的前端部分会被严重浪费,为此,实际应用中常常将队列优化为循环队列,即将队列看作是一个首尾相接的环,只要队列中的数据元素个数在任何时刻都不超过环的长度,则随着入队和出队操作的进行,存储数据元素的那一段位置就会沿着环不停地移动,重复利用曾经被占用过的空间。另外,队列还有各种变体,例如:两端都可以进行入队/出队操作的双端队列,用于出队时取得最值的优先队列,等等。

2.5.2　层次数据组织

层次数据组织一般称为树结构,如图 2-21 所示。本质上,它是基本线性数据组织结构的一种具体应用。对于图 2-21(a)而言,通过连续型线性数据组织结构的高阶应用,可以得到图 2-22 所示的数据组织结构;通过非连续型线性数据组织结构的高维堆叠应用,可以得到图2-23 所示的数据组织结构。

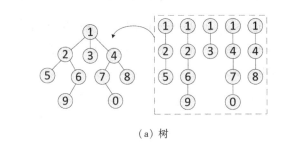

（a）树

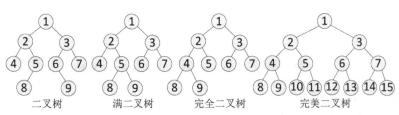

（b）二叉树

图 2-21　树结构示例

int tree[10][10];　//数组元素值为1,表示两个结点直接相连

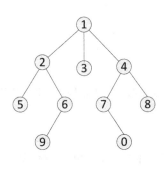

图 2-22　基于连续型线性数据组织方法的树结构存储

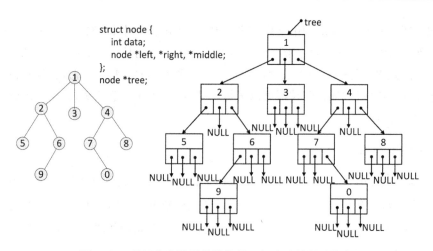

图 2-23　基于非连续型线性数据组织方法的树结构存储

不同于图 2-18 所示的堆叠,图 2-23 所示的层次数据组织结构尽管也是基本非连续数据组织结构的一阶多维堆叠应用,但它本质上是一种高阶多维堆叠,每个维度之间存在嵌套。而图 2-18 中,每个维度之间相对独立。

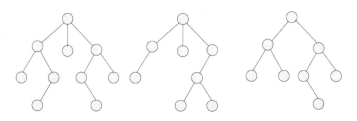

图 2-24　层次数据组织结构的一阶多维堆叠(森林)

层次数据组织结构同样可以继续进行高维扩展,图 2-24 所示是对层次数据组织结构的一阶多维堆叠(其具体实现是通过连续型线性数据组织结构和非连续型线性数据组织结构的混合应用)。图 2-25 所示是对层次数据组织结构的高阶多维堆叠。主流操作系统 Windows 和 UNIX/Linux 中的文件管理系统所采用的组织方法分别就是如图 2-24 和图 2-25 所示。

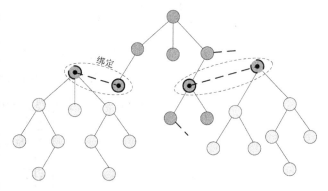

图 2-25　层次数据组织结构的高阶多维堆叠(树的树)

2.5.3　网状数据组织

网状数据组织一般称为图结构,如图 2-26 所示。本质上,它也是两种基本线性数据组织结构的一种具体应用。对于图 2-26 而言,通过连续型线性数据组织结构的高阶应用,可以得到图 2-27 所示的数据组织结构;通过非连续型线性数据组织结构的高维堆叠应用,可以得到图 2-28 所示的数据组织结构。

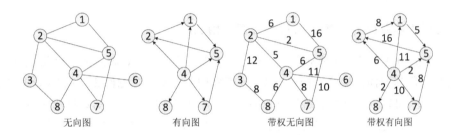

图 2-26　图结构示例

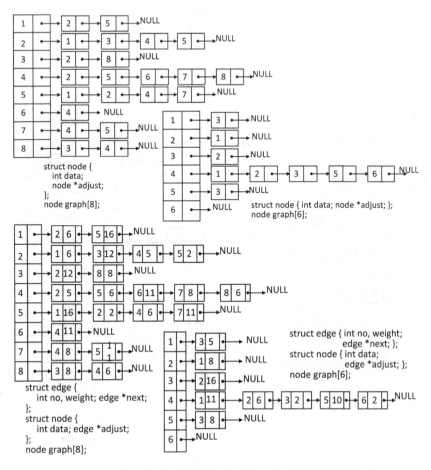

图 2-27　基于连续型数据组织结构高阶应用的图结构存储（结点号降 1 从 0 开始）

图 2-28　基于非连续型数据组织结构高阶应用的图结构存储

2.5.4 数据组织基础方法的综合应用及思维解析

基于(或应用)数据组织基础方法,C++语言给出了一些相对固定的数据组织方法及其描述方法,在此称其为预先构建的构造类型(或简称构造类型。参见例2-1)。在此基础上,面对具体应用问题,可以依据计算思维原理,通过综合应用这些预先构建的数据组织方法来构建所需的各种各样的具体数据组织结构(包括上述三种常用的数据组织结构)。图2-29所示给出了相应的综合应用示例及其解析。

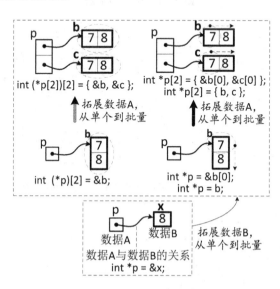

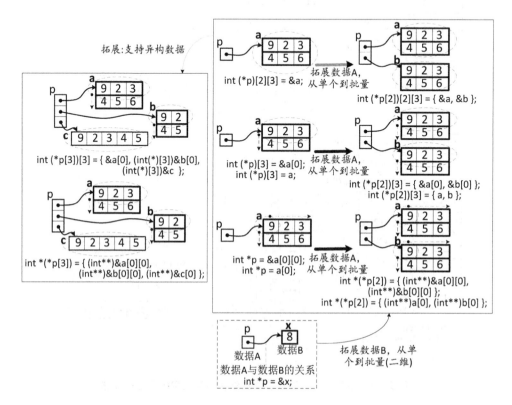

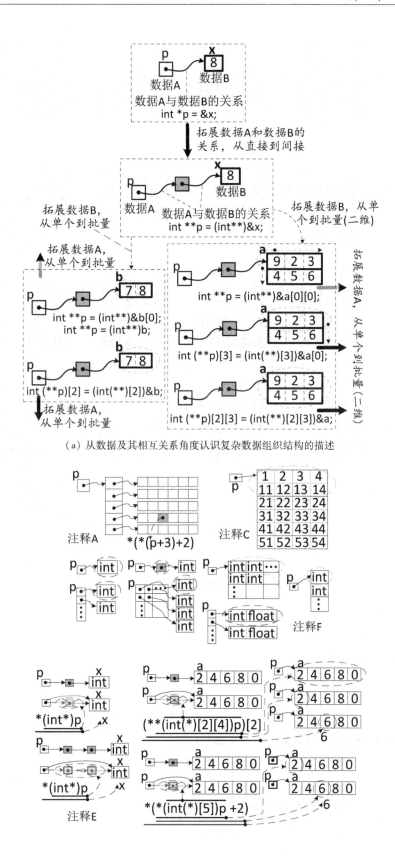

（a）从数据及其相互关系角度认识复杂数据组织结构的描述

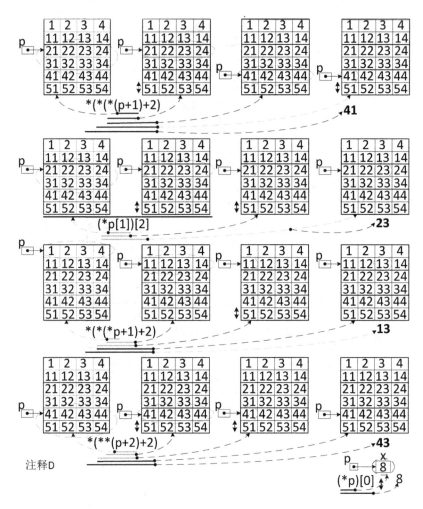

注释D

```
//注释 A
int **p;
p=new int *[5];          // 计算赋值语句,参见第 3.2 小节
p[0]=new int[6];
p[1]=new int[6];
p[2]=new int[6];
p[3]=new int[6];
p[4]=new int[6];

//注释 B  输出地址,值全部一样
int b[6][4]={ { 1, 2, 3, 4 }, { 11, 12, 13, 14 }, { 21, 22, 23, 24 },
          { 31, 32, 33, 34 }, { 41, 42, 43, 44}, { 51, 52, 53, 54} };
cout<<& b[0][0]<<" "<<b[0]<<" "<<&b[0]
              <<" "<<b<<" "<<& b<<endl;

//注释 C
int (*p)[2][4]=(int (*)[2][4]) & b[0][0];
// int (*p)[2][4]=(int (*)[2][4]) b[0];
```

```
// int (*p)[2][4]=(int (*)[2][4]) & b[0];
// int (*p)[2][4]=(int (*)[2][4]) b;
// int (*p)[2][4]=(int (*)[2][4]) & b;

//注释 D
cout<<*p[1][2]<<endl;  //41
cout<<(*p)[1][2]<<endl;  //13
cout<<(*p[1])[2]<<endl;  //23
cout<<*(*(*p+1)+2)<<endl;  //13
cout<<*(*(*(p+1)+2))<<endl;  //41
cout<<*(**(p+2)+2)<<endl;  //43
cout<<*(**p+2)<<endl;  //3
int x=8;
int (*p)[5]=(int (*)[5])& x;
cout<<(*p)[0]<<endl;   //8

//注释 E
int x=99;
int **p=(int **)& x;
cout<<*(int *)p<<endl;  //99
int ***p=(int ***)& x;
cout<<*(int *)p<<endl;  //99
int a[5]={ 2, 4, 6, 8, 0 };
int (**p)[2][4]=(int (**)[2][4])a;
cout<<(**(int(*)[2][4])p)[2]<<endl;  //6
int (**p)[5]=(int (**)[5])a;
cout<<*(*(int(*)[5])p +2)<<endl;  //6

//注释 F
int *p;
int **p;
int *p[];
int *p[][];
int (*p)[];
int (*p)[][];
struct { int x; float y; } *p[];
```

（b）间接数据组织及其访问操作的解析

图 2-29　C++语言基本数据组织方法及其综合应用

对于数据组织，除了从数据规模和数据访问形式两个方面理解和认识，还可以从数据及其相互关系的角度来理解和认识。例如，无论是什么样的数据规模，从抽象的角度来看，它总是一个数据，只是其规模不一样。另外，对于间接数据访问形式，本质上是建立两个数据之间的关系。因此，两种认识视图具有一致性。并且，后一种认识视图更加注重数据组织的本质，强化了数据类型的内涵，可以更好地帮助我们理解一些复杂数据组织结构及其访问方法的具体描述。图 2-29（a）给出了基于后一种认识视图的复杂数据组织结构及其访问方法的具体描述及其认知解析。

对于 C++语言中的指针概念和基于指针的数据组织方法及其间接访问，需要抓住如下三个关键点：①所谓指针,实际上就是代表内存的一个基本存储单元的地址,指针变量就是用来存放地址的变量。因此,指针概念是 C++ 语言系统特性的最典型体现。定义一个指针变量时,只是给出了用于存放地址的场所,但究竟存放哪个地址并没有明确。因此,使用指针变量间接访问数据前,必须要对指针变量明确赋值,使其明确地建立起到另一个数据的关联关系。与普通变量一样,指针变量的赋值可以在其定义时赋值,也可以在运行时赋值(参见图 2-29(b)中的相应注释 A)。②从计算机系统角度来看,无论什么样的数据(甚至是代码),工作时它们都必须存放在内存中。根据数据类型不同,数据的粒度是不同的,一个数据存放时需要占用的基本存储单元(即字节 byte)的个数也是不同的,即不同类型的数据有不同的取值范围。但是,作为存放地址的变量——指针变量仅仅存储一个基本存储单元的地址,该地址的取值范围或大小取决于计算机系统地址总线的宽度。例如：对于 32 位的地址总线宽度而言,指针变量的值是一个 32 位的正整数,用十六进制表示时是 8 个数位(参见图 2-29(b)中的相应注释 B)。因此,对于占用多个基本存储单元的数据,指针变量总是存放其第一个基本存储单元的地址(根据 CPU 的不同,可以是大端型第一个地址,也可以是小端型第一个地址),然后由程序翻译器按照预定的数据类型(及其蕴含的基本存储单元个数)负责生成相应的一次性存取整个数据的指令或指令序列。因此,指针变量定义时,所给出的期望类型决定了该指针变量所关联目标对象的粒度,该粒度决定了指针变量增 1 和减 1 的单位大小。也就是说,指针变量仅仅是存放一个基本存储单元的地址,而对该地址的含义(即它是哪种数据的地址)的解释完全由程序依据指针变量定义时给定的期望数据类型来解释(参见图 2-29(b)中的相应注释 F)。③对于指针变量的赋值,一定要注意类型的一致性。指针变量定义时期望用以存放什么类型数据的地址,那么赋值时就应该给出相应类型数据的地址。如果类型不一样,则就需要进行类型强制转换(参见图 2-29(a)中的各种初始化赋值及图 2-29(b)中的相应注释 C)。也就是说,地址还是同一地址,但其含义不一样,要从另一个角度(即指针变量定义时期望的类型)来看待该地址。对于通过指针变量间接访问数据,如果是显式间接关联关系,一般会涉及临时中间指针变量,因此,首先需要通过类型强制转换将同一个地址的含义进行转义以消除临时中间指针变量的语义问题,即必须先通过类型强制转换将其转换为直接关联关系(事实上,该转换可以看成是赋值时转换的逆操作),然后按照直接关联关系进行访问操作。例如：对于 int ** p = (int **)& x;,将 x 的地址 int * 类型转换为 int ** 类型,访问时不能用 ** p,而是用 * (int *)p,其中,(int *)p 用以消除临时中间指针变量的语义问题,最后的 * 运算直接取值。对于 int a[5] = {2,4,6,8,0}; int ** p = (int **)a;,访问时不能用 * (* p+2)访问数据 6,而是用 * ((int *)p+2)。其中,(int *)p 用以消除临时中间指针变量的语义问题,最后的 * 运算直接取值(参见图2-29(b)中的相应注释 E)。对于直接关联关系,无论给指针变量赋什么类型的实际数据,操作时都是以指针变量定义时期望的类型为基础,按此类型的数据粒度进行访问,并且以基类型作为直接存取的最终数据粒度。此时,可能会通过指针变量的取值运算不断地将定义时期望的类型逐步向基类型转义(即指针变量所含地址的含义与最终基类型数据之间是一种隐式间接关联关系,通过转义改变为对基类型的直接关联),每次转义都不断缩小数据的粒度(即转变数据的类型),每种粒度的数据都是以其第一个元素的地址作为指针变量的值。例如：对于 int (* p)[2][4] = (int (*)[2][4])& b[0][0];,其中,b 的定义为：int b[6][4] = {{1,2,3,4},{11,12,13,14},{21,22,23,24},{31,32,33,34},{41,42,43,44},{51,52,53,54}};),

此时,指针 p 期望的类型是 int [2][4],基类型是 int。则 *p4[1][2]可以解释为 *(* (*(p+1)+2)),在此,第 3 个取值运算 * 将 p+1 这个地址(依据期望的类型,该地址蕴含的关联目标对象是 int [2][4]型,因此单位长度是两行四列,p+1 首先指向 b 的第 3 行,然后取值为第 3 和第 4 两行并以其第一个元素,即第 3 行的地址作为 p 的值)的含义转变为一维的一个地址(该地址蕴含的关联目标对象是 int [4]类型,因此单位长度是一行,但就地址值而言仍指向 b 的第 3 行第 1 个元素位置),第 2 个取值运算 * 将 *(p+1)+2 这个地址(该地址蕴含的关联目标对象是 int [4]类型,因此单位长度是一行,加 2 后指向 b 的第 5 行第 1 个元素位置,取值为第 5 行并以其第一个元素,即第 5 行第一个元素的地址作为 p 的值)的含义转变为变量的一个地址(该地址蕴含的关联目标对象是 int 型,因此单位长度是一个变量,但就地址值而言仍指向 b 的第 5 行第 1 个元素位置),此时,已经将 p 转义为基类型的地址,因此,第 1 个取值运算 * 直接取该地址的数据值 41。也就是说,前两次的取值运算是实现指针含义向基类型的转义,最后一次的取值运算是直接取指针变量所指地址中的数据值(此时才是真正的直接关联关系)。同样,对于 *(* (*p+1)+2),第 3 个取值运算 * 将 p 这个地址的含义转变为一维的一个地址,第 2 个取值运算 * 将 *(p+1)这个地址的含义转变为变量的一个地址,第 1 个取值运算 * 直接取该变量地址 *(*p+1)+2 的数据值 13。也就是说,前两次的取值运算是实现指针含义的转义,最后一次的取值运算是直接取指针变量所指地址中的数据值(参见图 2-29(b)中的相应注释 D)。总之,对于基于指针的间接型数据组织及其访问操作,首先要使指针变量有明确的关联数据对象;其次,无论实际关联数据对象的类型是什么,其地址都是取其所占用存储空间的第一个基本存储单元的地址;再次,无论实际关联数据对象的类型是什么,都可以通过各种形式的首地址表示及其按需强制类型转换将实际关联数据对象的首地址赋给某个指针变量(即某个实际绑定数据对象的首地址值都是一样的,只是要按照指针变量所期望的类型进行临时类型转换以便保持类型一致性),以便建立指针变量与实际数据对象之间的关联关系。最后,通过指针变量进行数据间接访问操作时,要以指针变量定义时所期望的目标类型为基础,然后按需通过指针变量的取值运算逐级将一个地址的含义向基类型进行转义,每次转义都是减小目标数据对象的粒度(或者说是转变目标数据对象的应有类型)并以新粒度(或者新类型)数据的第一个元素的地址作为取值运算的结果,直到获得最终的基类型地址为止,从而直接取值。在此,这种逐级含义转换就是一种隐式间接绑定关系的具体体现,并且还体现了递归思想(及计算思维)的一种具体运用;或者,对于显式间接关联关系,先通过强制类型转换直接将其变为隐式间接关联关系,然后再按隐式间接关联关系的原则做访问处理。

预先构建的数据组织方法的综合应用可以看作是数据组织基础方法的一种思维拓展,随着综合应用的复杂度提升,思维拓展的维度和阶度也不断提高。例 2-9 给出了相应的思维拓展原理解析。

【例 2-8】 验证图 2-29(b)的各个注释。

通过 Baby 程序躯体,可以验证各种数据组织的实际效果。相应程序描述如下:

```
//注释 A
#include<iostream>
using namespace std;
```

```
int main( )
{
    int **p;
    p=new int *[5];                          // 计算赋值语句,参见第 3.2 小节
    p[0]=new int[6];
    p[1]=new int[6];
    p[2]=new int[6];
    p[3]=new int[6];
    p[4]=new int[6];

    *(p[3]+2)=66;
    cout<<*(*(p+3)+2);

    return 0;
}
```

```
// 注释 B
#include<iostream>
using namespace std;

int main( )
{
    int b[6][4]={ { 1, 2, 3, 4 }, { 11, 12, 13, 14 }, { 21, 22, 23, 24 },
            { 31, 32, 33, 34 }, { 41, 42, 43, 44}, { 51, 52, 53, 54} };

    cout<<& b[0][0]<<" "<<b[0]<<" "<<& b[0]
        <<" "<<b<<" "<<& b<<endl;

    return 0;
}
```

```
// 注释 C
#include<iostream>
using namespace std;

int main( )
{
    int b[6][4]={{1, 2, 3, 4},{11, 12, 13, 14},{21, 22, 23, 24},
                    {31, 32, 33, 34},{41, 42, 43, 44},{51, 52, 53, 54}};
    int (*p)[2][4]=(int (*)[2][4]) & b[0][0];
    // int (*p)[2][4]=(int (*)[2][4]) b[0];
    // int (*p)[2][4]=(int (*)[2][4]) & b[0];
    // int (*p)[2][4]=(int (*)[2][4]) b;
    // int (*p)[2][4]=(int (*)[2][4]) & b;

    cout<<*(*(*p + 1)+2);

    return 0;
}
```

```
//注释 D
#include<iostream>
using namespace std;

int main( )
{
    int b[6][4]={{1, 2, 3, 4},{11, 12, 13, 14},{21, 22, 23, 24},
    {31, 32, 33, 34},{41, 42, 43, 44},{51, 52, 53, 54}};

    int (*p)[2][4]=(int (*)[2][4]) b[0];
    // int (*p)[2][4]=(int (*)[2][4]) & b;

    cout<<*p[1][2]<<endl;   // 41
    cout<<(*p)[1][2]<<endl;   // 13
    cout<<(*p[1])[2]<<endl;   //23
    cout<<*(*(*p +1) +2)<<endl;   // 13
    cout<<*(*(*(p +1) +2))<<endl;   // 41
    cout<<*(**(p +2) +2)<<endl;   // 43
    cout<<*(**p +2)<<endl;   // 3

    int x =8;
    int (*q)[5]=(int (*)[5])& x;
    cout<<(*q)[0]<<endl;   // 8

    return 0;
}
```

```
//注释 E
#include<iostream>
using namespace std;

int main( )
{
    int x =99;
    int **p =(int **)& x;
    cout<<*(int *)p<<endl;   //99
    int ***p1 =(int ***)& x;
    cout<<*(int *)p1<<endl;   //99
    int a[5]={ 2, 4, 6, 8, 0 };
    int (**p2)[2][4]=(int (**)[2][4])a;
    cout<<(**(int(*)[2][4])p2)[2]<<endl;   //6
    int (**p3)[5]=(int (**)[5])a;
    cout<<*(*(int(*)[5])p3 +2)<<endl;   //6

    return 0;
}
```

```
//注释 F
#include<iostream>
using namespace std;
```

```
int main( )
{
    int x = 88;
    int a[5] = {2, 4, 6, 8, 10};
    int b[3][4] = {{1, 2, 3, 4}, {11, 12, 13, 14}, {21, 22, 23, 24}};

    int *p = &x;
    int **p1 = &p;
    int *p2[3] = { &x, &x, &x};
    int *p3[2][3] = { &x, &x, &x, &x, &x, &x};
    int (*p4)[5] = &a;
    int (*p5)[3][4] = &b;
    struct { int x; float y; } s = {1,1.1}, *p6[3] = { &s, &s, &s};

    cout << *p << endl;
    cout << **p1 << endl;
    cout << *p2[2] << endl;
    cout << *p3[1][2] << endl;
    cout << *(*p4+2) << endl;
    cout << *(*(*p5+1) +2) << endl;
    cout << (*p6[2]).x << endl;

    return 0;
}
```

```
88
88
88
88
6
13
1
```

【例2-9】 自定义复杂数据组织结构的思维降阶。

1. 对于二维数组的定义,可以采用如图 2-30 所示形式。请分析其思维特征及与定义 int a[6][8];的区别。

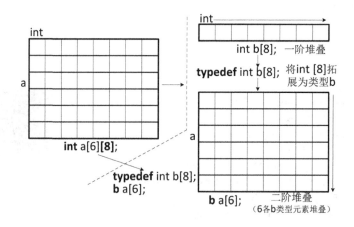

图 2-30 二维数组定义

2. 针对图 2-31 所示的具体数据组织结构,解析其思维降阶原理。

针对问题 1,基于"2+3"游戏原理,首先由 8 个相同的 int 型变量堆叠为一个一维数组 b,然后再以 6 个相同的"b 类型变量"堆叠为一个一维数组 a。在此,关键词 typedef 将一个具体的复杂数据组织结构 int [8]通过别名 b 拓展为一种类型(或者,将类型 int [8]取名为 b、将 int [8]

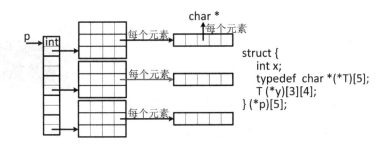

图 2-31　一种复杂数组组织结构

定义为一种类型 b)。相对于 int a[6][8];定义,由于显式地给出了别名 b,因此,图 2-30 的定义形式具有明显的二阶思维特征(分别以不同元素类型堆叠两次),而 int a[6][8];定义形式将"6"和"8"两次堆叠放在同一个思维层次,尽管从定义形式看,int a[6][8];比图 2-30 定义形式简洁直接,但由于掩盖了两次叠加的思维逻辑,导致因思维综合所带来的复杂性,因此,对于基于指针的二维(及多维)数组元素访问操作会带来理解的困难。具体解析如图 2-32 所示。

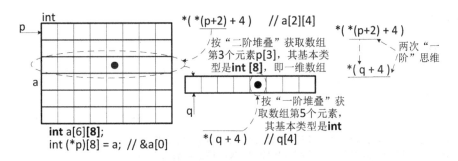

图 2-32　基于指针的二维数组访问

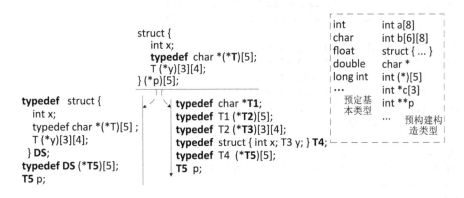

图 2-33　复杂数据组织结构的思维降阶

针对问题 2,基于"2+3"游戏原理,可以通过关键词 typedef 为该数据组织结构的各个子结构取一个别名并将其拓展为一种类型,使得一个复杂的数据组织结构定义可以呈现简洁的描述形式,从而降低思维的阶度。也就是说,显式地解析了复杂思维的逻辑特征。图 2-33 所示给出了相应解析。进一步利用 Baby 程序躯体,可以验证上述解析(如图 2-34 所示)。

```
// 问题 1
#include<iostream>
using namespace std;

int main( )
{
    int a[6][8]={{0},{1,2},{2,43,45,8,5,78,22,9},{3,4},{8,2,9},{8}};
    typedef int b[8];
    b c[6]=    {{0},{1,2},{2,43,45,8,5,78,22,9},{3,4},{8,2,9},{8}};

    cout<<a[2][3]<<endl;
    cout<<c[2][3]<<endl;

    return 0;
}
```

```
// 问题 2(考虑绘图需要,各个数组大小相应缩小)
#include<iostream>
using namespace std;

int main( )
{
    struct {
        int x;
        typedef char *(*t)[3];
        T (*y)[2][3];
    } (*p)[2], q[2];

    char *s1_111="s111", *s1_112="s112", *s1_113="s113";
    char *s1_121="s121", *s1_122="s122", *s1_123="s123";
    char *s1_131="s131", *s1_132="s132", *s1_133="s133";
    char *s1_211="s211", *s1_212="s212", *s1_213="s213";
    char *s1_221="s221", *s1_222="s222", *s1_223="s223";
    char *s1_231="s231", *s1_232="s232", *s1_233="s233";

    char *t11[3]={s1_111, s1_112, s1_113};
    char *t12[3]={s1_121, s1_122, s1_123};
    char *t13[3]={s1_131, s1_132, s1_133};
    char *t21[3]={s1_211, s1_212, s1_213};
    char *t22[3]={s1_221, s1_222, s1_223};
    char *t23[3]={s1_231, s1_232, s1_233};

    typedef char *(*t)[3];
    T a[2][3]={&t11, &t12, &t13, &t21, &t22, &t23};
    q[0]={11, &a};
    q[1]={22, &a};
    p=&q;

    T (*t)[2][3]=(*(*p+1)).y;
    cout<<(*(*p+1)).x<<endl;
    cout<<*(**(*(*t+1)+2)+1);

    return 0;
}
```

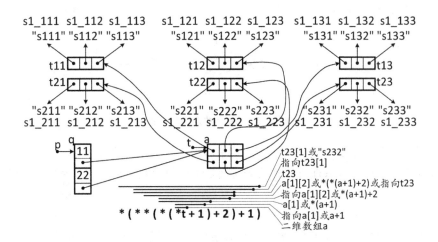

图 2-34　例 2-9 复杂数据组织结构的验证

　　C++ 语言中,关键词 typedef 的作用是,1)为预定的内置类型(包括预定的基本类型和基于"2+3"游戏原理预先构建好的几种构造类型,例如:结构体,关联等)取一个别名;2)为基于"2+3"游戏原理构建的任意一种具体的复杂数据组织结构取一个别名并将其拓展为一种自定义数据类型(即定义一种类型),实现具体/特殊到抽象/普遍的思维提升。typedef 支持对同一种类型按需取多个别名。本质上,对于预定内置类型的别名也可以看作是一种类型,只不过其与原类型一致。

　　值得注意的是,用于 typedef 的子结构每次必须是预定的基本类型或预构建的几种构造类型(参见图 2-33)。通过 typedef,针对基于"2+3"游戏原理构建的任意一种具体的复杂数据组织结构,可以将其不断进行分解到预定的内置类型或构造类型,并为每次分解得到的预定内置类型或构造类型取不同别名以简化复杂数据组织结构的描述,同时,每次分解得到的预定内置类型或构造类型(即 typedef 的子结构)可以通过其别名进行共享使用(即以该别名作为类型进行其他使用)。

2.6　本章小结

　　本章主要解析了程序设计中数据组织基础方法构建的基本原理,并深挖其计算思维特性。同时,给出了程序设计中常用的一些数据组织结构,以及 C++ 语言中基于数据组织基础方法预先构建的一些数据组织方法(即预先定义的构造类型)及其应用解析。并且,通过对具体数据组织结构的类型化拓展,进一步解析了数据组织基础方法基本原理所蕴含的思维能量。

习　　题

　　1. C++ 语言中,"\1235"中含有几个字符?

　　2. 解释绑定与关联的区别。

3. 下列 A、B、C 三个数据,哪个是常量? 哪个是变量? 哪个是常变量?

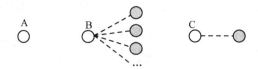

图 2-35　单个数据组织形态

4. 数据组织基础方法的定义是什么? 请解释该方法的基本原理。

5. 数据组织方法基本原理可以通俗地称为"2+3"的游戏。请分别解释"2"、"3"、"2+3"的具体内涵。

6. 依据数据组织基础方法基本原理,解析三种常用基本数据组织形态之间的内在联系。

7. 如果树结构的根为第 1 层,那么一棵 n 层的二叉树最多有多少个结点?。

　　A. $2^n - 1$　　　　　　B. 2^n　　　　　　C. $2^n + 1$　　　　　　D. 2^{n+1}

8. 举例解释数据组织基础方法的自展(演化)特性。

9. 给出下列各种数据组织结构的具体描述(用 C++ 描述)。

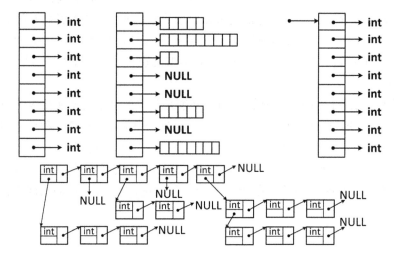

图 2-36　数据组织结构实例

10. C++ 语言中,依据类型一致性原则,如何将一个指向二维数组的指针 p 赋值给指向 int 型的指针 q? (提示: ∗p 与 q 类型一致)

11. 请解析计算思维原理在图 2-21、图 2-22 和图 2-23 中的具体应用。

12. 什么是构造类型? 它是如何实现的? C++ 语言中有哪些预先构建好的构造类型?

13. typedef 的作用是什么? 请解释其蕴含的思维抽象特性(提示:特殊到普遍)。

14. 基于数据组织基础方法原理和 typedef 两者的结合,是否可以定义任意的数据类型? 为什么?

15. 对于入栈顺序为 a, b, c, d, e, f, g,下列选项中哪一个是非法的出栈序列? (NOIP2017)

　　A. a, b, c, d, e, f, g　　　　　　　　B. a, d, c, b, e, g, f

C. a, d, b, c, g, f, e D. g, f, e, d, c, b, a

16. 设堆栈 S 的初始状态为空,数据元素 a,b,c,d,e,f 依次入栈 S,出栈的序列为 b,d,c,f, e,a,则堆栈 S 的容量至少应该是多少? (NOIP2008)

A. 6 B. 5 C. 4 D. 3 E. 2

17. 基于数组的循环队列中,数组的下标范围是 $1\sim n$,其头尾指针分别为 f 和 r,则其元素个数是多少?

A. $r-f$ B. $r-f+1$ C. $(r-f)\ \%\ n+1$ D. $(r-f+n)\ \%\ n$

18. 针对二维数组 int a[m][n],通过其指针 p 访问元素 a[i][j](p 指向 a 的起始),可以表示为 *(*(p+i)+j),通过指向一个 int 的指针 q 访问元素 a[i][j](q 指向 a 的第一个元素),可以表示为 *(q+i*n+j),请分析两者的思维特征。

19. 对于“二维数组”和“二阶数组”两个名字,它们有什么本质上的思维区别?

第 3 章　数据处理基础

本章主要解析：程序设计中的数据处理基础方法及其在 C++ 语言中的支持机制；程序设计中一些常用数据处理方法及其 C++ 语言描述；计算思维原理在数据处理基础方法和常用数据处理方法中的具体应用。

本章重点：程序设计中数据处理基础方法的构建原理及其诠释的计算思维原理应用；程序设计中的一些常用数据处理方法。

数据处理作为程序的另一个基因，主要作用是如何对已经有效地组织并存放到计算机中的数据进行处理。在此，主要解析程序设计中最基础的数据处理方法及其在 C++ 语言中的支持机制，以及由这些数据处理基础方法的具体应用而形成的一些常用数据处理方法，不涉及应用语义层面的各种高级的数据处理方法。

数据处理最终都是通过 CPU 的运算器完成，运算器完成两种基本运算：算术运算和逻辑运算。因此，程序设计中最基础的数据处理方法及其语言支持机制一般也都是围绕这两种运算展开，是这两种运算的抽象外化映射。

程序设计语言中，一般都是以表达式概念对应于数据的基本运算，以计算赋值语句、输入输出语句作为基础的数据处理单元，以流程控制语句作为数据处理基础单元之间的一阶关系描述机制，由此构成程序设计语言中面向数据处理的相应基本语句集合并定义其语言描述支持机制。然后，以（基本语句集，基本语句之间的关系集）二元组建立数据处理基础方法。特别是，基于计算思维原理，所定义的数据处理基础方法具备自我演化特性，从而，可以建立几乎满足任意需求的数据处理方法。

预定义基本运算与表达式

表达式是用于表达数据运算的一种形式化描述，它是数据处理的最小单元，完成基本运算。表达式一般由运算量和运算符组成（允许只有一个运算量组成，它是表达式的最简表示），运算量就是第 2 章所介绍的各种数据组织结构形态的具体实例，运算符是运算的符号表示并蕴含定义的运算规则，对应于 CPU 运算器两种基本运算而演化出来的各种基本运算。任何一种语言机制中,一般都会预先定义若干种基本运算。

表达式的核心在于运算规则的定义,它一般由运算符的优先级和结合性决定。优先级规定了运算符之间的优先计算关系,即当两个运算符同时相邻地出现在一个表达式中时,哪一个运算符优先进行计算;结合性用于补充和完善优先级规则,它规定了相同优先级运算符之间的优先关系,即当两个具有相同优先级的运算符或两个同一种运算符同时相邻地出现在一个表达式中时,哪一个运算符先进行计算(或哪一个运算符优先与它们公共的运算量相结合)。另外,通过小括号,可以改变表达式固有的运算优先顺序。

C++ 语言中,表达式语义特别丰富。一方面,其数据类型非常丰富,可以细粒度的表达和组织数据;另一方面,其运算符也非常丰富。附录 B 给出了 C++ 语言所定义的全部运算符及其解析。

对应于 CPU 运算器的两种基本运算,表达式一般有算术表达式和关系表达式、逻辑表达式。算术表达式(由运算量和算术运算符组成)用于算术运算,关系表达式(由运算量、算术表达式和关系运算符组成)用于表达基本条件,逻辑表达式(由运算量、关系表达式和逻辑运算符组成)用于表达复合条件。实际应用中,表达式一般都是由这三种表达式叠加的混合表达式。依据运算符的优先级,显然,算术表达式计算优先于关系表达式计算,关系表达式计算优先于逻辑表达式计算。

表达式使用时,要注意运算量的类型匹配及转换问题。因为运算符都是针对相同类型数据进行的,因此,对于二元运算,每当两个不同类型的运算量出现在一个运算符的两边时,就涉及类型转换,即先将两个运算量的数据类型转变为统一,然后再进行运算。

类型转换一般是自动隐式地将存储空间小的数据类型向存储空间大的数据类型转换;反之,则需要通过显式的类型转换运算(参见附录 B 中的类型转换运算符)进行强制转换。强制转换可能会带来数据溢出问题而导致转换结果错误。

另外,鉴于 C++ 语言中支持表达式的嵌套应用,因此,针对表达式,一定要区分表达式结果和表达式中某个变量结果两者之间的区别。

【例 3-1】　C++ 语言运算表达式应用示例及解析。

1) ++x 与 x++

2) 55 / 7 与 55 / 7.0

3) 'b' < 'a' 与 x>y

4) x>0 ? x : -1

5) x<<2 与 x*4

6) x=8, y=9, z=x & y

7) 66 && 88 与 66 & 88

8) x=8 与 x==8

针对 1),++x 的含义是,按序执行两步操作:①将变量 x 的当前值增加 1(自增);②表达式返回值为自增 1 后的 x。x++ 的含义是,按序执行三步操作:①将变量 x 的当前值取出并存放到一个临时位置;②将变量 x 的当前值增加 1(自增);③表达式返回值为临时位置存放的值(即自增 1 前的 x)。由此可见,对于变量 x 本身而言,单目运算 ++ 前置和后置都是使其自增 1,然而两个表达式的值是不同的,前置是取自增后的 x 值,后置是取自增前的 x 值。并且,前置表达式具有左值特征(即表达式可以被赋值,相当于变量),而后置表达式不具有左值特征。

针对2),55/7 是整数整除,结果为7,余数部分丢掉。而 55/7.0 的除数是 float 类型,被除数是 int 类型,因此首先将 int 类型的55自动隐式转换为55.0,然后进行浮点数除法运算 55.0/7.0,表达式结果为 7.85714。

针对3),'b'<'a' 是关系运算,表达一个基本条件。依据字符'a'和'b'的 ASCII 码,显然该条件不成立(即关系运算结果为假),按照 C++ 语言规定,0 表示假,因此,该表达式的结果为0。对于 x>y,假设变量 x、y 的当前值分别是88和66,显然该条件成立(即关系运算结果为真),按照 C++ 语言规定,非0表示真,因此,该表达式的结果为1(以非零值1代表)。

针对4),表达式是一个三目运算,假设变量 x 的当前值为6,则条件部分 x>0 成立,于是整个表达式的结果取问号和冒号之间的运算式,即变量 x 的当前值;如果假设变量 x 的当前值为0,则条件部分 x>0 不成立,于是整个表达式的结果取冒号后面的运算式,即常量-1。

针对5),假设变量 x 的当前值为6,x<<2 将变量 x 当前值依据二进制左移两位,其表达式结果是24;表达式 x*4 的结果也是24。由此可见,乘法可以通过执行效率更高的逻辑运算来实现。

针对6),按照逗号运算的规则,按序执行 x=8、y=9 和 z=x&y,整个表达式的结果由最后的运算式 z=x&y 决定,即将 x&y 的值8赋给变量 z 以后取 z 的当前值8。

针对7),66和88都非0为真,因此表达式 66&&88 的结果为真,即1。因66的二进制表示为1000010,88的二进制表示为1011000,因此,表达式 66&88 的结果为二进制 1000000,即64。

针对8),表达式 x=8 将8赋值给 x,使 x 的当前值为8。表达式 x==8 是判断 x 的当前值是否等于8,如果等于8,则表达式表示的基本条件成立为真,表达式结果为1;否则,表达式表示的基本条件不成立为假,表达式结果为0。

借助于 Baby 程序躯体,可以验证上述各个表达式的结果,相应程序描述如下:

```cpp
#include<iostream>
using namespace std;

int main( )
{
    int x=66, y=88, z;

    cout<<x<<','<<endl;
    cout<<++x<<','<<endl;
    cout<<x<<endl;
    cout<<'@'<<'@'<<'@'<<endl;
    cout<<x<<','<<endl;
    cout<<x++<<','<<endl;
    cout<<x<<endl;
    cout<<'='<<'='<<'='<<endl;
    cout<<55/7<<','<<55/7.0<<endl;
    cout<<('b'<'a')<<','<<(x>y)<<endl;
    cout<<(x>0 ? x : -1)<<endl;
    cout<<(x<<2)<<','<<x*4<<endl;
    cout<<(x=8,y=9,z=x&y)<<','<<x<<','<<y<<','<<z<<endl;
    cout<<(66 && 88)<<','<<(66 & 88)<<endl;
    cout<<(x=8)<<','<<x<<','<<(x==8)<<endl;

    return 0;
}
```

 基本处理语句

1. 计算赋值语句

计算赋值语句用于将一个表达式的计算结果存储到一个变量中,作为变量的当前值(即改变一个变量原来存储的值)。C++ 语言中,计算赋值语句的描述方法和应用示例及解析,如图3-1所示。

计算赋值语句中,表达式计算结果值的数据类型与待赋值变量(或具备左值特征的表达式结果值)的数据类型之间,也存在类型匹配及转换问题,其转换规则与表达式中的类型转换规则一致。

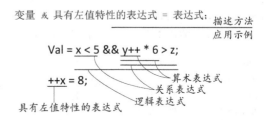

图 3-1　C++ 语言计算赋值语句描述方法及应用示例解析

【**例 3-2**】　表达式计算及赋值语句。

```cpp
#include<iostream>
using namespace std;

int main( )
{
    int x =2, y =8, z =42, Val;
    float k =8.6;

    Val =x<5 && y++*6>z;
    cout<<Val<<','<<x<<','<<y<<endl;
    ++x =8;
    cout<<x<<endl;
    x =k;        // 类型转换
    cout<<x;

    return 0;
}
```

```
1, 2, 9
8
8
```

2. 输入输出语句

输入输出语句用于程序与外部的交流,输入语句用于将外部的原始数据或其他信息输入给程序;反之,输出语句用于将程序运行状态或处理结果输出给外部。第 1 章 Baby 程序的"第一声啼哭"就是采用输出语句向世界宣告其诞生的。输入输出语句与程序中的某种数据组织结构相对应,因此,输入输出语句的描述中,必须提供相应数据组织结构实例的名称。

输入输出涉及系统硬件资源的控制,是一个比较复杂的过程,为了简化及便于程序的输入输出,程序设计语言的支持机制都对输入输出的处理过程做了抽象和封装处理。C++ 语言中,通过提供预定义的抽象输入输出对象(有关对象的概念及其实现机制,参见第 2 部分方法篇第7、8 章的解析)来解决程序的输入输出问题。具体而言,对于输入,程序可以通过输入流对象实

例 cin 实现,相应输入语句的描述方式及示例解析,如图 3-2 所示;对于输出,程序可以通过输出流对象实例 cout 实现,相应输出语句的描述方式及示例解析,如图 3-3 所示。有关输入输出流对象的概念及其实现原理和 C++ 支持机制,参见第 11 章的解析。

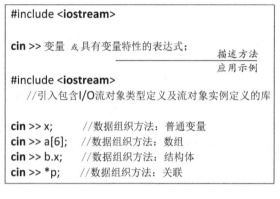

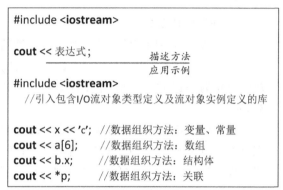

图 3-2　C++ 语言输入语句描述方式及应用示例解析　　图 3-3　C++ 语言输出语句描述方式及应用示例解析

　　C++ 语言中,除了计算赋值语句和输入输出语句外,还提供空语句(用分号;或 NULL;表示,它仅用于语句中的语法占位,不做任何数据处理)和注释语句,注释语句对数据不做任何处理,它仅仅用于人们对程序进行相关说明以便对程序进行维护(也可以看成是辅助数据处理)。注释语句分为单行注释(用双斜杠// 做起始标志)和多行注释(分别用符号/ * 和 */做起始与结束标志)。

【例 3-3】　输入语句与输出语句。

　　通过 Baby 程序躯体,可以验证输入语句和输出语句的实际效果。程序描述如下:

```cpp
#include<iostream>
using namespace std;

int main( )
{
    int a, b[5],
        *p =& b[3],
        & q =b[1];
    int **p1 =& p;
    char c1, c2[5], *p2 =c2;
    struct S { int a; char b; };
    S s1;

    cin>>a;
    cin>>b[0]>>b[1]>>b[2]>>b[3]>>b[4];
    cout<<a<<'|'<<b[0]<<','<<b[1]<<','<<b[2]<<','<<b[3]
        <<','<<b[4]<<endl;
    cin>>*p>>q;
    cout<<*p<<','<<q<<endl;
    cout<<b[0]<<','<<b[1]<<','<<b[2]<<','<<b[3]<<','<<b[4]<<endl;
    cin>>**p1;
```

```
cout<<**p1<<endl;
cout<<b[0]<<','<<b[1]<<','<<b[2]<<','<<b[3]<<','<<b[4]<<endl;
cin>>c1;
cin>>c2[0]>>c2[1]>>c2[2]>>c2[3]>>c2[4];
cout<<c1<<c2[0]<<','<<c2[1]<<','<<c2[2]<<','<<c2[3]
    <<','<<c2[4]<<endl;
cin>>s1.a>>s1.b;
cout<<s1.a<<','<<s1.b<<endl;

return 0;
}
```

3.3 基本处理语句的一阶组合关系：流程控制语句

计算赋值语句和输入输出语句(以及空语句)构成基础的数据处理单元,流程控制语句用于组织数据处理基础单元之间的逻辑关系,以便模拟人类处理复杂问题时的思路并进行控制描述。目前,基于对人类处理问题时所采用的基本逻辑思路的归纳和抽象,流程控制语句一般有分支和循环两种,分别用于描述选择处理和重复处理。

C++ 语言中,对应于分支处理流程控制及描述,给出了 if 语句、if-else 语句和 switch 语句,分别用于单分支、双分支和多分支的控制描述说明。图 3-4 所示解析了分支语句的描述方式

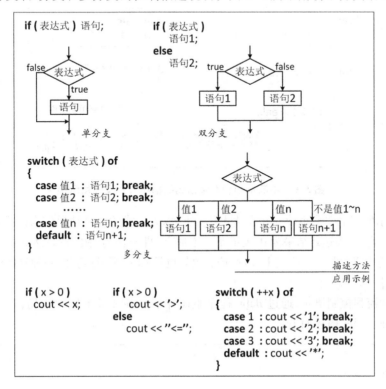

图 3-4　分支语句的描述方式及应用示例

49

及应用示例。对应于循环流程控制及描述,给出了 for 语句、while 语句和 do-while 语句,分别用于不同方式循环的控制描述说明。图 3-5 所示解析了循环语句的描述方式及应用示例。另外,配合流程控制语句的使用,C++ 语言还提供了 break 语句和 continue 语句,其描述方式和应用示例及解析,如图 3-6 所示。

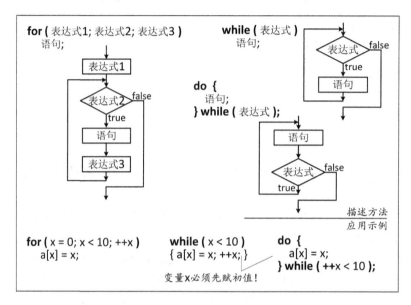

图 3-5 循环语句的描述方式及应用示例

```
break;
 [用于(多)分支语
  句、循环语句]                                continue;
                                             [仅用于循环语句]     描述方法
                                                              应用示例
 for ( x = 0; x < 10; ++x )
 {                                          for ( x = 0; x < 10; ++x )
     ....;                                  {
     if ( x % 2 ) break;                        ....;
     ....;                                      if ( x % 2 ) continue;
 }                                              ....;
                                            }
      在循环体中使用时,
      终止整个循环语句            在循环体中使用时,终止本
                              轮循环,继续下一轮循环
```

图 3-6 中断语句和继续语句的描述方式及应用示例

流程控制语句的实现,也建立在表达式基础上,以表达式的计算结果作为流程控制的条件和基础。C++ 语言中,表达式结果为 0,表示条件不成立(即条件为"假");表达式结果为非 0,表示条件成立(即条件为"真")。事实上,流程控制语句也是 CPU 逻辑运算的一种具体外化表现。

【例 3-4】 流程控制语句 。

针对各种流程控制语句,通过 Baby 程序躯体并结合各种基本处理语句,可以进行相应的实际应用验证。程序描述如下:

```
// if 语句
#include<iostream>
using namespace std;
```

```
int main( )
{
    char ch;

    cin>>ch;
    if( ch>='a' && ch<='z')
        cout<<( char)( ch- 32);

    return 0;
}
```

```
// if- else 语句
#include<iostream>
using namespace std;

int main( )
{
    char ch;

    cin>>ch;
    if( ch>='a' && ch<='z')
        cout<<( char)( ch- 32);
    else
        cout<< ++ ++ch;

    return 0;
}
```

```
// switch 语句
#include<iostream>
using namespace std;

int main( )
{
    int score;

    cin>>score;
    switch( score / 10){
        case 10 :
        case 9 : cout<<'A'; break;
        case 8 : cout<<'B'; break;
        case 7 : cout<<'C'; break;
        case 6 : cout<<'D'; break;
        default : cout<<'E';
    }

    return 0;
}
```

```
// while 语句
#include<iostream>
using namespace std;

int main( )
{
    int Num, Sum =0;

    cin>>Num;
    while( Num)
      Sum +=Num- - ;
    cout<<Sum;

    return 0;
}
```

```
// do- while 语句
#include<iostream>
using namespace std;

int main( )
{
    int Num, Sum =0;

    cin>>Num;
    do {
        Sum +=Num;
    } while( - - Num);
    cout<<Sum;

    return 0;
}
```

```
// for 语句
#include<iostream>
using namespace std;

int main( )
{
    int k, a[10], *p =a;

    for( k =0; k<10; ++k)
        cin>>a[k];
    for( k =9; k>0; - - k)
        cout<<*( p +k)<<',';    // 对比例 2- 3( 显式给出每个元素输出)
    cout<<*p;

    return 0;
}
```

3.4 基本处理语句的二阶组合关系：堆叠与嵌套

通过基本处理语句的一阶组合，构建了用于处理分支和重复的描述机制——分支语句和循环语句，由此，建立了语言体系中语句层次较为完善的描述支持机制，即基本语句集合（包括基本处理语句和流程控制语句）。

针对复杂处理，单个语句的作用有限，需要建立多个语句之间的组合关系。基于逻辑特征，用于描述基本语句之间关系的基本方法一般有堆叠和嵌套两种，堆叠是指两个基本语句之间的顺序排列关系，嵌套是指两个基本语句之间的包含关系。堆叠相当于横向关系，描述语句组合的维度或广度；嵌套相当于纵向关系，描述语句组合的阶度或深度。

程序设计语言中，顺序流程就是堆叠关系的具体体现，流程控制语句中的"语句"部分和流程控制语句本身两者之间就是嵌套关系的一种具体体现。

C++语言中，基本语句的堆叠与嵌套仍然是通过流程控制语句实现，即流程控制语句本身既作为数据处理基础单元之间逻辑关系的描述机制，又作为基本语句（包括流程控制语句本身）之间关系的描述机制。因此，流程控制语句是语言机制体系语句层次中比较特殊的语句，对程序设计具有重要的意义。图3-7所示给出了基本语句堆叠与嵌套方法的相应解析，例3-5至例3-12借用Baby程序躯体给出了各种案例及解析。

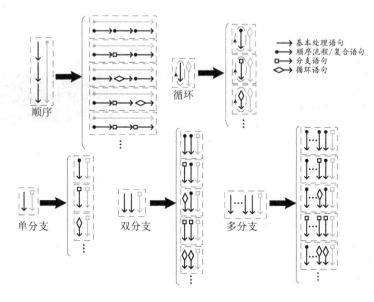

图3-7 语句的堆叠与嵌套

【例3-5】 两数交换。

两数交换作为基本的数据处理方法，具有广泛的用途。鉴于计算机内部存储器制造材料的特点，对于a和b两个数据的交换，不能直接通过计算赋值语句a=b; b=a;实现。因为第一个计算赋值语句会将变量a中原来存储的值覆盖掉，导致第二个计算赋值语句中变量a的当前值就是变量b的值，从而，达不到两个数据相互交换的目的。

为此,可以通过引入一个中间变量t,首先通过计算赋值语句t=a;,将变量a的原值复制(保存)到变量t中;然后,通过计算赋值语句a=b;,将变量b的值复制到变量a中(覆盖变量a中的原值);最后,通过计算赋值语句b=t;,将变量t的值(即变量a的原值)复制到变量b中(覆盖变量b中的原值)。如此,通过三个计算赋值语句的堆叠,实现两个数据的交换。图3-8所示给出了相应的解析。

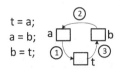

图3-8　两数交换的基本原理

a=a+b;	a=a ^ b;
b=a-b;	b=a ^ b;
a=a-b;	a=a ^ b;

图3-9　两数交换的其他方法

针对两个数据的交换,还可以有如图3-9所示的两种方法。这两种方法利用了相应的数学特点,不需要引入中间变量。

基于Baby程序躯体,可以验证各种交换方法的效果。程序描述如下:

```cpp
#include<iostream>
using namespace std;

int main()
{
    int t, a, b;

    cin>>a>>b;
    cout<<"交换前: a="<<a<<", b="<<b<<endl;
//  t=a; a=b; b=t;
//  a=a+b; b=a-b; a=a-b;
    a=a ^ b; b=a ^ b; a=a ^ b;
    cout<<"交换后: a="<<a<<", b="<<b<<endl;

    return 0;
}
```

```
C:\Use...    —    □    ×
66 88
交换前: a = 66, b = 88
交换后: a = 88, b = 66
```

【例3-6】　continue语句与break语句的区别。

```cpp
#include<iostream>
using namespace std;

int main()
{  // break 语句
    int a[10]={ 1, 2, 3, 4, 5, 6, 7, 8, 9, 10 };

    for(int i=1; i<=10; ++i) {
        cout<<"@@@@@@-"<<a[i-1];
        if( ! (i % 3))
            break;
```

```
■|    —    □    ×
@@@@@@-1&&&&&&-1
@@@@@@-2&&&&&&-2
@@@@@@-3End.
```

```
            cout<<"& & & & & - "<<a[i-1]<<endl;
        }
        cout<<"End.";

        return 0;
}


#include<iostream>
using namespace std;

int main( )
{   // continue 语句
    int a[10]={ 1, 2, 3, 4, 5, 6, 7, 8, 9, 10 };

    for( int i=1; i<=10; ++i ) {
        cout<<"@@@@@@-"<<a[i-1];
        if( ! ( i % 3 ) )
            continue;
        cout<<"& & & & & - "<<a[i-1]<<endl;
    }
    cout<<"End.";

    return 0;
}
```

【例 3-7】　输入 10 个整数,输出其中的偶数。

　　针对本题,可以通过数组进行数据组织,然后通过 for 语句和 if 语句的嵌套,逐个判断数组元素值是否能够被 2 整除而解决。

　　基于 Baby 程序躯体,效果验证的程序描述如下:

```
#include<iostream>
using namespace std;

int main( )
{
    const int n=10;
    int data[n];

    for( int i=0; i<n; ++i )
        cin>>data[i];

    for( int i=0; i<n; ++i ) {
        if ( data[i] % 2==0 )   // ! ( data[i] % 2 )
            cout<<data[i]<<' ';
    }

    return 0;
}
```

【例 3-8】 判断一个整数是不是一个素数。

所谓素数(也称为质数),是指一个只能被 1 和它自己整除的自然数。对于素数的判定也可以通过 for 语句和 if 语句的嵌套,逐个判断一个自然数是否能够被除 1 和它自己之外的数整除而解决。

基于 Baby 程序躯体,效果验证的程序描述如下:

```cpp
#include<iostream>
using namespace std;

int main( )
{
    int x, flag =0;

    cin>>x;
    for( int i =2; i<x - 1 && ! flag; ++i)
        if( x % i ==0) flag =1;
    if（flag）
        cout<<x<<" is not a prime! \n";
    else
        cout<<x<<" is   a prime! \n";

    return 0;
}
```

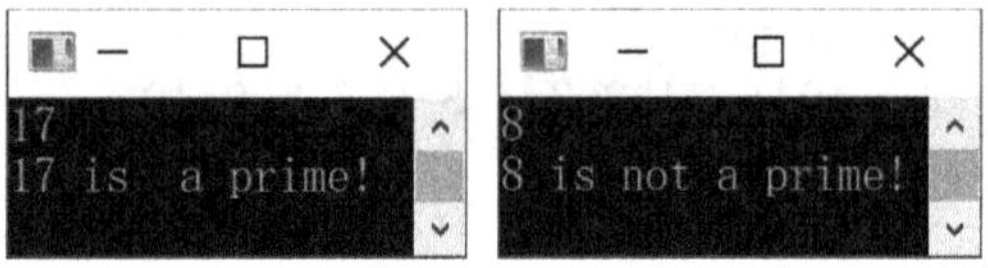

【例 3-9】 三角图形打印。

三角图形打印是其他各种规则形状图形打印的母方法。三角图形打印的基本方法是:首先,解决一个行的打印输出;然后,依据输入的行数,重复运用该方法多次(在此,体现了计算思维的具体运用)。

对于一个行的打印输出,主要依据当前行号 i,找到该行前面空格、后面 * 号各自应该打印输出的个数,然后分别通过循环语句描述即可。具体解析如图 3-10 所示。

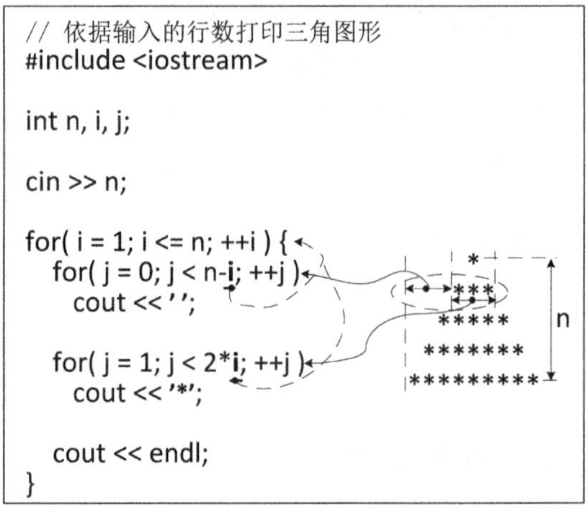

基于 Baby 程序躯体,效果验证的程序描述如下:

```cpp
// 依据输入的行数打印三角图形
#include <iostream>

int n, i, j;

cin >> n;

for( i = 1; i <= n; ++i ) {
    for( j = 0; j < n-i; ++j )
        cout << ' ';

    for( j = 1; j < 2*i; ++j )
        cout << '*';

    cout << endl;
}
```

图 3-10　三角图形打印

```cpp
#include<iostream>
using namespace std;

int main( )
{
    int n, i, j;
```

```
cin>>n;
for(i=1; i<=n; ++i) {
    for(j=0; j<n-i; ++j)
        cout<<' ';
    for(j=1; j<2*i; ++j)
        cout<<'*';
    cout<<endl;
}

return 0;
}
```

【例 3-10】　数字拆分与合并。

将一个正整数的各位数字逐个提取出来,或者反之,将多个数字合并为一个正整数,也是具有广泛用途的基本数据处理方法。数字的拆分与合并主要依据进位计数制的基本原理,也就是充分利用进位计数制的基数和位权两个概念,以及它们之间的关系。具体解析参见图3-11所示(有关进位计数制基本原理及其诠释的计算思维应用解析,参见《大学计算机基础——系统化方法解析(Windows XP & Office 2003 描述)》一书,东南大学出版社,2011/9)。

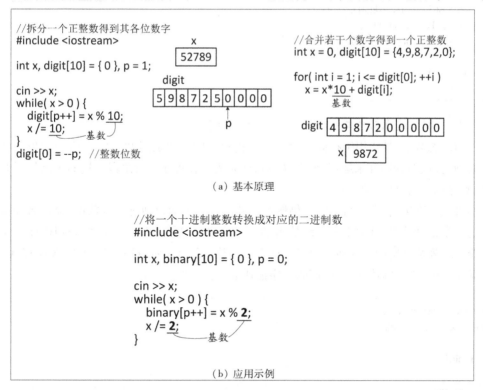

图 3-11　数字拆分与合并

数字拆分与合并方法本质上是进位计数制原理的一种应用游戏,依据基数的不同,给出了针对同一个数据的不同外观视图。因此,该方法可以实现十进制到其他进制之间的转换。

基于 Baby 程序躯体,效果验证的程序描述如下:

```cpp
#include<iostream>
using namespace std;

int main()
{
    int x, digit[10] = { 0 }, p=1, t;

    cin>>x; t=x;
    while(x>0) {
        digit[p++] =x % 10;
        x /=10;
    }
    digit[0] =--p;    //整数位数
    cout<<t<<": "<<"共"<<digit[0]<<"位。"<<endl;
    cout<<"每位分别是: ";
    for(int i=1; i<=digit[0]; ++i)
        cout<<digit[i]<<',';

    //合并各位数字得到一个整数
    int y =0;
    for(int i=1; i<=digit[0]; ++i)
    y =y*10 +digit[i];
    cout<<endl<<"各位数字反向合并得到: "<<y;

    return 0;
}
```

【例 3-11】 建立动态二维数组（与例 2-9 对比）。

所谓动态数组，是指用于存储数组元素的内存空间不是通过数组定义语句给出并在程序编译时确定（此时程序并未运行，处于静态），而是需要在程序运行阶段通过 new 运算进行申请（此时程序已运行，处于动态）。

尽管是动态申请，但数组的空间仍然是连续的。为了构建动态二维数组，显然首先需要动态构建一个指针数组，其大小由二维数组的行数确定；然后针对每一行，再分别构建一个大小由二维数组列数确定的一维动态数组。动态二维数组的直观示意图参见图 2-28 注释 A 所示。

基于 Baby 程序躯体，效果验证的程序描述如下：

```cpp
#include<iostream>
using namespace std;

int main()
{
    int **p;

    p =new int *[5];      //动态构建指针数组（对应行）
    for(int k =0; k<5; ++k)    //分别动态构建每个行一维数组（对应列）
        p[k] =new int[6];
```

```
    for( int k =0; k<5; ++k)
        for( int m =0; m<6; ++m)
            cin>>*(*(p +k) +m);

    for( int k =0; k<5; ++k) {
        for( int m =0; m<6; ++m)
            cout<<p[ k] [ m] <<' ';
            cout<<endl;
    }

    return 0;
}
```

```
■ C.    —    □    ×
1  2  3  4  5  6
7  8  9  10 11 12
13 14 15 16 17 18
19 20 21 22 23 24
25 26 27 28 29 30
1  2  3  4  5  6
7  8  9  10 11 12
13 14 15 16 17 18
19 20 21 22 23 24
25 26 27 28 29 30
```

　　显然,动态数组可以满足行列个数预先不确定、可以按需动态变化的应用场景,并且其每一行的元素个数也可以不一致。

3.5　数据处理中的计算思维

　　数据处理基础方法中,计算思维具体应用主要体现在表达式嵌套和语句堆叠与嵌套两个层面。

3.5.1　表达式嵌套

　　表达式是基本语句的核心,无论是计算赋值语句、输入输出语句,还是流程控制语句,它们都依赖于表达式。表达式具备自我演化特性,也就是表达式可以嵌套,其嵌套结果仍然可以作为一个表达式并继续可以进行嵌套。因此,二元组({表达式},{嵌套})诠释了数据处理基础方法中的计算思维应用。事实上,在 C++ 语言中,只要去掉任意一种语句最后的分号,则该语句就退化成为一个表达式,可以任意嵌套到其他表达式中。例如:对于 t= x;与 t= x,或者 cin>>x;与 cin>>x,前者都是独立的语句,而后者则是表达式。因此,cin>>t;if(t)...;与 if(cin>>t,t)...;两者等价,后者将 cin>>t 作为表达式嵌入到 if 语句中。

　　表达式的嵌套应用会带来优化求值(或称短路求值)问题。所谓优化求值,是指在一个复杂混合的逻辑表达式中,当某一步计算已经可以得到整个表达式的最终结果时,剩余未计算的表达式不再计算,此时,剩余未计算的表达式及其所嵌套的子表达式都不再计算;或者,在条件运算中,依据条件运算的第一个表达式及其运算结果,第二个表达式和第三个表达式只能两者取一,此时,另一个表达式及其所嵌套的子表达式不再计算。因此,表达式的部分计算和全部计算两种状态的结果会对后面语句的计算带来不同的效果和影响(称为优化求值的副作用)。

　　【例 3-12】　表达式优化求值的副作用。

　　1) x>y & & ++x>= y-- & & z>8

　　2) x>y ? ++x : y--

　　假设变量 x、y、z 的当前值分别是 55、56、88。

针对 1),运算式 x>y 显然不成立,此时,无论该表达式后面部分的结果是多少,其结果 0(假)已经可以决定整个表达式的结果。然而,该表达式后面部分运算式++x>=y--的执行与不执行,将会影响变量 x 和 y 的当前值是否改变,如果执行,则变量 x 和 y 的当前值分别为 56 和 55,如果不执行,则变量 x 和 y 的当前值分别仍为 55 和 56。

针对 2),显然问号前面的运算式结果为假,于是整个表达式的结果取 y--,此时,运算式++x 并没有执行,变量 x 的当前值并不会发生改变。

3.5.2　语句堆叠与嵌套

基本语句的堆叠与嵌套使基础的数据处理方法具备自我演化特性,也就是,基本语句堆叠与嵌套的结果仍然可以作为一个更大的"基本语句"看待(C++ 语言中称其为复合语句或块语句、语句块,用大括号{}表示)并继续可以进行堆叠与嵌套。因此,二元组({基本语句},{堆叠,嵌套})也诠释了数据处理基础方法中的计算思维应用。在此,基础数据处理方法可以俗称为"5+2"的游戏,其中"5"表示有 5 种语句,"2"表示语句之间的两种组合关系。更为精确地可以称为"4+1+2"的游戏,以便体现基本处理语句的一阶关系和二阶关系。

相对于表达式嵌套中的计算思维应用,语句堆叠与嵌套中的计算思维应用更具有显式特征(参见图 3-7 所示)。

3.6　常用数据处理方法

结合本章的数据处理基础方法和第 2 章的数据组织基础方法,可以建立程序设计中面向普适应用的一些常用数据处理方法。

【例 3-13】　*排序*。

对数据之间关系进行有序化处理,是大部分算法实现的基础。通过数据有序化处理,可以使得数据关系具备逻辑性,便于对其进一步处理。

排序需要解决的问题涉及 N 个数据,显然需要采用针对批量数据的组织和访问方法。在此,分别采用面向批量数据直接访问(通过堆叠方法,数组)和面向批量数据间接访问(通过关联和堆叠,指针与数组)的两种数据组织方法。图 3-12 和图 3-13 分别给出了用 C++ 语言描述的这两种数据组织方法。

```
const int n = 100;
int data[n];
```

图 3-12　面向批量数据直接访问的数据组织

```
const int n = 100;
int *p = new int[n];
```

图 3-13　面向批量数据间接访问的数据组织

```
int i;
for(i = 0; i < n; ++i)
  cin >> data[i];
```

(a) 对应于批量数据直接访问数据组织

```
int i;
for(i = 0; i < n; ++i)
cin >> *(p + i);
```

(b) 对应于批量数据间接访问数据组织

图 3-14　用 C++ 语言描述的原始数据输入

```
int i;
for(i = 0; i < n; ++i)
    cout<<data[i];
```

（a）对应于批量数据直接访问数据组织

```
int i;
for(i = 0; i < n; ++i)
    cout<<*(p + i);
```

（b）对应于批量数据间接访问数据组织

图 3-15　用 C++ 语言描述的排序结果输出

对于数据处理,在此涉及原始数据输入、排序和排序结果输出三个方面。其中,原始数据输入和排序结果输出显然可以采用循环语句实现,图 3-14 和 3-15 分别给出了用 C++ 语言描述并对应于两种数据组织方法的原始数据输入和排序结果输出两部分的程序段。

对于排序方法,显然是本问题中最核心的数据处理部分。依据计算思维原理,针对给定的一批数据,首先寻找一个小方法,实现将其中最值放置到最前面。然后,除第一个最值外,其他数据不断重复使用该小方法,直到剩下一个数据为止,即可实现对给定数据的排序。

图 3-16(a)所示给出了通过选择方式实现将其中最值放置到最前面的小方法及其 C++ 语言描述,图 3-16(b)所示通过不断重复该小方法实现了对数据集的排序及相应的 C++ 语言描述,图 3-16(c)所示给出了相应的 N-S 图。基于小方法的特点,该排序方法称为选择排序。

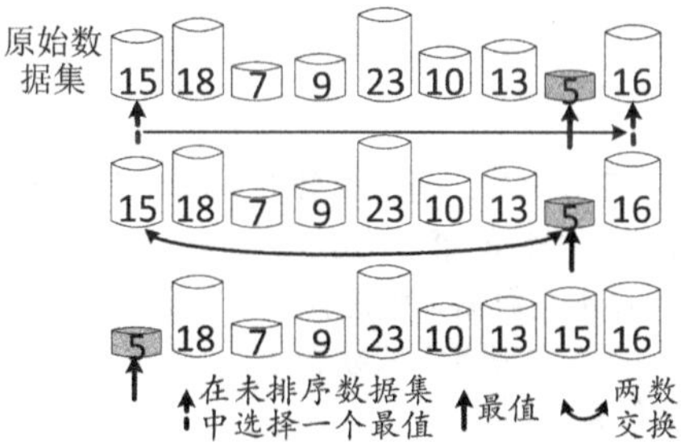

```
// 对应于批量数据直接访问数据组织
const int n = 100;
int j, temp,
    pos,      // 记录最小值位置
    data[n];

pos = 0;   // 假设第一个数最小
for(j = 1; j < n; ++j)   // 从数据集中进行选择
    if (data[j] < data[pos])   // 发现更小的数据
        pos = j;   // 更新最小数据位置
if(pos <> 0) {  // 将最小数据通过交换放到数据集的第一个位置
    temp = data[0]; data[0] = data[pos]; data[pos] = temp;


// 对应于批量数据间接访问数据组织
const int n = 100;
int j, temp, pos, data[n], *p = data;        // *p = & data[0]

pos = 0;
    for(j = 1; j < n; ++j)
        if (*(p + j) < *(p + pos))
            pos = j;
    if(pos <> 0) {
        temp = *(p + i); *(p + i) = *(p + pos); *(p + pos) = temp;
```

（a）将数据集中最值放到最前面的小方法（基于选择方式）

```
// 对应于批量数据直接访问数据组织
const int n = 100;
int i, j,
    pos,    // 记录当前最小值位置
    temp,
    data[n];

for(i = 0; i< n − 1; ++i) {  // 重复次数, i 为本次数据集第一个位置
  pos = i;    // 初始最小值是本次数据集的第一个数
  for(j = i + 1; j<n; ++j)   // 在本次数据集中选择
    if (data[j] < data[pos])  // 发现更小的数据
      pos = j;    // 更新最小值位置
    if(pos <>i) {  // 将更小的数据交换到本次数据集的第一个位置
      temp = data[i]; data[i] = data[pos]; data[pos] = temp;
    }
}

// 对应于批量数据间接访问数据组织
const int n = 100;
int i, j, pos, temp, data[n], *p = data;

for(i = 0; i< n − 1; ++i) {
  pos = i;
  for(j = i + 1; j<n; ++j)
    if (*(p + j) < *(p + pos))
      pos = j;
  if(pos <>i) {
    temp = *(p + i); *(p + i) = *(p + pos); *(p + pos) = temp;
  }
}
```

（b）不断重复使用小方法实现排序

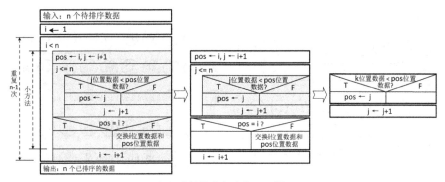

（c）选择排序方法的 N-S 图

图 3-16　选择排序方法

图 3-17(a)所示给出了通过相邻数据比较方式实现将数据集中最值放置到最前面的小方法及其 C++ 语言描述,图 3-17(b)所示通过不断重复该小方法实现了对数据集的排序及相应的 C++ 语言描述,图 3-17(c)所示给出了相应的 N-S 图。基于小方法的特点,该排序方法称为冒泡排序。

```
// 对应于批量数据直接访问数据组织
const int n =100;
int j, temp, data[n];

for(j=n-1; j>0; --j)   // 从最后位置向前冒泡
  if (data[ j ]< data[ j - 1 ]) { // 相邻两个数据后面的更小(更小的泡泡)
    temp =data[ j - 1 ]; data[ j - 1 ] = data[ j ]; data[ j ] =temp;
                        // 将更小的泡泡向前交换(即冒出)
  }
}

// 对应于批量数据间接访问数据组织
const int n =100;
int j, temp, data[n], *p =data;

for(j=n-1; j>0; --j)
  if (*(p + j)< *(p + j - 1)) {
    temp =*(p + j - 1); *(p + j - 1)= *(P + j); *(P + j)= temp;
  }
}
```

（a）将数据集中最值放到最前面的小方法（基于冒泡方式）

63

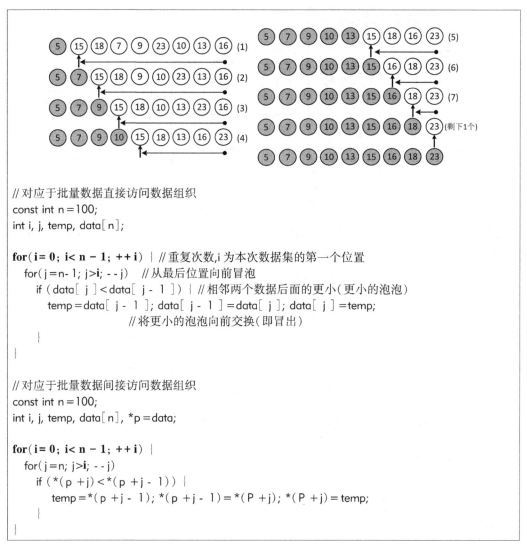

```
// 对应于批量数据直接访问数据组织
const int n = 100;
int i, j, temp, data[n];

for(i = 0; i < n − 1; ++i) { //重复次数,i 为本次数据集的第一个位置
  for(j = n - 1; j > i; - - j)    //从最后位置向前冒泡
    if (data[j] < data[j - 1]) { //相邻两个数据后面的更小(更小的泡泡)
      temp = data[j - 1]; data[j - 1] = data[j]; data[j] = temp;
                   //将更小的泡泡向前交换(即冒出)
    }
}

// 对应于批量数据间接访问数据组织
const int n = 100;
int i, j, temp, data[n], *p = data;

for(i = 0; i < n − 1; ++i) {
  for(j = n; j > i; - - j)
    if (*(p + j) < *(p + j - 1)) {
      temp = *(p + j - 1); *(p + j - 1) = *(P + j); *(P + j) = temp;
    }
}
```

(b) 不断重复使用小方法实现排序

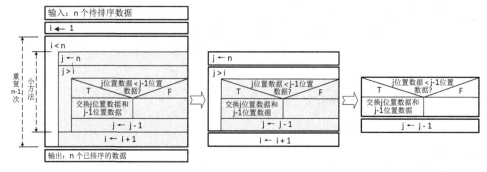

(c) 冒泡排序方法的 N-S 图

图 3-17　冒泡排序方法

图 3-18 和图 3-19 分别借用 Baby 程序躯体给出了解决本问题的完整程序描述。

```cpp
#include<iostream>
using namespace std;

const int n = 100;
int data[n];

int main()
{
    int i, j,
        pos,    //记录当前最小值位置
        temp;

    for(i=0; i<n; ++i)
        cin>>data[i];    //使用输入对象实例输入待排序的原始数据

for(i=0; i<n - 1; ++i) {    //确定第几次选择及本次供选择数据集第一个位置
    pos =i;    //每次选择的初始最小值是本次供选择数据集的第一个数
    for(j=i + 1; j<n; ++j)    //每次选择都从本次供选择数据集的剩余数据中选择
        if (data[j]<data[pos])    //发现更小的数据
            pos =j;    //更新最小值的位置
    if(pos<>i) {    //将更小的数据交换到本次供选择数据集的第一个位置
        temp =data[i]; data[i] =data[pos]; data[pos] =temp;
    }
}

for(i=0; i<n; ++i)
    cout<<data[i];    //使用输出对象实例输出排序后的结果

    return 0;
}
```

（a）对应于批量数据直接访问数据组织

```cpp
#include<iostream>
using namespace std;

const int n = 100;
int data[n];
int *p =data;

int main()
{
    int i, j, pos, temp;

    for(i=0; i<n; ++i)
        cin>>*(p+i);

    for(i=0; i<n - 1; ++i) {
        pos =i;
        for(j=i + 1; j<n; ++j)
            if (*(p +j)<*(p +pos))
                pos =j;
        if(pos<>i) {
            temp =*(p +i); *(p +i) =*(p +pos); *(p +pos) =temp;
        }
    }

for(i=0; i<n; ++i)
    cout<<*(p+i);

    return 0;
}
```

（b）对应于批量数据间接访问数据组织

图 3-18 用 C++语言描述的直接选择排序程序

```
#include<iostream>
using namespace std;

const int n = 100;
int data[n];

int main()
{
    int i, j, temp;

    for(i=0; i<n; ++i)
        cin>>data[i];    //使用输入对象实例输入待排序的原始数据

    for(i=0; i<n - 1; ++i) { //确定第几次冒泡及本次供冒泡数据集的第一个位置
        for(j=n; j>i; --j)   //每次都是从最后位置向前冒泡
            if (data[j]<data[j-1]) { //相邻两个数据后面的更小(更小的泡泡)
                temp=data[j-1]; data[j-1]=data[j]; data[j]=temp;
                            //将更小的泡泡向前交换(即冒出)
            }
    }

    for(i=0; i<n; ++i)
        cout<<data[i];    //使用输出对象实例输出排序后的结果

    return 0;
}
```

（a）对应于批量数据直接访问数据组织

```
#include<iostream>
using namespacde std;

const int n = 100;
int data[n];
int *p = data;

int main()
{
    int i, j, temp;

    for(i=0; i<n; ++i)
        cin>>*(p+i);

    for(i=0; i<n - 1; ++i) {
        for(j=n; j>i; --j)
            if (*(p+j)<*(p+j-1)) {
                temp=*(p+j-1); *(p+j-1)=*(P+j); *(P+j)=temp;
            }
    }

    for(i=0; i<n; ++i)
        cout<<*(p+i);

    return 0;
}
```

（b）对应于批量数据间接访问数据组织

图 3-19 用 C++ 语言描述的冒泡排序程序

【例 3-14】　查找。

查找是指如何在一堆数据中查找指定的数据。查找需要解决的问题也涉及 N 个数据,显然需要采用针对批量数据的组织和访问方法(如图 3-22 和图 3-23 所示)。

查找有很多方法,在此,主要解析直接查找和二分查找两种最基本的查找方法。直接查找方法通过逐个遍历给定数据集的每个数据,并将其与指定的待查找数据比较,从而得到相应处理结果(例如找到其位置或不存在)。图 3-20 所示给出了相应解析。二分查找以有序数据序列为基础,充分利用数据集已排序的特征,加快查找的过程。二分查找的基本原理是,首先查

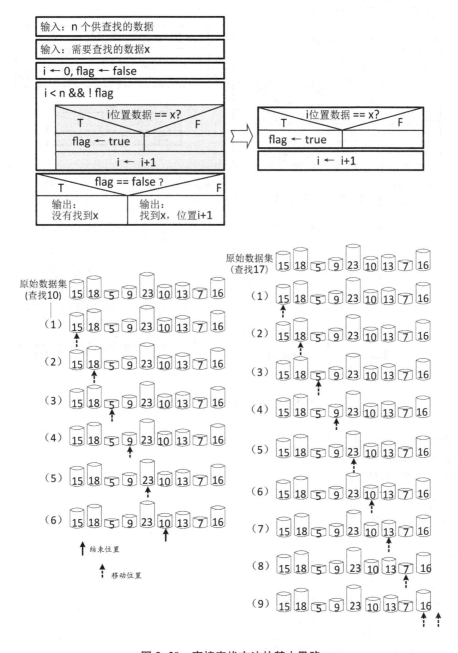

图 3-20　直接查找方法的基本思路

看给定数据集的中间一个数据，并将其与指定的待查找数据比较，如果相等则找到。否则，依据其大小关系将给定数据集查找范围减少一半，再重复同样的方法，直到找到指定数据（针对数据集包含指定待查找数据的情况）或数据集为空（针对数据集不包含指定待查找数据的情况）。具体解析参见图3-21所示。图3-22和图3-23分别借用 Baby 程序躯体给出了直接查找和二分查找两种基本查找方法的完整程序描述。

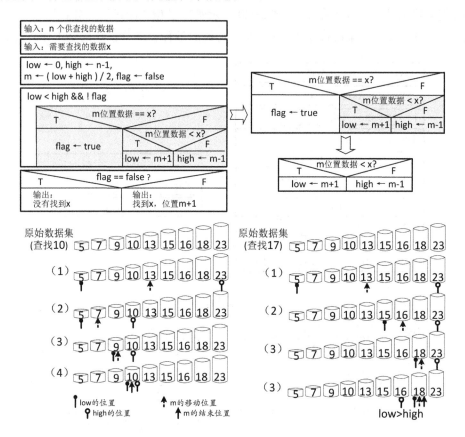

图 3-21　二分查找方法的基本思路

```
// 采用静态数据组织方法
#include<iostream>
using namespacde std;

const int n=100;
int a[n];        // 静态数据组织方法

main( )
{
    int i, x,
        flag=false;        // 标记是否已查到

    for(i=0; i<n; ++i)
        cin>>a[i];        // 输入初始供查找的数据集
```

```cpp
    cin>>x;          //输入要查找的数据

    i=0;
    while(i< n & & ！flag)｛
      if(a[ i ]==x)    //查找到 x
        flag= true;
      i++;
    ｝

    if(！flag)
        cout<<''没有找到：''<<x;
    else
        cout<<''找到：''<<x<<'',在第''<<i+1<<''位置。'';

return 0;
｝


// 采用动态数据组织方法
#include<iostream>
using namespacde std;

const int n=100;
int *a= new int[ n ];

main( )
｛
    int i, x,
      flag =false;

    for(i=0; i<n; ++i)
        cin>>*(a+i);

    cin>>x;

    i=0;
    while(i< n & & ！flag)｛
      if(*(a + i)==x)
            flag== true;
      i++;
    ｝

    if(！flag)
        cout<<''没有找到：''<<x;
    else
        cout<<''找到：''<<x<<'',在第''<<i+1<<''位置。'';

return 0;
｝
```

图 3-22　直接查找方法的 C++ 语言描述

```
// 采用静态数据组织方法
#include<iostream>
using namespacde std;

const int n = 100;
int a[n];    // 静态数据组织方法

main( )
{
    int low, high, m, x,
            flag = false;      // 标记是否已查到

    for( int i = 0; i < n; ++i)
        cin>>a[i];          // 输入初始供查找的数据集,数据集必须已按升序排序

    cin>>x;        // 输入要查找的数据

    low = 0, high = n-1;
    while( low < high && ! flag) {
        m = (low + high) / 2;    // 求中点
        if( a[m] == x)   // 查找到 x
            flag = true;
        else
            if( a[m] < x)      // x 在中点右边
                low = m + 1;
            else       // x 在中点左边
                high = m - 1;
    }

    if( ! flag)
        cout<<''没有找到: ''<<x;
    else
        cout<<''找到: ''<<x<<'',在第''<<m+1<<''位置。'';

return 0;
}

// 采用动态数据组织方法
#include<iostream>
using namespacde std;

const int n = 100;
int *a = new int[n];

main( )
{
    int l, h, m, x,
        flag = false;

    for( int i = 0; i < n; ++i)
```

```
        cin>>*(a+i);
    cin>>x;

    low=0, high=n-1;
    while(low< high & & ! flag) {
        m= (low + high) / 2;
        if(*(a + m)= = x)
            flag= = true;
        else
            if(*(a + m)< x)
              low= m + 1;
            else
              high= m - 1;
    }

  if( ! flag)
        cout<<''没有找到: ''<<x;
  else
        cout<<''找到: ''<<x<<'',在第''<<m+1<<''位置。'';

  return 0;
}
```

图 3-23　二分查找方法的 C++ 语言描述

【例 3-15】　趣味数阵。

趣味数阵是指按照一定规律由数字组成的方阵。常见的数阵有回形阵、螺旋阵和蛇形阵，分别如图 3-24(a)、3-24(b)和 3-24(c)所示。

1	1	1	1	1	1
1	2	2	2	2	1
1	2	3	3	2	1
1	2	3	3	2	1
1	2	2	2	2	1
1	1	1	1	1	1

(a) 回形数阵

1	2	3	4	5	6
20	21	22	24	24	7
19	32	33	34	25	8
18	31	36	35	26	9
17	30	29	28	27	10
16	15	14	13	12	11

(b) 内右螺旋数阵

1	2	6	7	15	16
3	5	8	14	17	26
4	9	13	18	25	27
10	12	19	24	28	33
11	20	23	29	32	34
21	22	30	31	35	36

(c) 左上蛇形数阵

图 3-24　趣味数阵示例

对于回形阵，依据起点，可以有外回形阵(由外向内)和内回形阵(由内向外)。图 3-24(a)所示是外回形阵示例。对于回形阵的处理，可以以对角线为基础，针对每个区的填充数值给出相应的解析式。图 3-25(a)所示给出了相应解析。该方法基于数阵特征，不太直观。事实上，也可以首先解决一个"回"字的四条边的数字填充；然后依据"回"字的个数，重复该过程多次即可。显然该方法比较直观，并且也体现了计算思维原理的具体应用。对于一个"回"字四条边的起点和终点的确定是该方法的关键，它们都与当前回字的序号相关。基于 Baby 程序躯体，相应程序及解析参见图 3-25(b)所示。

```cpp
#include<iostream>
using namespacde std;

int main( )
{
    int n;     //方阵阶数
    int **a;     //数字方阵
    int i, j;

    cin>>n;
    a=new int *[n];     //构造数字方阵的存储空间
    for(i=0; i<n; ++i)
       a[i]=new int[n];

    for(i=0; i<n; ++i) {
       for(j=0; j<n; ++j) {
            if(i + j >= n)
               if(i< j)     //②区
                  a[i][j]=n-j;
               else     //③区
                  a[i][j]=n-i;
            else
               if(i<= j)     //①区
                  a[i][j]=i+1;
               else     //④区
                  a[i][j]=j+1;
          }
       }

    for(i=0; i<n; ++i) {
        for(j=0; j<n; ++j)
           cout<<setw(5)<<a[i][j];
        cout<<endl;
     }

    return 0;
}
```

$$a[i][j]=\begin{cases} i+1, & i+j < n \text{ 并且 } i<=j \quad ① \\ n-j, & i+j >= n \text{ 并且 } i<j \quad ② \\ n-i, & i+j >= n \text{ 并且 } i>=j \quad ③ \\ j+1, & i+j < n \text{ 并且 } i>j \quad ④ \end{cases}$$

(a) 方法一

```cpp
#include<iostream>
using namespacde std;

int main( )     //一个功能模块定义,函数
{
    int n;
    int t=1;     //要填入的数值
    int **a;
    int i, j;
```

```
cin>>n;
a =new int *[n];
for(i=0; i<n; ++i)
  a[i] =new int[n];

for(i= 0; i< n; ++i) {    // "回"字的序号
  for(j= i; j< n-i; ++j) {
    a[i][j] =t;    // 上边
    a[n-1-i][j] =t;    // 下边
  }
  for(j= i+1; j< n-1-i; ++j) {
    a[j][i] =t;    // 左边
    a[j][n-1-i] =t;    // 右边
  }
  t++;    // 下一个"回"字要填的值
}

for(i=0; i<n; ++i) {
  for(j=0; j<n; ++j)
    cout<<setw(5)<<a[i][j];
  cout<<endl;
}

return 0;
}
```

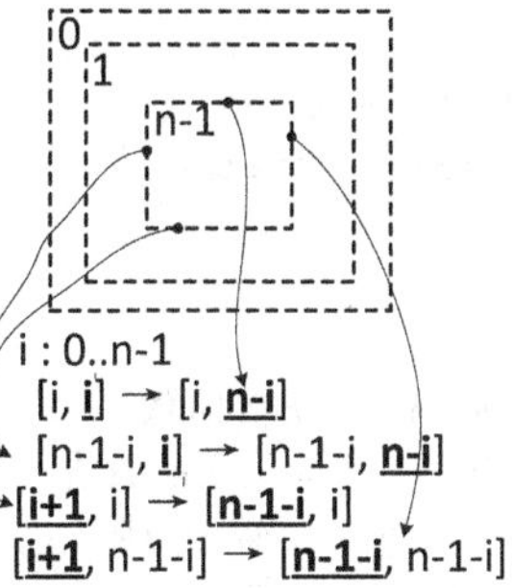

（b）方法二

图 3-25　回形数阵生成程序及其解析

对于螺旋阵,依据螺旋的方向,可以是左螺旋和右螺旋;依据螺旋的起始位置,可以是外螺旋(即向外展开)和内螺旋(即向内展开)。图 3-24(b)是内右螺旋数阵。螺旋阵的处理,主要解决当前位置前进的方向问题,直到填充完整个数阵。

为此,可以以对角线为基础,将整个数阵分成上、下、左、右四个三角形区域(每个区域都以对角线为起点),每个区域中所有当前位置的前进方向都是一致的。由此,将问题转化为区域的判断问题。具体如下:

① 区:主对角线位置及其上方($i<=j$)与副对角线上方($i+j<n-1$)的重叠部分,向右填数($j++$);

② 区:主对角线上方($i<j$)与副对角线位置及其下方($i+j<n-1$)的重叠部分,向下填数($i++$);

③ 区:主对角线位置及其下方($i>=j$)与副对角线下方($i+j>=n$)的重叠部分,向左填数($j--$);

④ 区:主对角线下方($i>j$)与副对角线位置及其上方($i+j<n$)的重叠部分,向上填数($i--$)。

另外,对应④区每次螺旋的最后一个位置,需要将其原来的向上方向修正为向右方向($i++$,$j++$),以便下一轮的螺旋。

基于 Baby 程序躯体，相应程序及解析参见图 3-26 所示。

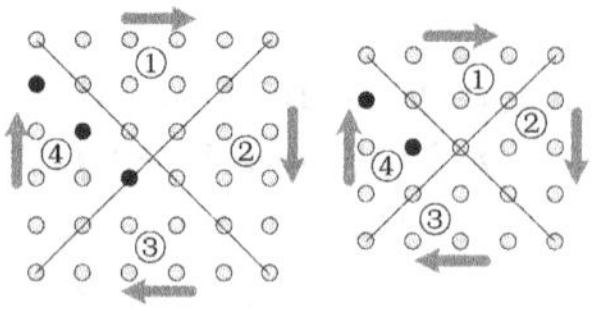

```cpp
#include<iostream>
using namespacde std;

int main( )
{
    int n;     //方阵阶数
    int t;     //要填入的数值
    int **a;   //数字方阵
    int i, j;

    cin>>n;
    a =new int *[n];   //构造数字方阵的存储空间并初始化
    for(i=0; i<n; ++i) {
      a[i] =new int[n];
      for(j=0; j<n; ++j)
        *(a[i] +j) =-1;
    }


    i=0, j=0;   //初始填数位置
    for(t= 1; t< n*n; ++t) {
      a[i][j] =t;   //当前位置填数
      if((i<=j) && (i+j< n-1)) //①区前进方向及位置调整
        j++;
      else if((i<j) && (i+j>=n-1)) //②区前进方向及位置调整
            i++;
          else if((i>=j) && (i+j>n)) //③区前进方向及位置调整
                j--;
              else   //④区前进方向及位置调整
                i--;
      if(a[i-1][j]<>-1) { //④区中每次最后一个位置的重新修正
        i++; j++;
      }
    }

    for(i=0; i<n; ++i) {
      for(j=0; j<n; ++j)
        cout<<setw(5)<<a[i][j];   //setw()用于设置输出宽度
      cout<<endl;
    }

    return 0;
}
```

图 3-26 螺旋数阵生成程序及其解析

对于蛇型阵，依据蛇头的位置，可以有左上、右上、左下和右下四种蛇形阵。图 3-24(c) 是左上蛇形数阵。对应蛇形阵的处理，主要解决两个问题：一是方向，二是出界后的位置和方向调整。对于方向，依据蛇的摆动有两个相反的方向（例如：图 3-24(c) 中的右上和左下），考虑

到同一个方向前进位置的调整,可以设置一个变量,其绝对值为 1(对应于前进步长),正负表示方向即可。对于出界后的调整,首先方向取反,然后前景位置调整到正确位置即可。基于 Baby 程序躯体,相应程序及解析如图 3-27 所示。

```
#include<iostream>
using namespacde std;

int main( )
{
    int n,    //方阵阶数
        t,    //要填入的数据值
        f,    //填数方向
        i, j;
    int **a;

    cin>>n;
    a=new int *[n];    //构造数阵的存储空间
    for(i=0; i<n; ++i)
      a[i]=new int[n];

    f=1, i=0, j=0;    //初始化填数方向(右上)和位置
    for(t=1; t<=n*n; ++t) {
      a[i][j]=t;    //在当前位置填写当前数值
      i -= f;    j += f;    //按当前方向调整下一个填数位置
      if((i< 0) || (i> n-1) || (j< 0) || (j>n-1))    //越界时改变填数的方向
        f= -f;
      if(j< 0)    //左边越界时重新修正下一个填数位置
        j= 0;
      if(i< 0)    //上边越界时重新修正下一个填数位置
        i= 0;
      if(i>n-1) {   //下边越界时重新修正下一个填数位置
        i=n-1; j += 2;
      }
      if(j>n-1) {   //右边越界时重新修正下一个填数位置
        i += 2; j=n-1;
      }
    }

  for(i=0; i<n; ++i) {    // 输出蛇形数阵
     for(j=0; j<n; ++j)
       cout<<setw(5)<<a[i][j];
     cout<<endl;
  }

  return 0;
}
```

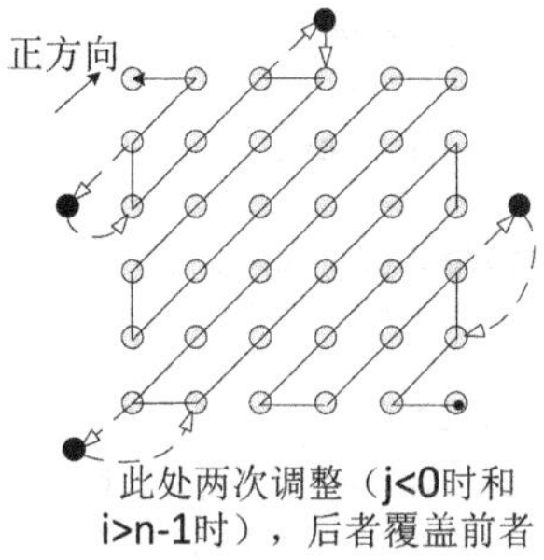

正方向

此处两次调整（j<0时和 i>n-1时），后者覆盖前者

图 3-27　蛇形数阵生成程序及其解析

【例 3-16】　建立含确定个数数据元素的单链表。

基于 Baby 程序躯体,相应程序及描述如下:

```cpp
#include<iostream>
using namespace std;

int main( )
{
    struct node {
      int data;
      node *next;
    };
    node *line, *curr;
    const int n=10;

    line=NULL;
    for ( int i=0; i<n; ++i) {
      curr=new node;
    cin>>curr->data; curr->next=NULL;
    if ( line==NULL)
          line=curr;
    else {
          curr->next=line; line=curr;
      }
  }

curr=line;
while( curr) {
    cout<<curr->data<<',';
    curr=curr->next;
}

    return 0;
}
```

```
C:\...                    —    □    ×
1
2
3
4
5
6
7
8
9
10
10, 9, 8, 7, 6, 5, 4, 3, 2, 1,
```

【**例 3-17**】 建立含不确定个数数据元素的单链表。

基于 Baby 程序躯体,相应程序描述如下:

```cpp
#include<iostream>
using namespace std;

int main( )
{
    struct node {
      int data;
      node *next;
    };
    node *line, *curr;
    int temp;

    line=NULL;
    cin>>temp;
```

```
选择C:...                  —    □    ×
12
34
5
6
7
99
78
56
2
-1
2, 56, 78, 99, 7, 6, 5, 34, 12,
```

```
    while(temp !=-1) {      //输入-1表示结束
      curr =new node;
      curr->data =temp; curr->next =NULL;

      if ( line ==NULL)
        line =curr;
      else {
          curr->next =line; line =curr;
      }

      cin>>temp;
    }

    curr =line;
    while( curr) {
        cout<<curr->data<<',';
        curr =curr->next;
    }

    return 0;
}
```

【例 3-18】　建立双（向）链表。

基于 Baby 程序躯体，相应程序描述如下：

```
#include<iostream>
using namespace std;

int main( )
{
    struct node {
      int data;
      node *front, *next;
    };
    node *line, *curr;
    const int n =10;

    line =NULL;
    for( int i =0; i<n; ++i) {
      curr =new node;
      cin>>curr->data; curr->next =NULL; curr->front =NULL;

      if( line ==NULL)
        line =curr;
      else {
        curr->next =line; line->front =curr; line =curr;
      }
    }
```

```
1
2
3
4
5
6
7
8
9
10
正向：10, 9, 8, 7, 6, 5, 4, 3, 2, 1
反向：1, 2, 3, 4, 5, 6, 7, 8, 9, 10,
```

```
        cout<<"正向: ";
        curr = line;
        while( curr->next) {
            cout<<curr->data<<',';
            curr = curr->next;
        }
        cout<<curr->data;
        cout<<endl<<"反向: "<<curr->data<<',';
        curr = curr->front;
        while( curr) {
            cout<<curr->data<<',';
            curr = curr->front;
        }

        return 0;
    }
```

【例 3-19】 建立一个含 7 个数据元素的网状结构。

基于 Baby 程序躯体,相应程序描述如下:

```
#include<iostream>
using namespace std;

int main( )
{
    struct node {
        int data;
        node *adjust;
    };
    node graph[7] = { { 1, NULL }, { 2, NULL }, { 3, NULL },
                      { 4, NULL },
                      { 5, NULL }, { 6, NULL },
                      { 7, NULL } };
    node *curr;
    int n, a, b;

    cin>>n;    //输入边的个数
    for( int i =0; i<n; ++i) { //处理每一条边
        cin>>a>>b;
        curr = new node;
        curr->data =b; curr->adjust =NULL;

        if ( graph[a- 1].adjust ==NULL)    //结点号从 1 开始
            graph[a- 1].adjust =curr;
        else {
            curr->adjust =graph[a- 1].adjust; graph[a- 1].adjust =curr;
        }
        curr = new node;
        curr->data =a; curr->adjust =NULL;
        if ( graph[b- 1].adjust ==NULL)    //无向图,边的两个点都要考虑
            graph[b- 1].adjust =curr;
```

```
        else {
            curr->adjust =graph[ b- 1].adjust; graph[ b- 1].adjust =curr;
        }
    }


for( int k =0; k<7; ++k){
    cout<<graph[ k].data;
    curr =graph[ k].adjust;
    while( curr){
            cout<<" - ->" <<curr->data;
            curr =curr->adjust;
    }
    cout<<endl;
    }

    return 0;
}
```

3.7 本章小结

　　本章主要解析了程序设计中数据处理基础方法的基本构建原理及其 C++ 语言的各种支持机制。同时,也解析了该原理的计算思维应用特性。最后,给出了程序设计中常用的一些基本数据处理方法及其 C++ 语言描述和解析。

习　　题

　　1. 数据处理基础方法基本原理的定义是什么?

　　2. 数据处理基础方法基本原理可以通俗地称为"5+2"的游戏。请分别解释 5、2、5+2 的具体内涵。

　　3. 解析数据处理基础方法与常用基本数据处理方法的关系。

　　4. 举例解释数据处理基础方法的自展(演化)特性。

　　5. 左值特征表达式本质上也是变量,如何理解?

　　6. 在数据处理基础方法构建中,流程控制语句具有两重意义,请解释之。

　　7. 针对例 3-4 中 switch 语句的程序描述,删除 9 和 6 两种情况分支处理中的 break;语句,然后再运行该程序,观察运行结果的变化并分析原因。(提示：switch 语句的特点)

　　8. 针对语句的堆叠与嵌套,假设一个不带 else 的 if 语句和一个带 else 的 if 语句进行嵌套,请尝试各种嵌套情况下的输出结果并做比较分析。(提示：if-else 匹配问题)

　　9. 针对例 3-16 单链表构建,如何使得链表存放的数据顺序与原始输入的数据顺序一致?(提示：增加一个尾部指针并每次采用尾部插入)。

　　10. 图 3-29 程序中,越界判断按照左边界、上边界、下边界、右边界的顺序修正不同填数的位置,可以改变它们的顺序吗?尝试修改程序,看看会得到什么结果?并分析其原因。

11. 给出"双头蛇"蛇形阵的数据处理方法(用 C++ 语言描述)。

12. 给出拐角形数阵的数据处理方法(用 C++ 语言描述)。

5 4 3 2 1	1 2 3 4 5	1 1 1 1 1	1 1 1 1 1
4 4 3 2 1	1 2 3 4 4	2 2 2 2 1	1 2 2 2 2
3 3 3 2 1	1 2 3 3 3	3 3 3 2 1	1 2 3 3 3
2 2 2 2 1	1 2 2 2 2	4 4 3 2 1	1 2 3 4 4
1 1 1 1 1	1 1 1 1 1	5 4 3 2 1	1 2 3 4 5

13. 分析本章两种排序方法程序结构形态的相同点,并用计算思维原理给出应用解析。

14. 给出下列程序的运行结果。

1)

```cpp
#include<iostream>
using namespace std;
int x=3;
do {
    cout<<(--x);
} while(!(-x--, x--));
```

2)

```cpp
#include<iostream>
using namespace std;
int main()
{
    int n=0;
    do {
        for (int i=0; i<5; ++i) {
            if (i % 3) {
                cout<<" "; continue; cout<<"& ";
            }
            cout<<"\n*****"<<endl;
        }
    } while (++n<3);
}
```

3)

```cpp
#include<iostream>
using namespace std;
int main()
{
    int n=2;
    do {
        for (int i=0; i<10; ++i) {
            if (++i % n) {
```

```
            cout<<"*"; continue;
        }
      cout<<"& ";
      }
    cout<<endl;
  } while (n++<4);
}
```

4)

```cpp
#include<iostream>
using namespace std;

int main( )
{
    int i=1;
    while (++i<=8) {
      if (i % 4)
          cout<<i;
      else
          cout<<'*';
    }
    return 0;
}
```

5)

```cpp
#include<iostream>
using namespace std;
int main( )
{
  int m=1;
  while(m++<5)
      switch(m% 4)
      {
          case 0 : cout<<m<<"\n";
          case 1: cout<<++m<<"\n"; break;
          case 2: cout<<2*m +1<<"\n";
          default: cout<<"default"<<endl;
      }
  return 0;
}
```

15. 针对冒泡排序,如果发现某次重复冒泡小方法时,没有发生相邻两数交换的现象,则说明剩下的数据集已经有序,此时可以不再需要继续重复冒泡小方法,可以提前结束整个排序,从而优化该算法以便提高执行效率。请给出优化后的冒泡排序算法及其 C++ 语言描述。(提示:引入一个反映某次冒泡过程是否存在数据交换的标志)

16. 表达式计算。

1）表达式 x & ~（1<<（k-1））的含义是什么？

2）表达式（x & y）+（（x ^ y)>>1）的含义是什么？

3）假设整型变量 a 的当前值是 12,则表达式 a+ = a- = a * a 执行完成后,变量 a 的值是多少？

4）假设整型变量 a 的当前值是 12,则表达式 a+ = a- = a * = a 执行完成后,变量 a 的值是多少？

5）表达式 x=（a= 3,b= a--）执行完成后,变量 x、a、b 的值分别是多少？

6）表达式 x & 1= =（x % 2）的值是多少？

7）假设整型变量 a、b 的当前值分别是 15 和 12,则表达式 a=（a-- = = b+ +)？ a% 5：a/5 执行完成后,变量 a 的值是多少？

第二篇

方 法

第 4 章　程序设计方法概述

　　本章主要解析：什么是方法，什么是模型，方法与模型的关系；程序构造方法的认识视图；程序构造方法的基本构建原理及其计算思维应用特征；程序构造方法的发展历程。

　　本章重点：程序构造方法的认识视图；程序构造方法的基本构建原理及其计算思维应用特征。

　　做任何事情都需要有方法，程序设计也不例外。程序设计方法建立在数据组织基础方法、数据处理基础方法以及对两者关系处理的基础之上，不同的认识形成不同的方法。

　　在此，主要解析定义程序基本结构形态的程序设计基本方法（简称程序设计方法），不关注面向应用的各种程序设计方法（相对于程序设计方法，本书将其称为程序设计方法的应用）。也就是说，程序设计方法属于原理性层面，不涉及任何应用层面的语义，它是所有程序都必须遵循的基本准则。

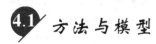 方法与模型

　　所谓方法，是指一种基本指导准则，规定处理问题时人的基本思维方式以及相应处理方案的基本要素及其结构形态。

　　所谓模型，是指一种抽象的表达形式，用于显式定义基本要素及其结构形态。

　　方法是模型的处理对象，模型是方法的一种具体化诠释。同一种方法可以有多种模型表达，但一种模型一般仅对应一种方法。

4.2 程序构造方法的认识视图

　　程序构造方法是构造程序的基本指导准则，决定程序的基本结构形态和构造程序时人的基本思维方式。因此，对程序构造方法的理解，直接决定了程序设计的能力。然而，程序设计中，"方法"到处存在并依据其出现的上下文语境具有不同的含义。并且，"方法"这个概念本

身也具备计算思维应用特征。因此，为了理解程序构造方法的准确含义，首先必须理解最基本的概念——"方法"及其不同语境含义。图4-1所示给出了程序构造方法认识和理解的基本视图。

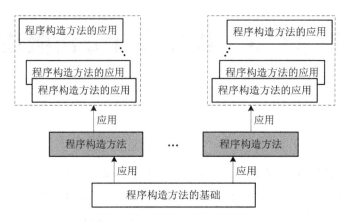

图4-1　程序构造方法的认识视图

其中，程序构造方法的基础是指一种程序构造方法赖以建立的基本要素及其关系，基本要素就是第1篇中解析的数据组织和数据处理两个基因，基本要素的关系是指对这两个基因的一种综合。

程序构造方法的应用是指将某种程序构造方法运用到具体问题的处理中，即运用某种程序构造方法进行具体的程序设计。尽管具体的程序设计也有方法（称为算法或应用方法），也可称之为程序设计（或构造）方法，但相对于图4-1中的程序构造方法而言，它本质上是程序构造方法的应用，或者可以称之为程序构造方法的外延。事实上，程序构造方法属于原理性层面，程序构造方法的应用（或算法及具体实现）属于应用层面。

由图4-1可知，程序构造方法的建立，本质上就是对基本要素及其关系的具体运用，特别是对两者关系的综合处理。显然，不同的运用及综合处理会形成不同的程序构造方法。

4.3 程序构造方法构建的基本原理

任何问题的处理，一般都会涉及处理对象和处理方法两个方面，因此，对于程序构造，其方法的建立也应该基于这两个基本要素。对于处理对象和处理方法两个基本要素，第2章和第3章已经分别给出了详细解析。但是，对于两者的关系，或者说对于两者的具体综合，恰恰是方法建立的关键。因此，对这两个基本要素及其关系的不同认识和不同具体运用，将建立不同的程序构造方法。

为了统一表达和描述程序构造方法，需要一个基本模型，在此，采用公式（4-1）作为程序构造方法的基本描述模型。其中，DO表示数据组织，对应于处理对象；DH表示数据处理，对应于基础处理方法；f表示对DO和DH的认识与综合应用；m表示程序构造方法。f主要考虑DO、DH的具体表达方法以及DO和DH关系的具体表达方法。也就是说，任何具体的程序构造方法

都必须明确定义 DO、DH 以及两者关系的具体表达方法。

$$m = f(DO, DH) \tag{4-1}$$

显然,支持某种程序构造方法的程序设计语言也必须考虑如何提供有效支持 DO、DH 以及两者关系描述的各种机制。或者说,某种程序设计语言的语言元素及机制的定义,必须面向如何有效描述 DO、DH 以及两者关系这个目标。有关程序设计语言元素及机制对 DO 和 DH 的描述支持,第 2 章和第 3 章以 C ++ 为例已经分别给出,对 DO 和 DH 关系的描述支持机制,将在第 5 章和第 6 章(面向功能方法)、第 7 章至第 9 章(面向对象方法)逐步展开。

依据该基本原理,目前程序构造方法经历了面向功能方法、面向对象方法、面向接口方法(或面向组件方法)和面向服务方法的发展历程,发展的脉络由平台相关到平台无关(具体到抽象)、由局域到广域、由静态到动态、由一维到多维、由有限到无限。本书主要解析面向功能方法和面向对象方法(有关程序构造方法及模型的发展、原理及应用解析,请读者参见参考文献 4)。

 ## 4.4　两种主流程序设计方法及其思维联系

4.4.1　面向功能方法概述

1)面向功能方法的诞生

计算机诞生早期,主要用于科学计算,相应程序的规模相对较小,因此,构造程序所采用的方法,基本上就是直接使用基础的数据组织方法和数据处理方法按需顺序描述(或者,直接用 CPU 指令按需顺序描述),整个程序缺乏结构特性,或者说程序没有结构。并且,程序中相同功能的处理逻辑描述存在冗余。显然,随着程序规模加大,这种直接方法降低了程序的开发效率、提高了程序开发及维护成本。

因此,为了满足计算机应用发展的需求,基于已有硬件发展基础,于 20 世纪 60 年代,人们在数据组织基础方法和数据处理基础方法的基础之上,建立了有效的结构化程序构造方法——面向功能方法(或称面向过程方法)。从此,程序构造进入模型化时代,面向功能方法所依赖的模型——功能模型(或称面向过程模型)——成为程序构造的第一代模型。

2)面向功能方法的基本原理

局限于时代背景及其带来的认识视野,面向功能方法的思维重心主要关注数据处理方面(即面向功能),它的基本原理是,将一个程序的复杂处理功能分解为多个相对简单、独立的处理功能,整个程序由一系列相对简单、独立的处理功能模块及其相互关系组成。可见,面向功能方法对公式(4-1)中的 f 给出了明确定义,即 f = (FMs,FMRs)。其中 FMs 表示处理功能模块集合,FMRs表示处理功能模块相互关系集合,FM 和 FMR 都是对 DO 和 DH 的综合应用。图 4-2 所示给出了面向功能方法基本原理的解析。对于 FM 和 FMR

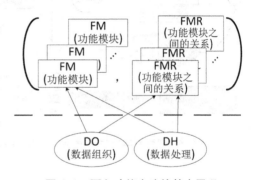

图 4-2　面向功能方法的基本原理

的详细解析,将分别在第 5 章和第 6 章中给出。

4.4.2 面向对象方法概述

1)面向对象方法的诞生

面向功能方法因其仅仅关注数据处理而淡化数据组织、更没有统一考虑两者关系,从而天生存在固有的缺陷。20 世纪 80 年代,随着程序规模越来越大,面向功能方法的固有缺陷暴露出来,导致大规模程序开发时的"数据波动效应",严重影响了程序开发的效率、成本和质量。

为此,人们在对数据组织和数据处理及其关系的统一认识基础上,面向应用问题的建模,建立了第二代程序设计方法——面向对象方法,使功能模型演化为对象模型。

2)面向对象方法基本原理

面向对象方法主要解决如何方便地为应用问题正确建模,它面向问题域而不是面向机器。它的基本原理是将一个程序的基本结构形态定义为由一系列对象(或抽象数据类型 ADT,Abstract Data Type)及其相互关系组成,它对公式(4-1)中的 f 给出如下定义:f = (Os,ORs)。其中,Os 表示对象(或抽象数据类型)的集合,ORs 表示对象(或抽象数据类型)相互关系的集合。O 和 OR 都是对 DO 和 DH 的综合应用。图 4-3 所示给出了面向对象方法基本原理的解析。对于 O 和 OR 的详细解析,将分别在第 7 章和第 8 章中给出。

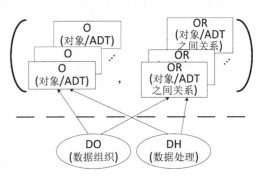

图 4-3　面向对象方法的基本原理

4.4.3 两者的思维联系

面向对象方法由面向功能方法演化而来,两者之间存在固有的思维联系。本质上,抽象数据类型是面向功能方法的一种特殊应用,它基于对程序两个基因——数据组织和数据处理的统一考虑,建立了通用的数据类型支持机制——对象类型,并以此作为面向对象程序构造方法建立的基石。在此基础上,进一步研究对象类型之间的关系及其支持机制,从而完整地建立起第二代程序构造方法——面向对象方法。也就是说,面向对象方法脱胎于面向功能方法,但其成为独立的程序设计方法后,展现出自身强大的能力,诠释了"青出于蓝而胜于蓝"的内涵。图 4-4 所示解析了两者的思维联系及其蕴含的计算思维应用特征。

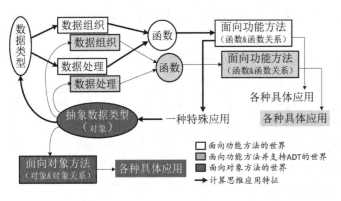

图 4-4　两种方法的思维联系及其蕴含的计算思维

4.5　程序构造方法的进一步认识

4.5.1　数据组织与数据处理的关系

数据组织与数据处理分别面向程序的两个方面,考虑到它们各自的通用性,两者之间具有相对独立性。然而,它们之间存在思维的连贯性,这种连贯性主要表现在如下几点:

1)数据组织对数据处理的影响

数据组织是数据处理的对象,数据处理方法中,必然包含对数据的访问方法。因此,数据组织方法对数据处理方法有着重要影响,主要表现为数据组织方法决定数据处理方法如何访问数据以及对数据处理方法本身执行效率的影响。例如:对于数组,可以通过数组下标随机访问某个元素,但其插入和删除元素却比较麻烦;而针对基于指针与结构体的动态型数据组织方法,一般情况下不能对某个元素进行随机访问,但其插入和删除元素却十分方便。因此,对于数据集相对稳定但搜索或遍历处理较频繁的应用场合,数组相对方便和高效。然而,对于数据集变化频繁的应用场合,动态型数据组织方法却具有较高的处理效率。可见,不同的数据组织方法所带来的不同数据访问方法也直接决定了同一种数据处理方法执行的效率。图 4-5 所示给出了数据组织方法对数据处理方法的隐式决定作用。

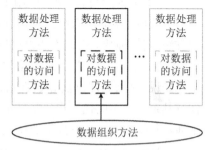

图 4-5　数据组织方法对数据处理方法的隐式决定作用

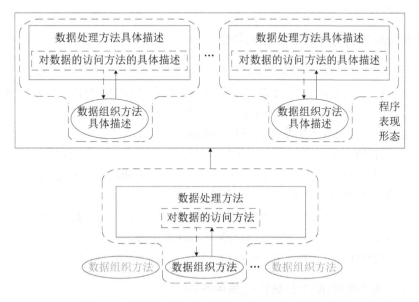

图 4-6　数据处理方法对数据组织方法的假设作用

2)数据处理对数据组织的假设

任何一种数据处理方法都必须建立在某种数据组织方法基础之上,因此,数据处理方法及其描述都会对其涉及的数据组织方法有一个基本假设。考虑到数据处理方法的相对独立性，一般来说，这种假设都不考虑数据组织方法在某种程序设计语言中的具体描述，而是采用独立于具体程序设计语言的抽象描述方法给予描述。也就是说，数据处理方法本身的处理逻辑描述一般都是独立于数据组织方法的描述，同一种数据处理方法描述可以对应到多种不同的数据组织方法的描述。因此，当程序描述时，数据处理方法的描述会依据数据组织方法在程序设计语言中具体描述的不同而呈现多种具体表现形态。例如：假设数据处理方法需要一种顺序型的批量数据组织方法，则依据这种数据组织方法具体描述的不同（可以采用数组形式描述，也可以采用基于指针和结构体的动态型组织方法描述），该数据处理方法的具体描述以及整个程序描述可以呈现出不同的表现形态。图 4-6 所示给出了数据处理方法对数据组织方法的假设作用。

3）数据处理与数据组织的协调

尽管数据处理和数据组织相对独立，同一种数据处理方法可以作用于多种不同的数据组织方法，同一种数据组织方法也可以被应用于多种不同的数据处理方法。如图 4-7 所示。然而，作为程序整体，数据处理方法与数据组织方法必须协调，以便使程序得到最佳的运行性能。也就是说，数据处理方法和数据组织方法各自的最佳及其组合并不能代表程序整体的最佳。例如：对于涉及数据频繁增减或批量数据频繁移动的某种较佳的数据处理方法，尽管数组具有随机访问的优点，但两者的综合就会影响数据处理方法的执行效率，进而制约程序的整体性能。因此，数据组织与数据处理之间的思维连贯性及其灵活应用是程序构造基本思维方法的核心因素之一。

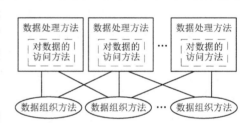

图 4-7　数据组织与数据处理的关系

4.5.2　程序构造方法的计算思维应用特征

考虑到程序设计语言的自动翻译需要，程序设计语言的机制建立必须具有封闭性和形式化。然而，用于解决应用需求的程序却具有开放性。因此，如何通过有限手段（封闭性）解决无限问题（开放性）成为数据组织方法、数据处理方法以及程序设计语言机制建立需要考虑的核心问题，它也是程序构造基本思维方法的核心因素之一。事实上，该问题是计算机学科的一个本质问题，即递归（Recursion）思维策略，其基本思想是，首先建立一个有限的方法集合，包括一些最基本的处理方法；然后，再基于该有限集合，建立一个不断（无限）构造复合方法的（有限）方法。递归思维策略是计算思维的核心与本质。

第 2 章和第 3 章分别针对数据组织和数据处理解析了其计算思维原理的具体运用，其中，嵌套（Nesting）和堆叠（Stacking）是不断构造复合方法的两种常用基本手段，也是递归思维策略的两种具体应用表现（可以看成是纵向递归方式/深度与横向递归方式/广度）。

4.5.3　C++语言对数据组织和数据处理的统一

基于递归思维，C++语言通过指针概念，提供了一种称为函数指针的特殊构造数据类型，实现了对数据组织和数据处理的统一，演绎了程序就是数据、数据就是程序的计算思维内涵具现。所谓函数指针，是指一个关联到作为功能模块具体实现的描述机制——函数（有关函数的概念,将在第 5 章解析)名称的指针变量,通过该变量可以间接地调用函数功能。并且,通过函数指针可以实现将一个功能模块所代表的数据处理功能作为一种特殊数据传送给另一个功能模块(参见第 6.3.4 小节的相关解析)。

C++ 语言中,函数指针的定义方式如图 4-8 所示,关于如何通过函数指针间接调用函数功能以及如何实现函数功能模块的传递,将在第 6.3.4 小节中结合函数概念及其基本应用给予详细解析。

```
// 定义一个函数指针,它所指向的函数必须带有两个整型参数并返回一个整型数据
int (*pf)(int, int);

// 定义一个函数指针类型,该类型的任何一个函数指针必须指向带有两个整型参数
// 并返回一个整型数据的函数
typedef int (*PF)(int, int);
PF pf;
```

图 4-8　C++ 语言中函数指针的定义

函数指针进一步完善了 C++ 语言中既有的构造数据类型,将面向数据组织的基础方法拓展到面向数据组织和数据处理的综合,在此基础上,结合 typedef,几乎可以实现任意复杂的数据组织结构形态,建立了创造数据类型的语言机制,为无限的应用创造构筑了基础。图 4-9 所示给出了 C++ 语言较为完整的既有数据类型集合。

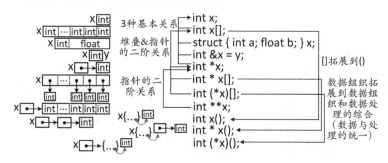

图 4-9　C++ 语言完整的既有数据类型集合(以 int 类型为例)

更进一步,伴随着程序设计方法的演化,抽象数据类型也实现了数据组织和数据处理的统一。一方面,抽象数据类型作为数据组织的基础,它含有数据处理;另一方面,数据处理各种机制中,可以使用抽象数据类型。因此,抽象数据类型具有较为显著的计算思维应用特征。

 **4.6　本章小结**

本章首先解析了方法、模型及其相互关系,为程序构造方法的定义及描述建立基础。然后,给出了程序构造方法的基本认知视图和基本构建原理,为两种主流程序构造方法的建立奠定认知基础。接着,概述了面向功能方法和面向对象方法的基本原理,并指出其内在的思维联系。最后,对程序构造方法建立的基本原理的计算思维应用特征进行了解析,为程序构造方法

的深入理解奠定思维基础。

习　题

1. 请解析程序构造方法的基础、程序构造方法和程序构造方法的应用三者之间的关系。

2. 请解析程序构造方法建立的基本原理及其到面向功能方法和面向对象方法的具体映射。

3. 由抽象数据类型概念出发,解析两种主要程序设计方法之间的思维联系。

4. 请解析数据组织方法与数据处理方法两者之间的关系。

5. 什么是递归思维策略? C++语言中的函数指针是如何实现数据组织与数据处理两者统一的?

6. 基于递归思维构建的方法一般都具备自我演化能力,你是如何理解这种能力的? 请举例说明。

7. 结合第 2 章数据组织基础方法及第 3 章数据处理基础方法,解释下列各种 C++ 描述的具体含义。

```
1) int *(*a[5])(int, char *);
2) typedef int *(*pFun)(int, char *);   pFun a[5];
3) int (*b[10])(int (*)());
4) typedef int (*pFunParam)();   typedef int (*pFunx)(pFunParam);
   pFunx b[10];
5) doube (*)()(*e)[9]; 与 typedef double(*pFuny)();
   typedef pFuny (*pFunParamy)[9];
   pFunParamy e; 是否等价?
6) typedef int (*PF)(const char *, const char *);   PF Register(PF pf); 与 int (*Register (int
   (*pf)(const char *, const char *)))(const char *, const char *); 是否等价?
7) typedef int (*f)();   (*(f) 0)(); 与 (*(int (*)())0)(); 的关系?
8) int *(*(*b)[])(); 与 int *(*(*b)())[ ];是否等价?
9) 请问 ((int [ ]){1, 2, 3, 4})[1];的值是多少?
10) typedef struct {
        char *key;
        char *value;
    } T1;
    typedef struct {
        long type;
        char *value;
    } T3;
    T1 a[] = {
                {
                    "", ((char *)&((T3){1, (char *) 1}))
                }
    };
    T3 *pt3 = (T3*)a[0].value;
```

请问 pt3-> value 是多少?

第 5 章　面向功能方法：函数

本章主要解析：面向功能方法中，基本功能模块构造机制的抽象及其基本形态；C++ 语言对基本功能模块构造机制的支持及其描述；基本功能模块构造机制对数据组织方法的具体应用规则，C++ 语言对基本功能模块中数据组织方法的支持与拓展。

本章重点：面向功能方法中，基本功能模块构造机制的抽象及其基本形态；基本功能模块构造机制对数据组织方法的具体应用规则。

依据面向功能方法的基本原理，它需要解决两个核心问题：基本功能模块如何实现，以及基本功能模块之间的耦合关系如何实现。本章主要针对基本功能模块如何实现问题，解析程序设计语言中普遍采用的方法和机制及其在 C++ 语言中的具体实现。并且，解析 C++ 语言对基本功能模块实现机制的进一步拓展方法及其描述。

基本功能模块的构造机制及其描述

5.1.1　基本功能模块构造机制的抽象

面向功能方法中，基本功能模块代表一种相对独立及完整的处理功能单元，因此，它的构造必然会涉及数据组织和数据处理。也就是说，作为面向功能方法的基本建筑块，基本功能模块相当于是由数据组织和数据处理两个程序基因综合而成的程序细胞。

函数是指经过加工处理的数，"函"的本意就是加工处理，正好与功能模块相对应。因此，目前，(高级)程序设计语言中，一般都是基于函数概念来建立基本功能模块的抽象表达模型。首先，为了便于基本功能模块的使用，一个函数必须具有一个唯一且能反映函数本身功能的名称，称为函数名。函数名代表函数的处理结果，可以作为一种特殊的常量或变量应用在计算表达式中，例如：表达式 $--x \&\& y \,||\, !(z > int(sin(0)))$ 中的 $sin(0)$。其次，函数必须给出其处理功能所要作用的数据集的抽象，称为函数的形式参数(简称形参)。形参的定义建立在数据组织基础方法的基础上。再次，函数必须明确给出其处理结果的数据类型，以便使用该函数的其他基本功能模块对处理结果的进一步使用(例如：将处理结果作为一种特殊的常量或变

量应用在计算表达式中或直接输出）。处理结果的数据类型称为函数的返回值类型（简称返回类型）。最后，一个函数必须给出其处理功能的详细逻辑描述，称为函数执行体（简称函数体）。函数名、函数形式参数、函数的返回值类型和函数执行体构成基本功能模块表达模型的四个基本要素。其中，相对于函数体而言，函数名、函数形式参数和函数的返回值类型三者的联合称为函数原型（或函数头）。

显然，基本功能模块表达模型中，函数的形参定义和返回值类型定义都是建立在数据组织基础方法的基础上，函数体的定义建立在数据组织基础方法和数据处理基础方法两者综合的基础上。

5.1.2　C++语言对基本功能模块构造机制的支持及描述

C++语言中，对基本功能模块构造机制的支持通过函数定义方法实现并给出其描述规范，如图 5-1 所示。其中，函数返回类型可以省略，省略时表示返回 int 类型。图 5-2 所示是两个函数描述示例。其中，return exp; 语句用于返回函数的处理结果，该处理结果由语句中的表达式 exp 计算，并依据返回类型进行返回。

```
[函数返回类型] 函数名( 函数形式参数的类型列表 );－－函数原型

[函数返回类型] 函数名( 函数形式参数的列表 )－－－－－函数头
{
    局部数据组织;                                函数体
    数据处理逻辑;
}
```

图 5-1　C++语言的函数定义及描述规范

```
int Max( int x, int y)
{   //求两个整数中的最小值
    return x<y ? x : y;
}

int Max( int a[ ], int n)
{ //求一批整数中的最小值
    int t;
    for( int i=n-1; i>=1; --i)
      if( a[i]<a[i-1]) {
        t=a[i-1]; a[i-1]=a[i]; a[i]=t;
      };
    return a[0];
}
```

图 5-2　C++语言的函数描述示例

由第 2 章可知，C++语言中，数据组织方法由二元组（{常量、变量}，{堆叠、绑定、关联}）定义，因此，C++语言的函数定义机制中，基本的形参种类和返回值种类一般有变量、指针和引用三种。具体解析参见例 5-1。

5.2　常用基本数据处理方法的 C++ 语言函数定义及解析

【例 5-1】　定义一个函数,实现两个整数的交换。

在此,以两个整型数据交换为例,将例 3-1 的两数交换方法包装成一个 C++ 函数,分别采用各种形式参数方式。图 5-3 所示分别给出了相应的描述及解析。其中,只有 B、C、D 三种描述是正确的,其他都不能实现两个整数的交换功能。

```cpp
void Swap(int x, int y)
{   // A: 形参采用变量方式
    int t;
    t=x; x=y; y=t;
}
void Swap(int *x, int *y)
{   // B: 形参采用指针方式
    int t;
    t=*x; *x=*y; *y=t;
}
void Swap(int & x, int & y)
{   // C: 形参采用引用方式
    int t;
    t=x; x=y; y=t;
}
void Swap(int *& x, int *& y)
{   // D: 形参采用引用方式
    int t;
    t=*x; *x=*y; *y=t;
}
void Swap(int *x, int *y)
{   // E: 形参采用指针方式
    int *t;
    t=x; x=y; y=t;
}
void Swap(int *x, int *y)
{   // F: 形参采用指针方式
    int *t;
    *t=*x; *x=*y; *y=*t;
}
void Swap(int & x, int & y)
{   // G: 形参采用引用方式
    int & t;
    t=x; x=y; y=t;
}
int Swap(int *& x, int *& y)
{   // H: 形参采用引用方式
    int *t;
    t=x;   x=y; y=t;
```

```
}
void Swap( int *& x, int *& y)
{ //I：形参采用引用方式
    int *t;
    *t =*x; *x =*y; *y =*t;
}
void Swap( int *& x, int *& y)
{ //J：形参采用引用方式
    int *& t;
    t =x; x =y; y =t;
}
```

图 5-3   C++语言中实现两个整数交换的函数定义。

【**例 5-2**】   定义一个函数,返回一批整数中的最大整数。

在此,以一个整型数组作为数据组织方法,分别采用各种返回方式。图 5-4 所示分别给出了相应描述及其解析。

```
int GetMax( int a[ ], int n)
{ //变量值返
    int max;
    max =a[ 0 ];
    for( int i =1; i< n; ++i)
      if( a[ i ] >max) max =a[ i ];
    return max;
}


int *GetMax( int a[ ], int n)
{ //指针值返
    int *max =new int;
    *max =a[ 0 ];
    for( int i =1; i< n; ++i)
      if( a[ i ] >*max) *max =a[ i ];
    return max;
}


int *GetMax( int a[ ], int n)
{ //指针值返
    static int max;          // static 限定词的含义参见第 5.3.2 小节
    max =a[ 0 ];
    for( int i =1; i< n; ++i)
      if( a[ i ] >max) max =a[ i ];
    return &max;
}


int & GetMax( int a[ ], int n)
{ //变量引用返
    static int max;
    max =a[ 0 ];
```

```
      for( int i = 1; i < n; ++i)
        if( a[ i ] > max) max = a[ i ];
      return max;
}

int *& GetMax( int a[ ], int n)
{  //指针引用返
      static int *max = new int;
      *max = a[ 0 ];
      for( int i = 1; i < n; ++i)
        if( a[ i ] > *max) *max = a[ i ];
      return max;
}

int GetMax( int a[ ], int n, int *ret)
{  //参数值返
      int max;
      max = a[ 0 ];
      for( int i = 1; i < n; ++i)
        if( a[ i ] > max) max = a[ i ];
      *ret = max;
      return 0;   //表示正常结束
}

int GetMax( int a[ ], int n, int & ret)
{  //参数引用返
      static int max;
      max = a[ 0 ];
      for( int i = 1; i < n; ++i)
        if( a[ i ] > max) max = a[ i ];
      ret = max;
      return 0;   //表示正常结束
}
```

图 5-4　C++ 语言中实现求最值的函数定义

【例 5-3】　定义一个函数，返回一个正整数的各位数字。

在此，以例 3-3 中的数字拆分方法为基础，定义一个提取一个正整数各位数字的函数模块。该函数以一个整型数组 ret 作为整数各位数字存放的场所，并且，原始整数和拆分后的各位数字都采用参数方式实现与外部的交互。图 5-5 所示给出了多种相应描述及解析。

```
int GetBits( int n, int ret[ ])
{
      int c = 0;
      while( n > 0) {
        ret[ ++c ] = n % 10; n = n / 10;
      }
      ret[ 0 ] = c;
```

```
        return 0;   // 表示正常结束
}
int GetBits(int n, int *ret)
{
        int c = 0;
        while(n>0) {
            ret[++c] = n % 10; n /= 10;
        }
        ret[0] = c;
        return 0;   // 表示正常结束
}
int GetBits(int n, int *& ret)
{
        int c = 0;
        while(n>0) {
            ret[++c] = n % 10; n /= 10;
        }
        ret[0] = c;
        return 0;   // 表示正常结束
}
int GetBits(int n, int ret[])
{
        int c = 0;
        while(n>0) {
            *(ret + ++c) = n % 10; n /= 10;
        }
        *ret = c;
        return 0;   // 表示正常结束
}
int GetBits(int n, int *ret)
{
        int c = 0;
        while(n>0) {
            *(ret + ++c) = n % 10; n /= 10;
        }
        *ret = c;
        return 0;   // 表示正常结束
}
int GetBits(int n, int *& ret)
{
        int c = 0;
        while(n>0) {
            *(ret + ++c) = n % 10; n /= 10;
        }
        *ret = c;
        return 0;   // 表示正常结束
}
```

图 5-5   C++语言中实现分解整数数位的函数定义

5.3 基本功能模块构造机制对数据组织方法应用的具体规则

5.3.1　基本功能模块构造机制中数据组织方法的应用规则

作为基本功能模块构造的具体实现,函数机制中函数体的定义包含了数据组织和数据处理两个部分。函数体内的数据组织称为局部数据组织,与之对应,独立于所有函数的(或在函数外部定义的)数据组织称为全局数据组织。

局部数据组织仍然可以按需采用各种基础的数据组织方法及其综合。但是,由于函数在调用时才发挥作用,因此,为了节省存储空间或提高存储空间的利用率,对于局部数据组织,目前的翻译程序都采用如下应用规则:首先,局部数据组织只在函数调用时进行空间分配,并且是在堆栈中进行空间分配;其次,局部数据组织在函数调用返回时进行空间释放。因此,具体应用中,函数使用时如不注意就会产生与局部数据组织相关的两种典型错误:无效引用与内存泄漏。所谓无效引用,是指函数返回了一个局部数据的地址。因为当函数调用结束后,局部数据所分配的存储空间已经释放,即局部数据已经不存在,主调函数得到的地址是一个无效地址。此时,主调函数通过该地址去间接访问局部数据就是一种无效引用(参见图 5-4 中 static限定及 new 运算的作用)。所谓内存泄漏,是指函数内部的局部数据组织是一种动态数据组织,并且在函数返回前没有主动释放动态申请所获得的存储空间,此时,每次函数调用都会动态地申请存储空间,当函数返回时,用于存放动态申请所获得的存储空间地址的局部指针变量被自动释放,但动态申请所获得的存储空间本身并没有主动释放。函数返回后,因为丢失了动态申请所获得的存储空间的地址,导致主调函数也不可能依据地址去释放所获得的存储空间。因此,每次函数调用都会丢失一块内存空间,导致内存泄漏。图 5-6 所示给出了用 C++ 语言描述的两种错误现象及其解析。

```
int *fun( int a, int b)
{   // 无效引用
    int ret;
    ret = a + b;
    return &ret;   // 函数调用结束后,局部变量 ret 不再存在,但返回了它的地址!
}


int fun( int a, int b)
{   // 内存泄漏
    int *ret = new int;   // 局部变量 ret 动态申请了空间,函数调用结束后,
                          // ret 不再存在,但其申请的空间并没有释放!
    *ret = a + b;
    return *ret;
}
```

图 5-6　无效引用和内存泄漏

无效引用带来的后果是数据引用错误,内存泄漏带来的后果是每隔一个固定的时间周期就会死机(因为内存空间已经枯竭,程序不能再运行)。为了从根本上消除内存泄漏问题,现代

翻译程序都提供了垃圾回收机制（Garbage Collection，GC）。

5.3.2　C++语言对基本功能模块中数据组织方法的拓展

针对基本功能模块中的局部数据组织，在数据组织基础方法及其综合应用的基础上，C++语言做了一些拓展，具体表现为：通过 static 存储类别将局部变量的生命周期延长到程序运行结束（参见图5-4中 static 的具体使用）；通过域限定运算（参见附录2）支持局部变量与全局变量的重名使用。对于 static 局部变量，当函数第一次被调用时，系统为它分配空间；当函数调用返回时，该变量所占空间不被释放，仍然保留；当函数再次被调用时，系统不再为它分配空间，而是继续使用该空间。然而，尽管该存储空间存在，但除了该函数自身外，其他函数或函数外部不能直接使用该空间。另外，如果函数返回一个 static 局部变量的地址，则不会引起无效引用错误（即函数的外部可以通过该地址间接使用该空间）。图5-7所示给出了 static 局部变量的应用解析。

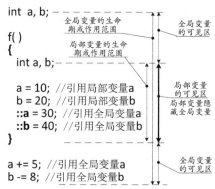

```
int f( int n )
{ //以实参5调用该函数，4次调用的返回值分别为5、10、
15 和 20
    static int m =0;   m   n   返回值
    m +=n;             0   5    5   //m分配空间，调用结束后不释放
    return m;          5   5   10   //m继续使用，调用结束后不释放
}                     10   5   15   //m继续使用，调用结束后不释放
                      15   5   20   //m继续使用，调用结束后不释放
                      20
```

图 5-7　static 局部变量的应用

```
int  a, b;
f( )
{
    int a, b;

    a = 10; //引用局部变量a
    b = 20; //引用局部变量b
    ::a = 30; //引用全局变量a
    ::b = 40; //引用全局变量b
}

a += 5; //引用全局变量a
b -= 8; //引用全局变量b
```

图 5-8　局部变量与全局变量的重名应用

对于局部变量与全局变量的重名使用问题，C++语言规定以当前域为基础。也就是说，当一个函数被调用时，它成为当前域，它的局部变量会隐藏同名的全局变量。此时，可以通过域限定运算符::访问被隐藏的全局变量。图5-8所示给出了相应的应用解析。另外，C++语言规定以大括号{}作为一个域的限制，对于域嵌套的应用场景，也都按当前域为基础的原则处理同名变量的使用问题。图5-9给出了相应的应用解析。事实上，一个函数就是一个域，局部变量与全局变量的重名使用问题就是域嵌套应用场景的一种。

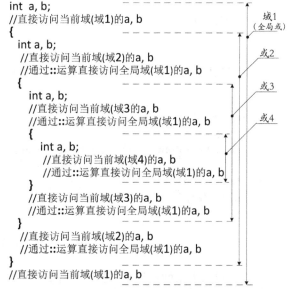

```
int a, b;
//直接访问当前域(域1)的a, b
{
    int a, b;
    //直接访问当前域(域2)的a, b
    //通过::运算直接访问全局域(域1)的a, b
    {
        int a, b;
        //直接访问当前域(域3)的a, b
        //通过::运算直接访问全局域(域1)的a, b
        {
            int a, b;
            //直接访问当前域(域4)的a, b
            //通过::运算直接访问全局域(域1)的a, b
        }
        //直接访问当前域(域3)的a, b
        //通过::运算直接访问全局域(域1)的a, b
    }
    //直接访问当前域(域2)的a, b
    //通过::运算直接访问全局域(域1)的a, b
}
//直接访问当前域(域1)的a, b
```

图 5-9　域嵌套时的变量重名应用

5.4 C++ 语言对基本功能模块表达模型的进一步拓展

5.4.1　空返回值或没有返回值

从数学角度来看,一个函数一般都应该返回一个处理结果。然而,程序设计语言中,函数机制用于封装一种处理功能,它可以仅仅是实现一种处理功能而不返回任何值。或者说,函数本身的处理逻辑中已经输出了处理结果,不需要再给主调函数返回值(此时,在主调函数中,对函数的调用成为一个独立的语句,即函数调用不能出现在表达式中)。C++ 语言中,通过关键词 void 作为空值类型的标志,定义一个函数时,如果该函数没有返回值,则其返回类型用 void 说明。图 5-10 所示给出了 void 的应用解析(该函数基于例 3-2 的方法定义)。

```
void PrnGraph( int n )
{  //n 为图形的行数
  int i, j;

  if ( n % 2==0) n++;   // 如 n 为偶数,则调整为奇数
  for( i=0; i<=n/2; ++i) {   // 处理上三角
    for( j=0; j<n/2-i; ++j)   // 输出每行的空格
      cout<<" ";
    for( j=0; j<2*i+1; ++j)   // 输出每行的图符
      cout<<"*";
    cout<<endl;   // 换行
  }
  for( i=0; i<n/2; ++i) {   // 处理下三角
    for( j=0; j<i+1; ++j)   // 输出每行的空格
      cout<<" ";
    for( j=0; j<n-2*i-2; ++j)   // 输出每行的图符
      cout<<"*";
    cout<<endl;   // 换行
  }
}
```

```
      *
     ***
    *****
   *******
    *****
     ***
      *
```

图 5-10　void 返回的应用示例及解析

5.4.2　空函数

C++ 语言支持空函数。所谓空函数,是指函数体中不包括任何数据组织和数据处理逻辑的函数。空函数的作用主要是在程序设计初期用以定义一个基本处理功能模块的划分和占位。也就是说,针对给定问题的处理,首先采用结构化设计思想,基于面向功能方法,分析并设计出应有的各个功能模块,完成总体上的宏观结构设计,至于各个功能模块的具体实现可以后一步完成。因此,空函数的本质是取其函数头的语义。

5.4.3　无参函数、默认参数与可变参数

所谓无参函数,是指没有任何参数的函数。无参函数的作用是封装功能相对固定的处理

逻辑,即它的处理功能与数据集无关。图 5-11 所示给出了 C++ 语言中最简单的函数定义,它是一个无参数无返回值的空函数。

```
void f( ) { }
```

图 5-11　一个最简单的 C++ 函数

　　C++ 语言支持默认参数。所谓默认参数,是指函数定义时,允许参数赋予一个默认的值,此时,当函数被调用时,如果对应于默认参数的实参不提供,则默认参数值就是本次调用的实际参数值;如果对应于默认参数的实参提供,则默认参数就用提供的实参值。事实上,默认参数就是变量静态初始化定义方法的一种具体应用。

　　对于含有多个参数的函数,默认参数必须从右向左给出,也就是说,对于具有三个参数的函数而言,如果要给出第 2 个参数的默认值,则必须首先给出第 3 个参数的默认值。其目的是为了确保实际参数的明确语义及其与形参的正确对应关系。

　　除默认参数外,C++ 语言还支持可变参数。所谓可变参数,是指一个函数的参数个数可以不确定,允许按需改变。例如:第一次调用时用 2 个实参,第二次调用时用 4 个实参。为了支持可变参数机制,除函数定义规范外,还需要附加机制的支持。对于可变参数及其附加支持机制的具体定义和使用,因其使用面较窄,在此不再展开。有兴趣的读者可以参见其他相关资料。

　　正是为了支持可变参数,C++ 语言的翻译程序普遍采用参数反向压栈方法(有关参数传递原理,参见第 6 章解析),其目的就是为了实时统计出具体实参的个数,在此基础上,配合可变参数的附加支持机制,实现对可变参数的支持和应用。

5.4.4　多重返回

　　一般来说,一个函数只有一个返回,即函数结束时的返回。为了增加灵活性,C++ 语言支持函数的多重返回,除了函数结束时返回外,可以通过返回语句 return 随时按需返回。图 5-12 所示给出了多重返回函数的定义示例。也就是说,C++ 语言中,一个处理模块有一个唯一的入口,但可以有多个出口。

```
int f( int m, int n)
{
  if (m==n) return 0;
  else if (m>n) return 1;
  return −1;
}
```

图 5-12　含有多重返回的函数定义示例

　　对于含多重返回的函数,每次返回前都必须注意到状态的一致性问题。特别是对于具有动态局部数据组织的函数,每次返回前都必须进行空间释放,以确保不产生内存泄漏错误。图 5-13 所示给出了相应的应用示例及解析。

```
int f( int m, int n)
{
  int t = new int;

  if ( m == n) {
      delete t; return 0;
  }
  else if ( m > n) {
      delete t; return 1;
  }
  delete t; return - 1;
}
```

图 5-13　含多重返回的函数状态一致性

 ## 5.5 系统库函数及 C++ 函数库

　　所谓库函数,是指由 C++ 语言开发工具提供的函数,这些函数一般都是由 C++ 语言开发工具预先定义好并生成相应的目标代码,以方便用户使用。库函数相当于已经构造好的功能模块,可以直接使用,所有库函数构成标准函数库。

　　函数机制为相对独立的处理功能模块的封装提供了支持。为了方便人们构造自己的程序,对于一些独立于任何程序、普适通用的处理功能,C++ 语言的翻译程序及其延伸的开发环境中都预先提供这些通用处理功能的函数集合,并以函数库的形式提供。每个函数库都提供一个含有该库中所有函数原型的头文件(文件名以.h 为后缀)。表 5-1 所示给出了一些常用的标准库函数头文件。

表 5-1　C++ 常用标准库函数

头文件名	作用	头文件名	作用
assert.h	诊断宏定义	signal.h	信号处理相关定义
ctype.h	字符处理函数	stdarg.h	可变参数表处理相关定义
errno.h	错误信息处理相关定义	stddef.h	标准库用到的一些常用定义
float.h	浮点型范围和精度的宏定义	stdio.h	标准输入输出函数
limits.h	整型常量相关定义	stdlib.h	一些实用功能函数
locate.h	地域环境设置相关函数	string.h	字符串处理函数
math.h	常用数学函数	time.h	时间和日期处理函数
setjmp.h	非局部跳转相关定义		

　　出于自身商业利益的考虑,各个编译器厂商的 C++ 语言编译器所提供的函数库并不完全一致,但通常都会包括一些普适的通用功能,例如:I/O 函数,数学函数,字符串处理函数,时间、日期函数和与系统有关的函数,内存动态存储分配函数,目录管理函数,过程控制函数,字

符屏幕和图形功能函数以及其他函数等等。具体使用时,用户可以查阅相应的库函数参考手册或开发工具的联机帮助文档。使用库函数时应该注意以下四个方面:1)函数的功能及所能完成的操作;2)参数的个数和顺序,以及每个参数的含义及类型;3)返回值的含义及类型;4)函数所在的头文件。有关库函数的具体使用方式及相应解析,参见后面章节中图6-20所示。

　　库函数极大地方便了用户,同时也给出了扩展C++语言本身基本能力的途径。也就是说,通过库函数机制,可以不断延伸C++语言的能力。另外,在构造C++语言程序时,应当尽可能多地使用库函数,这样既可以提高程序的运行效率,又可以提高程序的质量(因为库函数都是经过精心设计和实现的)。只有在库函数没有提供所需功能的场合,才需要自己定义并构造相应的函数。当然,自己也可以根据需要建立自己的用户函数库。图5-14所示给出了自己建立函数库的过程及其解析。

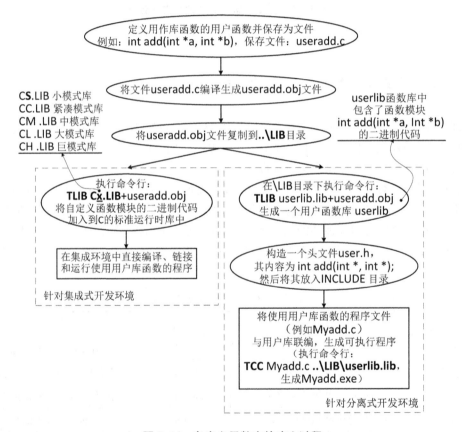

图 5-14　自定义函数库的建立过程

　　事实上,函数库的概念也是C++语言移植性强的一个具体体现。也就是说,C++语言本身并不包含用于输入和输出的语句,它是通过调用其开发环境所提供的相应输入和输出库函数来完成其输入和输出(开发环境所提供的输入和输出库函数已经封装了对基础运行支撑平台输入和输出设备的控制)。因此,C++程序是独立于任何基础运行环境的。同一个C++程序,只要在另一个开发环境中重新翻译、链接并生成对应的可执行文件(参见图6-18所示。此时,尽管C++程序中仍然说明的是输入和输出函数库的头文件,但最终链接的是对应于该开发环境的库函数的目标代码),即可在该基础运行环境中运行,不需要做任何修改。

5.6 本章小结

基于面向功能方法的基本原理，本章首先详细解析了面向功能方法的基本建筑块——函数机制，及其对局部数据组织方法应用的基本规则。然后，解析了 C++ 语言对面向功能方法基本建筑块的基本支持机制、拓展支持机制及其描述方法。

习　题

1. 函数包括哪四个基本要素？

2. 请解释函数、函数头、函数体、函数原型几个概念之间的区别和联系。

3. 请解释函数参数、函数返回类型和局部数据组织结构与数据组织基础方法之间的关系？

4. 函数参数类型和函数返回类型有几种最基本的应用形态？

5. 什么是无效引用？请举例说明。

6. 什么是内存泄漏？请举例说明。

7. static 局部变量的作用是什么？

8. C++ 语言中如何解决无效引用和内存泄漏？

9. 变量的作用域与重名覆盖是什么关系？

10. 对于图 5-10 打印图形的函数，如果依据所需的行数，通过计算图形水平中心位置，然后直接在一个当前行中输出一定的空格、一定的 * 和一定的空格，则可以简化该函数的实现逻辑。请依据该规则重新定义该函数。

11. 将第 3 章的排序、查找、趣味数阵等方法分别通过函数进行包装，构建相应的程序积木块。

12. 请分析图 5-4 函数为什么不会出现无效引用和内存泄漏？

13. 基于 Baby 程序躯体，上机验证本章各个例题。

14. 首先拓展类型 T 如下：typedef int T［3］;，然后定义一个函数 fun，使其返回类型为 T 是否正确？请上机验证，并说明为什么？如果将其返回类型改为 T * 或 T& 是否正确？为什么？

15. C++ 语言中，如何实现一个函数能够返回多个值？你能想到多少种方法？（结合第 2 章和本章第 14 题进行考虑）

16. 如果让一个函数返回一个函数指针，请问如何定义该函数的返回类型？

17. 定义一个函数时，你认为函数四个基本要素中哪个要素最难设计？为什么？

18. 构建函数的本质是什么？请给出你的解释。（提示：从具体到抽象，实现功能的重用）

19. 请分析函数机制与 typedef 的思维通约性。（提示：具体到抽象的拓展）

第 6 章　面向功能方法：函数关系

> **本章主要解析**：面向功能方法中实际数据集与抽象数据集之间耦合或相互传递的基本模式及其实现机制；基本功能模块处理结果返回的基本模式及其实现机制；C++语言对基本功能模块调用与返回模式和机制的支持方法及其描述；基本功能模块的一种特殊耦合方式——递归；对面向功能方法的深入认识。
> **本章重点**：面向功能方法中实际数据集与抽象数据集之间耦合或相互传递的基本模式及其实现机制；基本功能模块处理结果返回的基本模式及其实现机制；基本功能模块的一种特殊使用方式——递归；对面向功能方法的深入认识。

作为面向功能方法构建的另一个核心问题，基本功能模块之间的耦合具有重要意义，只有通过耦合，多个基本功能模块才能构成完整程序。在第5章基础上，本章首先解析函数之间的交互（或耦合）关系，包括通用实现机制及其在C++语言中的具体体现。然后，在此基础上，解析C++语言中面向功能方法的程序基本结构形态。最后，深入解析面向功能方法的思维特征。

函数之间的耦合

6.1.1　函数之间交互关系的实现机制

基于函数的相对独立性，函数之间的交互通过某种中介机制完成。为了支持函数的嵌套调用，函数之间交互的中介机制基于堆栈（Stack）实现。图6-1所示给出了函数调用与返回的工作原理。

由图6-1可知，每当调用一个函数时，调用函数都会首先将当前指令地址（即正在执行指令的下一条指令的地址）和当前工

图 6-1　基于堆栈的函数调用与返回原理解析
（略去调用方当前返回地址及工作状态的压栈与恢复）

106

作状态(主要是一些上下文相关变量的值和一些工作状态标志值)压入到堆栈中,然后再将实际参数(简称实参,与函数定义时的形式参数对应)逐个压入到堆栈中,最后转向去执行被调用函数对应的指令序列;被调用函数指令序列首先从堆栈中取出实参并赋值给形参,然后执行其函数体指令。并且,其最后一条指令都是返回指令,它自动将处理结果压入到堆栈中,并从堆栈中弹出一个指令地址并恢复调用前的上下文工作状态,然后从该地址中取出指令继续执行,从而使程序执行流返回到调用函数,此时调用函数从堆栈取出处理结果,由此完成一次完整的调用过程。也就是说,从程序执行流程来看,相当于将(被调的)一个函数的指令序列插入到调用方函数的指令序列中。反之,也可以说是将一个程序中相同功能的处理逻辑抽取出来构建一个可以反复重用的函数,这样既消除了程序中存在的冗余功能描述,又可以不断地重用一个函数的处理功能来处理多个给定的实际数据集。对于嵌套调用而言,堆栈具有先进后出、后进先出的特点,正好满足嵌套调用时调用链顺序与返回链顺序相反的处理要求,确保了调用与返回的正确顺序。

6.1.2　函数调用

对于函数调用,需要解决的问题是实际数据集应该采用什么样的形式传递给一个被调用函数。目前,实参到形参的传递实现方法主要有两种:传递实参的值(简称值传)和传递实参的地址(简称地址传)。值传是将实参的值复制一份并压入到堆栈中,由此传递给形参;地址传是将实参的地址复制一份并压入到堆栈中,由此传递给形参。显然,值传方式中,被调用函数体内对数据的任何处理效果都是作用在实参的复制品上,对实参本身并没有任何作用效果。与之相反,地址传方式中,被调用函数体内通过实参的地址间接地对实参数据进行访问和操作,因此,被调用函数体内对数据的任何处理效果都是通过实参地址间接地作用在实参上,对实参本身产生最终的作用效果。因此,值传一般用在对原始实参数据不需要产生影响的应用场合,而地址传一般用在对原始实参数据需要产生影响的应用场合。图 6-2 所示给出了两种传递方法的解析。

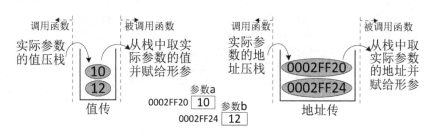

图 6-2　实参到形参传递方法解析(略去调用方返回地址及工作状态的压栈)

实参到形参具体传递时,还必须注意到两者之间的类型一致性问题。本质上,实参到形参的传递也可以看作是执行一个计算赋值语句,即将实参的值(或地址)赋给形参。

6.1.3　函数返回

对于函数返回,需要解决的问题是应该采用什么样的形式将一个被调用函数的处理结果传递给调用函数。或者说,如何重用一个函数的处理功能来获得本次数据集的处理结果。目前,与函数调用时的参数传递类似,函数返回的实现方法也有两种:值返回和地址返回。值返回是将被调用函数的处理结果值复制一份并压入到堆栈中,由此传递给调用函数;地址返回是将被调用函数的处理结果值存放的地址复制一份并压入到堆栈中,由此传给调用函数。显然,值返回方式中,在函数调用完成后,调用函数对被调用函数内部存放处理结果的存储空间不再有依赖关系;与之相反,地址返回方式中,在函数调用完成后,调用函数对被调用函数内部存放处理结果的存储空间仍然有着依赖关系。因此,地址返回方式中,必须对被调用函数内部存放处理结果的存储空间的生存期给予重视,否则会引起"无效引用"或"内存泄漏"的隐性逻辑错误。图6-3所示给出了两种返回方法的解析。

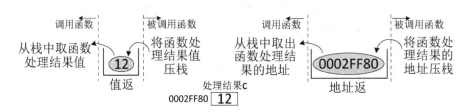

图6-3 函数返回方法的解析(略去调用方返回地址及工作状态的恢复)

函数返回时,还必须注意到被调函数处理结果的类型(即函数定义时给出的函数返回值类型)与调用函数中使用函数调用所处的上下文表达式运算时的类型两者之间的一致性问题。本质上,主调函数使用函数调用所处的上下文应该是一个表达式,函数调用相当于表达式中的一个运算量。因此,表达式混合运算时,涉及类型一致性问题。

因为函数返回时只能返回一个值,因此,对于需要返回多个值的应用场景,可以通过增加地址传类型的参数实现。也就是说,调用函数将某个需要接受返回值的变量的地址作为一个参数传送给被调函数,被调函数的函数体中,将最终的返回结果值通过该参数间接地赋给变量,从而实现返回值的传递。图6-4所示给出了多值返回方法的解析。

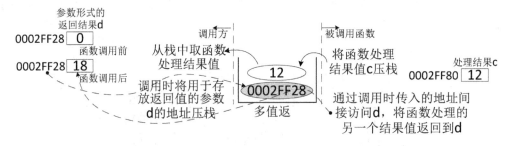

图6-4 函数多值返回方法的解析

6.1.4 C++语言中函数调用与返回的描述

C++语言中,对于函数参数的两种传递方法,分别通过值传和引用传实现(C语言只有一种值传方法,C++通过增加引用机制弥补了其缺陷,完善了参数传递与函数返回的交互关系实现机制)。图6-5所示分别给出了它们的具体描述方法。同样,对于函数的两种返回方法,也分别通过值返回和引用返回实现。图6-6所示分别给出了它们的具体描述方法。

```
int Max(int x, int y)
{   //值传方式
    int t;
    t=x;
    if (y>x) t=y;
    return t;
}
int ret, a=10, b=12;
ret=Max(a, b);

int Max(int & x, int & y)
{   //引用传方式
    int t;
    t=x;
    if (y>x) t=y;
    return t;
}
int ret, a=10, b=12;
ret=Max(a, b);
```

图6-5　C++语言中函数参数传递的两种方法及其描述

```
int Max(int x, int y)
{   //值返方式
    int t;
    t=x;
    if (y>x) t=y;
    return t;
}
int ret, a=10, b=12;
ret=Max(a, b);

int & Max(int x, int y)
{   //引用返方式
    static int t;
    t=x;
    if (y>x) t=y;
    return t;
}
int ret, a=10, b=12;
ret=Max(a, b);
```

图6-6　C++语言中函数返回传递的两种方法及其描述

　　C/C++语言中，由于增加了一种指针型的特殊数据，因此，指针的传递与引用传递容易引起概念上的误解。首先，指针作为一种特殊类型的数据，显然既可以值传，也可以引用传。其次，由于指针本身就是一个地址，指针的值传也可以实现普通数据的地址传效果，但是，本质上这种传递仍然是一种值传。因此，相对于其他语言，C++语言中的函数参数传递与函数返回比较复杂。图6-7所示分别给出了C++语言中各种函数参数传递与函数返回的具体描述方法。

```cpp
int Max(int x, int y)
{  // A：普通数据：值传方式
   return x>y ? x : y;
}
int ret, a=10, b=12;
ret=Max(a, b);

int Max(int *x, int *y)
{  // B：指针数据：值传方式
   return *x>*y ? *x : *y;
}
int ret, a=10, b=12;
ret=Max(& a, & b);

int Max(int & x, int & y)
{  // C：普通数据：引用传方式
   return x>y ? x : y;
}
int ret, a=10, b=12;
ret=Max(a, b);

int Max(int *& x, int *& y)
{  // D：指针数据：引用传方式
   return *x>*y ? *x : *y;
}
int ret, a=10, b=12;
int *p=& a, *q=& b;
ret=Max(p, q);

int Max(int x, int y)
{  // E：普通数据：值返方式
   int t;
   x>y ? t=x : t=y;
   return t;
}
int ret, a=10, b=12;
ret=Max(a, b);

int *Max(int x, int y)
{  // F：指针数据：值返方式
   static int *t=new int;
   x>y ? *t=x : *t=y;
   return t;
}
Int *ret, a=10, b=12;
ret=Max(a, b);

int & Max(int x, int y)
{  // G：普通数据：引用返方式
   static int t;
```

```
      x>y : t=x : t=y;
      return t;
  }
  int ret, a=10, b=12;
  ret=Max(a, b);

  int *& Max(int x, int y)
  {  // H：指针数据：引用返方式
      static int *t=new int;
      x>y ? *t=x : *t=y;
      return t;
  }
  int *c;
  int *& ret=c, a=10, b=12;
  ret=Max(a, b);

  int Max(int x, int y)
  {  // I：普通数据：值传/值返方式
      int t;
      x>y ? t=x : t=y;
      return t;
  }
  int ret, a=10, b=12;
  ret=Max(a, b);

  int & Max(int x, int y)
  {  // J：普通数据:值传/引用返方式
      static int t;
      x>y ? t=x : t=y;
      return t;
  }
  int ret, a=10, b=12;
  ret=Max(a, b);

  int Max(int & x, int & y)
  {  // K：普通数据：引用传/值返方式
      int t;
      x>y ? t=x : t=y;
      return t;
  }
  int ret, a=10, b=12;
  ret=Max(a, b);

  int & Max(int & x, int & y)
  {  // L：普通数据：引用传/引用返方式
  static int t;
      x>y ? t=x : t=y;
      return t;
  }
  int ret, a=10, b=12;
```

```
ret = Max( a, b );

int *Max( int *x, int *y)
{  // M：指针数据：值传/值返方式
static int*t = new int;
   *x>*y ? *t=*x : *t=*y;
   return t;
}
int *ret, a =10,b =12;
ret = Max( & a, & b );

int *& Max( int *x, int *y)
{  // N：指针数据:值传/引用返方式
   static int *t = new int;
   *x>*y ? *t=*x : *t=*y;
   return t;
}
int *c;
int *& ret = c, a =10,b =12;
ret = Max( & a, & b );

int *Max( int *& x, int *& y)
{  // O：指针数据：引用传/值返方式
   static int *t = new int;
   *x>*y ? *t=*x : *t=*y;
   return t;
}
int *ret, a =10, b =12;
int *p =& a, *q =& b;
ret = Max( p, q );

int *& Max( int *& x, int *& y)
{  // P：指针数据:引用传/引用返方式
   static int *t = new int;
   *x>*y ? *t=*x : *t=*y;
   return t;
}
int *c;
int *& ret = c, a =10, b =12;
int *p =& a, *q =& b;
ret = Max( p, q );
```

图 6-7　C++语言中函数参数传递与返回的各种方法及其描述

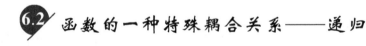

6.2　函数的一种特殊耦合关系——递归

函数机制为处理方法的重用提供了一种支持。如果一个函数封装的处理逻辑是通过不断缩小给定的数据集规模,并对缩小规模后的数据集重用函数自身的处理逻辑,直至数据集规模足够小可以直接求解,则这种函数就称为递归函数(Recursive Function)。也就是说,递归函数是函数耦合的一种特殊使用方式,其特殊性体现在函数的功能实现逻辑是通过不断调用其自身来实现的。

　　显然,定义一个递归函数,必须满足两个基本要素:1)至少有一个参数,表示数据集的规模。2)函数体内涉及三个部分,一是对最小规模数据集的基本处理(称为递归终止或递归边界);二是对缩小规模后的数据集重用函数自身的处理逻辑(即缩小参数所代表的数据集规模后递归调用函数自身,称为递归调用);三是对缩小规模后的数据集递归调用处理后,对当前处理结果的综合处理逻辑(称为递归综合,依据实际问题,该部分处理逻辑可以不存在)。图6-8所示给出了递归函数定义及其具体应用的相应解析。

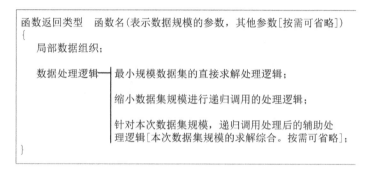

（a）递归函数的基本形态

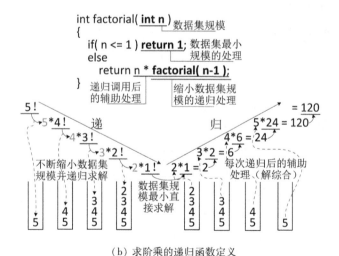

（b）求阶乘的递归函数定义

图 6-8　递归函数定义及其应用

　　由递归函数可知,不断缩小数据集规模并重用函数本身的过程就是“递”,直到数据集规模足够小可以直接处理并由此执行函数返回就是“归”,每次函数调用及返回所构成的执行流轨迹就是“递归”。本质上,递归函数是递归思想和方法在函数(及其调用)机制中的一种具体应用。

　　递归函数是一种直接递归,其表现形态可以是单递归、双递归、多递归以及嵌套递归。另外,具体应用中也可能出现间接递归。所谓间接递归是指一个函数的处理逻辑中调用了其他函数,而其他函数的处理逻辑中又调用了原先的函数,因此,对于原先函数而言就是一种递归。间接递归是直接递归的一种拓展。图6-9所示给出了各种递归形态的相应解析。图6-10所示给出了用递归方法求最大值的两种程序描述及其解析,图6-11所示解析了集表达式嵌套、静态局部变量、函数和递归等多种概念及机制的综合应用。

```cpp
int f( int n, ...)
{  // 单递归
   ...
   ... f( n-1, ...);
   ...
}

int f( int n, ...)
{  // 双递归
   ... f( n-1, ...);
   ...
   ... f( n-i, ...);
}

int f( int n, ...)
{  // 多递归
   ... f( n-1, ...);
   ... f( n-i, ...);
   ... f( n-j, ...);
}

int f( int n, ...)
{  // 嵌套递归或高阶递归
   ...
   ... f( n-1, ... f( n-i, ...) , ...);
   ...
}

int f( int n, ...)
{  // 间接递归
   ...
   ... g( n++ , ...);
   ...
}
int g( int m, ...)
{
   ...
   ... f( m-i, ...);
   ...
}
```

图 6-9　各种递归形态的解析

```cpp
int GetMax( int *a, int n)
{  // 单递归方式
   if ( n==1)
       return a[0];    // a[n-1]
   int t =GetMax( a, n- 1);
```

```
      if (t>a[n-1])
          return t;
      else
                  return a[n-1];
          }

int GetMax(int *a, int start, int end)
{   // 双递归方式。(堆栈空间消耗较大)
   if (start==end)
      return a[start];
   else
        return a[start]>a[end] ? a[start] : a[end];
   int t1=GetMax(a, 0, end/2);
   int t2=GetMax(a, end/2+1, end);
   if (t1>t2)
      return t1;
   else
      return t2;
   }
```

图 6-10　用递归方法求一批数据中的最大数据

```
int t(int m, int n)
{
        static int num=0;
        if (n==1)
                return num++, num+m; // ②, ③
        else
                return num++, num+m*t(m, n-1); // ①, ④
}
// 本题结合递归和 static 变量
// 以实参 2 和 3 调用，即 t(2, 3)，结果为 29
```

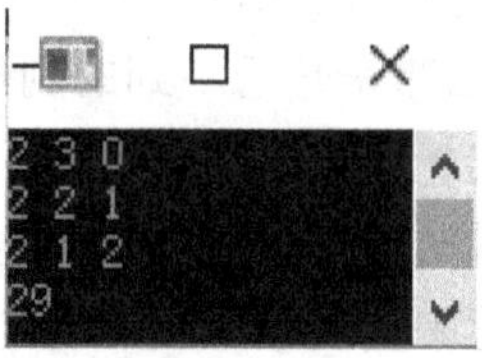

```
2 3 0
2 2 1
2 1 2
29
```

m	n	num	返回值	
2	3	0	29	//num分配空间，调用结束后不释放；//调用结束得返回值29
2	2	1	29	//num继续使用，由①将其值增1，继续递归；//递归返回时由④得29
2	1	2	13	//num继续使用，由①将其值增1，继续递归；//递归返回时由④得13
2	1	3	5	//num继续使用，由②将其值增1，//由③得返回值5且递归结束并返回

图 6-11　函数应用综合示例及解析

6.3　C++ 语言对函数耦合关系的拓展

6.3.1　表达式参数与表达式返回

C++ 语言支持表达式参数。所谓表达式参数，是指函数调用时的实参允许是一个表达式。

因为实参到形参的传递，本质上就相当于将实参赋值给形参。因此，对于表达式实参，需要注意两个关键要点：1）表达式实参计算时的类型一致性问题；2）实参向形参传递时的类型一致性问题。

　　C++语言支持表达式返回。所谓表达式返回，是指函数调用返回时，return语句可以返回一个表达式。因此，对于表达式返回，也需要注意两个关键要点：1）返回的表达式计算时，其类型一致性问题；2）返回表达式的值类型与函数所定义返回类型的一致性问题。图6-12所示给出了相应的应用解析。

```
int f( int m, int n)
{
  return  m>n ? 1 : m<n ? -1 : 0;  // 表达式返回
}
// 用 f(x++, --y) 调用函数，表达式参数
```

图 6-12　表达式参数与表达式返回

　　由于C++支持表达式嵌套，并采用反向参数压栈方式。因此，综合表达式参数、多参数和参数反向压栈，C++语言在函数具体应用中，会带来意想不到的副作用。图6-13所示给出相应的应用解析。

　　针对副作用问题，可以通过将表达式参数简化来实现语义的一致性。也就是说，将

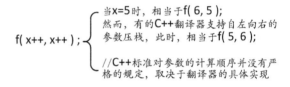

f(x++, x++);

当x=5时，相当于f(6, 5)；
然而，有的C++翻译器支持自左向右的参数压栈，此时，相当于f(5, 6)；

//C++标准对参数的计算顺序并没有严格的规定，取决于翻译器的具体实现

图 6-13　表达式参数带来的副作用

每个表达式参数首先通过计算赋值语句进行计算并赋给一个变量，然后用各个变量作为实参进行函数调用。

　　本质上，变量或常量都是表达式的退化及最简形态，因此，C++语言的表达式参数和表达式返回完美地诠释了参数及返回值表达的本来面貌。

6.3.2　函数重载

　　所谓重载，"重"取重复、多次或又的意思，"载"取装载的意思（在此，可理解为定义的意思），重载是指可以有多种定义。因此，所谓函数重载，就是一个函数的多种定义，是重载概念在函数机制中的一种具体应用。具体而言，它是指同一个函数名可以对应多个函数的实现。在此，多个函数的实现就是"重"，将一个函数的实现与一个函数名对应就是"载"。

　　函数重载是函数机制的一种应用拓展，它支持函数名所蕴含功能的多种具体实现。函数重载的实现是由翻译程序完成的。具体而言，翻译程序根据函数调用时的具体描述自动寻找并匹配一个相应的函数实现，以确定调用哪个函数。显然，对于同一个函数名，必须依靠其他的特征才能进行匹配。根据函数的定义，除了函数名外，可以考虑的因素是参数、返回值类型和函数体。其中，函数体与调用时的匹配关系不大，它是匹配以后的事。返回值类型也与调用时的匹配关系不大，它是函数执行完返回时的事。并且，对于同一个函数名，因其蕴含的功能语义一致，因此，其返回值类型也是不变的。因此，只能从参数入手。对于参数，主要考虑个数、类型和顺序。因此，对于同一个函数名，如果定义了多个函数，且这些函数的参数个数、类

型或顺序存在区别,则这些函数就是一组重载函数。图 6-14 所示给出了参数类型不同和参数个数不同的函数重载定义示例及其解析。

```
int add(int x, int y)
{  //参数类型不同的重载函数
   return x +y;
}
int add(double a, double b)
{
   return (int)(a +b);
}
// add(5, 10)调用自动匹配 int add(int, int)
// add(5.0, 10.5)调用自动匹配 int add(double, double)

int min(int a, int b)
{  //参数个数不同的重载函数
   return a<b ? a : b;
}
int min(int a, int b, int c)
{
       int t =min(a, b);   // 自动匹配 int min(int, int)
       return min(t, c);   // 自动匹配 int min(int, int)
}
int min(int a, int b, int c, int d)
{
       int t1 =min(a, b);   // 自动匹配 int min(int, int)
       int t2 =min(c, d);   // 自动匹配 int min(int, int)
       return min(t1, t2);   // 自动匹配 int min(int, int)
}
// min(13, 5, 4, 9)调用自动匹配 int min(int, int, int, int)
// min(-2, 8, 0)调用自动匹配 int min(int, int, int)
```

图 6-14　函数的重载

　　重载函数定义时,一般不应改变函数体的基本语义。也就是说,函数名代表函数体的语义,同一个函数名应该具有相同的语义(当然,函数体逻辑的具体实现方法允许不同)。

　　对于具有默认参数的函数,重载时必须确保重载函数的参数个数大于默认参数的个数,否则,翻译程序无法进行匹配。

　　从本质上看,函数重载机制延伸了函数机制的内涵,将一般的函数机制拓展到多维函数机制,即实现一个函数名的多维表现形态(即所谓的静态多态)。

6.3.3　函数模板

　　所谓模板,是指某种物体的通用结构形态,它抽象并定义了这种物体的基本结构和表示形式。通过模板可以实例化一系列具有相同结构和表示的具体物体。函数模板是模板概念在函数机制中的具体应用,它也是函数机制的一种应用拓展。

　　函数重载为一个函数名及其多种实现体的耦合提供了一种支持方法。然而,尽管函数重载可以通过参数(包括参数类型、参数个数及顺序)的不同以及函数体具体实现方法的不同,实现了同一函数功能语义（由函数名及其返回类型蕴含）对不同类型数据集的重用，但对于函数体具体实现逻辑一致的重载场景（即多个重载函数仅仅依据参数进行区分），它显然增加了程序的冗余。由此，一方面增加了程序构造的工作量，另一方面也给程序的调式与维护带来不方便（要同时维护重载的每个函数）。事实上，这种冗余或重复的工作完全可以转嫁给计算机来做，以便减轻人类的负担。函数模板机制就是实现这种思想的技术，它通过关键词 template 通知翻译程序，说明函数中哪些类型是可变的或通用的，以便让翻译程序在翻译时根据实际匹配时给出的实参的具体类型自动生成该类型的具体函数（称为函数模板的实例或由模板生成的函数，简称模板生成函数）。相对于普通函数，通过关键词 template 描述的、函数中带有可变或通用类型标识的函数，称为函数模板。图 6-15 所示给出了函数模板定义及实例化的解析。

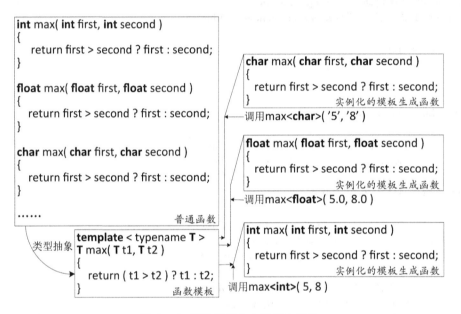

图 6-15　函数模板定义及其实例化

由图 6-15 可知，函数模板不会增加程序的冗余，因为同一函数名的多种实现体（即模板生成函数）仅仅是按需生成。也就是说，对于同一种函数功能语义逻辑，由翻译程序按需根据函数模板隐式地自动生成各个相应的模板生成函数（在此，可以减轻程序构造及维护的工作量），需要几个就生成几个。

为了定义一个函数模板，首先将一个普通函数中允许变化的类型进行抽象并用一个名字代替。然后，在函数的前面用关键词 template 说明允许变化的类型即可。图 6-16 所示给出了函数模板定义的方法。

事实上，函数重载和函数模板都是为了实现将同一函数功能作用到不同的数据集上，它们都拓展了函数机制重用思想的内涵，从函数机制（面向确定类型及规模的数据集重用）到函数重载机制（面向不同类型及规模的数据集重用）、再到函数模板机制（面向通用类型及规模的数据集重用）。然而，这两种不同的实现方法也存在区别。函数重载既允许参数变化（包括参数类型、个数及顺序的变化），也允许函数体的具体逻辑变化，但函数名及返回类型不允许变化，即函数的功能语义不能改变；函数模板仅允许类型变化，包括返回类型的变化、参数类型的变

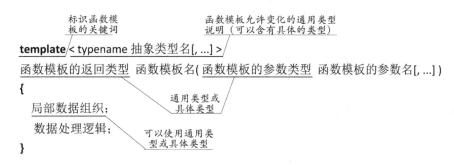

图 6-16　定义一个函数模板

化以及局部数据组织类型的变化,但它不允许参数个数及顺序的变化以及函数体逻辑描述的
变化。因此,函数重载可以认为是一种水平重用的拓展机制,函数模板可以认为是一种垂直重
用的拓展机制。从类型的角度看,函数重载机制与函数模板机制,都是实现类型的参数化。但
是,前者仅仅是靠人工进行有限穷举,而后者则是建立了一种通用的规范方法。显然,函数模
板机制的抽象级别要高于函数重载机制。本质上,函数模板机制可以看作是对函数重载机制
语义范畴的进一步约束及规范化的一种方法,即一方面将函数体逻辑统一、将参数个数和顺序
统一,以强调函数名所承载的函数功能语义严格一致;另一方面实现函数名所承载的函数功能
与其作用的数据集类型相对独立,以进一步拓展函数功能重用的内涵。

尽管函数模板抽象了函数所作用的数据集的类型,但其本身也可以看成是一种特殊的函
数。因此,对于函数模板,也可以进行重载。于是,通过函数重载机制和函数模板机制,可以对
函数功能重用进行任意拓展(包括函数所作用的数据集的类型及规模、函数功能语义的不同实
现方法)。在此,再次体现了计算思维的具体应用。图 6-17 所示给出了相应的示例及解析。

```
template<typename Type>        // 重载 1
Type max(Type x, Type y)
{
    return (x>y) ? x : y;
}


template<typename Type>        // 重载 2
Type max(Type x, Type y, Type z)
{
    return max(max(x, y), z);
}


template<typename Type>        // 重载 3
Type max(Type a[ ], int n)
{
    Type maxnum =a[0];
    for(int i=1; i<n; ++i)
        if(a[i]>maxnum) maxnum =a[i];
    return maxnum;
}
```

```
template<>        // 定制型重载（对模板的抽象类型进行定制）
char *max( char *x, char *y)
{
   return ( strcmp( x, y ) >=0 ? x : y);
}


double max( double x, double y)        // 普通函数
{
   return ( x>y ) ? x : y;
}

// 调用 max("ABC", "ABD") 匹配重载 1（通过实参演绎 max<char *>）
// 调用 max<>("ABC", "ABD") 匹配定制型重载     ④
// 调用 max("ABC", "ABF", "ABE")（经由重载 2）匹配定制型重载（通过实参演绎
// max<char *>)
// 调用 max('a', 't', 'w')（经由重载 2）匹配重载 1（通过实参演绎 max<char>）
// 调用 max(2.0, 5.0, 8.8)（经由重载 2）匹配重载 1（通过实参演绎 max<double>）
// 在此,如果普通函数位于重载 2 之前,则（经由重载 2）匹配普通函数  ⑤
// 调用 max(2.0, 6.6) 匹配普通函数   ①
// 调用 max<>(2.0, 6.6) 匹配重载 1   ④（通过实参演绎 max<double>）
// 调用 max<double>(2.0, 6.6) 匹配重载 1 ④（直接指定类型 double,即 max<double>)
// 调用 max(2, 6) 匹配重载 1   ②（通过实参演绎 max<int>）
// 调用 max(2, '6') 匹配普通函数   ③（类型转换）
// 调用 max(a, 10) 匹配重载 3（参数 a 为 int 型数组）
```

图 6-17　拓展函数的重用能力

对于函数模板的重载,在构造具体程序时应注意几条原则：1)非模板生成函数（即普通函数）和一个同名的函数模板可以同时存在（即重载）。此时,如果其他条件都相同（除类型外）,在函数调用时将调用非模板生成函数,而不会实例化一个模板生成函数。也就是说,在函数调用时能找到一个参数完全匹配的函数时（参数个数、类型及顺序完全一致）,普通函数优于函数模板及其特化的模板生成函数。参见图 6-17①。2)如果找不到完全匹配的普通函数,函数调用时先找名称相同的函数模板并用给定类型特化生成相应的模板生成函数,然后调用该模板生成函数。参见图 6-17②。3)再否则,则使用函数重载的方法,通过类型转换进行参数匹配（即隐式自动提升转换、显式强制转换、对于抽象类型的用户定义的转换［参见第 7.2.7 小节和图 7-24 的解析］。另外,对于加引用 & 和 const 限定符之类的,属于无关紧要的转换,即可以认为是完全匹配,并且 const 比 & 的优先级略高）,找到匹配的重载函数并调用它。参见图 6-17③。4)对于第 2 条原则,可以通过 template<> 显式地将一个函数指定为函数模板的一个定制重载版本,以通知编译器在函数调用时用模板生成函数进行匹配而不是直接匹配非模板生成函数（参见图 6-17 的相应解析）。参见图 6-17④。5)函数的所有重载说明应该写在该函数被调用位置之前。参见图 6-17⑤。

6.3.4　高阶函数

所谓高阶,一般是指某个量的（较大的）指数。所谓高阶函数,是指一个函数可以将另一个函数作为其输入,并输出一个函数。也就是说,高阶函数可以实现函数到函数的映射,相当于

函数的函数。显然，相对于普通函数而言，高阶函数可以动态调用或产生一个基本功能模块，它将数据处理和数据组织统一起来，更能诠释计算思维的精髓。

C++语言中，基于指针概念，通过函数指针，实现对高阶函数的支持，从而，增强和拓展了面向功能程序构造方法的能力。图 6-18 所示给出了一个高阶函数应用的原理解析。事实上，表达式参数本质上就是简单或退化的高阶函数的一种使用（因为运算符本身就是预先定义的一种函数）。

```
int add( int x, int y)
{
    return x + y;
}
int sub( int x, int y)
{
    return x - y;
}
int mul( int x, int y)
{
    return x * y;
}
int f( int a, int b, int ( *fp)( int, int))
{   // 依据 fp 的不同值，动态生成不同的 f
    return ( *pf)( a, b);   // 通过函数指针 pf,动态调用 add( )、sub( )或 mul( )
}
```

> 函数f是一个高阶函数，它可以看成是函数add、sub和mul的函数
>
> 调用f(5, 8, add)，将函数名add赋给函数指针pf，调用函数add；
> 调用f(5, 8, sub)，将函数名sub赋给函数指针pf，调用函数sub；
> 调用f(5, 8, mul)，将函数名mul赋给函数指针pf，调用函数mul.

图 6-18　高阶函数应用示例

C++语言中，通过函数指针提供了函数调用的动态机制，这种机制大大增加了函数调用的灵活性。面向对象程序构造方法中的多态机制就是建立在函数指针机制基础上（有关多态机制的概念及实现解析，参见第 8.3.2 小节）。

C++语言中，通过函数指针实现了代码和数据的统一，诠释了"一切都是二进制数据"的计算原理内涵。

 ## 6.4　C++语言中面向功能方法的程序基本结构

为了支持图 4-2 所示的面向功能方法，并且考虑到大规模程序构造的应用需求，C++语言采用多文件结构和编译预处理机制，并在此基础上定义其程序的基本结构模型，即图 4-2 逻辑结构模型的具体实现——物理结构模型（一个程序可以分为多个文件）。

6.4.1　多文件结构概述

鉴于 C++语言的前身 C 语言诞生的背景，其支持的面向功能方法具备支持程序的多文件结构特征，即一个程序的功能分布在多个操作系统文件中。在此，依据工作需要，多个文件有不同的类型，包括源程序（.c 或.cpp）、头文件（.h）、函数库文件（.obj）等。源程序文件是指开发

者自己编写的程序；头文件一般用于存放各种函数原型，可以是源程序对应的各个函数的原型及全局数据组织说明，也可以是系统库函数的各种函数原型（参见表 5-1 所示）。对于系统库函数，其相应的函数定义一般都是存放在经过预先编译好的函数库文件中。通过头文件机制，便于程序的开发和维护，例如：不同的程序可以共享同一函数库；函数库中的函数，在保持其

函数原型不变的前提下，其具体定义可以不断升级。通过多文件机制，可以支持大规模程序的分组开发。对应于同一个程序的所有文件，最终都是通过连接器链接在一起并生成一个符合操作系统加载格式要求的可执行目标程序（简称目标程序，参见图 1-3 所示。Windows 操作系统中，目标程序文件的后缀为.exe）。图 6-19 所示解析了 C/C++ 语言中面向功能方法支持的多文件结构程序的基本构造原理。图 6-20 所示解析了 C/C++ 语言中面向功能方法支持的多文件结构程序中源程序之间的数据共享和命名冲突解决方法。

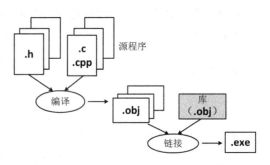

图 6-19　多文件结构程序的基本构造原理

```
            x 的作用域为文件 1              x 的作用域为文件 2

         y 的作用域为整个程序            y 的作用域为整个程序
          （即文件 1 和文件 2）           （即文件 1 和文件 2）

            static int x =8;              static int x =6;
             extern int y;                  int y;
             // 文件 1                        // 文件 2

           通过关键词 static 解决多文件时的命名冲突
           通过关键词 extern 解决多文件时的数据共享
```

图 6-20　源程序之间的数据共享和命名冲突解决方法

【例 6-1】　多文件结构程序。

```cpp
// 文件 1：file1.cpp
#include<iostream>
using namespace std;

static int k =9;    // 本文件有效
int a[6] ={2,4,6,8,10,12};    // 全局共享

void f1()    // 全局共享
{
    cout<<"File_1:k ="<<k<<endl;
}
void f2()    // 全局共享
{
    cout<<"File_1 :"<<endl;
```

```cpp
    for( int j=0; j<6; ++j)
        cout<<a[j]<<" ";
    cout<<endl;
}


// 文件 2：file2.cpp
#include<iostream>
using namespace std;


extern int a[6];    // 共享 file1 中的数组
static int k=6;    // 本文件有效(尽管与 file1 中重名)

static void f2( )    // 本文件有效(尽管与 file1 中重名)
{
    cout<<"File_2 :"<<endl;
    for( int j=0; j<6; ++j)
        cout<<3 +a[j]<<" ";
    cout<<endl;
}
void f3( )    // 全局共享
{
    cout<<"File_2:k ="<<k<<endl;
    f2( );
}


// 主文件：main.cpp
extern void f1( );    // 共享 file1 中的函数
extern void f2( );    // 共享 file1 中的函数
extern void f3( );    // 共享 file2 中的函数

int main( )
{
    f1( ); f2( ); f3( );
    return 0;
}
```

6.4.2　编译预处理

　　所谓编译预处理,是指源程序被正式编译之前所做的一些辅助工作,它不属于 C++ 语言本身。C/C++ 语言中,通常采用符号#作为编译预处理指令的标志。例如:一个程序如果需要使用库函数,则必须首先使用预处理指令#include 指出存放库函数的相应头文件,以便告知翻译程序本程序中所调用的库函数来源。然后,程序中就可以按需调用库函数中的各种函数。最终,依据图 6-19 原理,库函数的具体定义由链接程序链接到目标程序。图 6-21 所示给出了标准函数库使用示例及解析。本质上,函数库的建立及使用正是 C++ 语言支持多文件结构的基础。

```
#include<iostream>
#include<iomanip>
#include<cstdlib>      // 含有库函数 rand( )、srand( )
#include<ctime>        // 含有库函数 time( )
using namespace std;

int main( )
{
    char sentence[ ] ="Nanjing is a beautiful city in China";
    int i =0;

    srand(time(0));         // 初始化随机数种子
    for (int rep =0; rep<6; ++rep) { //重复6次
      for (int counter =1; counter<=36; ++counter) {
        char t =sentence[rand( ) % 36];
        cout<<t==' ' ? '$' : t;   //随机输出一个字符,对于空格输出 '$'
      }
      cout<<endl;
    }

    return 0;
}
```

图 6-21 标准函数库使用示例及解析

C++语言的多文件结构会导致头文件引用时的重定义问题。具体而言,如果一个程序由文件 A 和文件 B 组成,文件 A 和文件 B 都引用了同一个头文件,此时就会发生重定义错误(因为程序中有两份同样的头文件内容,其中的全局量定义、函数定义等都会产生重定义)。针对这种情况,C++语言的翻译程序通过在头文件中提供相应编译预处理指令来解决。图 6-21 所示给出了解决头文件引用重定义问题解决的编译预处理指令的具体应用方法。表 6-1 给出一些常用的编译预处理指令及其作用。

```
// x_h.h
#ifndef X_H            // X_H 为一个自定义的(布尔型)符号名
    #define X_H
    ……               // 头文件具体内容
#endif


或


// x_h.h
#pragma once
……            //头文件具体内容
```

图 6-22 解决头文件引用冲突问题的编译预处理指令及其具体应用

表 6-1　常用的编译预处理指令及其作用

编译预处理指令	作用
#include	引用头文件 例：#include<iostream>　//直接在系统指定的目录查找 　　#include"iostream"　//先在当前目录下查找,如果没有找到再到系统指定的目录查找
#define #undef	定义/结束定义 例：#define MEG_EG "Test Macro！"　//定义宏常量 #define MAX（x, y）（（x>y）? x:y）　//定义宏函数 #undef MAX（x, y）或 #undef MAX　//结束宏函数的定义 #define STR_B（B）（"STR_B（B）B ="#B" "）　//允许宏函数带参数 #define VARIAVLE_NAME（N）（n##N）　//允许宏定义变量 __DATE__　　//预定义宏：进行预处理的日期 __FILE__　　//预定义宏：当前源代码的文件名 __LINE__　　//预定义宏：当前源代码中的行号 __TIME__　　//预定义宏：源文件的编译时间 __TIMESTAMP__　//预定义宏：源文件的编译完整时间
#ifdef #ifndef #if #else #elif #endif	按条件编译 例：#ifdef　identifier 　　　your code 　　#endif　//如果定义了符号 identifier,则编译 your code #ifndef identifier 　your code #endif　　//如果未定义符号 identifier,则编译 your code #ifdef identifier 　your code1 #else 　your code2 #endif　//如果定义了符号 identifier,则编译 your code1,否则编译 your code2 #if　expressin1 your code1 #elif expression2 your code2 #else your code3 #endif　如果表达式 expressin1 结果为真,则编译 your code1,如果表达式 expressin2 结果为真,则编译 your code2,否则编译 your code3
#pragma	指示编译器做附加处理 例：#pragma once　//确保头文件被编译一次 　　#pragma warning（once:4385）　//4385 号警告信息只显示一次 　　#pragma resource　//将指定资源文件加入当前工程中 　　#pragma hdrstop　//头文件编译到此结束 　　#pragma message　//输出指定的信息 　　#pragma data_seg　//为初始化变量指定数据段 　　#pragma code_seg　//为函数指定代码段 　　#pragma pack　//指定对齐方式 　　#pragma comment　//将指定信息写入目标文件中 　　#pragma section　//重建一个段 　　#pragma push_macro　//当前宏压栈 　　#pragma pop_macro　//当前宏由栈顶元素替换

（续表）

编译预处理指令	作用
#import	指定引入类型库（type library）的属性信息 例：#import "../drawctl/drawctl.tlb" no_namespace raw_interfaces_only
#error	停止编译并输出错误信息 例：#error C++ compiler required.
#line	重置 __LINE__ 和 __FILE__ 的值 例：#line 10 "main.cpp"

6.5 深入认识面向功能方法

尽管面向功能方法给出了公式（4-1）中 f 的定义，但它对处理功能模块的分解粒度和分解原则并没有给出显式的说明。一般来说，如果一个处理功能模块的处理功能仍然比较复杂，则可以基于递归思想继续进行分解；一个处理功能模块的分解粒度及基本原则以该模块只处理一件事为基础。也就是说，一个模块内部的各种功能必须是直接相关的，称为高内聚；模块与模块之间一般不应该存在交叉的处理功能，称为松耦合。也就是说，尽量保证一个功能模块相对独立和简单。显然，面向功能方法只给出了基本的程序构造方法及程序的基本结构形态，而该方法的具体应用则取决于人类自身对该方法的认识程度。

相对于早期的线性无结构程序形态（即一体式钢板程序），面向功能方法建立了结构化程序构造方法。一方面，它明显提高了程序开发、调式和维护的效率；另一方面，它也为程序功能的重用奠定了基础。

6.5.1 函数与函数耦合两者的思维一致性

函数构造的关键在于对其形参的抽象，不仅涉及参数个数，更涉及参数的类型描述。参数个数可以基于时间和空间的权衡、以及是否需要多值返回来确定，相对比较容易。然而，参数的类型描述与函数耦合存在紧密的思维联系，也就是说，函数构造时就必须考虑到函数耦合的需要。这种从函数耦合出发的函数参数类型的确定，也诠释了计算思维的内涵。

6.5.2 模型化方法的建立

面向功能方法使程序构造走向模型化时代，并建立第一代程序模型（即功能模型或面向过程模型。有关程序模型的概念及解析，请读者参见参考文献4）。相对于无模型时代，基于模型的程序构造具备相对成熟的工程特性，有利于大规模、高质量的程序构造，有利于对程序构造的过程进行管理和控制。因此，面向功能方法的诞生，开创了结构化程序设计的时代，导致了程序设计语言、数据库管理系统及应用、算法、软件工程等各个方面技术的发展。因此，面向功能方法成为程序设计史上的一个里程碑。

6.5.3　存在的弊端

尽管面向功能方法具有里程碑的意义，然而，它诞生的时代背景反映了人们对程序及其构造本质认识能力的肤浅，主要表现为：1）作为第一代模型，因为刚刚脱离于无模型时代，其思维核心仍然是从机器角度出发，具有明显的机器痕迹。例如：只强调数据处理，而对数据组织及其与数据处理的关系没有深入关注；从软件工程角度来看，它强调编码的重要性；等等。2）正是受制于人们的认识能力，面向功能方法先天就带着缺陷。具体而言，由于面向功能方法重点关注数据处理，淡化了对数据组织与数据处理两者关系的考虑，使数据组织附属于数据处理，因此，随着程序规模的不断扩大，"数据波动效应"越来越明显，严重影响程序的质量及开发成本。从而，也就淡化了它原先应有的优点。

所谓"数据波动效应"，是指如果一个函数对某个数据组织进行了变更，但又没有及时通知其他与该数据组织相关的模块，则这些相关模块就会受到影响。以此类推，这些相关的模块又会通过另外的数据组织再影响另外的一组相关模块，……由此，带来的影响犹如一颗石子丢入水中引起的波动涟漪效应一样。

正是"数据波动效应"，导致了面向功能方法退出程序设计方法的主流，成为新一代程序设计方法的辅助方法。然而，它带来的一些思想，特别是三种基本控制流抽象、结构化设计思想，却对程序设计方法及整个计算机技术及其应用产生深远的影响。

6.5.4　多维思维特征

从思维上看，面向功能方法将一维、无模型的一体式钢板程序设计思维改变为二维、基于功能模型的结构化程序设计思维。并且，通过函数库概念又将二维的设计思维拓展到多维的设计思维。多维思维的本质是递归思维，这也是计算思维之本质。

C++ 语言作为面向功能方法的一种描述语言，相对于其他同类语言，更加突出和强化了多维思维特征。例如：数据组织的递归思维、表达式的递归思维；数据处理逻辑控制的递归思维；函数重载和函数模板的递归思维；数据和代码的递归思维；函数和函数的递归思维；等等。

另外，结构化方法显然增加了程序运行的性能消耗，因为函数调用与返回时的堆栈操作需要时间和空间。然而，相对于其带来的优点——提高程序的开发和维护效率，以及对程序质量的控制等，其缺点可以淡化。特别是从软件和硬件两个维度的统一角度，硬件发展带来的性能提升足以弥补其性能缺陷问题。

6.6　本章小结

本章首先解析了函数之间耦合的方法和实现机制，以及 C++ 语言对这些机制的具体支持及其各种拓展，包括函数之间的基本耦合、函数族之间的耦合（函数重载、函数模板）和函数之间的高阶耦合（递归、高阶函数）。由此，完成面向功能方法程序基本逻辑结构实现原理的解析。然后，解析了 C++ 语言中定义的面向功能方法程序的基本物理结构。最后，对面向功能方法的思维特性进行了深入的剖析与总结。由此，为第 7 章到第 9 章的展开建立思维导向基础。

<h1 style="text-align:center">习 题</h1>

1. 函数之间的交互或耦合通过什么机制实现? 该机制有什么特点? 这种特点的作用是什么?

2. 函数之间耦合的基本方式有哪两种? C++语言中是如何支持它们的?

3. 构造一个带有3个整型参数的函数,并通过表达式 i++ 分别作为3个实参,验证参数传递的副作用效应。

4. C++语言中参数化实参为什么会带来副作用? 如何避免副作用?

5. 调用具有默认实参的函数时省略实参,可能会与调用另一个重载的函数在形式上一样,这会导致编译错误! 为什么?

6. 对于图6-7中的第D个函数,调用时能否直接用 & a 和 & b 作为实参? 对于图5-5中的第3、6个函数,调用时能否直接用数组名作为实参? 为什么? (提示: 引用型形参本质上是一个变量,不能绑定到一个常量。参见2.3.2小节关于引用的解析)

7. 对于图6-7中的第H个函数,能否返回 & t? 为什么? (提示: 常量不能作为非常量引用的绑定。参见2.3.2小节关于引用的解析)

8. 对于图6-7中的第F个函数,如果静态变量 t 通过 new 动态申请空间,则能否返回 t? 如果去掉 static 限定,能返回 t? 为什么?

9. 对于图5-3中的 A、E、F、G、H、I、J 几种情况,请分别分析其函数定义的错误原因,并上机验证。

10. 请通过函数库 stdlib.h 中产生随机数的库函数 rand( ) 和 srand( ),随机生成10个数,并求其中的最大值和最小值。

11. 参照图5-10,设计一个输出三角形的无返回值函数,并通过输入不同的行数进行验证。

12. 函数的静态调用机制与动态调用机制有什么本质区别?

13. 什么是高阶函数? 它有什么作用? 举出两个数学中的高阶函数例子,并解析其高阶的含义和作用。

14. 对于图6-18,如果定义一种函数指针类型: typedef int (* PF)(int, int),则函数 f 的参数定义形式如何改变?

15. 设计两个完成不同功能的函数,然后通过函数指针和随机数方法,不断随机调用这两个函数。

16. 如何不通过参数方式实现一个函数的多个值返回?

17. 作为函数之间的一种特殊交互关系,递归调用具有什么特点? 递归函数具有哪几个基本要素?

18. 当用 f(0) 调用下列函数时,请给出执行结果,并分析调用过程。

```
int f( int x)
{
    return x>5 ? 0 : 1 ? f(x+1) : 0;
}
```

19. 构造一个递归函数,实现对一个数组的插入排序。

20. 构造一个递归函数,实现对一个数组的冒泡排序。

21. 分形图形。给定两点(P1 和 P2)确定一条直线,计算这条直线的长度,如果长度小于预先设定的极限值则将这两个点用直线相连,否则,取其 1/3 处点(点 1)、2/3 处点(点 2),以及中点上方一个点(点 3,这个点与第 1 点、第 2 点构成的直线与直线 P1、P2 的夹角为 60 度)。判断这五个点按照顺序形成的四条直线的长度是否小于预先设定的极限值,如果小于,则将相应的两个点相连在屏幕上显示一条直线,否则继续对相应两点形成的直线进行以上判断。

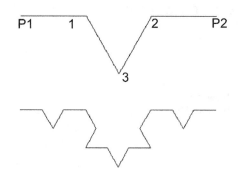

22. 递归方法是一种"大事化小、小事化了"的方法,也可以看作是一种没有办法的问题解决方法。你是如何理解它的?

23. 什么是函数重载? 它有什么作用?

24. 什么是函数模板? 它有什么作用?

25. 请解析函数重载与函数模板两种机制的区别和思维联系。

26. 请解释函数模板和模板函数两个概念的区别于联系。

27. 对于函数模板的调用,可以采用显式方式,也可以采用隐式方式。对于下列三种情况,应采用哪种方式? 为什么? 请举例说明

1) 实参参数表中的数据类型与函数模板的形参不一致;

2) 强制输出结果为指定的数据类型;

3) 实参类型不包括函数模板形参表中的所有抽象类型。

28. 定义一个函数模板,实现各种类型数据的交换。

29. 用函数重载方式设计分别求三个 int 型、三个 float 型、三个 char 型数据中最大值的函数,并通过 main 函数进行验证。

30. 用函数模板方式设计分别求三个 int 型、三个 float 型、三个 char 型数据中最大值的函数,并通过 main 函数进行验证。

31. 函数模板也可以重载,请分别用模板重载方式和用非模板定制重载方式实现一个函数模板的重载。

32. 函数重载和函数模板都是定义一个函数族,这两种方法各有什么优缺点?

33. 对于函数重载和函数模板,请解析它们在类型拓展方面的主要区别。

34. 如果理解函数重载和函数模板综合应用中的递归现象? 它有什么意义和作用?

35. 给出 C++ 程序多文件结构的基本形态,并说明其是如何处理文件之间数据共享和命名冲突的。

36. C++ 如何解决多文件结构时的头文件使用冲突问题？请通过实例验证。

37. 给出下列程序的运行结果。

1)

```cpp
#include<iostream>
using namespace std;

void t(char *s1, char *s2)
{
  while (*s1==*s2 && *s1 !='\0' && *s2 !='\0') {
    *s1 ='*';   s1++; s2++;
  }
}
int main()
{
  char string1[ ] ="Happy New Year!";
  char string2[ ] ="Happy birthday!";
  t(string1, string2);
  cout<<string1<<endl;
  cout<<string2<<endl;
  return 0;
}
```

2)

```cpp
#include<iostream>
using namespace std;

char t(const char *s1, int n)
{
  return *(s1 +n);
}
int main()
{
  const int num =4;
  const char *strings[num] ={ "Hearts", "Diamonds", "Clubs", "Spades" };

  for(int i=0; i<num; ++i)
    cout<<t(strings[i], i) <<endl;
  return 0;
}
```

3)

```cpp
#include<iostream>
using namespace std;

bool mys(char *s,int n)
{
  if(n<=2)
    return 1;
  else {
```

```
        return（*s＝＝*(s+n-1))? mys(s+1,n-2):0;
    }
}
int main( )
{
    char w[ ]="level";
    cout<<boolalpha<<mys(w,5)<<endl;
    return 0;
}
```

4)

```
#include<iostream>
using namespace std;

const int rows=3;
const int cols=4;
void printOneElement( int *p)
{
    cout<<*( p +cols*2 +3)<<endl;
}
int main( )
{
    int a[rows][cols]={{1, 2}, {3, 4, 5}, {6, 7, 8, 9}}, sum=0;
    for (int m=0; m<rows; ++m) {
        for (int n=0; n<cols; ++n)
            cout<<a[m][n]<<" ";
        cout<<endl;
        sum +=*(*(a +m) +m);
    }
    printOneElement(*a);
    cout<<sum<<endl;
    return 0;
}
```

5)

```
#include<iostream>
using namespace std;

int t( int c[ ], int csize)
{
    int s=0;
        for( int i=0; i<csize; i++)
            s +=c[i];
        return s;
}
void main( )
{
```

```
const int column_size =4, row_size =4;
int A[ row_size ][ column_size ] ={ 1, 2, 3, 1, 0, 1, 1, 1, 0, 1, 2, 3, 0, 0, 0, 1 };
int (*p)[ column_size ] ={ & A[ 2 ] };
for( int i =0; i < row_size; ++i)
    A[ i ][ i ] =t(A[ i ], column_size);
for( int i =0; i < row_size; ++i) {
    for( int j =0; j < column_size; ++j)
    cout << A[ i ][ j ] <<" ";
    cout << endl;
}
cout <<*(( *p) +3) << endl;
}
```

6)

```
#include <iostream>
using namespace std;

int t( int a[ ], int n)
{
    static int x;
    return ( x +=a[ n ] / 2) % 5;
}
int main( )
{
    int a[ ] ={ 1, 2, 3, 4, 5 };

    for( int i =0, len =5; i < len; ++i)
        cout << t( a, t( a,i) ) <<" ";
    cout << endl;
    return 0;
}
```

7)

```
#include <iostream>
using namespace std;

int*t( int a[ ], int n)
{
    static int x;
    return x +=( a[ n++ ] * =2) % 5, & x;
}
int main( )
{
    int a[ ] ={ 1, 2, 3, 4, 5 };
    for( int i =0, len =5; i < len; ++i)
        cout <<*t( a, i) <<" ";
    cout << endl;
    return 0;
}
```

8）

```cpp
#include<iostream>
using namespace std;

void f( const char *s1 )
{
    if( *s1 !='\0') {
        f( ++s1 ); cout<<*--s1;
    }
}
int main( )
{
    const int num =3;
    const char *strings[ num ] ={ "abc", "abcd", "abcdef" };
    for( int i =0; i<num; ++i) {
        f( strings[ i ] ); cout<<endl;
    }
    return 0;
}
```

9）

```cpp
#include<iostream>
#include<iomanip>
using namespace std;

int f( int n )
{
    if( n<10) { cout<<n; return n; }
    else {
        cout<<n% 10<<" +"; return n% 10 +f( n / 10) *10;
    }
}
int main( )
{
    int n =9876;
    cout<<setw( 5) <<f( n) <<endl;
    return 0;
}
```

10）

```cpp
#include<iostream>
using namespace std;

void f( int n, int k)
{
    if( n = =0 | |k = =0)
```

```
        return ;
    if( n>0) {
        f(n-1, k);
        cout<<"n ="<<n<<"    k ="<<k<<endl;
    }
    if( k>0) {
        f(n, k-1);
        cout<<"k ="<<k<<"    n ="<<n<<endl;
    }
}
int main( )
{
    f(1,2);
}
```

11)

```
#include<iostream>
using namespace std;

void f( int & x, int y)
{
    y =x+y;
    x =y% 3;
    cout<<x<<'\t'<<y<<endl;
}
int main( )
{
    int x =10, y =19;
    f(y, x);
    cout<<x<<'\t'<<y<<endl;
    f(x, x);
    cout<<x<<'\t'<<y<<endl;
}
```

12)

```
#include<iostream>
using namespace std;

void mys( char *s1, char*s2)
{
    int n =0;
    for (; *s1 !='\0'& & *s2 !='\0'; s1++, s2++)
    {
        if ( *s1 !=*s2)
            break;
        else
            ++n;
    }
    if ( *s1 >*s2)
    {
```

```
        char*t;
        t =s1; s1 =s2; s2 =t;
  }
  int i =0;
  for (; *(s2 +i) !='\0'; i++)
      *(s1 - n +i) =*(s2 +i);
  *(s1 - n +i) =0;
}
int main( )
{
  char string1[ ] ="I love jiangsu";
  char string2[ ] ="I love china";
  char string3[ ] ="I love nanjing";
  mys( string1, string2);
  cout<<string1 <<endl;
  cout<<string2 <<endl;
  mys( string1, string3);
  cout<<string1 <<endl;
  cout<<string3 <<endl;
  return 0;
}
```

38. 根据输出结果，完善程序。

1)

```
#include<iostream>
using namespace std;

void fun( char *s)
{
  int j =0, k =0;
  char t1[80], t2[80];
  for( int i =0 ; ___(1)___ ; ++i)
    if( s[i] >='0' & & s[i] <='9') {
      t2[j] =s[i]; ___(2)___
    }
    else
      t1[ k++ ] =s[i];
  for( i =0 ; ___(3)___ ; ++i)
    s[i] =t1[i];
  for( i =0; i<j; ++i)
    ___(4)___
}
int main( )
{
  char s[80] ="ae12aw3irj83db";
  cout<<"The original string is: "<<s<<endl;
  ___(5)___
  cout<<"The result string is: "<<s<<endl;
  return 0;
}

Output:
  The original string is: ae12aw3irj83db
  The result string is: aeawirjdb12383
```

2)

```
#include<iostream>
using namespace std;

int f( char *p, char c)
{
   ____(1)____
   while ( *p !='\0') {
      ____(2)____
      { *p =c; n++; }
      ____(3)____
   }
   ____(4)____
}
int main( )
{
   char a[ ] ="The password is: 123456";
   ____(5)____
   cout<<a<<endl;
   cout<<"There are "<<m<<" digits are replaced by *"<<endl;
   return 0;
}

Output:
The password is: ******
There are 6 digits are replaced by *
```

3)

```
#include<iostream>
using namespace std;
____(1)____
int main( )
{
   char string1[ ] ="I like C++";
   char string2[ ] ="I love CHINA";
   ____(2)____
   cout<<string1<<"\n"<<string2<<endl;
   return 0;
}

void mys( char*s1, char*s2)
{
   int n =0, m =0;
   for (  ; ____(3)____; s1++, s2++, n++)
   {
      if (____(4)____)
         ++m;
      else {
```

```
        char t;
        t =*s1; *s1 =*s2;*s2 =t;
    }
}
cout<<n<<" "<<m<<endl;
____ (5) ____ ? s2 =s1 : s1 =s2;
cout<<s1<<endl;
}

Output:
10    6
NA
I love CHI
```

39. 分析面向功能方法的优点与缺点。

40. 面向功能的方法提高了程序的开发效率。请问它能不能提高程序的运行效率？为什么？如果它不能提高程序运行的效率，哪为什么还要发展它，你是如何看待这个问题的？

41. 请给出日常生活中一个基于结构化构造思想的具体应用案例。

42. 如果将面向功能的方法所定义的程序结构形态看作是一种数据类型，则一个基于面向功能的方法所构造的程序的结构与这种数据类型是什么关系？由此，你如何理解程序和数据是统一的？

43. 什么是高内聚？什么是松耦合？它们一般是指基本处理功能模块的哪个方面。

44. 什么是数据波动效应？为什么说面向功能的方法先天就隐藏着数据波动效应？如何克服数据波动效应？

45. 如何理解面向功能的方法的多维思维特征？C++ 语言是如何拓展和强化这种思维特征的？请举例说明。（提示：从分层结构化着手）

46. 相对于一体式程序（俗称钢板程序），基于函数机制的结构化程序的执行效率和开发效率是提高了还是降低了？为什么？如果执行效率降低了，为什么还要发展和使用结构化程序设计方法？

47. 面向功能方法将"线性式"程序构造方法拓展到"树形"或"网状形"的非线性程序构造方法。你是如何理解这一点的？

第 7 章　面向对象方法：对象

本章主要解析：数据类型的重要性；如何运用面向功能方法来构建通用的抽象数据类型——对象；如何处理数据类型拓展后带来的各种问题；C++语言对对象类型的支持机制及其进一步拓展机制；面向功能方法对对象类型的支持；对数据类型的深入认识。

本章重点：数据类型的重要性；如何运用面向功能方法来拓展数据类型；如何处理数据类型拓展后带来的各种问题；对数据类型的深入认识。

作为模型化程序设计方法的鼻祖，面向功能方法的抽象层次不高，主要表现为其数据类型较少并相对封闭。然而，现实应用中却存在数据类型的多样性。因此，如何通过面向功能方法的应用，拓展数据类型并建立新一代程序设计方法及其构造模型，显得十分重要。本章主要解析如何通过面向功能方法来拓展数据类型，构建通用的抽象数据类型（Abstract Data Type，ADT）。并且，解析通用抽象数据类型与内置数据类型在使用方法上的一致性。

 概述

7.1.1　数据类型的重要性

数据作为程序需要处理的对象，是程序构造时首要考虑的因素。如何有效地组织数据将会直接影响整个程序的质量和执行效率。为了控制对各种数据的存储、处理及输入和输出，现代程序设计语言中广泛采用数据类型对数据进行约束，并在数据类型基础上建立各种存储、处理及输入和输出的支持机制。因此，数据类型成为程序设计方法建立的基础。也就是说，程序设计方法建立时，其各种机制都会涉及数据类型，无论是数据组织，还是数据处理。事实上，数据类型就相当于是程序的 DNA（参见图 1-2、图 1-8 所示）。

7.1.2　运用面向功能方法拓展新的数据类型——对象

局限于时代背景和认识能力，面向功能方法（及其他传统方法）中，考虑到实现的简单性和方便性，数据类型都是封闭的，即预先规定了整型、实型、字符型和布尔型四种狭义的数据类型,并定义其粒度和基本操作。例如:图 2-1 给出了 C++语言中预定的几种数据类型(称为内置数据类型)。然而,实际应用中存在各种各样的数据,数据类型具有广义性。尽管人们可以通过基本内置数据类型及数据组织基础方法实现其数据组织需求,然而,这种方法对程序的描述和处理带来不方便,并且不能支持在相应数据类型的应用语义层面进行理解(或者说,任何一种数据的应用语义,最终都将转变为基本内置类型并以基本内置类型的应用语义来解释),导致思维语义的转义以及与自然思维语义的不一致。因此,为了满足应用需求,必须拓展数据类型。鉴于数据种类的广义性和非封闭性,通过直接增加各种数据类型、扩大内置数据类型的集合,这种方法显然是不现实的。为此,必须从数据类型的本质出发,建立一种能够用于表达任意类型数据的通用数据类型(或者说,建立一种构造数据类型的方法)。

数据类型一般包括两个方面:数据的粒度(即取值范围)和对数据的基本操作(即基本访问方法和基本运算方法)。从计算思维角度看,这两个方面也是最基础的数据组织和数据处理。

为了拓展出一种新的数据类型,显然需要从数据粒度和对数据的基本操作两个要素考虑。事实上,面向功能方法已经为数据的基本操作构建机制奠定了相应基础,即用于描述基本处理功能模块的函数机制。因此,函数机制可以作为新数据类型基本操作的构造机制。另一方面,从预定的各种基本内置数据类型出发,可以采用数据组织基础方法按需构造任意的数据组织形态。如果将所构造的数据组织形态作为一种新数据粒度看待,显然,它可以作为新数据类型的粒度的构造机制。因此,通过对面向功能的方法的具体应用,基本上可以为新数据类型的建立奠定基础。但是,新数据类型对外的形象,或者说最终对新数据类型数据实例的访问操作,仍然是通过分解并转换为对预定基本内置类型数据的访问操作,新数据类型的数据并没有在应用语义层面呈现出一个整体特性,它仅仅是组合了预定基本内置类型数据的访问操作。为此,通过增加一个控制机制,使得新数据类型内部的数据组织形态对外部隐藏(称为信息隐藏),外部只能通过新数据类型的各种基本操作来操作其内部的数据组织形态,即将所构造的数据组织形态和相应的各种基本操作函数两者一起进行封装,由此,完成新数据类型完整语义的构建。图 7-1 所示解析了新数据类型语义建立的思维导图。

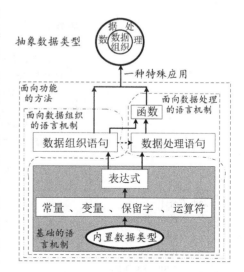

图 7-1　新数据类型语义建立的思维导图

相对于传统预定的内置数据类型,新的数据类型——对象,被称为抽象数据类型。在此,抽象意指不存在的,而不存在的也就是所有存在的。因此,抽象数据类型是一种通用的数据类型,它延伸了程序中数据组织的内涵,提供了用一种用有限方法解决无限问题的手段。

抽象数据类型中,数据组织部分定义了该类型数据的粒度,函数部分定义对该类型数据的基本操作。显然,从面向功能方法角度看,抽象数据类型就是该方法的一种特殊应用。抽象数据类型也可看作是类型的类型、程序的程序,它也诠释了数据组织与数据处理相互统一的内涵。

7.1.3　C++语言对对象类型的支持机制及其拓展

　　C++语言中,通过关键词 class 来描述抽象数据类型(即定义封装的基本结构),并称之为类或对象(object)。class 中的数据组织称为类的属性成员(或数据成员、对象属性),函数称为函数成员(或成员函数、对象行为)。数据成员体现对象的静态特征,函数成员体现对象的动态特征。依据函数成员的具体作用,它一般包括面向外部的访问函数(Access Function)和面向内部的工具函数(Tool Function,用于辅助其他函数功能的实现)。访问函数包括设值函数(Set Function,一般以 Set 和属性名作为其函数名)和取值函数(Get Function,一般以 Get 和属性名作为其函数名),分别用于对对象属性的设置与访问。并且,通过关键词 public、private 和 protected 来描述信息隐藏的控制力度(其中,private 是默认控制,public 和 protected 是对 private 的拓展)。private 封装控制限制类的成员只能被类本身访问;protected 封装控制限制类的成员除了被类本身访问外,还可以被类的后代访问(有关对象的关系及其解析,参见第 8 章);public 封装控制限制类的成员除了被类本身和类的后代访问外,还可以被外界访问。class 类型的数据称为具体的对象(Object)或对象实例(简称实例,Instance)。图 7-2a 所示给出了一个 class 的基础描述及其解析。图 7-2b 所示给出了一个 class 的样例。基于库函数及其重用思想的思维延伸,抽象数据类型的描述也支持多文件组织结构,图 7-2c 所示给出了图 7-2b 所示样例的多文件描述。

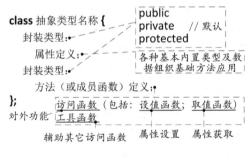

(a) class 的基础描述

```
class Car {
      char *type;
      int MaxSpeed;
      float Price;
      char *Color;
      bool Fired;

      void print( )      // 工具函数
      {
        cout<<"小汽车的信息如下: \n";
        cout<<"你的汽车颜色为: "<<getColor( )
            <<",型号为: "<<getType( )<<",售价为( $ ): "<<getPrice( )
            <<",最大时速为: "<<getMaxSpeed( )<<"! \n"
      }
public:
      void setType(char *type)
```

```
{
    delete Type;
    Type = new [ strlen( type) + 1 ]; strcpy( Type, type);
}
char *getType( )
{
    return Type;
}
void setMaxSpeed( int maxspeed)
{
    MaxSpeed = maxspeed;
}
int getMaxSpeed( )
{
    return MaxSpeed;
}
void setPrice( float price)
{
    Price = price;
}
float getPrice( )
{
    return Price;
}
void setColor( char *color)
{
    delete Color;
    Color = new [ strlen( color) + 1 ]; strcpy( Color, color);
}
char *getColor( )
{
    return Color;
}
void drive( )
{
    int op, flag = 1;
    print( );
    cout<<"选择 1- 6 之间的操作:\n";
    while( flag) {
        cout<<"开始驾驶吧！\n
                1>发动汽车并匀速前进;\n
                2>汽车加速;\n
                3>紧急刹车;\n
                4>关闭发动机并停止汽车;\n";
        cout<<"您选择的操作是：";
        cin>>op;
        switch( op) {
            case 1 : start( ); break;
            case 2 : speedup( ); break;
            case 3 : brake( ); break;
```

```
                case 4 : stop( ); break;
                default : cout<<"输入不合理,请重新选择操作。\n";
            }
        }
    }
    void start( )
    {
        cout<<"汽车已启动并匀速前进！\n"; Fired =true;
    }
    void stop( )
    {
        if（Fired）{
            cout<<"发动机已关闭,汽车已停止！\n"; Fired =false;
        }
    }
    void brake( )
    {
        if（Fired）{
            cout<<"汽车急刹车,将马上停止！\n"; Fired =false; stop( );
        }
        else
            cout<<"汽车还没启动,请先启动汽车！\n";
    }
    void speedup( )
    {
        if（Fired）
            cout<<"汽车正在加速！\n";
        else
            cout<<"汽车还没启动,请先启动汽车再加速！\n";
    }
};
```

(b) 一个 class 的描述样例

```
// Car.h
class Car {
        char *type;
        int MaxSpeed;
        float Price;
        char *Color;
        bool Fired;
        void print( );
    public:
        void setType( char *type);
        char *getType( );
        void setMaxSpeed( int maxspeed);
        int getMaxSpeed( );
        void setPrice( float price);
        float getPrice( );
        void setColor( char *color);
```

```
        char *getColor( );
        void drive( );
        void stop( );
        void start( );
        void brake( );
        void speedup( );
};

// Car.cpp
#include<iostream>
#include<cstring.h>
#include "Car.h"

void Car::print( )    //类外定义函数时,函数名前需加类名前缀限定
{
    cout<<"小汽车的信息如下：\n";
    cout<<"你的汽车颜色为："<<getColor( )
        <<",型号为："<<getType( )<<",售价为（＄）："<<getPrice( )
        <<",最大时速为："<<getMaxSpeed( )<<"! \n"
}
void Car::setType( char *type)
{
    delete Type;
    Type=new [ strlen(type) +1 ]; strcpy( Type, type);
}
char *Car::getType( )
{
    return Type;
}
void Car::setMaxSpeed( int maxspeed)
{
    MaxSpeed=maxspeed;
}
int Car::getMaxSpeed( )
{
    return MaxSpeed;
}
void Car::setPrice( float price)
{
    Price=price;
}
float Car::getPrice( )
{
    return Price;
}
void Car::setColor( char *color)
{
    delete Color;
    Color=new [ strlen( color) +1 ]; strcpy( Color, color);
}
```

```
char *Car::getColor()
{
  return Color;
}
void Car::drive()
{
  int op, flag = 1;
  print();
  cout<<"选择 1-6 之间的操作:\n";
  while(flag) {
cout<<"开始驾驶吧！\n
           1>发动汽车并匀速前进;\n
           2>汽车加速;\n
           3>紧急刹车;\n
           4>关闭发动机并停止汽车;\n";
    cout<<"您选择的操作是：";
    cin>>op;
    switch(op) {
        case 1 : start(); break;
        case 2 : speedup(); break;
        case 3 : brake(); break;
        case 4 : stop(); break;
        default : cout<<"输入不合理,请重新选择操作。\n";
    }
  }
}
void Car::start()
{
  cout<<"汽车已启动并匀速前进！\n"; Fired =true;
}
void Car::stop()
{
  if (Fired) {
    cout<<"发动机已关闭,汽车已停止！\n"; Fired =false;
  }
}
void Car::brake()
{
  if (Fired) {
    cout<<"汽车急刹车,将马上停止！\n"; Fired =false; stop();
  }
  else
    cout<<"汽车还没启动,请先启动汽车！\n";
}
void Car::speedup()
{
  if (Fired)
    cout<<"汽车正在加速！\n";
  else
    cout<<"汽车还没启动,请先启动汽车再加速！\n";
}
```

（c）描述样例的多文件结构

图 7-2　C++ 语言中抽象数据类型的基本描述

数据类型拓展后带来的问题及其处理

通用抽象数据类型已经初步建立，如何将其与基本内置类型进行统一？或者可以形象地说，抽象数据类型这个小 baby 已经由面向功能方法孕育并诞生，那么，她如何融入数据类型这个社会？

具体来说，就是要解决如下问题：通用抽象数据类型的实例如何建立、初始化及销毁？通用抽象数据类型的基本运算如何定义与实现？通用抽象数据类型和基本内置数据类型如何混合运算以及类型之间如何相互转换？通用抽象数据类型的实例如何进行流方式的输入和输出？

7.2.1 实例的构造和销毁

所谓实例构造，是指按照给定的数据类型，在内存空间中分配相应的存储空间并初始化该空间，以便为后面的使用做好准备。对于内置数据类型，其数据粒度是确定的。例如：对于整型，可以是 2 个字节、4 个字节或 8 个字节等。因此，内置数据类型实例的构造较为简单，一般都是在程序翻译时由编译程序根据内置数据类型既定的数据粒度分配其存储空间（静态分配）或按需在程序运行时根据内置类型既定的数据粒度分配其存储空间（动态分配）。并且，内置数据类型实例的初始化方法及其具体描述都可以预先有明确的规定，翻译程序按预定策略执行即可（即翻译程序已经内置了对内置数据类型的所有处理）。然而，对于抽象数据类型，因为其实际定义需要在具体应用时才能确定，所以，它不可能预先定义其数据粒度。因此，抽象数据类型实例的构造成为数据类型拓展后首先要解决的问题。

对于抽象数据类型实例的内存存储空间分配，基本上仍然以各种预定的内置数据类型为基础，只是将抽象数据类型中整个数据组织对应的存储空间作为一个整体看待，这一点与结构体概念基本类似。但是，抽象数据类型中还包括用于访问数据的函数，而函数仅具有只读特性，并不记录执行状态。因此，为每个实例都分配空间用于存储相应函数，显然是不必要的。另外，考虑到同一种抽象数据类型各个实例之间的共享需要，以及对不同数据访问控制的方便，还必须对数据组织中各个基本内置数据类型的数据进行更细腻的存储空间分配管理。图 7-3 所示是抽象数据类型内存存储空间分配的一种初步解析。

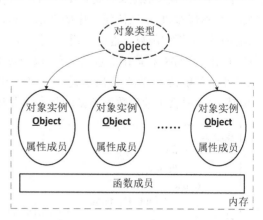

图 7-3 抽象数据类型实例的内存结构示例

对于抽象数据类型实例的内存存储空间初始化，因为涉及其包含的具体数据组织形态以及其内存存储空间的分配策略，因此，需要提供一种通用的初始化方法。目前，采用的基本方法是，让抽象数据类型自己初始化自己。具体而言，抽象数据类型必须至少提供一个特殊访问函数用于初始化自身的实例，每当翻译程序为其实例分配完存储空间后，立即自动调用该函数进行实例的初始化。这个用于实例初始化的函数被称为构造函数（Constructor Function）。考虑到自动调用及特殊作用的需要，它的名字必须事先规定并且不需要显式给出返回值类型。例如：与抽象数据类型的名字相同。构造函数是一种特殊的访问函数,它不是面向外部显式访问,而是面向内部自动隐式访问。实际上,构造函数的作用并不仅仅限于构造实例本身,它还可以被用来执行“用户希望在对象实例构造或诞生前所要执行的任何准备工作”。

对于抽象数据类型实例的销毁,同样有着与构造相似的问题。因为,抽象数据类型实例在执行过程中可能会按需额外动态申请一些存储空间,而空间申请的具体情况显然是随抽象数据类型定义的不同而不同,因此,不可能由系统统一为各个抽象数据类型的每个实例来释放这些空间。为此,目前采用的基本方法是,让抽象数据类型自己在其被销毁前处理一些自己的善后工作。具体而言,与构造函数机制相对应,抽象数据类型应该提供一个特殊访问函数用于自身实例在其销毁前处理相应的善后工作。每当翻译程序回收其实例的存储空间并销毁实例前,立即自动调用该函数让实例有机会对其自身的一些善后工作进行处理,例如：释放执行过程中额外动态申请的存储空间等。这个函数被称为析构函数(Destructor Function)。考虑到自动调用及特殊作用的需要,它的名字也必须事先规定并且没有参数及不需要显式给出返回值类型。例如：与抽象数据类型的名字相同并做简单的变化(用以区分构造函数的名称)。析构函数也是一种特殊的访问函数,它也不是面向外部显式访问,而是面向内部自动隐式访问。实际上,析构函数的作用并不仅仅限于释放资源方面,它还可以被用来执行“用户希望在最后一次使用对象实例之后所要执行的任何操作”。一般情况下,对于同一程序中多个对象实例构造与析构而言,它们的析构函数被调用次序正好与构造函数被调用次序相反,即最先通过调用其构造函数构造对象实例,其对应的析构函数最后被调用,而最后通过调用其构造函数构造的对象实例,其对应的析构函数最先被调用。

C++语言中,构造函数名与class名相同,析构函数名用符号~加class名表示。并且,允许一个class不显式地定义构造函数和析构函数,此时,C++语言的编译程序会为该class自动添加一个不带参数、不做任何工作的默认构造函数,并按需(参见第8章相关解析)为该class自动添加一个析构函数。也就是说,一个class至少有一个构造函数,可以没有析构函数。另外,C++语言允许对构造函数进行重载,以便按需为其实例提供多种不同的初始化方法(参见第7.2.2小节的解析)。图7-4所示是C++语言中抽象数据类型实例初始化过程的解析。图7-5所示是C++语言中抽象数据类型的基本形态及其解析。

```
class A {
        int x;
        float y;
    public:
        A( int x1, float
y1);
};

A::A( int x1, float y1 )
{
    x=x1; y=y1;
}

A a(6, 8.0);
```

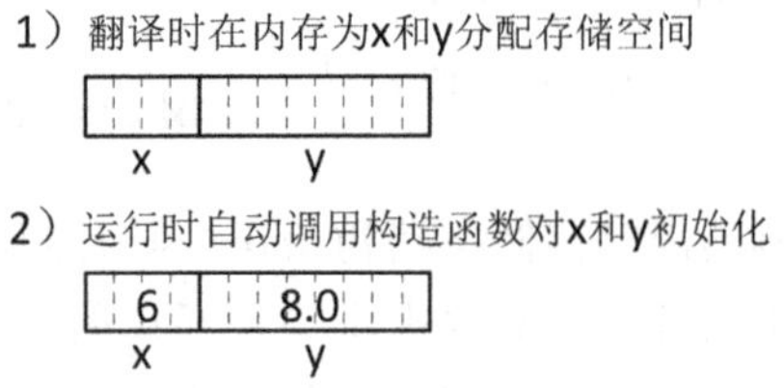

图7-4　C++语言中抽象数据类型的实例初始化过程

```
class 类名称 {
    封装类型:
        属性成员;

    封装类型:
        构造函数;
        析构函数;
        访问函数/设值函数;
        访问函数/取值函数;
        访问函数/其他函数;
        工具函数;
};
```

图 7-5　C++ 语言中增加构造与析构的 class 基本形态

与预定内置数据类型的编译时初始化和运行时初始化两种方法相对应,C++ 语言对抽象数据类型实例的初始化也给出两种基本方法,通过构造函数进行初始化的方法相当于运行时初始化,而与编译时初始化方法对应的方法称为初始化参数列表机制(具体解析参见第 7.2.3 小节)。

在明确了抽象数据类型实例的构造与销毁机制后,根据面向功能方法中对数据组织及其使用的约束和规定,可以对各种基本应用场景中一个抽象数据类型实例的创建和销毁给予解析。

1) 基本应用场景

依据面向功能方法原理,任何一种数据组织及其实例一般都会存在五种基本应用场景:全局、局部、静态局部、函数参数和动态。不同的应用场景,决定了同一个数据实例的不同诞生和销毁时机(也称为生命期)以及诞生后的作用范围(也称为作用域)。C++ 语言中还进一步通过数据实例的存储类别概念给予细粒度说明。

2) 实例创建与销毁

因为函数调用必须在运行时才能执行。因此,对于全局实例,依据 C++ 语言编译器具体实现策略的不同,要么在 main 函数的开始位置自动插入对其构造函数的调用,以便完成实例的初始化。或者,在进入 main 函数前就构造好实例(此时,是在程序启动代码中自动插入对其构造函数的调用以完成实例初始化);在 main 函数结束前自动插入对其析构函数的调用,以保证其正确析构。

对于局部实例,在其所在函数每次被调用时临时分配堆栈空间并自动调用其构造函数进行初始化;在其所在函数每次被调用结束时自动调用其析构函数,以保证其正确析构。

对于静态局部实例,在其所在函数第一次被调用时分配静态空间并自动调用其构造函数进行初始化;在 main 函数结束时自动调用其析构函数,以保证其正确析构(析构顺序位于全局实例析构之前)。

对于函数的参数实例,在每次函数被调用时临时分配堆栈空间并自动调用其构造函数进行初始化;在被调函数结束时自动调用其析构函数,以保证其正确析构。(与局部实例相同)

对于动态实例,在执行其 new 运算动态申请分配堆自由空间时,自动调用其构造函数进行初始化;在执行其 delete 操作时自动调用其析构函数,以保证其正确析构。

图 7-6 所示给出了各种基本应用场景下,抽象数据类型实例构造与销毁的时机。

```cpp
// A.h
class A {
      int x;
    public:
      A( int o, char *message );
      A( A & a );
      ~A( );
};

// A.cpp
#include<iostream>
#include "A.h"

A::A( int o, char *message )
{
  x=o; cout<<"构造: "<<message<<endl;
}
A::A( A & a )
{
  x=a.x; cout<<"构造: *"<<x<<endl;
}
A:: ~A( )
{
  cout<<"析构: "<<x<<endl;
}


// test.cpp
#include "A.h"

void create1( )
{
  A third (3, "3");    // 局部实例
  static A fourth(4, "4"); //静态局部实例
}
void create2(A a)    // 函数参数实例
{ }

A first(1, "1");    // 全局实例

int main( )
{
  A second(2, "2");    // 局部实例
  create1( ); create1( );
  A *fifth =new A(5, "5");   // 动态实例
  create2(second);
  delete fifth;
  return 0;
}
```

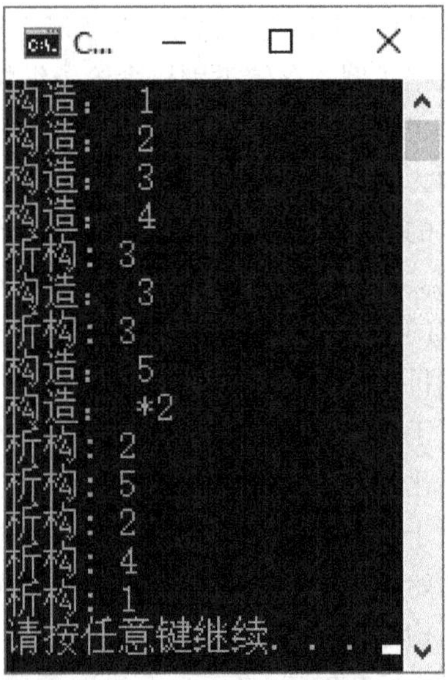

```
构造: 1
构造: 2
构造: 3
构造: 4
析构: 3
构造: 3
析构: 3
构造: 5
构造: *2
析构: 2
析构: 5
析构: 2
析构: 4
析构: 1
请按任意键继续. . .
```

图 7-6　各种应用场景中抽象数据类型实例的构造与析构

值得注意的是,非正常退出时,一般不会自动调用析构函数,实际应用中必须引起重视。另外,通过抽象数据类型实例的构造与销毁机制,可以更好地理解内置数据类型实例构造与销毁的时机(因为前者是显式、可以跟踪,而后者是隐式、不能跟踪)。由此可见,从本质上看,抽象数据类型的基本应用规则仍然是面向功能方法中内置数据类型应用规则的自然延伸。

7.2.2　默认构造函数与复制构造函数

所谓默认构造函数,形式上是指一个无参数、函数体为空的构造函数,其作用并不是为了初始化对象自身的实例,而是为了在多个对象形成的对象关系结构中启动各种相关对象的实例构造链。也就是说,对于单个对象而言,构造函数主要是初始化其实例;而将某种对象放到一个对象社会群体中,构造函数还应该承担其社会责任,辅助其他对象的实例初始化。这也就是为什么当某个 class 没有显式定义一个构造函数时,编译程序会自动为其添加一个默认构造函数的原因(即让其承担相应的社会责任)。有关默认构造函数的具体作用及解析,将在第 8.2 和 8.3 小节中进行解析。

默认构造函数的另外两种拓展形态是无参数构造函数和默认参数构造函数。无参数构造函数的函数体内,可以直接通过常量形式给对象的实例进行初始化。因此,相对于纯默认构造函数,无参数构造函数既用常量值初始化自身的实例,又承担其应有的社会责任。默认参数构造函数本质上就是一个显式的构造函数,只是其参数带有默认初始值。因此,相对于纯默认构造函数,默认参数构造函数既用默认的参数值初始化自身的实例,又承担其应有的社会责任。无参数构造函数和默认参数构造函数都必须显式地给出定义。因此,纯默认构造函数是隐式的默认构造函数,而无参数构造函数和默认参数构造函数则是显式的默认构造函数。

在构造函数中使用默认参数是方便而有效的,它提供了建立对象实例时的多种选择,它的作用相当于多个重载的构造函数。并且,即使在调用构造函数时没有提供实参值,不仅不会出错,而且还确保按照默认的参数值对对象实例进行初始化。默认参数构造函数尤其适合使用在希望对每一个对象实例都有同样初始化状态的场合。

使用默认参数构造函数时,应注意如下规则:1)在声明构造函数时(即.h 文件中),形参名可以省略;2)如果构造函数的全部参数都指定了默认值,则在定义对象实例时可以按需给出一个或多个实参,也可以不给出实参;3)在一个类中如果定义了全部带默认参数的构造函数后,该类不能再定义重载构造函数,以免引起二义性。

所谓复制构造函数,是指以已有同类对象实例为基础来创建一个新实例。例如:1)程序中需要新建一个对象实例,并用另一个同类的对象实例对其初始化;2)当函数参数为对象类型并采用传值方式时,在调用函数时需要将实参对象实例完整地传递给形参,这就需要建立一个实参的拷贝,此时,系统是通过调用复制构造函数来实现的,这样能保证形参具有和实参完全相同的值;3)当函数的返回值是对象类型并采用传值方式时,在函数调用完毕将返回值带回函数调用处时,需要将函数中的对象实例复制一个临时对象实例并传给该函数的调用处。因此,复制构造函数是一个带一个同类抽象数据类型参数的重载构造函数,它用参数实例的值初始化新实例。考虑到有可能出现无限递归复制的问题,复制构造函数的参数类型一般是对同类抽象数据类型的引用。图 7-7 所示给出了 C++ 语言中通过函数重载机制定义的各种构造函数及解析。另外,对于运行时的初始化,复制构造还涉及赋值运算的重载问题,具体解析将在第 7.2.6 小节中展开。

```
class T {
    int x, int y;
  public:
    T()     //(纯)默认构造函数(可以不显式给出)
    { }
    T()     //无参数默认构造函数
    {
      x = y = 0;
    }
    T(int a, int b = 0)     //默认参数构造函数
    {
    x = a; y = b;
    }
    T(int a, int b)     //普通构造函数
    {
      x = a; y = b;
    }
    T(T & t)     //复制构造函数
    {
      x = t.x; y = t.y;
    }
};
```

图 7-7 C++ 语言中抽象数据类型支持的各种构造函数

```
// A.h
#include <iostream>
#include <cstring>
class A {
  public:
    A(int size, char *m)
    {
      s = size; p = new char[s]; strcpy(p, m);
    }
    A(A & a)
    {
      s = a.s;
      p = a.p;        //浅复制
    void show()
    {
      cout << s << endl;
      cout << p << "   " << (int *) p << endl;
    }
    ~A()
    {
      delete[] p;
      cout << "***" << endl;
    }
  private:
```

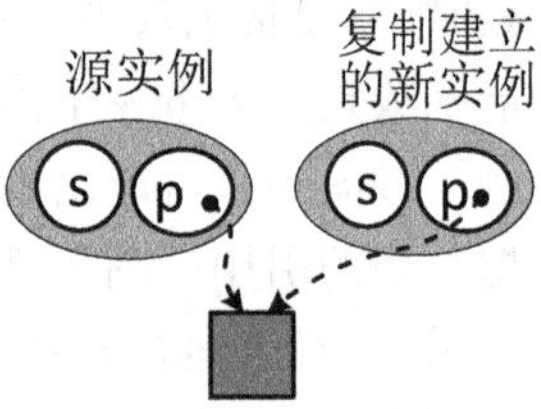

源实例　复制建立的新实例

```
      int s;
      char *p;
};

// B.h
include<iostream>
#include<cstring>
class A {
  public:
    A(int size, char *m)
    {
      s=size; p=new char[s]; strcpy(p, m);
    }
    A(A & a)
    {
      s=a.s;
      p= new char[s+1]; strcpy(p, a.p);   //深复制
    }
    void show()
    {
      cout<<s<<endl;
      cout<<p<<"   "<<(int *) p<<endl;
    }
    ~A()
    {
      delete[] p;
      cout<<"***"<<endl;
    }
  private:
      int s;
      char *p;
};

// A.cpp
#include "A.h"
#include<iostream>

int main()
{
  char str[]="Hello";
  A a(6, str);
  a.show();
  A b(a);
  a.show();
  b.show();   //浅复制
  return 0;
}

// B.cpp
#include "B.h"
```

源实例 复制建立的新实例

C:\Users\junshen\...
```
6
Hello   0xcc1840
6
Hello   0xcc1840
6
Hello   0xcc1840
***
```

```
#include <iostream>

int main( )
{
    char str[ ] ="Hello";
    A a(6, str);
    a.show( );
    A b(a);
    a.show( );
    b.show( );      //深复制
    return 0;
}
```

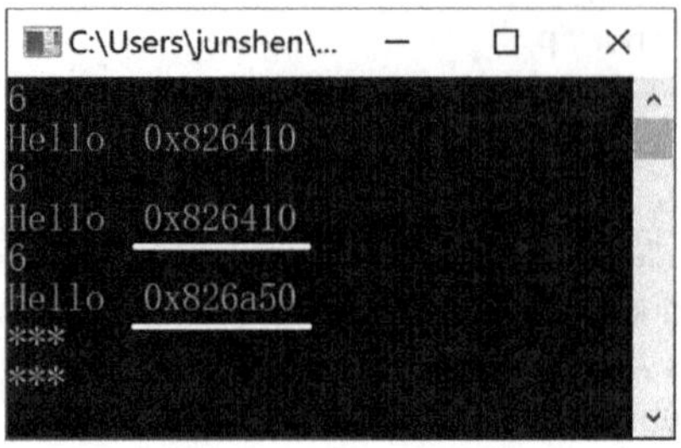

图 7-8　深复制和浅复制

值得注意的是,复制构造函数的具体实现还会涉及深复制和浅复制问题。所谓深复制和浅复制,是指当一个 class 的属性成员含有指针类型时,如果复制构造函数的具体实现中直接通过赋值语句给对应属性成员直接赋值,则指针本身的值被赋值,但指针所指向的值并没有被赋值。此时,如果析构被复制的源实例,那么,其指针属性成员所指向的空间也被析构,由此,就导致通过复制新建立的实例只含有指针属性成员值,而不可能根据指针属性成员值去访问它所指向的值(即无效访问),从而可能导致错误。图 7-8 所示给出了相应的解析。

与(纯)默认构造函数类似,如果一个 class 没有显式定义复制构造函数,编译程序也会为其自动添加一个默认的复制构造函数,以便用于需要通过已有同类实例初始化新实例的应用场景。然而,该默认复制构造函数仅仅实现浅复制。

7.2.3　初始化参数列表

通过构造函数初始化实例,相当于预定内置数据类型实例的动态初始化方式。对应于预定内置数据类型实例的静态初始化方式,C++ 语言通过初始化参数列表机制实现抽象数据类型的静态初始化方式。具体而言,在构造函数头部后面通过冒号:给出具体的各个属性成员的初始化列表,如图 7-9 所示。图 7-10 所示给出了两种初始化方法的结果对比。

```
#include <iostream>
using namespace std;
class A {
        int x;
        float y;
    public:
        A( int x1, float y1);
};

A::A( int x1, float y1) : x(x1), y(y1)      //初始化列表
{
    cout<<"进入构造函数!"<<endl;
}

A a(6, 8.0);

int main( )
{
    return 0;
}
```

图 7-9　初始化参数列表描述方法

```
#include<iostream>
using namespace std;
class A {
       int x;
       float y;
     public:
       A(int x1, float y1);
};

A::A(int x1, float y1)
{
   cout<<x<<" "<<y<<endl; cout<<"进入构造函数!"<<endl;
   x = x1; y = y1;
   cout<<x<<" "<<y<<endl;
}

A a(6, 8.0);

int main()
{
   return 0;
}
```

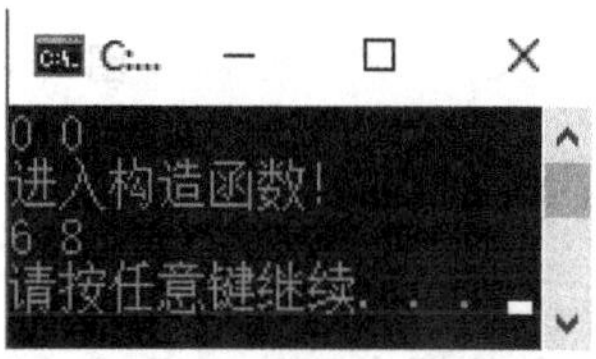

```
#include<iostream>
using namespace std;
class A {
       int x;
       float y;
     public:
       A(int x1, float y1);
};

A::A(int x1, float y1) : x(x1), y(y1)
{
   cout<<x<<" "<<y<<endl;
   cout<<"进入构造函数!"<<endl;
}

A a(6, 8.0);

int main()
{
   return 0;
}
```

图 7-10　两种初始化方法的结果对比

　　显然,由运行结果可以看出,静态初始化方式在程序编译时完成实例的初始化工作。另外,对于抽象数据类型属性成员而言,静态初始化方式具有较高的执行效率(具体解析参见第8.2.1 小节)。

　　值得注意的是,尽管属性成员初始化列表中给出的成员初始化顺序可以任意,但是属性成员初始化顺序取决于 class 中属性成员定义的顺序。因此,对于用表达式初始化的应用场合,要注意由此带来的副作用,这与表达式作为函数实参所产生的问题类似。图 7-11 所示给出了相应解析。另外,与内置数据类型使用规则一致,对于抽象数据类型实例的引用型属性成员和常量型属性成员,必须使用初始化参数列表机制进行初始化。

```
class A {
      int x;
      int y;
   public:
      A( );
};

A::A( ) : y(6), x(++y)    //先初始化 x,但此时 y 还未初始化
{ }
```

图 7-11 初始化参数列表机制中的副作用问题

7.2.4 实例访问与 this 指针

抽象数据类型建立后,如何使用一个抽象数据类型的某个实例(即向实例发送消息)? 事实上,根据面向功能方法原理,对内置数据类型实例的访问有四种基本形式:"."(成员访问)、"->"(指针形式成员访问)、"&"(基于引用的成员访问)和"::"(域访问)。因此,基于同样的规则与思维,对抽象数据类型实例的访问也基于此四种基本形式。图 7-12 所示给出了相应的解析。

```
#include<iostream>
using namespace std;

class A {
      int x;
       …
   public:
      A( ) { x=8; }
      int getx( ) { return x; }
      …
};

int main( )
{
  A a, *p=& a;
  A & b =a;

  cout<<a.getx( )<<endl;      //成员访问
  cout<<(*p).getx( )<<endl;    //指针形式成员访问
  cout<<p->getx( )<<endl;     //指针形式成员访问
  cout<<b.getx( )<<endl;      //基于引用的成员访问
  // cout<<A::getx( )<<endl;   //在对象继承时使用,解决重名调用问题
  return 0;
}
```

图 7-12 抽象数据类型实例访问的四种基本形式

依据抽象数据类型的内存布局,类的函数成员如何知道对哪个实例进行操作? 例如,对于图 7-2 中的成员函数 getColor( ),它在 class 中定义时,其执行逻辑中如何区分是操作实例 a 的状态还是操作实例 b 的状态? 为此,C++ 语言中,通过 this 指针概念给予隐式的区别。

具体而言,对于 class 中的每一个(普通)函数成员,其第一个参数都默认为指向该 class 某个具体实例的 this 指针,但在 class 定义时省略(由编译程序自动添加)! 也就是说,图 7-2 中函数成员 getColor( )的执行逻辑应该如图 7-13 所示。那么,其中的 this 指针究竟是由谁、在何时传递给函数成员的呢? 事实上,在通过具体实例访问 class 的函数成员时,将该对象实例的指针传入。也就是说,编译程序在背后为我们做了相应的工作,它将 a.getColor( ) 翻译为 getColor(& a);将 b.getColor( ) 翻译为 getColor(& b),因此,a.getColor( ) 和 b.getColor( ) 就分别取得实例 a 和实例 b 的数据。图 7-14 所示给出了相应解析。

```
char *getColor( Car *this )
{
      return this-> Color;
}
或
char *Car::getColor(    )
{
   return Color;
}
      ↓
char *Car::getColor( Car *this )
{
   return this-> Color;
}
```

图 7-13　函数成员中隐含的 this 指针

```
Car a("银白", "奥迪 A6", 120000, 200);
Car b("红色", "别克君威", 180000, 250);
a.getColor( );   → getColor( & a );
b.getColor( );   → getColor( & b );
```

图 7-14　this 指针的隐式自动填入

对于属性成员,基于信息隐藏概念,一般都是通过 public 访问函数间接地去访问。也就是说,上述对函数成员的访问也就解释了对属性成员的访问。但是,如果某个属性成员需要直接向外部暴露,可以采用 public 封装类型。对于非隐藏的 public 属性成员的访问,也可以直接通过基本访问形式进行直接访问。图 7-15 所示给出了相应解析。

```
#include <iostream>
using namespace std;
class A {
     ...
public:
     A(int a, int *b) : x(a), p(b)
```

```
    ┊ ┊
    int x;
    int *p;
    …
};

int main( )
{
    int y =8;
    A a(6, & y), *p =& a;
    A & b =a;

    cout<<a.x<<" "<<*a.p<<endl;      //成员访问
    cout<<(*p).x<<" "<<*(*p).p<<endl;    //指针形式成员访问
    cout<<p->x<<" "<<*p->p<<endl;    //指针形式成员访问
    cout<<b.x<<" "<<*b.p<<endl;    //基于引用的成员访问
    // cout<<A::x<<" "<<*A::p<<endl;    //域访问
    return 0;
}
```

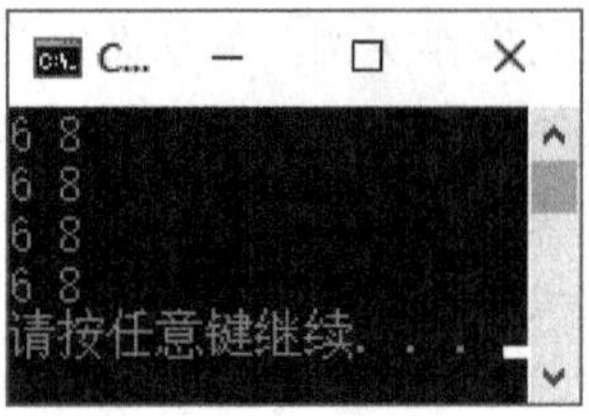

图 7-15　公共数据成员的访问方法

7.2.5　同一种对象多个实例之间的数据共享

对于同一种抽象数据类型,可以按需建立多个不同的实例,每个实例都有其自身的状态(即属性成员的值)。然而,有时存在需要同一种抽象数据类型的多个实例共享同一状态的应用场景。例如:为某种抽象数据类型统计其实例的个数。为了解决这个问题,C++语言通过关键词 static 来限制抽象数据类型的属性成员,使其语义转变为面向类型的属性,而不是面向具体实例的属性。从而,实现同一种抽象数据类型多个实例之间共享数据的目的。

因为 static 属性处于类型层次,因此,它是独立于具体实例的,可以在没有建立任何实例之前就存在。另外,无论是通过哪个实例的访问函数对 static 属性进行访问,它们访问的都是同一个(类)属性。

依据信息隐藏原理,对私有数据属性的访问一般都需要通过实例调用公共访问函数进行。然而,对于私有 static 属性,由于其可以独立于具体实例,那么,如何访问它呢? 也就是说,在没有任何实例时,私有 static 属性已经存在并可以访问,但如何访问呢? 为此,C++语言通过关键词 static 来限制抽象数据类型的公共函数成员,允许该公共函数成员可以直接访问私有 static 属性。带有 static 限制的函数成员称为静态函数成员(或静态成员函数,static 函数)。显然,static 函数不需要通过实例来调用,而是直接通过类型名的限定调用。static 函数的唯一目的,就是为了在没有任何对象实例被创建以前,能够存取私有 static 属性! 另外,不能通过 static 函数访问非 static 属性(因为非 static 属性属于具体实例)。对于公共的 static 属性,可以直接通过类型名的限定进行访问。无论是公共的,还是私有的,static 属性都必须在类外通过类型名的限定进行初始化,如果不按此进行初始化,程序编译时会产生连接错误。并且,静态属性成员不能用初始化参数列表进行初始化(不能依赖于构造函数)。图 7-16 所示给出了 static 属性描述及其初始化和访问的解析,图 7-17 所示给出了 static 函数的描述及其使用的解析。

```
// 静态属性成员的初始化方法
class A {
    static int x;
    ...
};
int A∷x = 0;    // 必须在类定义外部初始化


// 公共静态属性成员的使用方法
A∷x    // 通过类名前缀限定访问
A a, *p = & a;
a.x    // 通过实例名访问
p→x
```

图 7-16　static 属性（成员）及其初始化和使用

```
// 静态函数成员的定义
class A {
    static int x;
    ...
  public:
    static int fun(...);
};
int A::fun(...)
{
    return x;       // 访问私有 static 属性
}

// 静态函数的使用（通过类名前缀）
A∷fun(...);
```

图 7-17　static 行为（成员函数）及使用

　　抽象数据类型中,静态属性成员所占用的存储空间在程序编译时单独分配,不属于任何一个实例。并且,其存储空间直到程序运行结束时才被释放。

　　全局变量破坏了通用抽象类型的封装原则,不符合面向对象方法的基本风格。因此,静态属性成员可以代替全局变量的部分共享作用。但是,静态属性成员与全局变量的作用域不同,静态属性成员的作用域只限于定义它的类,而不是面向所有的类。

　　静态函数成员没有 this 指针,无法对一个对象中的非静态成员进行默认访问（即直接通过属性名访问）,但可以通过对象实例名和成员运算符“.”进行访问。

　　至此,C++ 语言中抽象数据类型 class 的基本完整形态初步建立,如图 7-18 所示（含实例的内存分配图）。

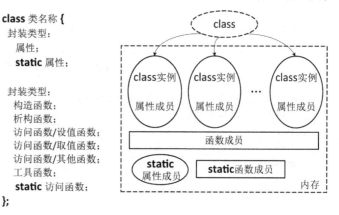

```
class 类名称 {
  封装类型:
    属性;
    static 属性;

  封装类型:
    构造函数;
    析构函数;
    访问函数/设值函数;
    访问函数/取值函数;
    访问函数/其他函数;
    工具函数;
    static 访问函数;
};
```

图 7-18　C++ 语言中 class 的基本完整形态

7.2.6 如何实现新类型的基本运算

尽管抽象数据类型可以通过其函数成员定义其各种特有的运算（操作），但是，考虑到抽象数据类型与内置数据类型之间混合运算的应用需要，对于已有针对内置数据类型的各种运算符及其蕴含的操作，抽象数据类型也必须给出明确的语义。本质上，运算就是一种功能，运算符就是实现相应功能的一个函数。因此，基于同样的思维，可以通过函数重载机制重新定义各种运算符针对抽象数据类型的语义，该方法称为运算符重载（Operator overloading）。

考虑到运算符重载是针对某种抽象数据类型的，因此，运算符重载函数的实现显然应该在抽象数据类型的定义中，即通过函数成员方式重载实现其自身所需的各种运算符。C++语言中，运算符重载函数的名称由关键词 operator 和运算符符号联合组成，关键词 operator 的作用是便于通过对象实例自动触发对所重载运算符函数的调用，使得抽象数据类型与内置数据类型在运算表达式的写法上具有一致的外观（如果直接用自定义运算函数名，则表达式需要用函数调用形式）。参数（即运算符对应的操作数/运算量）的个数总是与其语义上的要求少一个。例如：二元运算符只需要一个参数，一元运算符不需要参数等。其原因是，函数成员的第一个参数总是默认的 this 参数。返回类型依据运算符语义决定，如果是算术运算，则返回类型应该是抽象数据类型本身及其相应的其他应用形态；如果是关系运算或逻辑运算，则返回类型应该是bool 型或与算术运算结构等价形式。另外，运算符重载函数为函数成员时，显然应该为非 static函数，因为它必须由某个对象实例调用并作用于该对象实例（该对象实例的地址对应默认的this 参数）！图 7-19（a）所示给出了 C++ 语言中运算符重载函数实现方法的描述与解析。

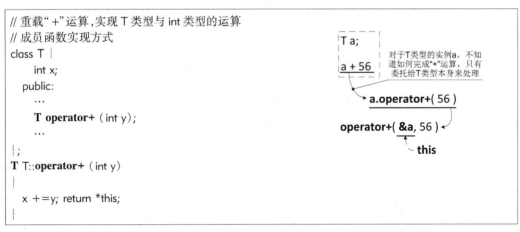

（a）函数成员方式实现运算符重载

```
        }
    int getX( )
    {
    return x;
    }
    ...
};
T operator+（T & t, int y）
{ // 函数名可以采用普通命名,此时运算表达式不具有与内置数据类型一致的表达形式,
// 只能按普通函数调用方式实现运算式表达
    T temp;

    temp.setX（t.getX（ ）+y）; // 普通非成员函数需通过 public 成员函数访问私有数据
    return temp;
}
```

（b）普通全局函数方式实现运算符重载

```
// 重载"+"运算,实现 T 类型与 int 类型的运算
// 友元函数实现方式
class T {
    friend T operator+（T & t, int y）;
    int x;
public:
    ...
};
T operator+（T & t, int y）
{
    T temp;

    temp.x = t.x + y;   // 普通非成员函数也可直接访问私有数据
    return temp;
}
```

T a;

a + 56

对于 T 类型实例 a, 不知道如何完成 "+" 运算,自动寻找并匹配支持 T 类型的运算符重载函数来处理

operator+（a, 56）

也可按照普通函数使用规则,直接主动调用重载的运算符函数（此时,函数名可以是普通函数名形式）

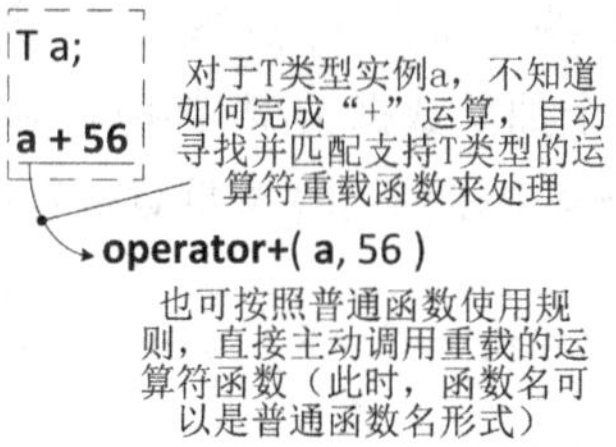

（c）友元函数方式实现运算符重载

图 7-19　运算符重载函数的三种基本实现方式

由图 7-19（a）可知,通过函数成员实现运算符重载时,运算符不能支持交换律。例如:对于运算 56+T,这种重载实现方式无法适用。因此,为了支持交换律,需要寻求其他实现方法。依据面向功能方法原理,显然可以通过独立于具体 class 类型、基于普通函数方式的全局函数来实现运算符的重载,如图 7-19（b）所示。此时,函数体中对于 class 类型私有属性的存取都必须通过调用该类型的公共访问函数进行,由此,对于频繁的运算操作会带来较大的执行性能开销！针对该问题,C++进一步引入友元函数机制来改进。具体而言,在一个抽象数据类型的定义中,通过关键词 friend 将需要重载的全局运算符重载函数声明为该抽象数据类型的友元函数,使其可以直接访问该抽象数据类型的私有属性。图 7-19（c）给出了相应的解析。本质上,全局非友元函数和友元函数都是基于面向功能方法的普通函数机制,但全局非友元函数的实现风格与抽象类型的封装特性在形式上不一致,而友元函数在解决性能开销问题的同时又保

持了抽象数据类型封装特性的外观形式。事实上，友元函数实现方式正是函数成员实现方式和全局非友元函数实现方式两者的折中，它通过在 class 类型定义中声明某个全局非友元函数为该类 friend 的方式，既照顾了形式上的封装外观，又允许该函数直接访问 class 类型的私有属性以提高执行性能。

C++ 语言中，对于需要具有左值效应的运算符（即其运算结果具有变量特性，可以对其进行赋值）重载函数必须以函数成员方式实现（以便对该类型私有属性进行直接访问）并返回该类型的引用（以便支持左值应用）。因此，有的运算符需要同时重载实现两个版本，一个返回引用形式作为左值匹配，一个返回值形式作为右值使用（参见图 7-21(b)中的解析）。

赋值运算符的重载因其涉及实例的运行时初始化问题，与抽象数据类型的实例构造直接相关，因此，它与构造函数具有同等地位。也就是说，一个抽象数据类型必须含有一个赋值运算符的重载函数，以便实现实例的赋值。如果一个抽象数据类型中没有显式定义赋值运算符重载函数，则编译器会自动隐式添加一个默认赋值运算符重载函数。正是为了实现抽象数据类型实例的赋值，C++ 语言规定赋值运算符的重载必须通过函数成员方式实现（因为其需要对所定义类型相应实例的私有属性进行直接修改，即赋新值），并且返回对象类型的引用以便支持左值应用（例如：(a=b)=c);)。另外，赋值运算符重载函数的实现也会涉及深复制和浅赋值问题，编译器自动隐式添加的默认赋值运算符重载函数只能进行浅复制。因此，一般来说，对于一个抽象数据类型，都应该显式地定义一个赋值运算符重载函数。图 7-20 所示给出了 C++ 语言中赋值运算符重载函数的描述与使用。

```
// 重载赋值" ="运算。成员函数实现方式
class T {
    int x;
    public:
        …
        T & operator = ( T & t2 );   // 具备左值效应
        …
};
T & T::operator = ( T & t2 )
{
    x = t2.x; return *this;
}
```

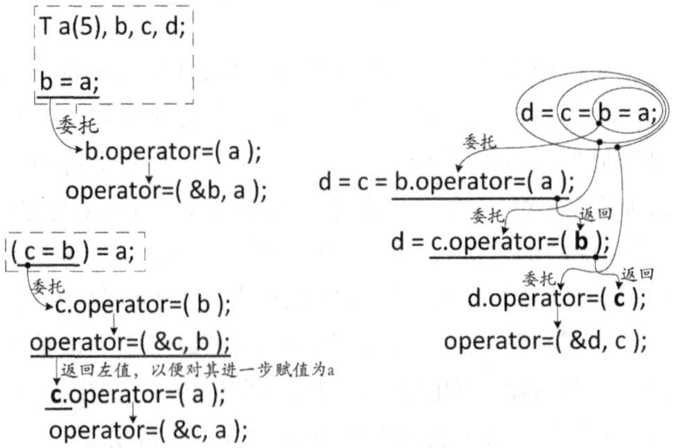

图 7-20　赋值运算符的重载

　　C++ 语言中，除了成员访问运算符“.”、成员指针访问运算符“. *”(这两者主要是为了保证访问成员的功能不能被改变)、作用域运算符“::”、存储空间大小运算符 sizeof(这两者的运算对象是类型而不是变量或一般表达式，所以不具备被重载的特征)和条件运算符“?:”这 5 个运算符不能重载外，其他运算符都可以重载。图 7-21 所示给出了一些运算符重载的样例及其解析。

```
class T {
    int x;
    public:
        …
        T & operator++();      // 前置，++t,具有左值特征
        T operator++(int);     // 后置，int 不是参数，是辅助自动匹配的标志。t++
        …
};
T & T::operator++()
{
    ++x; return *this;
}
T T::operator++(int)
{
    T temp(*this);
    ++x; return temp;      // 局部变量具有临时性特点，不能再作为左值
}
```

（a）单目运算符的重载

```
class Array {
    int size;
    int *p;
    public:
        …
        int & operator[ ](int);      // 具有左值效应
        const int & operator[ ](int) const;
        …
};
int & Array::operator[ ](int subscript)     // a[3]=6
{
    if(subscript<0 || subscript>=size) {
    cerr<<"\nError: Subscript "<<subscript<<" out of range"<<endl;
        exit(1);   // 终止程序并退出
    }
    return p[subscript];
}
const int & Array::operator[ ](int subscript) const     // a[3]+6
{  // 或者：int Array::operator[ ](int subscript) const
    if(subscript<0 || subscript>=size) {
        cerr<<"\nError: Subscript "<<subscript<<" out of range"<<endl;
        exit(1); // terminate program
    }
    return p[subscript];
}
```

（b）分量运算符的重载

```
class Array {
    int size;
    int *p;
  public:
    ...
    bool operator = = (Array & );
    bool operator != (Array & right)
    {
      return !(*this = = right);   //再委托给==重载,基于自身已有的重载运算
    }
    ...
};
bool Array::operator = = (Array & right)
{
  if (size != right.size)
    return false;
  for (int i = 0; i < size; ++i)
    if (p[ i ] != right.p[ i ])
      return false;
  return true;
}
```

(c) 关系运算符的重载

图 7-21　运算符重载样例及解析

运算符重载实现时,还必须注意运算符的语义正确性和含义正确性。运算符语义正确性是指重载之后的运算符必须满足如下 3 个原则:1)优先级和结合性都不改变;2)操作数个数不改变(也不能有默认参数,否则就改变了运算符参数个数);3)语法结构不改变。运算符含义正确性是指重载之后的运算符含义必须清楚,不能有二义性。例如:由于逻辑表达式、逗号表达式的运算都是从左向右顺序进行,特别是逻辑表达式的计算都采用优化求值规则(即对于含有多个"与"运算的复合表达式,当第一个表达式计算结果为假时,无论后续表达式的结果如何,整个复合表达式的结果也为假,此时就不必再计算后面的每个表达式),然而,函数参数的计算顺序并没有明确规定,因此,重载‖、& & 和,(逗号)运算符时,重载函数的参数都必须计算一次,对于‖和& & 运算符的重载并不会采用优化求值规则! 对于,(逗号)运算符的重载也不能确保求值顺序。因此,无法向用户提供他们所期望并且已经习惯了的行为特性。因此,一般来说,不要轻易重载‖、& & 和,(逗号)运算符。图 7-22 所示给出了相应的解析。

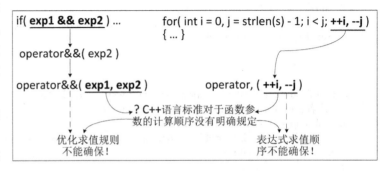

图 7-22　运算符重载实现时的语义正确性和含义正确性问题

C++ 语言中,不允许用户自己定义新的运算符,只能对已有的 C++ 运算符进行重载。运算符被重载后,其原有的功能仍然保留。并且,运算符重载函数的参数至少应有一个是对象类型(或对象类型的基本应用形态),否则,既没有必要,也可以防止用户修改用于标准内置类型数据的运算符的性质。

对于与指针和引用相关的单目运算符-> 、* 和 & 的重载,要注意到传递引用问题,以便合理使用。所谓传递应用,是指使用-> 或 * 的对象实例的指针被传递引用(如图 7-23 所示的解析),或者使用 & 获取对象实例地址之前,将控制流转向用户定义的处理过程,以便用于完成某些额外的指针处理。

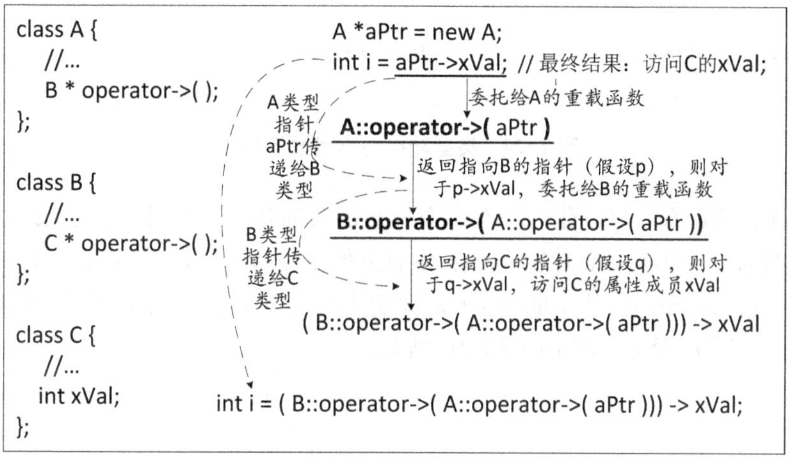

图 7-23　运算符重载时的传递引用问题

7.2.7　如何解决类型不一致问题

新抽象数据类型建立后,就可以基于该数据类型和内置数据类型共同实现各种数据组织结构和各种表达式计算及数据处理,此时,其实例在运算时也会存在类型不一致问题。对于内置数据类型,通过隐式自动转换或显式强制转换,已经解决了其各类型之间的不一致性问题。例如：对于浮点数 f,表达式 f+5 在计算时会自动隐式地将整数 5 转换成相应的浮点数 5.0;对于表达式(int)f,则通过给定(int)显式地强制将浮点数 f 转换为相应的整数(即取其整数部分)。然而,对于一种新的抽象数据类型,如何实现其与内置数据类型或与其他抽象数据类型之间的相互转换呢？上述对于抽象数据类型实例的构造与析构以及各种基本运算的实现,都是采用让抽象数据类型自己解决的处理思路,因此,基于同样的思维,我们也可让一种抽象数据类型自己实现其与内置数据类型或与其他抽象数据类型之间的相互转换。具体而言,基于函数重载机制,实现某种抽象数据类型到内置数据类型或到其他抽象数据类型的类型转换。

对于内置数据类型或其他抽象数据类型到某种抽象数据类型的转换,可以在这种抽象数据类型定义中重载实现一个构造函数,称为类型转换构造函数。类型转换构造函数含有一个参数,参数的类型是内置数据类型或另一种抽象数据类型,类型转换构造函数的作用就是将指定的内置数据类型或另一种抽象数据类型转换为这种抽象数据类型。也就是说,通过指定的内置数据类型或另一种抽象数据类型的实例来构造出所定义的抽象数据类型的实例。图 7-24

所示给出了 C++ 语言中类型转换构造函数的描述与解析。

```
class String {
    int len;
    char *sPtr;
  public:
    ...
    String( char * );
    ...
};
String::String( char *s )   // 源类型 char *,目标类型 String
{
  len = strlen( s ); sPtr = new char[ len + 1 ]; strcpy( sPtr, s );
}
```

```
String s1;

s1 + "abcde"
```
自动隐式调用类型
转换构造函数

图 7-24　类型转换构造函数及其使用

类型转换构造函数既可以作为含有一个参数的普通构造函数使用,也可以实现将内置数据类型或其他抽象数据类型临时转换为某种抽象数据类型。因此,它存在一定的二义性。为了关闭其隐式自动类型转换的功能,C++ 语言引入关键词 explicit 进行限定,明确其只能作为普通构造函数。图 7-25 所示给出了相应的解析。

```
class String {
    int len;
    char *sPtr;
public:
    ...
    explicit String( char * );  // 只能作为构造函数
    ...
};
String::String( char *s )
{
  len = strlen( s ); sPtr = new char[ len + 1 ]; strcpy( sPtr, s );
}
```

7-25　类型转换构造函数及其使用

对于抽象数据类型到内置数据类型或到另一种抽象数据类型的转换,可以在某种抽象数据类型的定义中重载实现一个类型转换重载函数,该重载函数的名称由关键词 operator 和所期望的内置数据类型名或另一种抽象数据类型名联合组成,它没有参数,也没有返回类型,返回类型由函数名中的类型名决定。函数体内只要返回满足所期望的内置数据类型的一个实例或所期望的另一种抽象数据类型的一个实例即可。显然,类型转换重载函数默认的源类型就是定义该重载函数的抽象数据类型(即转换的主体是当前所定义的抽象数据类型的实例),因此,与普通运算符重载函数实现不同,类型转换重载函数只能作为当前所定义的某种抽象数据类型的函数成员来实现,不能通过友元函数或普通全局非友元函数实现。图 7-26 所示给出了

C++ 语言中类型转换函数的描述与解析。由于 C++ 语言将类型转换也看做是一种运算,因此类型转换重载函数也称为类型转换运算符重载函数(或称强制类型转换运算符重载函数),故它与运算符重载函数具有相似的形态(即函数名都是由 operator 关键词限定)。

```
class String {
    int len;
    char *sPtr;
  public:
    ...
    operator char *();
    ...
};
String::operator char *()
{
    return sPtr;
}
```

String s1;

static_cast< **char *** >(s1)
或
(**char ***) s1

自动调用类型转换重载函数

图 7-26　类型转换函数及其使用

7.2.8　如何实现新类型的输入和输出(定义可流类)

任何一种数据类型都会涉及其实例的输入和输出问题,否则就没有必要用这种数据类型来进行各种数据组织和数据处理。C++ 语言为了统一内置数据类型和新抽象数据类型的输入和输出,通过对抽象数据类型机制的一种特殊应用,定义并实现了一个称为"流"(stream)的抽象数据类型,该类型基于操作系统提供的文件读写 API,通过运算符重载机制,重新定义了运算符"<<"和">>",分别作为输出流运算(ostream,也称为流插入运算)和输入流运算(istream,也称为流提取运算),同时,还定义了相关的流操作和流控制运算("流"抽象数据类型采用面向对象的方法构造,是面向对象方法的一种具体应用。因此,将在第 3 篇第 11 章给出其具体解析)。然而,"流"抽象数据类型仅仅是实现了传统基本内置数据类型的输入和输出的重载运算定义,对于新抽象数据类型而言,其输入和输出必须在其基础上自己进行重载实现。在此,主要解析如何基于"流"抽象数据类型,实现用户自定义抽象数据类型的输入和输出。具备基于"流"方式输入和输出能力的抽象数据类型称为可流类。

既然已经定义并实现了 stream 类型,那么对于任何新抽象数据类型的输入和输出,就不必再从头开始自己重载实现其输入和输出功能,可以直接利用标准 stream 类型的输入和输出来实现自己的输入和输出功能。由于 istream 和 ostream 的实现中,运算符"<<"和">>"的重载函数作为其函数成员实现并返回对其自身类型的引用(以便使返回结果具有左值效应),因此,该重载函数的第一个参数即是默认的 this 指针,其类型是 istream & 或 ostream & 。如此,对于任何新抽象数据类型而言,如果需要利用它的功能并保持其左值风格,新抽象数据类型自己的输入输出重载函数的第一个参数及其返回类型也最好是 istream(对应输入)或 ostream 类型(对应输出)。因此,新抽象数据类型自己的输入输出重载函数就不能以函数成员方式实现,只能以全局非友元函数或友元函数方式实现。再考虑到封装风格和执行效率问题,新抽象数据类型自己的输入输出重载函数一般都是通过友元函数实现。图 7-27 所示给出了解析。

```
#include<iostream>// 定义了标准的"流"类型,其中含有输入和输出运算符重载函数：
                  // istream & operator>>( int & );
                  // ostream & operator<<( int);
class A {
    friend ostream & operator<< ( ostream & , A & );
    friend istream & operator>> ( istream & , A & );

    int xVal;
  public:
     ...
};
ostream & operator <<( ostream & out, A & a)
{
  out<< a.xVal; return out;   // 再委托给标准"流"类型的输出运算重载
                  // out.operator<<( a.xVal); → operator<<( out, a.xVal);

istream & operator>>( istream & in, A & a)
{
  in>> a.xVal; return in;   // 再委托给标准"流"类型的输入运算重载
                  // in.operator>>( a.xVal); → operator>>( in, a.xVal);
}
```

（a）基于标准"流"的抽象数据类型输入和输出实现

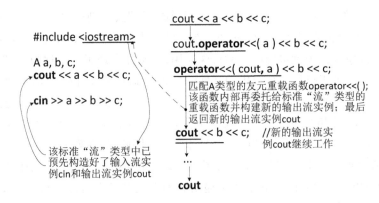

（b）基于标准"流"的抽象数据类型输入和输出运算的应用及解析

图 7-27　抽象数据类型的输入输出实现及应用

　　事实上,对于新抽象数据类型自己的输入输出重载函数,也可以通过函数成员方式实现或重载自己喜爱的某种运算符实现,但这样一来,使用时的风格和语义就与 C++ 语言标准"流"机制不一致,也可能不会支持左值效应以便表达式的嵌套应用。这样,就与整个 C++ 社区的文化不协调,比较另类。图 7-28 所示给出了相应的解析。

```
#include<iostream>
using namespace std;
class A {
    int xVal;
public:
    A( ) { xVal =5; }
```

```
    ostream & operator>>(ostream & );
    istream & operator<<(istream & );

    ostream & operator>(ostream & );
};
ostream & A::operator>>(ostream & out)
{
    out<< xVal; return out;
}
istream & A::operator<<(istream & in)
{
    in>>xVal; return in;
}
ostream & A::operator>(ostream & out)
{
    out<< xVal; return out;
}
int main()
{
    A a, b;

    b>>(a>>cout);
    cout<<endl;
    b<<(a<<cin);
    b>(a>cout);
    cout<<endl;
    return 0;
}
```

```
55
6 8
68
请按任意键继续. . .
```

```
b.operator>>( a.operator>>( cout ))

operator>>( &b, a.operator>>( cout ))

    operator>>( &b, cout )

            cout
```

图 7-28　通过函数成员方式或自己喜爱的运算符重载实现抽象数据类型的输入和输出

再者,对于新抽象数据类型的输入输出重载函数,也可以不利用已有标准"流"的功能,而是自己从头开始,直接基于系统库函数或操作系统 API 实现。图 7-29 所示给出了相应的解析。

```
#include<iostream>
#define 输出 >
#define 屏幕 '.'
#define 键盘 '.'
#define _ operator
using namespace std;

class A {
    int xval;
public:
    A();
    void operator>>(char endflag);
    A & operator<<(char endflag);
    void _ 输出(char endflag);
};
A::A() : xval(5)
{ }
```

```
void A::operator>>( char endflag )
{
    printf( "% d\n", this->xval );
}
A & A::operator<<( char endflag )
{
    scanf( "% d", & ( this->xval ) );
    return *this;
}
void A::_输出( char endflag )
{
    *this>>屏幕;
}
int main( )
{
    A a;
    a>>屏幕;
    a<<键盘;
    a>>屏幕;
    a 输出 屏幕;
    return 0;
}
```

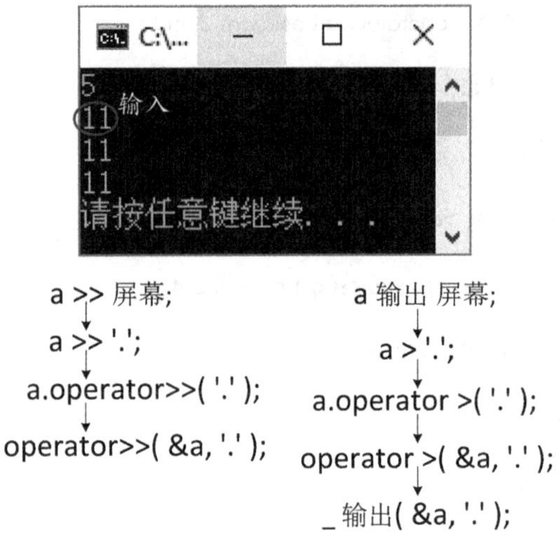

a >> 屏幕;
a >> '.';
a.operator>>('.');
operator>>(&a, '.');

a 输出 屏幕;
a > '.';
a.operator >('.');
operator >(&a, '.');
_输出(&a, '.');

图 7-29   不基于标准"流"类型实现新抽象数据类型的输入和输出

至此，可以形象地说，由面向功能方法所孕育（图 7-1）并诞生的抽象数据类型这个小 baby 已经经历少年时代（图 7-2(a)、图 7-5）、青年时代（图 7-30），并长大成人！图 7-30 所示给出了 C++ 语言中抽象数据类型相对完整的描述与解析。

```
class 类名称 {
  封装类型：
      // 属性部分可以递归使用 class 类型（具体解析参见第 8.2 小节）
      属性；
      static 属性；

  封装类型：
      // 函数参数、返回值或函数体内都可以递归使用 class 类型（具体解析参见第 8 章）
      默认构造函数；
      默认参数构造函数；
      复制构造函数；
      其他重载构造函数；
      重载构造函数/类型转换构造函数；
      析构函数；
      访问函数/设值函数；
      访问函数/取值函数；
      访问函数/其他函数；
      工具函数；
      赋值运算符重载函数；
      其他运算符重载函数；
      类型转换运算符重载函数；
      static 访问函数；
};
```

图 7-30   C++ 语言中 class 的相对完整描述

7.3 让对象生活在面向功能方法时代

通过面向功能方法的特殊应用，通用抽象数据类型已经建立！作为一种新的数据类型，通用抽象数据类型可以与基本内置数据类型一样来使用，从而丰富面向功能方法及其具体应用。也就是说，现在抽象数据类型这个小 baby 已经融入社会，可以开始闯荡江湖了。

具体而言，就是可以利用通用抽象数据类型进行各种各样的数据组织，可以将通用抽象数据类型用于各种数据处理机制中。

7.3.1　基于对象的数据组织方法

1）单个数据组织

对于单个数据组织，与内置数据类型的区别仅仅是初始化值的描述方法不同。C++ 语言通过在实例名后用小括号给出初始化值，直观示意调用其构造函数。另外，考虑到需要多种初始化方法的应用场景，初始化值的指定也可以相应的有多种形式，由翻译程序自动匹配多个重载构造函数中的某个相应构造函数。图 7-31 所示给出了抽象数据类型实例各种定义形式的描述与解析。

```
class A {
    int x;
    float y;
    char z;
    public:
    A( );            // ①
    A(int a, float b, char c);    // ②
    A(float a, int b);    // ③
    A(int a, char c);    // ④
    ...
};
A::A( )
{
    x = 0; y = 0.0; z = ' ';
}
A::A(int a, float b, char c) : x(a), y(b), z(c)
{ }
A::A(float a, int b)
{
    x = b; y = a; z = ' ';
}
A::A(int a, char c = 'a')
{
    x = a; y = 0.0; z = c;
}

A a;        // ①
A b(5);     // ④
A c(8.0, 5);    // ③
A d(5, 8.0, 'b');    // ②
```

图 7-31　抽象数据类型实例的各种定义形式及其和构造函数的匹配

对于单个数据的使用,仍然是通过"."(成员访问)、"->"(指针形式成员访问)、"&"(基于引用的访问)和"::"(域访问)方式实现。

2) 批量数据组织(多数据的堆叠)

对于批量数据组织,与基本数据类型的区别是,对其中每个元素实例数据都必须调用相应的构造函数一次。例如:对于含有 30 个元素的数组,在建立该对象实例数组时,需要调用 30 次构造函数,分别对各个元素实例进行初始化。图 7-32 所示给出了批量抽象数据类型实例的各种定义形式的描述与解析。

```cpp
#include<iostream>
using namespace std;

class A {
    int x;
    float y;
    char z;
  public:
    A();
    A(int a, float b, char c);
    void print()
    { cout<<"x="<<x<<", y="<<y<<", z="<<z<<endl; }
    ...
};
A::A() : x(0), y(0.0), z('a')
{ }
A::A(int a, float b, char c='a') : x(a), y(b), z(c)
{ }

class B {
    int x;
  public:
    B();
    B(int a);
    void print()
    { cout<<"x="<<x<<endl; }
    ...
};
B::B() : x(0)
{ }
B::B(int a) : x(a)
{ }

int main()
{
  A a[6]={A(0,0.0), A(1, 1.0), A(2, 2.0), A(3, 3.0), A(4, 4.0), A(5, 5.0)};
  for(int i=0; i<6; ++i) {
    cout<<"A"<<i<<": ";
    a[i].print();
  }
```

```
A0: x = 0, y = 0, z = a
A1: x = 1, y = 1, z = a
A2: x = 2, y = 2, z = a
A3: x = 3, y = 3, z = a
A4: x = 4, y = 4, z = a
A5: x = 5, y = 5, z = a

B0: x = 0
B1: x = 1
B2: x = 2
B3: x = 3
B4: x = 4
```

```
cout<<endl;

B b[5]={0,1,2,3,4};   //对于只有一个参数的构造函数,调用形式可以简化
for( int i=0; i<5; ++i) {
  cout<<"B" <<i<<": ";
  b[i].print();
}
return 0;
}
```

图 7-32　批量抽象数据类型实例的各种定义形式及解析

对于批量数据的使用,最终仍然是通过分量运算转变为对每个单个数据的使用。例如：a [4].fun(…)、(∗p).fun(…)（假设指针 p 已经指向批量数据的第 4 个分量）、p→fun(…)（假设指针 p 已经指向批量数据的第 4 个分量）和 b.fun(…)（假设 b 是对 a[4]的引用）。

3）多数据之间的关联或绑定

与内置数据类型一样,对于多数据之间的关联和绑定,仍然采用指针和引用两种形式。然而,对于通用抽象数据类型而言,要区别关联与绑定到实例和关联与绑定到实例的成员这两个不同层次具体应用的定义和描述方法及其使用。

- 关联或绑定到整个对象实例

针对关联或绑定到整个对象实例的情况,本质上就是通过"→"（指针形式成员访问）和"& "（基于引用的访问）两种方式实现对通用抽象数据类型实例的具体访问,使用方式与基本类型变量(或实例)的关联或绑定形式一致,仅仅是将基本类型替换为抽象数据类型。在此,不再赘述。

- 关联或绑定到对象实例的成员

针对关联或绑定到对象实例的成员的情况,主要是指定义指向 class 成员的指针或绑定到 class 成员的引用以及它们的具体使用。

对于 public 属性成员,其指针和引用的定义方式与普通变量或实例的指针和引用定义方式定义基本相同,只是在赋值时取实例属性成员的地址或名称。图 7-33a 所示给出了相应的解析。

```
class A {
  public:
    static int s;
    int *q;
    int x;
    ...
};

A a;
int *p=& a.s;   //指向 A 类型实例的 int 型属性成员;static 成员也可以 =& A::s
int m=*p;   //通过 p 间接地取 A 类型实例的 int 型属性成员 s 的值

int & r=A::s;   //绑定到 A 类型实例的 int 型属性成员;static 成员也可以 =a.s
int n=r;
```

```
int *t =a.q;      //指向 A 类型实例的 int *型属性成员
int o =*t;

int *& w =a.q;    //绑定到 A 类型实例的 int *型属性成员
int k =*w;

int A::*p1 =& A::x;
```

（a）属性成员的指针、引用及其应用

```
class A {
    int s;
    …
  public:
    …
    bool fun(…);
};

A t;
bool (A::*pf)(…)=& A::fun;    //函数指针 pf 指向 A 类型实例的函数成员并初始化
(t.*pf)(…);    //通过函数成员的指针 pf 间接访问函数成员 fun
```

（b）函数成员的指针及其应用

图 7-33　class 成员的指针、引用及其应用

对于 public 函数成员,其指针的定义及赋值必须增加类名限定。因为 class 函数成员与普通函数有一个最根本的区别是,它是 class 中的一个成员。因此,在通过函数指针调用成员函数时,指针变量的类型必须与其绑定的实例(即函数成员的地址)的类型相匹配。具体是:1)函数参数的类型和参数个数;2)函数返回值的类型;3)所属的类。显然,前面两点与普通函数指针的要求一致,仅第三点是特有的。并且,通过指针间接访问函数成员时一般也要通过实例名进行(static 函数还可以直接通过加类名前缀进行)。图 7-33b 所示给出了相应的解析。

4) 动态数据组织

对于动态数据组织,与内置数据类型一样,可以通过 new 和 delete 运算分配空间和释放空间,两种区别在于:每次执行 new 运算时,必须在类型名后用小括号给出初始化值的列表,直观示意调用其构造函数;每次执行 delete 运算时自动调用其析构函数。

总之,抽象数据类型与内置数据类型具有相同的地位,并遵循相同的使用规则。只是对每个数据实例都必须自动调用其构造函数进行初始化,以及自动调用其析构函数进行析构。

7.3.2　基于抽象数据类型的数据处理方法

1) 基本运算

对于带有抽象数据类型数据的基本运算,都是以抽象数据类型的实例及其他相应数据为实际参数,调用抽象数据类型的运算符重载函数来完成基本运算(即委托给抽象数据类型自己处理)。也就是说,对于含有抽象数据类型实例的计算表达式,由作用于抽象数据类型实例的运算符为指示,调用该抽象数据类型中对该运算符的重载函数,并将该抽象数据类型实例、以及该运算符需要的其他相应操作数作为该运算符重载函数的实际参数。图 7-34 所示给出了一个具体应用的解析。

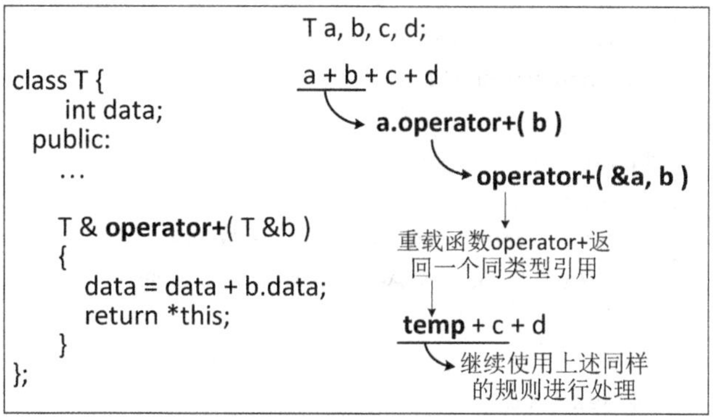

图 7-34 含有抽象数据类型数据的基本运算及解析

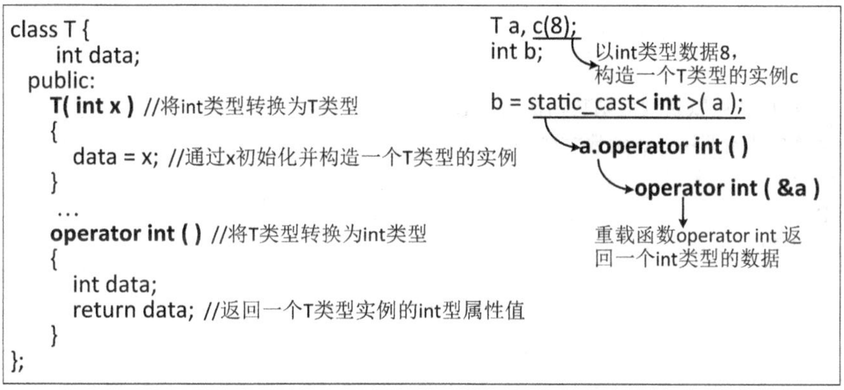

同样,对于基本运算中涉及的类型转换问题,也是通过调用类型转换重载函数或单参数类型转换构造函数来完成类型的转换操作。图 7-35 所示给出了一个具体应用的解析。

图 7-35 含有抽象数据类型数据的基本运算中的类型转换及解析

2）函数中的应用

抽象数据类型在函数中的应用主要体现在三个方面：局部数据组织、函数参数和函数返回。对于抽象数据类型在函数体内的局部数据组织应用,与上述的基本运算规则及第 6.3.1 小节中数据组织应用相关规则一致,在此不再重复。

对于函数参数,当其类型为抽象数据类型时,采用值传方式就会涉及临时对象实例的构造与析构问题,从而带来较大的执行开销（参见第 9 章的解析）。因此,对于抽象数据类型参数,一般都是采用引用传递。另外,实参与形参的传递也会涉及类型转换问题,实参有时也会遇到表达式参数情况,这些都与基本运算时的规则一致,只不过类型转换、表达式参数和参数传递等都会存在函数调用的性能问题。从本质上看,函数参数传递就是基本运算的一种特殊应用场景。

对于函数返回,当其类型为抽象数据类型时,采用值传方式也会涉及临时对象的构造与析构问题,从而带来较大的执行开销（参见第 9 章的解析）。因此,对于返回抽象数据类型,一般也都是采用引用返回。另外,与内置数据类型的应用相似,返回局部变量的地址或引用将会导致无效应用问题。再者,返回对象成员的引用时,会存在安全隐患（破坏封装特性。具体将在第 9 章给予详细解析）！

图 7-36 和图 7-37 所示分别给出了相应应用示例及详细解析。

```
#Include<iostream>
using namespace std;

class A {
  public:
    A( ) { cout<<"A- - 默认构造函数"<<endl; }
    ~A( ) { cout<<"A- - 析构函数"<<endl; }
};

void test（A a)
{
  cout<<"进入 test 函数"<<endl;
}    // ② 传值时通过复制构造函数在堆栈上构造一个临
时实例,在此析构
int main( )
{
  A a1;    // ① 调用默认构造函数构造实例 a1
  cout<<"***开始调用 test 函数***"<<endl;
  test（a1）;
  return 0;
}    //③  析构实例 a1
```

①A--默认构造函数
开始调用test函数
②进入test函数
③A--析构函数
A--析构函数

(a)（普通)值传递

```
#include<iostream>
using namespace std;

class A {
  public:
    A( ) { cout<<"A- - 默认构造函数"<<endl; }
    A（A& a) { cout<<"A- - 复制构造函数"<<endl; }
    ~A( ) { cout<<"A- - 析构函数"<<endl; }
};

void test（A a) //② 在堆栈上复制构造临时实例
{
  cout<<"进入 test 函数"<<endl;
}    //③
int main( )
{
  A a1;    // ①
  cout<<"***开始调用 test 函数***"<<endl;
  test(a1);
  return 0;
}    // ④
```

①A--默认构造函数
开始调用test函数
②A--复制构造函数
进入test函数
③A--析构函数
④A--析构函数

(b)（普通)值传递(2)

```
#include<iostream>
using namespace std;

class A {
  public:
    A() { cout<<"A- - 默认构造函数"<<endl; }
    A(A& a) { cout<<"A- - 复制构造函数"<<endl; }
    ~A() { cout<<"A- - 析构函数"<<endl; }
};

void test (A*a)
{
    cout<<"进入 test 函数"<<endl;
}
int main()
{
    A a1;    // ①
    cout<<"***开始调用 test 函数***"<<endl;
    test(& a1);
    return 0;
}    // ②
```

① A--默认构造函数
　　开始调用test函数
　　进入test函数
② A--析构函数

　　搜狗拼音输入法 全 :

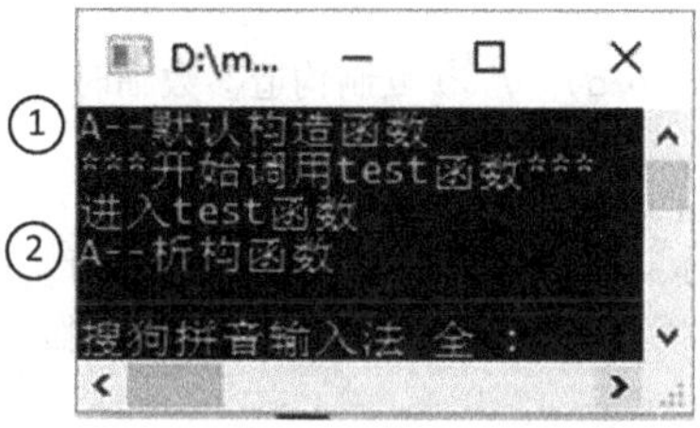

（c）（指针）值传递

```
#include<iostream>
using namespace std;

class A {
  public:
    A() { cout<<"A- - 默认构造函数"<<endl; }
    A(A& a) { cout<<"A- - 复制构造函数"<<endl; }
    ~A() { cout<<"A- - 析构函数"<<endl; }
};

void test (A& a)
{
    cout<<"进入 test 函数"<<endl;
}
int main()
{
    A a1;    // ①
    cout<<"***开始调用 test 函数***"<<endl;
    test(a1);
    return 0;
}    // ②
```

① A--默认构造函数
　　开始调用test函数
　　进入test函数
② A--析构函数

　　搜狗拼音输入法 全 :

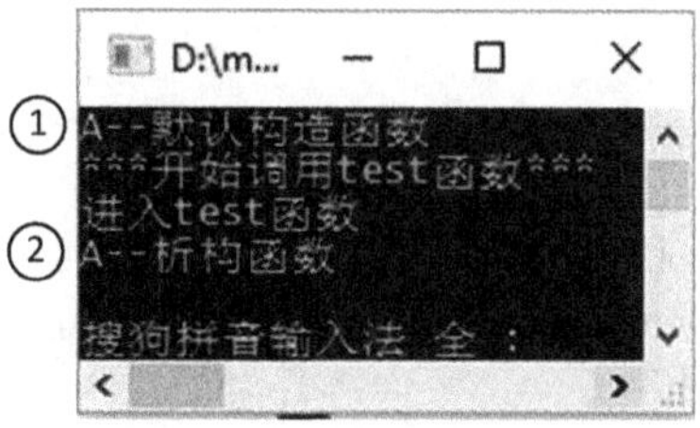

（d）引用传递

图 7-36　抽象数据类型作为函数参数

```
#Include<iostream>
using namespace std;

class A {
  public:
    A() { cout<<"A- -默认构造函数"<<endl; }
    A(A& a) { cout<<"A- -复制构造函数"<<endl; }
    ~A() { cout<<"A- -析构函数"<<endl; }
};

A test（A a)    //② 复制构造参数临时实例
{
  cout<<"进入 test 函数"<<endl;
  return a;    //③ 复制构造返回值临时实例
}  //④⑤ 析构参数临时实例、返回值临时实例
int main()
{
  A a1;    //①
  cout<<"***开始调用 test 函数***"<<endl;
  test(a1);
  return 0;
}   //⑥
```

（a）（普通）值返回

```
#include<iostream>
using namespace std;

class A {
  public:
    A() { cout<<"A- -默认构造函数"<<endl; }
    A(A& a) { cout<<"A- -复制构造函数"<<endl; }
    ~A() { cout<<"A- -析构函数"<<endl; }
};

A*test（A a)    //②
{
  cout<<"进入 test 函数"<<endl;
  return & a;
}  //③
int main()
{
  A a1;    //①
  cout<<"***开始调用 test 函数***"<<endl;
  test(a1);
  return 0;
}  //④
```

（b）（指针）值返回

```
#include<iostream>
using namespace std;

class A {
  public:
    A( ) { cout<<"A- - 默认构造函数"<<endl; }
    A(A& a) { cout<<"A- - 复制构造函数"<<endl; }
    ~A( ) { cout<<"A- - 析构函数"<<endl; }
};

A& test (A a)   //②
{
    cout<<"进入 test 函数"<<endl;
    return a;
}   //③
int main( )
{
A a1;   //①
    cout<<"***开始调用 test 函数***"<<endl;
    test(a1);
    return 0;
}   //④
```

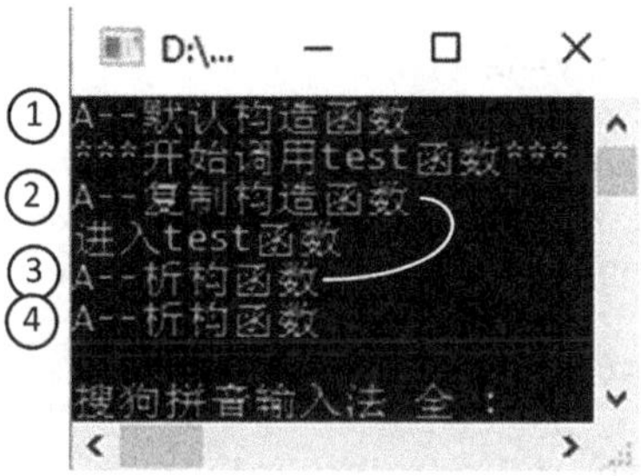

①A--默认构造函数
开始调用 test 函数
②A--复制构造函数
进入 test 函数
③A--析构函数
④A--析构函数

搜狗拼音输入法　全：

（c）引用返回

图 7-37　抽象数据类型作为函数返回

总之,抽象数据类型的使用方式与内置数据类型的使用方式遵循相同的原则,只是对抽象数据类型的每个数据实例都必须自动调用其构造函数进行初始化,以及自动调用其析构函数进行析构。并且,抽象数据类型的运算和类型转换都是通过调用其重载函数实现。也就是说,对于抽象数据类型而言,无论是运算还是类型转换,最终都是要调用该类型所定义的特殊成员函数完成。由此可见,抽象数据类型实现了数据类型的可编程化。

7.3.3　支持抽象数据类型的面向功能方法程序构造

【例 7-1】　复数及其与内置数据类型的混合运算

本例中定义一种抽象数据类型:复数类型 complex,并通过两个整数和一个复数相加得到一个新的复数。加法规则是:将两个整数分别与复数的实部和虚部相加。

图 7-38 所示给出了复数类型 complex 的定义,图 7-39 所示给出其使用。

```
// complex.h
class complex {
  public:
    complex (int a = 1, int b = 1);
    void setx(int a);
    void sety(int b);
    int getx();
    int gety();
    void print();
  private:
```

```
      int x, y;
};
complex add(complex & c, int a, int b);

// complex.cpp
#include<iostream>
#include "complex.h"

complex::complex (int a=1, int b=1)
{
  x=a; y=b;
}
void complex::setx(int a)
{
  x=a;
}
void complex::sety(int b)
{
  y=b;
}
int complex::getx( )
{
  return x;
}
int complex::gety( )
{
  return y;
}
complex add(complex & c, int a, int b)
{
  c.setx(c.getx( ) +a); c.sety(c.gety( ) +b);
  return c;
}
void complex::print( )
{
  cout<<x<<" "<<y<<"i"<<endl;
}
```

图 7-38　抽象数据类型 complex 的定义

```
// test.cpp
#include "complex.h"

int main( )
{
  complex c1(1, 2), c2(2, 3), c3;
  int x=2, y=3;

  c3.print( ); c3=add(c1, x, y); c3.print( );
  c3=add(c2, x, y); c3.print( );
  return 0;
}
```

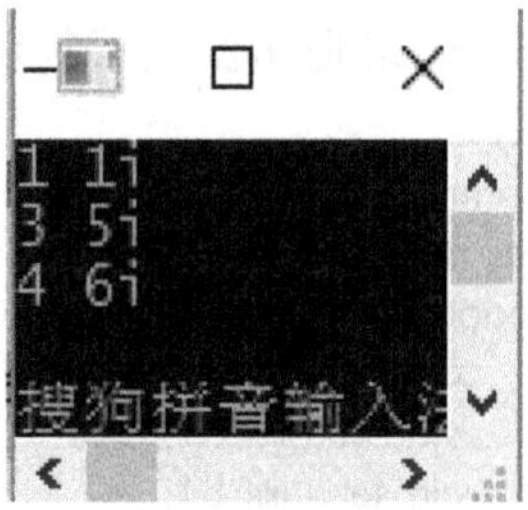

图 7-39　抽象数据类型 complex 的应用

【例 7-2】　字符串的基本处理。

本例中基于函数库 cstring.h，定义一种抽象数据类型：字符串类型 String，实现字符串信息的一些基本处理功能。

图 7-40 所示给出字符串 String 的定义，图 7-41 所示给出其使用。

```cpp
// String.h
class String {
  public:
    String( char *s ="" );
    String( String & s );
    ~String( );
    String & operator = ( String & right );
    String & operator+ = ( String & right );
    bool operator = = ( String & right );
    bool operator < ( String & right );
    int getLength( );
  private:
    int length;
    char *sPtr;
    void setString( char *s );
};
// String.cpp
#include <cstring>
#include "String.h"

String::String( char *s ="" )
{
  setString( s );
}
String::String( String & s )
{
  length = s.length; setString( s.sPtr );
}
String:: ~String( )
{
  delete [ ] sPtr;
}
String & String::operator = ( String & right )
{
  if ( & right != this ) { // 避免自我复制
  delete [ ] sPtr; length = right.length; setString( right.sPtr );
  }
  return *this;
}
String & String::operator+ = ( String & right )
{
  size_t newLength = length + right.length;
  char *tempPtr = new char[ newLength + 1 ];
  strcpy( tempPtr, sPtr ); strcpy( tempPtr + length, right.sPtr );
```

```
    delete [] sPtr; sPtr = tempPtr; length = newLength;
    return *this;
}
bool String::operator = = ( String & right )
{
    return strcmp( sPtr, right.sPtr ) = =0;
}
bool String::operator < ( String & right )
{
    return strcmp( sPtr, right.sPtr ) < 0;
}
void setString( char *s )
{
    if ( s != NULL ) {
        length = strlen( s ); sPtr = new char[ length +1 ]; strcpy( sPtr, s );
    }
    else {
        length = 0; sPtr = NULL;
    }
};
```

图 7-40　抽象数据类型 String 的定义

```
// test.cpp
#include <iostream>
using namespace std;
#include "String.h"

int main( )
{
    String s1("One"), s2("Two"), s3, s4(s1);

    cout<<s1.sPtr<<" "<<s2.sPtr<<" "<<s3.sPtr<<" "<<s4.sPtr<<endl;
    cout<<(s1 ==s2)<<" "<<(s1<s2)<<endl;
    s3 +=s1; s3 +=s2;
    cout<<s3.sPtr<<endl;
    s1 =s2 =s3 =s4 =String("I love C++!");
    cout<<s1.sPtr<<" "<<s2.sPtr<<" "<<s3.sPtr<<" "<<s4.sPtr<<endl;
    return 0;
}
```

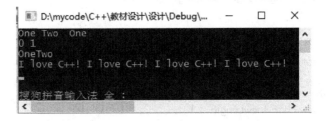

图 7-41　抽象数据类型 String 的应用

可见,尽管混合使用了内置数据类型和新的抽象数据类型,但程序构造的方法仍然是面向功能的方法。也就是说,至此,我们仅仅是为面向功能的方法拓展并建立了一种通用的新数据类型,方法本身的思想并没有突破。

 ## 7.4　深入认识数据类型

数据类型在程序构造中具有重要作用。一方面,它用于数据组织,具体描述程序的处理对象及其蕴含的基本访问和运算;另一方面,它用于数据处理,具体描述程序处理逻辑中的最基本表达式及其基本运算规则(即除运算符的优先级和结合性外的运算量类型转换和运算量对运算符的满足性)。因此,数据类型是程序构造的基础和基石,现代程序描述语言及其翻译程序都是以类型检查为基础而工作的。

为了使程序描述语言能够对数据类型具有广泛的自适应性,传统的封闭类型集合显然存在弊端。通过对基本数据类型的灵活应用,拓展并建立的通用抽象数据类型具有完美的类型自适应能力,可以按需建立各种数据类型,实现数据类型的恒扩展。

通用抽象数据类型中的构造函数和析构函数机制及其蕴含的设计思想具有十分重要的意义,其本质是给出一种让程序员(或程序的外部)介入程序执行过程控制的策略,这种方法在现代软件技术中广泛采用。例如:动态链接库的初始化接口与卸载接口、网页加载时的初始化事件函数与卸载时的事件函数等等。从本质上看,它建立了一种机制,允许用户有机会干预预定程序逻辑的执行过程！这种机制一般称为"挂钩"(Hook)。

新的通用数据类型,本质上是面向功能方法的一种特殊应用,即通过数据组织基础方法和数据处理基础方法构造出了一种特殊的程序——类。然而,新的通用数据类型却蕴含着丰富的递归内涵和思想,对它的认识不仅仅停留于此。首先,相对传统内置数据类型和程序构造方法来说,它是程序。但是,程序的功能却是实现一种数据类型,该数据类型可以再用于构造程序。由此实现程序和数据的辩正统一。其次,函数作为对象类型一个部分(行为定义),对象类型也可作为函数的一个部分(局部变量、参数或返回值),由此实现函数和对象类型的辩正统一。第三,通用数据类型作为一种新的数据类型,它也可以再用于其自身的数据组织部分,由此实现数据类型和数据类型的递归。第四,通用数据类型是一种特殊程序,基于它也可以再构造程序,由此实现程序和程序的递归。因此,通用数据类型是递归思想的一种具体应用,诠释了计算思维的本质。它既是程序的程序,也是类型的类型,更是诠释了数据就是程序、程序就是数据这一计算学科的本质思想。另外,从传统中国文化来看,数据类型就是程序的 DNA,在此,所谓"道生一"的"道"即是计算思维,"道生一"的"一"即是通用抽象数据类型。

7.5　本章小结

本章通过面向功能方法的一种特殊应用,孕育了一种新型的通用数据类型——抽象数据类型,并且,通过 C++ 语言详细解析了支持这种新类型的各种处理机制。抽象数据类型将数据类型概念从有限拓展到无限,从有界拓展到无界,从而,为新的程序构造方法建立奠定基础。

尽管对象(object)已经诞生并长大成人,也开始进入程序的世界。但她仍然比较孤独,她需要开创她自己的天地。因此,随着对象的成长,她会拥有自己的朋友和欢乐世界,也会成家并繁衍后代。并且,各种对象家庭将会共同组成千姿百态的对象社会,演绎对象世界的悲欢离合! 让我们继续前进,去探索对象世界的奥秘!

习　题

1. "抽象意指不存在的,而不存在的也就是所有存在的。"如何理解这句话的含义?

2. 对象实例的构建需要做哪两件事?

3. 构造函数共有几种? 请举例说明。

4. 一个类至少有几个默认构造函数? 几个析构函数?

5. 在一个类中,如果定义了参数全部是默认参数的构造函数后,不能再定义其他重载构造函数。为什么?

6. 复制构造函数的参数类型能不能直接用同类抽象数据类型? 为什么?

7. 对于抽象数据类型实例的引用成员和常量成员,必须使用初始化参数列表机制进行初始化。为什么?

8. 为什么不能用初始化参数列表对静态数据成员初始化?

9. 为什么通过成员函数实现运算符重载时,运算符不能支持交换律? 请举例说明。

10. 类型转换函数只能作为当前所定义的某种抽象数据类型的函数成员来实现,不能通过友元函数或普通全局非友元函数实现。为什么?

11. 为什么说抽象数据类型实现了数据类型的可编程化? 它有什么意义?

12. 抽象数据类型实例的两种初始化方法(构造函数和初始化参数列表)有什么本质区别?

13. 全局对象实例的内存空间何时分配? 初始化何时进行?

14. 对于成员全部是 public 的类,能否通过 = { … } 进行静态初始化? 请举例说明。并且,分析它与结构体静态初始化方法的思维通约性。

15. static 函数的第一个默认参数是不是 this? 为什么?

16. 一个静态函数内部能否直接访问非静态的数据属性? 为什么? (提示:没有 this 指针)

17. static 属性属于整个类,不属于类的每个实例。因此,任何全局函数、成员函数、静态或非静态函数都可以直接访问,仅取决于封装类型的约束。你认为该结论正确吗? 为什么?

18. static 属性能否通过某个实例去访问? 如何访问? 请举例说明。

19. static 函数与全局函数有什么区别? static 函数一定是 public 函数吗?

20. 赋值运算符重载函数必须返回引用(即考虑左值效应),为什么?

21. 应用面向功能方法拓展抽象数据类型后,能不能提高程序运行的效率? 为什么? 如果它不能提高程序运行的效率,哪为什么还要发展它,你是如何看待这个问题的?

22. 按照面向功能方法的原则,请分别对一个局部抽象数据类型实例、一个静态抽象数据类型实例、一个参数抽象数据类型实例、一个全局抽象数据类型实例和一个动态抽象数据类型实例这几种情况分析其构造和析构的时机。并且,通过此验证是否可以更好地直观理解面向功能方法中对预定内置数据类型实例的各种构造原则？

23. 函数作为对象的一个部分(行为定义)，对象也可作为函数的一个部分(局部变量或参数、返回值)。请用递归思想解释这种现象。

24. 一元运算或赋值运算的重载分别用什么方式实现？为什么？

25. 二元运算的重载可以有几种方式？它们有什么不同？最合适的方式是哪种方式？

26. 如果一种运算的所有操作数都希望有隐式(自动)类型转换或第一个参数是非对象类型或非本类类型，则该运算操作必须实现为友元函数而不是成员函数。为什么？能否实现为全局非友元函数？

27. 运算符重载会不会改变运算符的原有特性，例如结合性、交换律等？请举例说明。

28. 对于下列构造函数：A∷A(int = 1001, int = 18, int = 60)；如果定义对象实例数组的语句为 A a[3] = {1005,60,70}；则实例如何构造？对于 A a[3] = {60,70,78,45}；则是否合法？为什么？对于 A a[3] = { A(1001,18,87), A(1002,19,76), A(1003,18,72)}；分别调用哪些函数？

29. 请给出类(class)和结构体(struct)的区别与联系。

30. 请解析类的数据组织与数据处理所蕴含的计算思维。

31. 请解释为什么指向类公共成员的指针需要通过类的实例来使用。

32. 什么是 hook 机制？它的具体作用是什么？它有什么意义？请给出运用它的两个实际案例。

33. 对于"道生一，一生二，二生三，三生万物"请结合"程序""数据组织""数据处理""通用抽象数据类型"以及"递归"等概念，解释这句话的具体应用。

34. 给出下列各个程序的运行结果，并分析原因。

```cpp
1) #include<iostream>
using namespace std;

class X {
    int a;
    friend ostream & operator<<(ostream & out, X & x)
    { out<<x.a; cout<<"a<<"<<endl;return out; }
  public:
    X() { a =2;}
    X(int x) { a =x; cout<<"ac"<<endl;}
    X(X & x) { cout<<"acopy"<<endl; }
    X & operator++()
    { ++this->a; cout<<"a++"<<endl;return *this; }
    X & operator =(X b)
    { this->a =b.a; cout<<"a ="<<endl;return *this; }
    ~X() {cout<<"X::Good Bye !"<<endl; }
};
int main()
{
X x;
  cout<<( ++x =6);
  return 0;
}
```

```
2)
class A {
    int x;
  public:
    A( );
    A( int k);
    A & operator++( );
    A operator++( int);
    A operator+(A);
    A & operator = (A);
    int getX( ) { return x; }
};
A::A( ) : x(0)
{ }
A::A( int k)
{
  cout<<"At" <<endl; this->x =k;
}
A & A::operator++( )
{
  cout<<" ++A" <<endl; (this->x) ++; return *this;
}
A A::operator++( int)
{
  cout<<"A++" <<endl;
A temp = *this; (this->x) ++;
  return temp;
}
A A::operator+(A a)
{
  cout<<"A+" <<endl; this->x += a.x; return *this;
}
A & A::operator = (A a)
{
  cout<<"A =" <<endl; this->x = a.x; return *this;
}

int main( )
{
  A a;
  ++a =a++ +6;
  cout<<a.getX( ) <<endl;
  return 0;
}
```

```
3) #include<iostream>
using namespace std;
class A {
  public:
```

```
    A( ) { x=0; }
    A( int a) { x=a;   cout<<"Ac"<<endl; }
    A( const A & a) { x=a.x;   cout<<"copy A"<<endl; }
    A & operator =( const A & a) { x=a.x; cout<<"A=";   return *this; }
    A operator +( const A & a) { x=a.x +x;   cout<<"A+";   return *this; }
    int getX( ) { return x; }
    private:
        int x;
};
int main( )
{
  A a;
  ( a =a +1) =6;
  cout<<a.getX( ) <<endl;
  return 0;
}
```

```
4) #include<iostream>
#include<string>
using namespace std;

class A {
  public:
    A( ) { a =8; }
    A & operator[ ]( string s)
    { cout<<s.substr( this->a- -, 1)<<endl; return *this; }
  private:
    int a;
};

int main( )
{
  A a;
  string s("1234567890");
  a[ s][ s];
  return 0;
}
```

35. 给出下列程序的运行结果,并对产生结果的原因进行分析。

```
1)
#include<iostream>
#include<string>
using namespace std;

class A {
  public:
    A( int a) { cout<<"This is a integer"<<endl; }
    A( string s) { cout<<"This is a string"<<endl; }
```

```
    }
int main( )
{
    char c = 'c';
    A a = new A(c);
    return 0;
}
```

```
2)
#include<iostream>
using namespace std;

class CTest {
    public:
        CTest( )
        { m_a = 1; }
        CTest(int b)
        { m_b = b; CTest( ); }
        ~CTest( ) { }
        void show
        { cout<<m_a<<endl; cout<<m_b<<endl; }
    private:
        int m_a;
        int m_b;
};
int main( )
{
    CTest myTest(2);
    myTest.show( );
    return 0;
}
```

（提示：输出结果中，m_a 是一个不确定的值。原因是：函数 CTest(int b)中调用函数 CTest( )时，构建了一个匿名的临时 CTest 类对象实例，CTest( )中赋值 m_a = 1 也是对该匿名对象实例赋值。即构造函数并不像普通函数那样进行一段处理，而本质上是构建一个对象实例并对该对象实例赋初值。因此，显式调用构造函数无法实现给私有成员赋值的目的。使用一个构造函数显式调用另外一个构造函数，会出现不确定性。可以将一些初始化的代码写在一个单独的工具函数中，然后每一个构造函数都调用该工具函数即可）

```
3)
#include<iostream>
using namespace std;

class CTest {
    public:
        CTest( )
        { cout<<"默认构造函数"<<endl; }
```

```
    CTest( CTest & b)
    { cout<<"赋值构造函数"<<endl; }
    ~CTest( )
    { cout<<"析构函数"<<endl; }
};
CTest *p =NULL;
void func( )
{
  p =new CTest( );
}
int main( )
{
func( ); return 0;
}
```

36. 分析下列程序运行时的函数调用情况。

```
#include<iostream>
using namespace std;

class A {
  public:
    A( ) { cout<<"这是 A 的默认构造函数"<<endl; }
    ~A( ) { cout<<"这是 A 的析构函数"<<endl; }
};
A test (A a)
{
  cout<<"进入 test 函数"<<endl;
  return a;
}
int main( )
{
  A a1;
  cout<<"***开始调用 test***"<<endl;
  test(a1); return 0;
}
```

37. 运算符重载机制是 C++ 语言中最具创造性的机制,通过与宏机制的配合,该机制可以设计出自己喜爱的输入输出方式。请参照书中的样例,自己设计并实现一种新颖的输入输出方式。

第 8 章　面向对象方法：对象关系

> **本章主要解析**：抽象数据类型的嵌套及其带来的对象实例构造与析构问题；抽象数据类型的遗传与变异及其带来的对象实例构造与析构问题；C++语言对抽象数据类型遗传与变异的支持机制与拓展；抽象数据类型的进一步抽象与拓展；面向对象方法的建立。
>
> **本章重点**：抽象数据类型的嵌套及其带来的对象实例构造与析构问题；抽象数据类型的遗传与变异及其带来的对象实例构造与析构问题；抽象数据类型的进一步抽象与拓展；面向对象方法的建立。

作为一种抽象数据类型，对象长大成人后，需要开创并建立自己的世界——对象社会。在对象社会中，不同对象之间需要建立各种各样的协作关系、需要交流，每一种对象也需要繁衍后代构建对象族，由此演绎对象社会的各种生态。因此，从对象到对象社会，首要问题就是对对象关系的认识。然后，在此基础上，进一步认识其所带来的各种问题并建立相应的各种支持机制。

对象关系概述

对象之间的基本关系如图8-1所示。其中，use-a关系属于一种应用层面的关系，不需要专门的支持机制。has-a或know-a关系是一种异族横向关系（know-a关系也可以递归地实现同族横向关系），将在第8.2小节中给予解析。is-a关系是一种同族纵向关系，将在8.3小节中给予解析。两种关系的综合构成对象社会中较为完整的对象关系，图8-2所示给出相应解析。

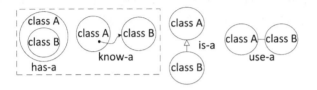

图 8-1　对象之间的基本关系

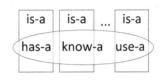

图 8-2　完整的对象关系

对象嵌套关系

抽象数据类型建立后，具有与内置数据类型一样的使用原则。因此，一个抽象数据类型的属性成员,显然也可以通过已有抽象数据类型来定义。从而,形成对象的嵌套关系(也称为类的组合)。图 8-3 所示给出了一个样例。

```cpp
#include<iostream>
using namespace std;

class B {
  public:
    B() { cout<<"构造 B"<<endl;
    ~B() { cout<<"析构 B"<<endl;
};
class A {
  Public:
    A() { cout<<"构造 A"<<endl;
    ~A() { cout<<"析构 A"<<endl;
  private:
    B b;    //嵌入对象
};

int main()
{
    A a;
    return 0;
}
```

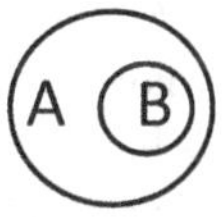

图 8-3　对象嵌套关系的一个样例

嵌套关系是图 8-2 中的 has-a 关系,它是异族对象之间的一种关系,表示某种对象类型的建立需要依赖于其他对象类型。本质上,对象嵌套关系也是计算思维的一种具体运用。

8.2.1　对象嵌套时的实例构造与析构

对于含有嵌入对象的宿主对象而言,其实例构造与析构首先需要考虑嵌入对象的实例构造和析构,因为嵌入对象是宿主对象建立的基础。在此,相对于宿主对象来说,可以将嵌入对象看成是需要她关照的“幼”对象,因此,宿主对象实例的构造与析构原则就是要“爱幼”。图 8-4 所示是对图 8-3 所示样例中对象 A 的实例 a 构造与析构过程的解析。图 8-5 所示是另一个样例的解析。

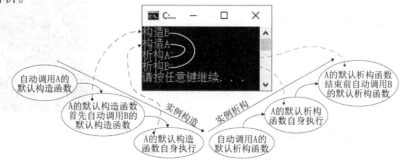

图 8-4　含有嵌入对象的抽象数据类型的实例构造与析构

189

```
#include<iostream>
using namespace std;

class B {
  public:
    B() { cout<<"构造 B"<<endl; }
    ~B() { cout<<"析构 B"<<endl; }
};
class C {
  public:
    C() { cout<<"构造 C"<<endl; }
    ~C() { cout<<"析构 C"<<endl; }
};
class A {
  public:
    A() { cout<<"构造 A"<<endl; }
    ~A() { cout<<"析构 A"<<endl; }
  private:
    B b;        // 嵌入对象 1
    C c;        // 嵌入对象 2
};

int main()
{
  A a;
  return 0;
}
```

(a) 含有两个嵌入对象的抽象数据类型实例构造与析构

```
#include<iostream>
using namespace std;

class X {
public:
    X() { cout<<"构造 X"<<endl; }
    ~X() { cout<<"析构 X"<<endl; }
};
class B {
  public:
    B() { cout<<"构造 B"<<endl; }
    ~B() { cout<<"析构 B"<<endl; }
  private:
    X b1;
};
class C {
  public:
    C() { cout<<"构造 C"<<endl; }
```

```
    ~C( ) { cout<<"析构 C"<<endl; }
  private:
    X c1;
};
class A {
  public:
    A( ) { cout<<"构造 A"<<endl; }
    ~A( ) { cout<<"析构 A"<<endl; }
  private:
    B b;
    C c;
};

int main( )
{
  A a;
  return 0;
}
```

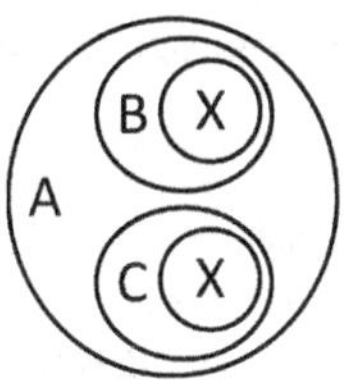

（b）含有两层嵌入对象的抽象数据类型的实例构造与析构

图 8-5　对象嵌套关系的另一个样例

　　对于一个没有显式给出任何构造函数的抽象数据类型而言,编译程序会自动为其添加一个默认构造函数,其原因之一就是为了在默认构造函数中插入调用嵌入对象默认构造函数的执行逻辑。如果一个抽象数据类型显式定义了构造函数,则编译程序会在每个构造函数的开始位置自动插入调用其嵌入对象默认构造函数的执行逻辑（隐式调用嵌入对象的默认构造函数）。如果一个抽象数据类型显式定义了构造函数,并且显式给出调用了嵌入对象的相应构造函数,则编译器不再插入对嵌入对象默认构造函数的执行逻辑,而是显式调用嵌入对象相应的的构造函数。

　　另外,如果一个抽象数据类型没有显式定义复制构造函数,则编译程序也会自动添加一个默认复制构造函数,以便相应地自动插入调用其嵌入对象默认复制构造函数（因宿主类没有定义复制构造函数,但复制时必须将嵌入类进行复制）的执行逻辑。如果一个对象显式定义了复制构造函数,则编译程序会在其中自动插入调用其嵌入对象默认构造函数的执行逻辑（因宿主类已定义复制构造函数,复制时仅需要构造好的宿主类实例即可）。

　　如果一个抽象数据类型没有显式定义赋值运算符重载函数,则编译程序也会自动添加一个默认赋值运算符重载函数,以便相应地自动插入调用其嵌入对象默认赋值运算符重载函数的执行逻辑（因宿主类没有定义赋值运算符重载函数,但赋值时必须将嵌入类进行赋值）。如果一个对象显式定义了赋值运算符重载函数,则编译程序不做额外处理。

　　同样,对于一个没有显式给出析构函数的抽象数据类型而言,此时,编译程序也按需自动为其添加一个默认析构函数,其原因之一就是为了在默认析构函数结束位置插入调用其嵌入对象默认析构函数的执行逻辑。图 8-6 所示给出了相应的解析。

　　对于实例初始化,如果嵌入对象采用初始化参数列表方式,则宿主对象必须使用初始化参数列表方式;反之,则既可以采用初始化参数列表方式,也可以采用普通构造函数方式。

```
#include<iostream>
using namespace std;

class B {
  public:
    B() { cout<<"构造 B"<<endl; }
    B(const B & b) { cout<<"复制构造 B"<<endl; }
    B & operator =(const B & b) { cout<<"B 赋值运算"<<endl; return *this; }
    ~B() { cout<<"析构 B"<<endl; }
};

class A {
    B b;    //嵌入对象
};

int main()
{
  A a,   //宿主类 A 没有定义任何构造函数,编译器自动添加 A 默认构造函数
//并插入对嵌入类 B 默认构造函数的调用
      b=a;   //宿主类 A 没有定义复制构造函数,编译器自动添加 A 默认复制构造
          //函数并插入对嵌入类 B 复制构造函数的调用
    b=a;   // 宿主类 A 没有定义赋值运算符重载函数,编译器自动添加 A 默认赋值运
          //算符重载函数并插入对嵌入类 B 赋值运算符重载函数的调用
    return 0;
} // 宿主类 A 没有定义析构函数,编译器按需自动添加 A 默认析构函数
  // 并插入对嵌入类 B 析构函数的调用
```

窗口输出：
```
构造B
复制构造B
B赋值运算
析构B
析构B
```

(a) 未显式定义时的默认自动添加

```
#include<iostream>
using namespace std;

class B {
  public:
    B() { cout<<"构造 B"<<endl; }
    B(const B & b) { cout<<"复制构造 B"<<endl; }
    B(int b) { cout<<"复制构造 B2"<<endl; }
    B & operator =(const B & b) { cout<<"B 赋值运算"<<endl;
    return *this; }
    ~B() { cout<<"析构 B"<<endl; }
};

class A {
    B b;    //嵌入对象
  public:
    A() { cout<<"构造 A"<<endl; }
    A(const A & a) { cout<<"复制构造 A"<<endl; }
    A(int a):B(a) { cout<<"复制构造 A2"<<endl; }
    A & operator =(const A a)
      { cout<<"A 赋值运算"<<endl; return *this; }
```

窗口输出：
```
①构造B
  构造A
②复制构造A
③复制构造B2
  复制构造A2
  构造B
④复制构造A  参数
  A赋值运算
  析构A
  析构B
⑤析构A
  析构B
  析构A
  析构B
  析构A
  析构B
```

```
        ~A( ) { cout<<"析构 A"<<endl; }
};

int main( )
{
  A a,       //①宿主类 A 显式定义了构造函数,编译器自动添加对
              // 嵌入类 B 默认函数的调用
    b=a,     //②宿主类 A 显式定义了复制构造函数,编译器自动添加对
              // 嵌入类 B 默认构造函数的调用
    a2(6);   //③宿主类 A 显式定义了构造函数,且给出了对嵌入对象 B 构造函数的
              // 显式调用,则显式调用嵌入对象 B 的相应构造函数
  b=a;       //④宿主类 A 显式定义了赋值运算符重载函数,编译器不再做处理。
              //但参数时值传递,需要调用 A 复制构造函数。
  return 0;
}          //⑤宿主类 A 显式定义了析构函数,编译器自动添加对嵌入类 B 析构函数的调用
```

（b）显式定义时的默认自动添加

图 8-6　各种默认规则解析

8.2.2　宿主对象的使用

作为一种数据类型,宿主对象与简单对象具有相同的使用规则,只是其对象实例构造与析构遵循"爱幼"原则。图 8-7 所示给出了宿主对象在复合数据组织中的应用示例及解析。图 8-8 到图 8-14 所示给出了宿主对象在函数中的应用示例及解析。

```cpp
#include<iostream>
using namespace std;

class A {
  public:
    A( ) { cout<<"构造 A"<<endl; }
    ~A( ) { cout<<"析构 A"<<endl; }
};
class B {
  public:
    B( int x=0)
    {
      cout<<"构造 B"<<endl; b=x;
    }
    ~B( ) { cout<<"析构 B"<<endl; }
    void print( )
    {
      cout<<"访问 B: "<<b<<endl;
    }
  private:
    A a;
    int b;
};
```

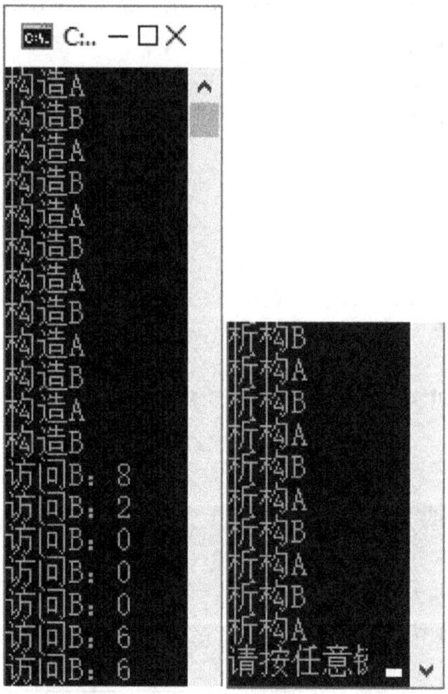

```
int main( )
{
  B b[5] = { B(8), B(2) }, *pb = new B(6);

  for( int i =0; i<5; ++i)
    b[i].print( );
  (*pb).print( );
  pb->print( );
  return 0;
}  //动态对象实例没有析构
```

图 8-7 含嵌套对象的抽象数据类型在数据组织中的应用

```
#include<iostream>
using namespace std;

class A {
  public:
    A( ) { cout<<"构造 A"<<endl; }
    ~A( ) { cout<<"析构 A"<<endl; }
};
class B {
  public:
    B( int x =0) { cout<<"构造 B"<<endl; b =x; }
    ~B( ) { cout<<"析构 B"<<endl; }
    void print( ) { cout<<"访问 B: "<<b<<endl; }
  private:
    A a;
    int b;
};
void fun( )
{
  B b;
  A a;

  cout<<"访问函数 fun"<<endl; b.print( );
}

int main( )
{
  fun( );
  return 0;
}
```

```
构造A
构造B
构造A
访问函数fun
访问B: 0
析构A
析构B
析构A
```

图 8-8 含嵌套对象的抽象数据类型在局部数据组织中的应用

```
#include<iostream>
using namespace std;

class A {
    public:
        A() { cout<<"构造 A"<<endl; }
        ~A() { cout<<"析构 A"<<endl; }
};
class B {
    public:
        B(int x=0) { cout<<"构造 B"<<endl; b =x; }
        ~B() { cout<<"析构 B"<<endl; }
        void print() { cout<<"访问 B: "<<b<<endl; }
    private:
        A a;
        int b;
};
void fun(B b)
{
    cout<<"访问函数 fun"<<endl; b.print();
}   // 析构堆栈中的参数实例 b ①

int main()
{
    B inb;
    fun(inb);
    return 0;
}
```

图 8-9　普通值传递时的实例构造与析构

```
#include<iostream>
using namespace std;

class A {
    public:
        A() { cout<<"构造 A"<<endl; }
        ~A() { cout<<"析构 A"<<endl; }
};
class B {
    public:
        B(int x=0) { cout<<"构造 B"<<endl; b =x; }
        ~B() { cout<<"析构 B"<<endl; }
        void print() { cout<<"访问 B: "<<b<<endl; }
    private:
        A a;
        int b;
};
void fun(B *b)
{
    cout<<"访问函数 fun"<<endl; b-> print();
}

int main()
{
    B inb(8);
    fun(& inb);
    return 0;
}
```

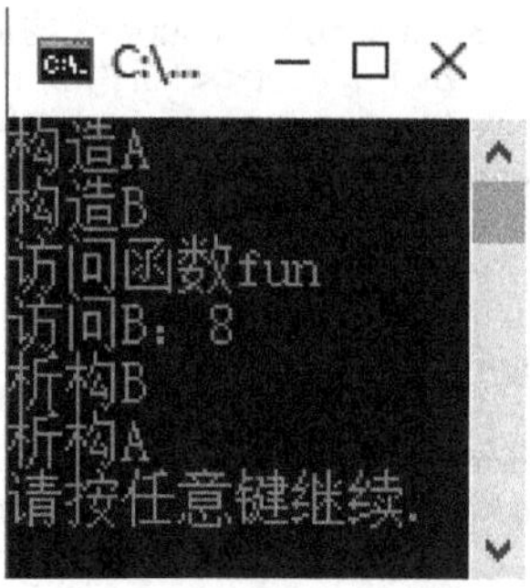

图 8-10　指针值传递时的实例构造与析构

```
#include<iostream>
using namespace std;

class A {
  public:
    A() { cout<<"构造 A"<<endl; }
    ~A() { cout<<"析构 A"<<endl; }
};
class B {
  public:
    B(int x=0) { cout<<"构造 B"<<endl; b=x; }
    ~B() { cout<<"析构 B"<<endl; }
    void print() { cout<<"访问 B："<<b<<endl; }
private:
    A a;
    int b;
};
void fun(B & b)
{
    cout<<"访问函数 fun"<<endl; b.print();
}

int main()
{
    B inb(6);
    fun(inb);
    return 0;
}
```

图 8-11　引用传递时的实例构造与析构

```
#include<iostream>
using namespace std;

class A {
  public:
    A() { cout<<"构造 A"<<endl; }
    ~A() { cout<<"析构 A"<<endl; }
};
class B {
  public:
    B(int x=0) { cout<<"构造 B"<<endl; b=x; }
    ~B() { cout<<"析构 B"<<endl; }
    void print() { cout<<"访问 B："<<b<<endl; }
    private:
      A a;
      int b;
};
B fun()
{
    B retb(9);
    cout<<"访问函数 fun"<<endl; return retb;
}   // 析构堆栈中的返回值实例（retb 的复制品）①

int main()
{
    fun().print();
    return 0;
}
```

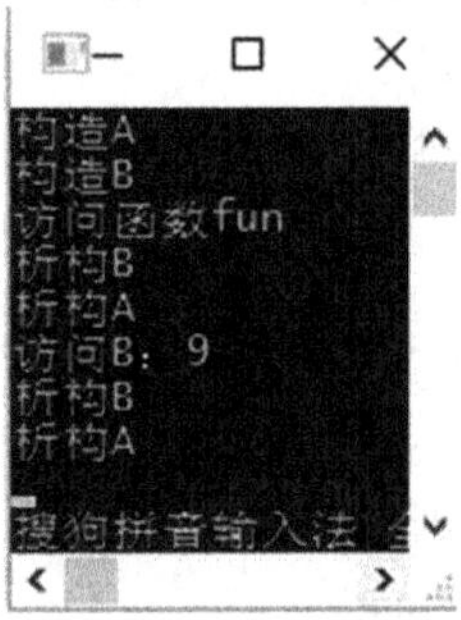

图 8-12　普通值返回时的实例构造与析构

```cpp
#include<iostream>
using namespace std;

class A {
    public:
        A() { cout<<"构造 A"<<endl; }
        ~A() { cout<<"析构 A"<<endl; }
};
class B {
    public:
        B(int x=0) { cout<<"构造 B"<<endl; b=x; }
        ~B() { cout<<"析构 B"<<endl; }
        void print() { cout<<"访问 B: "<<b<<endl; }
    private:
    A a;
        int b;
};
B *fun()
{
    B *retb=new B(9);
    cout<<"访问函数 fun"<<endl; return retb;
}

int main()
{
    fun() -> print();
    return 0;
}
```

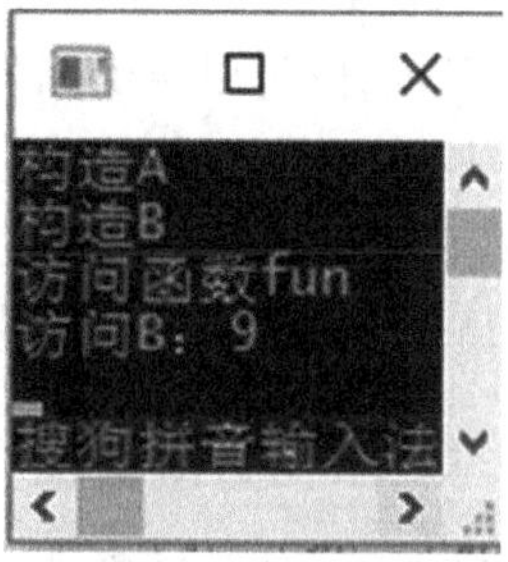

图 8-13　指针值返回时的实例构造与析构

```cpp
#include<iostream>
using namespace std;

class A {
    public:
        A() { cout<<"构造 A"<<endl; }
        ~A() { cout<<"析构 A"<<endl; }
};
class B {
    public:
        B(int x=0) { cout<<"构造 B"<<endl; b=x; }
        ~B() { cout<<"析构 B"<<endl; }
        void print() { cout<<"访问 B: "<<b<<endl; }
    private:
        A a;
        int b;
};
B & fun()
{
    static B retb(9);
    cout<<"访问函数 fun"<<endl; return retb;
}

int main()
{
    fun().print();
    return 0;
} // 静态局部对象实例 retb 的析构 ①
```

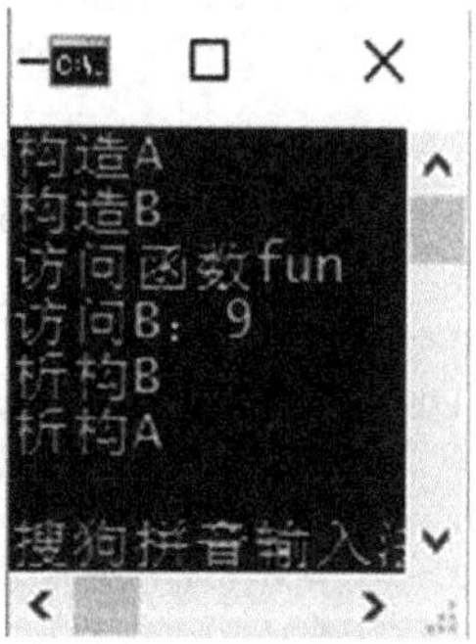

图 8-14　引用返回时的实例构造与析构

8.3 同族对象之间的关系

在定义某种新的抽象数据类型时,不一定总是要从头开始,有时可以基于已经存在的抽象数据类型进行延伸。例如:已经存在"汽车"对象,则"小汽车"或"大卡车"就可以基于"汽车"对象来延伸。显然,这种方法可行的前提就是这两种对象存在一些共同的属性和行为,它们属于同一物种。此时,新对象可以从已经存在的对象中继承已有的属性和行为,并进一步增加、隐藏或调整某些属性和行为。或者说,已经存在的对象可以将其某些属性和行为遗传给新的对象。从而,既可以减少冗余,又可以建立对象之间的新型关系——同族遗传关系。这种关系也是现实世界的真实写照,因为现实世界就是由各种各样的物种构成,每个物种都是一个族,每个族都有其自己的遗传规律。

8.3.1 继承(或普通遗传)

所谓继承,是从新建对象的角度来看待对象的遗传关系。在此,新建的对象称为派生类(Derived class)或子类(Sub class),被它继承的已存在的对象称为基类(Base class)或父类(Parent class)。为了对遗传进行控制,继承时可以采用不同的继承方式,不同继承方式带来的影响主要体现在:1)派生类成员对基类成员的访问权限;2)通过派生类对象实例对基类成员的访问权限。这两种影响都体现在基类遗传到派生类的成员的最终封装特性上,即对于不同的继承方式,基类遗传到派生类的成员的封装特性会发生改变(参见表8-1、图8-15所示)。

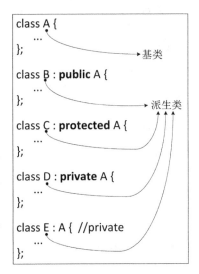

图 8-15　C++语言中继承方式及其描述方法

表 8-1　C++语言中遗传关系控制对成员封装级别的影响

基类封装类别 ＼ 继承方式	public	protected	private
public	在派生类中为 public 派生类函数成员、友元函数和非函数成员可以直接访问	在派生类中为 protected 派生类函数成员、友元函数可以直接访问	在派生类中为 private 派生类函数成员、友元函数可以直接访问
protected	在派生类中为 protected 派生类函数成员、友元函数可以直接访问	在派生类中为 protected 派生类函数成员、友元函数可以直接访问	在派生类中为 private 派生类函数成员、友元函数可以直接访问
private	在派生类中被隐藏 派生类函数成员、友元函数(通过基类的公共或保护函数成员)可以访问	在派生类中被隐藏 派生类成员函数、友元函数(通过基类的公共或保护函数成员)可以访问	在派生类中被隐藏 派生类成员函数、友元函数(通过基类的公共或保护函数成员)可以访问

C++ 语言支持 public（公共）、protected（保护）和 private（私有）三种继承方式。其中，private 继承方式是默认继承方式，可以不显式给出。图 8-15 所示给出了三种继承方式的描述格式。

C++ 语言中，对于 class 属性成员和函数成员的三种封装类别，在不同继承方式下，它们的遗传行为各不相同。也就是说，在不同继承方式下，同一封装类别的属性成员或函数成员遗传到派生类后会改变其封装类别。表 8-1 所示给出了具体的解析。

由表 8-1 可知，基类的属性或行为在派生类中的具体封装类别由其本身的原封装类别和派生类所采用的继承方式两者共同决定。值得注意的是，基类的 private 成员，无论采用什么继承方式，在派生类中都将被隐藏。也就是说，尽管它已经被遗传到派生类中，但它仍然属于基类的私有财产（相当于它仅仅是通过继承寄存到了配生类中），派生类的函数成员不可以直接访问，必须经过基类的公共函数成员、保护函数成员或友元函数才能访问。图 8-16 所示给出了继承的一个样例。

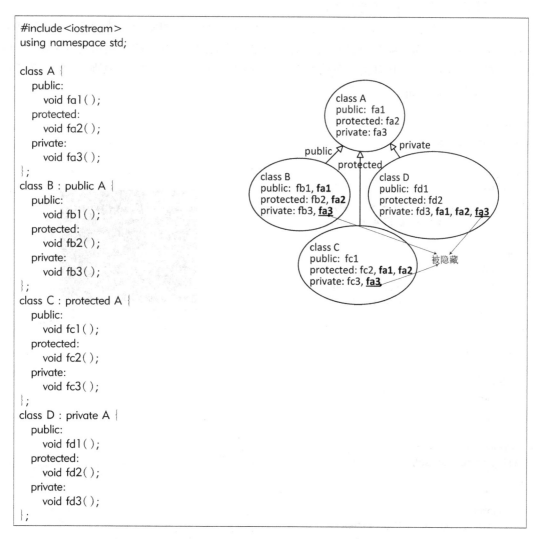

图 8-16　一个关于继承的样例及解析

继承关系中,一个派生类中的成员包括两个部分:继承而来的基类成员和自身添加的成员。并且,派生类中的成员最终获得的访问属性(或封装类别)也有四种:①公共的(经过公共继承而来的基类的 public 成员和派生类自己的 public 成员;派生类的函数成员和应用派生类的模块都可以直接访问)、②受保护的(经过保护继承而来的基类的非 private 成员和派生类自己的 protected 成员;派生类的函数成员和派生类下一层派生类的函数成员可以直接访问,应用派生类的模块不能直接访问)、③私有的(经过私有继承而来的基类的非 private 成员和派生类自己的 private 成员;派生类的函数成员可以直接访问,应用派生类的模块不能直接访问)和④隐藏不可访问的(继承而来的基类的 private 成员;派生类的函数成员或应用派生类的模块都不能直接访问)。

构造函数与析构函数不能继承,因为不同的对象都有其自身不同的构造和析构。

对象继承关系建立后,需要解决两个问题:一是派生类对象的实例如何构造与析构;二是基类对象与派生类对象的类型兼容关系。

1) 派生类对象实例的构造与析构

由于派生类具有基类的某些属性与行为,因此,派生类对象的实例构造,必须先构造基类对象的实例,再构造派生类对象自身的实例。与之对应,派生类对象的实例析构,必须先析构派生类对象的实例,再析构基类对象的实例。这种原则可以俗称为"尊老"原则。图 8-17 所示给出了一个样例及解析。

```cpp
#include<iostream>
using namespace std;

class A {
  public:
    A() { cout<<"构造 A"<<endl; }
    ~A() { cout<<"析构 A"<<endl; }
};
class B : public A {
  public:
    B() { cout<<"构造 B"<<endl; }
    ~B() { cout<<"析构 B"<<endl; }
};

int main()
{
  B b;
  return 0;
}


#include<iostream>
using namespace std;

class A {
  public:
    A() { cout<<"构造 A"<<endl; }
    A(A & a) { cout<<"复制构造 A"<<endl; }
```

```
      A(int a) { cout<<"复制构造 A2"<<endl; }
      A & operator = (const A & a)
        { cout<<"A 赋值运算"<<endl; return *this; }
      ~A() { cout<<"析构 A"<<endl; }
};
class B : public A {
    public:
      B() { cout<<"构造 B"<<endl; }
      B(B & b) { cout<<"复制构造 B"<<endl; }
      B(int b) : A(b) { cout<<"复制构造 B2"<<endl; }
      B operator = (const B b) { cout<<"B 赋值运算"<<endl; return *
this; }
        ~B() { cout<<"析构 B"<<endl; }
};

int main()
{
    B b,    //①默认构造
      c=b,    //②复制构造
     d(6);   //③普通构造,显式给出对基类构造函数的调用
    cout<<"******"<<endl;
    c=b;   //④赋值运算。参数和返回值都是值传递,需要调用复制构造函数
    return 0;
}   //⑤b、c、d、参数及返回值 5 个实例析构
```

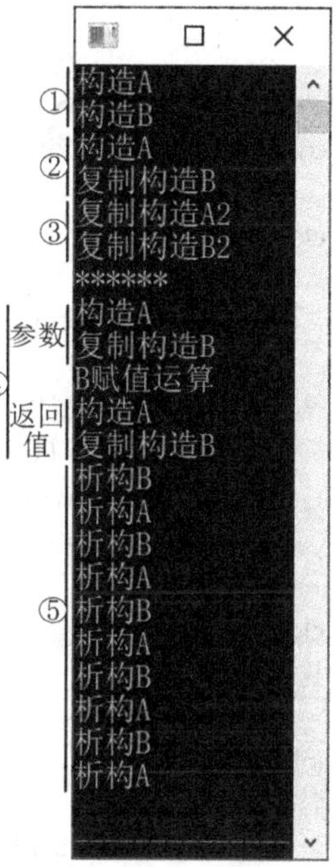

Output window:

```
① 构造A
   构造B
② 构造A
   复制构造B
③ 复制构造A2
   复制构造B2
   ******
   构造A          参数
④ 复制构造B
   B赋值运算      返回值
   构造A
   复制构造B
   析构B
⑤ 析构B
   析构B
   析构B
   析构A
   析构B
   析构A
   析构B
   析构A
```

图 8-17　派生类对象实例的构造与析构

因此,对于一个没有显式给出任何构造函数的对象而言,编译程序自动为其添加一个默认构造函数,其原因之二就是为了在默认构造函数中插入调用基类对象默认构造函数的执行逻辑。如果一个对象显式定义了构造函数,则编译程序在每个构造函数的开始位置自动插入调用其基类对象默认构造函数的执行逻辑(隐式调用基类对象的默认构造函数)。如果一个抽象数据类型显式定义了构造函数,并且显式给出调用基类对象的相应构造函数,则编译器不再插入对基类对象默认构造函数的执行逻辑,而是显式调用基类相应的的构造函数。

另外,如果一个对象没有显式定义复制构造函数,则编译程序也会自动添加一个默认复制构造函数,以便在其中相应地自动插入调用基类对象默认复制构造函数的执行逻辑。如果一个对象显式定义了复制构造函数,则编译程序会在其中自动插入调用基类对象默认构造函数的执行逻辑。

如果一个对象没有显式定义赋值运算符重载函数,则编译程序也会自动添加一个默认赋值运算符重载函数,以便在其中相应地自动插入调用基类对象默认赋值运算符重载函数的执行逻辑。如果一个对象显式定义了赋值运算符重载函数,则编译程序不做额外处理。

同样,对于一个没有显式给出析构函数的对象而言,此时,编译程序也按需自动为其添加一个默认析构函数,其原因之二就是为了在默认析构函数结束位置自动插入调用基类对象默认析构函数的执行逻辑。

对于实例的初始化,如果基类对象采用初始化参数列表方式,则派生类对象也必须使用初始化参数列表方式;反之,则可以采用初始化参数列表方式,也可以采用普通构造函数方式。

上述默认规则与对象嵌入关系时的默认规则一致。图 8-17、图 8-18 所示给出了相应解析。

```cpp
#include<iostream>
using namespace std;

class A {
  public:
    A() { cout<<"构造 A"<<endl; }
    A(A & a)
    { cout<<"复制构造 A"<<endl; }
    A & operator=(const A & a)
    { cout<<"A 赋值运算"<<endl; return *this; }
    ~A() { cout<<"析构 A"<<endl; }
};
class B : public A {
};

int main()
{
  B b,      //派生类 B 没有定义任何构造函数,编译器自动添加 B 默认构造函数
            //并插入对基类 A 默认构造函数的调用
    c=b;    //派生类 B 没有定义复制构造函数,编译器自动添加 B 复制构造函数
            //并插入对基类 A 复制构造函数的调用
  cout<<"******"<<endl;
  c=b;      //派生类 B 没有定义赋值运算符重载函数,编译器自动添加 B 赋值运算
            //符重载函数并插入对基类 A 赋值运算符重载函数的调用
  return 0;
}         //派生类 B 没有定义析构函数,编译器自动添加 B 析构函数并插入
          // 对基类 A 析构函数的调用
```

图 8-18　派生类未显式定义相关函数时的默认规则

图 8-19 所示给出了一个结合嵌入对象并具有对象继承关系的综合样例及其实例构造与析构的解析。其中,赋值运算符重载函数没有采用标准的 X & operator=(X & x);形式,而是采用 X operator=(X x);形式,目的是用于解析参数和返回值两次实例复制构造过程。由图 8-19 可知,C++语言中,对象实例构造和析构过程满足"尊老爱幼"的基本原则及步骤,如图 8-20 所示。

```cpp
#include<iostream>
using namespace std;

class X {
  public:
    X(int x=0) { a=x; cout<<"构造 X"<<endl; }
    X(X & x) { a=x.a; cout<<"复制构造 X"<<endl; }
    X operator=(X x)
    { a=x.a; cout<<"X 赋值运算"<<endl;   return *this; }
    ~X() { cout<<"析构 X"<<endl; }
```

```cpp
  private:
    int a;
};
class A {
  public:
    A( X x1, int a1 )
    { x=x1; a=a1; cout<<"构造 A"<<endl; }
    ~A() { cout<<"析构 A"<<endl; }
  private:
    X x;
    int a;
};
class B : public A {
  public:
    B( X x1, int b1 ) : A(x1, b1)
    { x=x1; b=b1; cout<<"构造 B"<<endl; }
    ~B() { cout<<"析构 B"<<endl; }
  private:
    X x;
    int b;
};
class C : public B {
  public:
    C( X x1, int c1 ) : B(x1, c1)
    { x=x1; c=c1; cout<<"构造 C"<<endl; }
    ~C() { cout<<"析构 C"<<endl; }
  private:
    X x;
    int c;
};

int main()
{
    X x(6);
    cout<<"*- - - - - - -* "<<endl;
    C c(x, 8);   //①调用构造函数,参数 1 值传需复制构造(依据
默认规则,需调用
    //X 复制构造函数)。然后依据"尊老爱幼"规则,先调 B 构造函数(参数 1 复
    //制构造)、再调 A 构造函数(参数 1 复制构造)(A、B 同 C)
    // 2A A 构造函数先调用嵌入对象 X 的默认构造函数
    // 3A A 构造函数中 x=x1; 需调用 X 的复制构造函数,其参数及返回值都是值传递
    // 4A X 复制构造函数结束,析构返回值和参数临时实例
    // 5A 析构 2A 中构建的 X 实例
    //针对 B、C,与 A 相同执行过程。
    cout<<"*=======*"<<endl;
    return 0;
}   //⑥依据"尊老爱幼"原则,构造 C 实例时,也构造了 A 和 B 的实例,需全部析构
```

（a）通过构造函数方式初始化实例

```cpp
#include<iostream>
using namespace std;

class X {
  public:
```

```cpp
    X(int x) { a=x, cout<<"构造 X"<<endl; }
    X(X & x) { a=x.a; cout<<"复制构造 X"<<endl; }
    X operator=(X x)
    { a=x.a; cout<<"X 赋值运算"<<endl; return *this; }
    ~X() { cout<<"析构 X"<<endl; }
  private:
    int a;
};
class A {
  public:
    A(X x1, int a1) : x(x1), a(a1)
    { cout<<"构造 A"<<endl; }
    ~A() { cout<<"析构 A"<<endl; }
  private:
    X x;
    int a;
};
class B : public A {
  public:
    B(X x1, int b1) : A(x1, b1), x(x1), b(b1)
    { cout<<"构造 B"<<endl; }
    ~B() { cout<<"析构 B"<<endl; }
  private:
    X x;
    int b;
};
class C : public B {
  public:
    C(X x1, int c1) : B(x1, c1), x(x1), c(c1)
    { cout<<"构造 C"<<endl; }
    ~C() { cout<<"析构 C"<<endl; }
  private:
    X x;
    int c;
};

int main()
{
  X x(6);
  cout<<"*------- * "<<endl;
  C c(x, 8);   //①调用构造函数,参数1值传需复制构造(依据默认规则,需调用
      // X 复制构造函数)。然后依据"尊老爱幼"规则,先调 B 构造函数(参数 1 复
      // 制构造)、再调 A 构造函数(参数 1 复制构造)(A、B 同 C)
      // 2A  A 构造函数初始化嵌入对象 x,即 x(x1),需调用 X 的复制构造函数
      // 3A  析构 2A 中构建的 x 实例
      //针对 B、C,与 A 相同执行过程。
      //略去了构造函数中调用嵌入对象默认构造函数及调用 X 赋值运算符重载函数
      //带来的开销
  cout<<"*========*"<<endl;
  return 0;
}
```

(b) 通过初始化参数列表方式初始化实例

图 8-19 对象实例构造与析构的综合样例

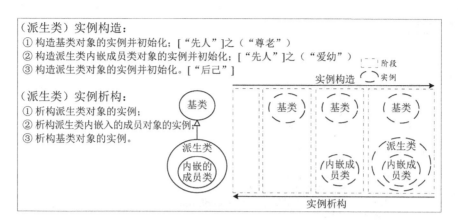

图 8-20 对象实例构造与析构的基本步骤

2）派生类对象的使用

派生类对象与简单对象具有相同的使用规则，只是其对象实例的构造与析构遵循"尊老"原则。图 8-21 所示给出了派生类对象在复合数据组织中的应用示例及解析。图 8-22 到图 8-28 所示给出了派生类对象在函数中的应用示例及解析。

```cpp
#include<iostream>
using namespace std;

class A {
  public:
    A( ) { cout<<"构造 A" <<endl; }
    A(A & a) { cout<<"复制构造 A" <<endl; }
    A operator =(A a)
      { cout<<"A 赋值运算" <<endl; return a; }
    ~A( ) { cout<<"析构 A" <<endl;  }
};
class B : public A {
  public:
    B( ) { cout<<"构造 B" <<endl; }
    B(B & b) { cout<<"复制构造 B" <<endl; }
    B operator =(B b)
      { cout<<"B 赋值运算" <<endl; return b; }
    ~B( ) { cout<<"析构 B" <<endl;  }
};

int main( )
{
  B b[5], *pb= new B,
  c= b[0];   //复制构造

  cout<<"******" <<endl;
  c=b[0];   //赋值运算
  return 0;
}
```

```
构造A
构造B
构造A
构造B
构造A
构造B
构造A
构造B
构造A
构造B
构造A
构造A
复制构造B
******
构造A
复制构造B
B赋值运算
构造A
复制构造B
析构B
析构A
析构B
析构A
析构B
析构A
析构B
析构A
析构B
析构A
析构B
析构A
析构B
析构A
析构B
析构A
```

图 8-21 派生类对象在数据组织中的应用示例

```
#Include<iostream>
using namespace std;

class A {
  public:
    A() { cout<<"构造 A"<<endl; }
    A(A & a) { cout<<"复制构造 A"<<endl; }
    A operator=(A a) { cout<<"A 赋值运算"<<endl; return a; }
    ~A() { cout<<"析构 A"<<endl; }
};
class B : public A {
  public:
    B() { cout<<"构造 B"<<endl; }
    B(B & b) { cout<<"复制构造 B"<<endl; }
    B operator=(B b) { cout<<"B 赋值运算"<<endl; return b; }
    ~B() { cout<<"析构 B"<<endl; }
};

void fun()
{
    B b;
    A a;
    cout<<"访问函数 fun"<<endl;
}
int main()
{
    fun();
    return 0;
}
```

构造A
构造B
构造A
访问函数fun
析构A
析构B
析构A

图 8-22　派生类对象的抽象数据类型在局部数据组织中的应用

```
#include<iostream>
using namespace std;

class A {
  public:
    A() { cout<<"构造 A"<<endl; }
    A(A & a) { cout<<"复制构造 A"<<endl; }
    ~A() { cout<<"析构 A"<<endl; }
};
class B : public A {
  public:
    B() { cout<<"构造 B"<<endl; }
    B(B & b) { cout<<"复制构造 B"<<endl; }
    ~B() { cout<<"析构 B"<<endl; }
};

void test(B b)
{
    cout<<"进入 test 函数"<<endl;
}
int main()
{
    B b;
    cout<<"***开始调用 test 函数***"<<endl;
    test(b);
    return 0;
}
```

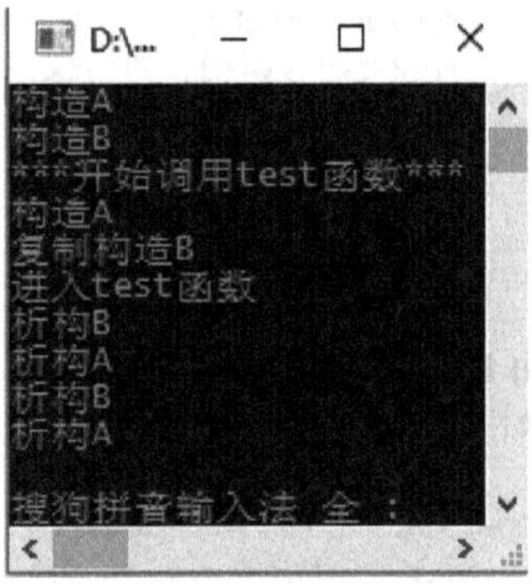

构造A
构造B
开始调用test函数
构造A
复制构造B
进入test函数
析构B
析构A
析构B
析构A

(a) 简单派生类

```
#include<iostream>
using namespace std;

class A  {
    public:
      A( )  { cout<<"构造 A"<<endl; }
      A(A & a)  { cout<<"复制构造 A"<<endl; }
      ~A( )  { cout<<"析构 A"<<endl; }
};
class B {
    public:
      B( )  { cout<<"构造 B"<<endl; }
      B(B & b)  { cout<<"复制构造 B"<<endl; }
      ~B( )  { cout<<"析构 B"<<endl; }
    private:
      A a;
};
class C : public B {
    public:
      C( )  { cout<<"构造 C"<<endl; }
      C(C & b)  { cout<<"复制构造 C"<<endl; }
      ~C( )  { cout<<"析构 C"<<endl; }
    private:
      A a;
};

void test( C c)
{ cout<<"进入 test 函数"<<endl; }
int main( )
{
C c;
    cout<<"***开始调用 test 函数***"<<endl;
    test( c);
    return 0;
}
```

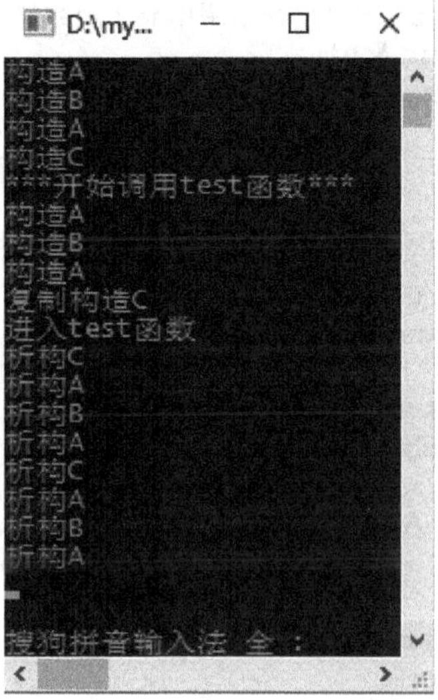

（b）含嵌入对象的派生类

图 8-23　（普通）值传递

```
#include<iostream>
using namespace std;

class A {
    public:
      A( )  { cout<<"构造 A"<<endl; }
      A(A & a)  { cout<<"复制构造 A"<<endl; }
      ~A( )  { cout<<"析构 A"<<endl; }
};
class B : public A {
    public:
```

```
        B( ) { cout<<"构造 B" <<endl; }
        B( B & b) { cout<<"复制构造 B" <<endl; }
        ~B( ) { cout<<"析构 B" <<endl; }
};

void test( B *b)
{ cout<<"进入 test 函数" <<endl; }
int main( )
{
    B b;
    cout<<"***开始调用 test 函数***" <<endl;
    test( & b);
    return 0;
}
```

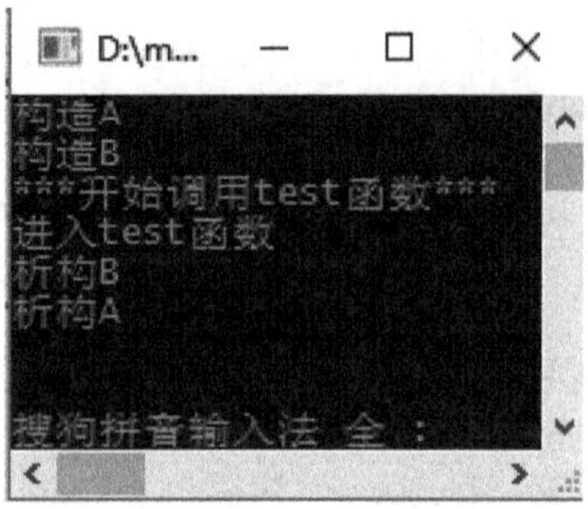

（a）简单派生类

```
#include<iostream>
using namespace std;

class A {
    public:
        A( ) { cout<<"构造 A" <<endl; }
        A( A & a) { cout<<"复制构造 A" <<endl; }
        ~A( ) { cout<<"析构 A" <<endl; }
};
class B {
    public:
        B( ) { cout<<"构造 B" <<endl; }
        B( B & b) { cout<<"复制构造 B" <<endl; }
        ~B( ) { cout<<"析构 B" <<endl; }
    private:
        A a;
};
class C : public B {
    public:
        C( ) { cout<<"构造 C" <<endl; }
        C( C & b) { cout<<"复制构造 C" <<endl; }
        ~C( ) { cout<<"析构 C" <<endl; }
    private:
        A a;
};

void test( C *c)
{ cout<<"进入 test 函数" <<endl; }
int main( )
{
    C c;
    cout<<"***开始调用 test 函数***" <<endl;
    test( & c);
    return 0;
}
```

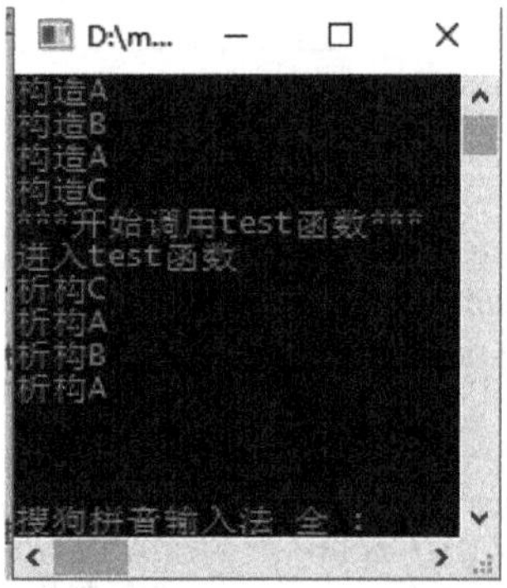

（b）含嵌入对象的派生类

图 8-24　（指针）值传递

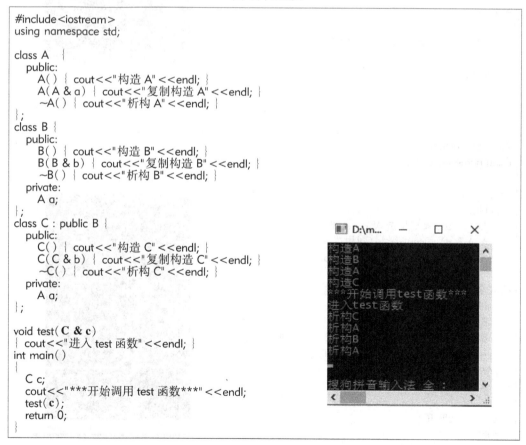

```
#include<iostream>
using namespace std;

class A {
  public:
    A() { cout<<"构造 A"<<endl; }
    A(A & a) { cout<<"复制构造 A"<<endl; }
    ~A() { cout<<"析构 A"<<endl; }
};
class B : public A {
  public:
    B() { cout<<"构造 B"<<endl; }
    B(B & b) { cout<<"复制构造 B"<<endl; }
    ~B() { cout<<"析构 B"<<endl; }
};

void test(B & b)
{ cout<<"进入 test 函数"<<endl; }
int main()
{
    B b;
    cout<<"***开始调用 test 函数***"<<endl;
    test(b);
    return 0;
}
```

（a）简单派生类

```
#include<iostream>
using namespace std;

class A {
  public:
    A() { cout<<"构造 A"<<endl; }
    A(A & a) { cout<<"复制构造 A"<<endl; }
    ~A() { cout<<"析构 A"<<endl; }
};
class B {
  public:
    B() { cout<<"构造 B"<<endl; }
    B(B & b) { cout<<"复制构造 B"<<endl; }
    ~B() { cout<<"析构 B"<<endl; }
  private:
    A a;
};
class C : public B {
  public:
    C() { cout<<"构造 C"<<endl; }
    C(C & b) { cout<<"复制构造 C"<<endl; }
    ~C() { cout<<"析构 C"<<endl; }
  private:
    A a;
};

void test(C & c)
{ cout<<"进入 test 函数"<<endl; }
int main()
{
    C c;
    cout<<"***开始调用 test 函数***"<<endl;
    test(c);
    return 0;
}
```

（b）含嵌入对象的派生类

图 8-25　引用传递

```cpp
#include<iostream>
using namespace std;

class A  {
    public:
        A( ) { cout<<"构造 A"<<endl; }
        A(A & a) { cout<<"复制构造 A"<<endl; }
        ~A( ) { cout<<"析构 A"<<endl; }
};
class B : public A {
    public:
        B( ) { cout<<"构造 B"<<endl; }
        B(B & b) { cout<<"复制构造 B"<<endl; }
        ~B( ) { cout<<"析构 B"<<endl; }
};

B test( )
{
    B b;
    cout<<"进入 test 函数"<<endl;
    return b;
}
int main( )
{
    cout<<"***开始调用 test 函数***"<<endl;
    test( );
    return 0;
}
```

（a）简单派生类

```cpp
#include<iostream>
using namespace std;

class A  {
    public:
        A( ) { cout<<"构造 A"<<endl; }
        A(A & a) { cout<<"复制构造 A"<<endl; }
        ~A( ) { cout<<"析构 A"<<endl; }
};
class B {
    public:
        B( ) { cout<<"构造 B"<<endl; }
        B(B & b) { cout<<"复制构造 B"<<endl; }
        ~B( ) { cout<<"析构 B"<<endl; }
    private:
        A a;
};
class C : public B {
    public:
        C( ) { cout<<"构造 C"<<endl; }
```

```
    C(C & b) { cout<<"复制构造 C"<<endl; }
    ~C() { cout<<"析构 C"<<endl; }
  private:
    A a;
};

C test()
{
  C c;
  cout<<"进入 test 函数"<<endl;
  return c;
}
int main()
{
  cout<<"***开始调用 test 函数***"<<endl;
  test();
  return 0;
}
```

（b）含嵌入对象的派生类

图 8-26　（普通）值返回

```
#include<iostream>
using namespace std;

class A {
  public:
    A() { cout<<"构造 A"<<endl; }
    A(A & a) { cout<<"复制构造 A"<<endl; }
    ~A() { cout<<"析构 A"<<endl; }
};
class B : public A {
  public:
    B() { cout<<"构造 B"<<endl; }
    B(B & b) { cout<<"复制构造 B"<<endl; }
    ~B() { cout<<"析构 B"<<endl; }
};

B *test()
{
  B *b =new B;
  cout<<"进入 test 函数"<<endl;
  return b;
}
int main()
{
  cout<<"***开始调用 test 函数***"<<endl;
  test();
  return 0;
}
```

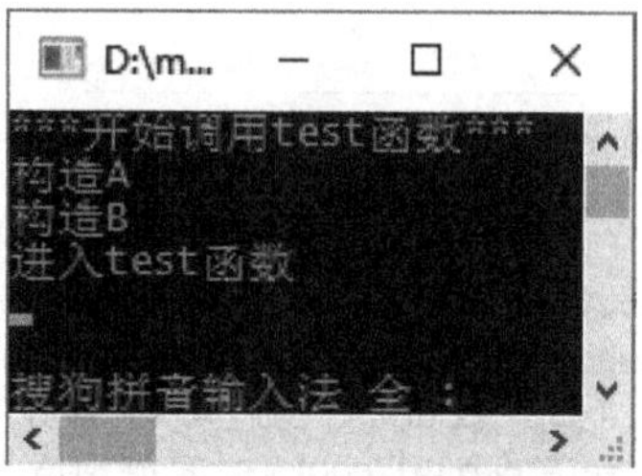

（a）简单派生类

```
#include<iostream>
using namespace std;

class A  {
  public:
    A( ) { cout<<"构造 A"<<endl; }
    A(A & a) { cout<<"复制构造 A"<<endl; }
    ~A( ) { cout<<"析构 A"<<endl; }
};
class B {
  public:
    B( ) { cout<<"构造 B"<<endl; }
    B(B & b) { cout<<"复制构造 B"<<endl; }
    ~B( ) { cout<<"析构 B"<<endl; }
  private:
    A a;
};
class C : public B {
  public:
    C( ) { cout<<"构造 C"<<endl; }
    C(C & b) { cout<<"复制构造 C"<<endl; }
    ~C( ) { cout<<"析构 C"<<endl; }
  private:
    A a;
};

C *test( )
{
  C *c=new C;
  cout<<"进入 test 函数"<<endl;
  return c;
}
int main( )
{
  cout<<"***开始调用 test 函数***"<<endl;
  test( );
  return 0;
}
```

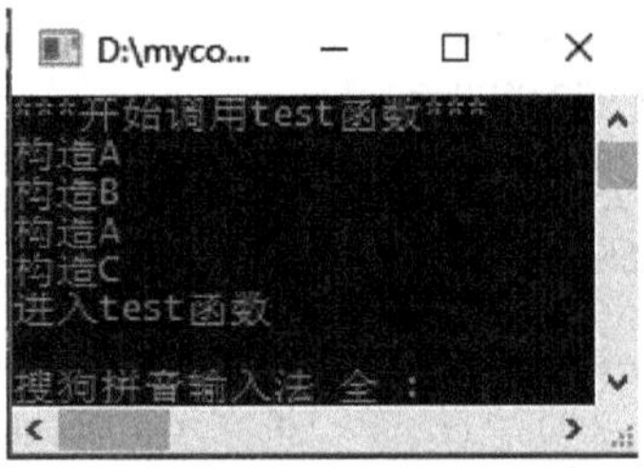

（b）含嵌入对象的派生类

图 8-27　（指针）值返回

```
#include<iostream>
using namespace std;

class A  {
  public:
    A( ) { cout<<"构造 A"<<endl; }
    A(A & a) { cout<<"复制构造 A"<<endl; }
    ~A( ) { cout<<"析构 A"<<endl; }
};
class B : public A {
  public:
    B( ) { cout<<"构造 B"<<endl; }
    B(B & b) { cout<<"复制构造 B"<<endl; }
```

```
    ~B( ) { cout<<"析构 B"<<endl; }
};

B & test( )
{
    static B b;
    cout<<"进入 test 函数"<<endl;
    return b;
}
int main( )
{
    cout<<"***开始调用 test 函数***"<<endl;
    test( );
    return 0;
}
```

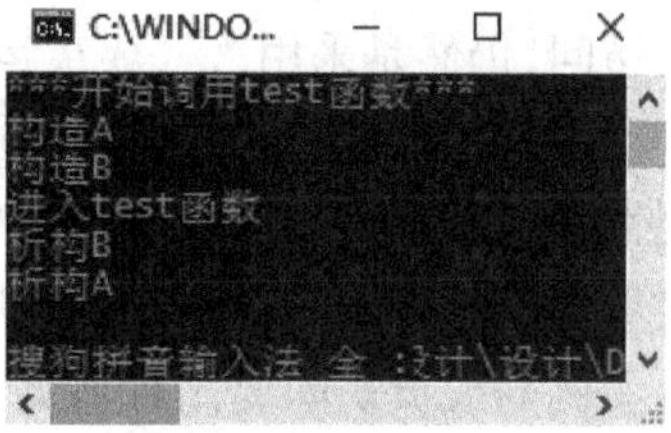

（a）简单派生类

```
#include<iostream>
using namespace std;

class A {
    public:
        A( ) { cout<<"构造 A"<<endl; }
        A(A & a) { cout<<"复制构造 A"<<endl; }
        ~A( ) { cout<<"析构 A"<<endl; }
};
class B {
    public:
        B( ) { cout<<"构造 B"<<endl; }
        B(B & b) { cout<<"复制构造 B"<<endl; }
        ~B( ) { cout<<"析构 B"<<endl; }
    private:
        A a;
};
class C : public B {
    public:
        C( ) { cout<<"构造 C"<<endl; }
        C(C & b) { cout<<"复制构造 C"<<endl; }
        ~C( ) { cout<<"析构 C"<<endl; }
    private:
        A a;
};

C & test( )
{
    static C c;
    cout<<"进入 test 函数"<<endl;
    return c;
}
int main( )
{
    cout<<"***开始调用 test 函数***"<<endl;
    test( );
    return 0;
}
```

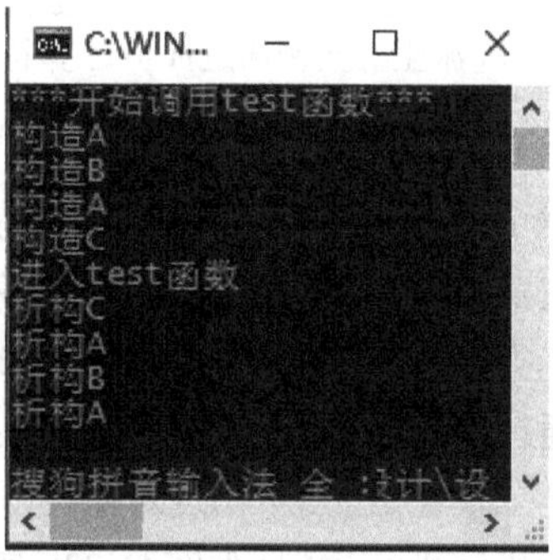

（b）含嵌入对象的派生类

图 8-28　引用返回

213

3) 基类对象实例与派生类对象实例的成员访问

C++语言中,与基本数据类型及其复合构造数据类型的实例访问方法一致,对于对象实例的成员访问,仍然是采用"."(成员运算符)和"->"(指针形式成员运算符)两种基本形式。然而,对于派生类对象实例而言,其成员的访问与继承方式有关,因为派生类对象中既包含其自身的属性和行为,也包含从基类对象继承而来的属性和行为。并且,对于不同的继承方式,派生类对象中继承得到的基类对象的属性和行为的封装类别会发生相应改变,从而导致对派生类对象实例的成员访问要比对基类对象实例成员的访问复杂。综合而言,访问形式及其访问规则如表8-2所示。

表8-2 C++中父、子对象实例成员的访问形式及规则

访问形式	访问规则
基类的函数成员访问基类成员	可以
派生类的函数成员访问派生类自己增加的成员	可以
基类的函数成员访问派生类成员	不可以
派生类的函数成员访问(继承来的)基类成员	可以访问基类非私有成员
基类外(基类实例通过成员运算符)访问基类成员	只能访问基类的公共成员
派生类外(派生类实例通过成员运算符)访问派生类自己增加的成员	只能访问派生类的公共成员
派生类外(派生类实例通过成员运算符)访问(继承来的)基类成员	只能访问经由公共继承而来的基类公共成员

对于重名情况,即派生类自身的成员名与从基类继承而来的成员名相同,此时,仍然遵循重名覆盖(或隐藏)原则。因此,无论是在派生类内,还是在派生类外,访问重名成员时,只能访问派生类自身增加的成员(如图8-29a所示)。此时,如果要访问从基类继承而来的同名成员,可以通过基类名和域限定运算符"::"进行访问。或者,对于属性成员,可以在派生类中实现一个转换工具函数,其中实现对基类同名成员的访问;对于函数成员,可以通过指向派生类实例的基类指针进行访问(如图8-29b所示)。另外,对于基类中的重载版本,只要派生类重新定义了某个函数就会导致所有版本因同名而被覆盖(或隐藏),为了在派生类中使得基类的其他重载版本可见,可以通过using关键词实现。图8-29c所示给出了详细的解析。

```cpp
#include<iostream>
using namespace std;

class A {
  public:
    void print()
    { cout<<"print() in A."<<endl; }
    void print(int a)
    { cout<<"print(int a) in A."<<endl; }
    void print(string s)
    { cout<<"print(string s) in A."<<endl; }
};
```

```
D:\test\未命名...   —   □   ×
print() in A.
print(int a) in A.
print(string s) in A.

Process exited after 0.0723 s
econds with return value 0
请按任意键继续. . .
```

```
class B : public A { };

int main( )
{
    B b;
    b.print( );     // B 中没有重新定义函数 print,匹配继承而来的 A 的 print
    b.print( 10 );
    b.print( "" );
    return 0;
}


#include<iostream>
using namespace std;

class A {
    public:
        void fun( int d )
        {
            cout<<"A::fun/int:"<<d<<endl;
        }
};
class B : public A {
    public:
        void fun( double d )     // 覆盖( 或隐藏)A::fun( int d )
        {
            cout<<"B::fun/double:"<<d<<endl;
        }
};

int main( )
{
    A a;
    a.fun( 10 );
    B b;
    b.fun( 10.2 );
    b.fun( 2 ); // 匹配 B::fun,类型隐式转换( int→ double )
    return 0;
}
```

```
A::fun/int:10
B::fun/double:10.2
B::fun/double:2
──────────────────────
Process exited after 0.085
64 seconds with return val
ue 0
请按任意键继续. . .
```

(a) 同名覆盖

```
#include<iostream>
using namespace std;

class A {
    public:
        void print( )
        { cout<<"print( ) in A."<<endl; }
        void print( int a )
        { cout<<"print( int a ) in A."<<endl; }
```

```
      void print(string s)
      { cout<<"print(string s) in A."<<endl; }
};
class B : public A {
   public:
      void print()    //覆盖(或隐藏)A 的所有 fun
      { cout<<"print() in B."<<endl; }
};

int main()
{
   B b;
   A *ap = & b;
   b.print();
   b.A::print();
   ap->print();
   ap->print(10);
   ap->print("");
   return 0;
}
```

```
D:\test\未...                □    ×
print() in B.
print() in A.
print() in A.
print(int a) in A.
print(string s) in A.


Process exited after 0.083
86 seconds with return val
ue 0
请按任意键继续. . .
```

（b）通过域运算限定或基类指针访问基类同名函数

```
#include<iostream>
using namespace std;

class A {
public:
      void print()
      { cout<<"print() in A."<<endl; }
      void print(int a)
      { cout<<"print(int a) in A."<<endl; }
      void print(string s)
      { cout<<"print(string s) in A."<<endl; }
};
class B : public A {
   public:
      void print()    //覆盖(或隐藏)A 的所有 fun
      { cout<<"Rewrite print() in B."<<endl; }
};

int main()
{
   B b;
   b.print();
   b.print(10);   // 错误! 无法匹配
   b.print("");   // 错误! 无法匹配
   return 0;
}
```

```cpp
#include<iostream>
using namespace std;

class A {
  public:
    void print( )
    { cout<<"print( ) in A."<<endl; }
    void print(int a)
    { cout<<"print(int a) in A."<<endl; }
    void print(string s)
    { cout<<"print(string s) in A."<<endl; }
};
class B : public A {
  public:
    using A::print;
    void print( )   // 覆盖(或隐藏)A 的所有 fun
    { cout<<"print( ) in B."<<endl; }
};

int main( )
{
  B b;
  b.print( );
  b.print(10);
  b.print(" ");
  return 0;
}
```

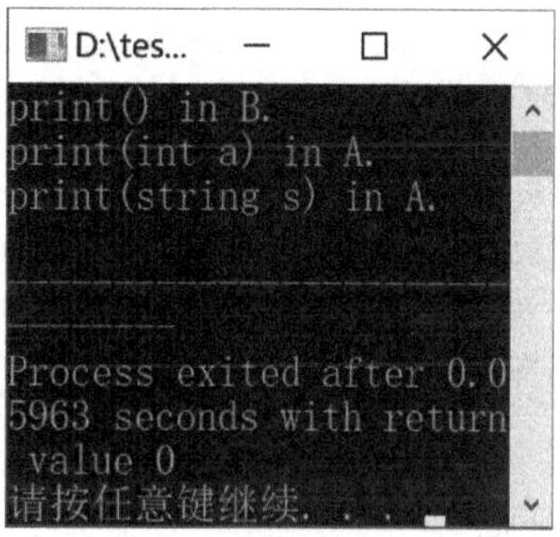

```
print( ) in B.
print(int a) in A.
print(string s) in A.


Process exited after 0.0
5963 seconds with return
  value 0
请按任意键继续. . .
```

（c）通过 using 引入基类被覆盖（或隐藏）的同名函数

图 8-29　继承关系下同名成员的访问

4）基类对象与派生类对象之间的类型兼容

继承机制中，派生类和基类的关系是 is-a 关系，即派生类也是基类的一种。因此，依据类型一致性原则，派生类对象实例可以作为基类对象的实例值，即派生类对象实例可以替代基类对象实例向基类对象或其引用进行直接赋值或初始化；如果函数参数是基类对象或基类对象的引用，相应的实参可以用派生类对象实例；派生类对象实例地址可以赋给指向基类对象的指针变量（即指向基类对象的指针变量也可以指向派生类对象）。但是，此时通过基类对象指针只能访问派生类中从基类继承而来并具有公共访问属性的成员，不能访问派生类自身增加的公共成员。并且，当继承方式是 protected 或 private 时（此时，继承而来的基类公共成员的访问属性相应地改变为 protected 或 private），派生类实例不能直接替换基类实例，需要将派生类对象实例的类型强制转换为基类对象类型（因为严格来说，只有公共派生类才是基类真正的派生类型，它完整地继承了基类的特征）。另外，通过强制转换也可以强制实现基类对象指针（注：实例不允许）向派生类对象指针赋值，针对这种情况，如果基类对象指针原先指向的就是相应派生类对象，则这种转换才是安全的，否则是不安全的（参见图 8-30 的①）。此时，通过派生类对象指针可以访问基类的公共成员（因为这些公共成员已遗传到派生类中，相当于派生类自己的公共成员,因此,派生类指针可以访问。仅限公共继承方式)。相对于基类对象指针,尽管两者访问的都是基类的公共成员,但两者的访问性质不同,一个是作为基类的用户,另一个是基于派生类的用户。另外,对于派生类自身增加的公共成员或重载的同名成员也可以访问(参见图 8-30 的②)。再者,同一基类的不同派生类对象实例之间也不能直接赋值(对于指针,可以通过强制转换进行赋值)。图 8-30 所示给出了相应的解析。

事实上,继承关系下,无论采用哪种访问方式,最终访问的具体对象取决于赋值运算符左边变量的定义类型,与该变量的实际赋值无关!

```cpp
#include<iostream>
using namespace std;

class A {
  public:
    void f1() { cout<<"A:f1"<<endl; }
    void f2() { cout<<"A:f2"<<endl; }
    void f3() { cout<<"A:f3"<<endl; }
    void f4() { cout<<"A:f4"<<endl; }
};
class B : public A {
  public:
    void f1() { cout<<"B:f1"<<endl; }
    void f3() { cout<<"B:f3"<<endl; }
    void f5() { cout<<"B:f5"<<endl; }
};
class C : private A {
  public:
    void f1() { cout<<"C:f1"<<endl; }
    void f4() { cout<<"C:f4"<<endl; }
};
int main()
{
  C c; B b; A a= b;
  A *a1 = new B();
  A *a2 = (A *) new C();   //必须强制转换(私有继承,不完全是 is-a 关系)
  B *b1 = (B *) new A();   //必须强制转换(基类实例赋值给派生类)
    // ① 如果采用新强制转换运算,B *b1 = dynamic_cast<B*>(new A());
    // 则编译不通过!

  a.f1();   //只能访问 B 中继承来的 A 的成员
  a1->f1();   //只能访问 B 中继承来的 A 的成员
  a2->f1(); a2->f2();   //尽管 C 中继承来的 A 成员已变为私有,但对 A 型指针其是公共的
  b1->f1(); b1->f5();   // ②
  b1->f2();   //B 中没有重新定义 f2,则访问继承来的 A 的成员
  return 0;
}
```

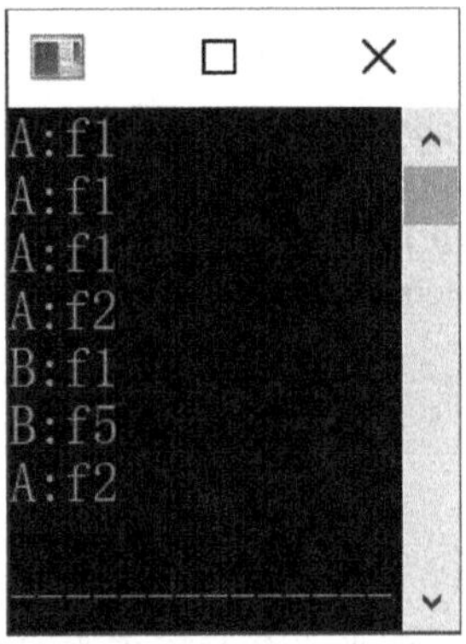

输出窗口:
```
A:f1
A:f1
A:f1
A:f2
B:f1
B:f5
A:f2
```

图 8-30　继承关系下基类对象与派生类对象的类型兼容

5）进一步认识继承

对于继承的认识和理解：

第一，可以从内因和外因两个方面着手。外因是指继承方式，即如何继承（或如何遗传）；内因是指 class 成员的封装类别，即哪些成员允许被继承（或遗传）以及成员被继承（或遗传）后会不会产生特性改变。继承方式中，public 方式允许 class 成员代代（任意代）继承或遗传，protected 方式允许 class 成员多代继承或遗传，private 方式允许 class 成员仅一代继承或遗传；封装类别中，private 方式阻止 class 成员被继承或遗传，protected 方式允许 class 成员被保护性地继承或遗传，public 方式允许 class 成员被任意地继承或遗传。一个 class 成员在其派生类中的遗传效果最终取决于内因和外因的综合，并且内因决定外因。也就是说，对于 private 封装的 class 成员，无论采用什么继承方式，它都不能被继承或遗传（即尽管它也包含在派生类中，但它仍然对派生类透明，派生类不能直接访问它。它仍然属于基类特有的成员）；对于 protected 封装的 class 成员，依据继承方式进行遗传，但仍保持其自身受保护的特性（即采用 public 继承方式时不会变为 public 特性）；对于 public 封装的 class 成员，完全依据继承方式进行遗传。事实上，可以认为 private 封装的 class 成员属于个体基因，protected 封装的 class 成员属于家族中特有的隐性基因，public 封装的 class 成员属于家族中的普通显性基因。

第二，对于派生类而言，由于其成员包括从基类继承或遗传而来的部分和自身增加的部分，因此，对派生类成员的访问要区分这两个部分。依据抽象数据类型的基本定义，对于派生类自身增加的成员部分的访问，显然是直接取决于它们的封装类别。而对于从基类继承或遗传而来的成员部分，应该由其最终的遗传效果来决定其在派生类中的新封装类别，然后再根据新封装类别决定其访问特性。并且，还要注意重名的处理规则。

第三，私有继承和保护继承在直接派生类中具有相同的作用，即在类外不能访问任何成员，而在派生类中可以通过函数成员访问基类中的公共成员和保护成员。但是，如果继续派生（多级继承或多代遗传），则在新的派生类中，两种继承方式就具有明显的不同作用，保护继承还可以再次进行私有继承和保护继承；而私有继承到此为止，不能再继承。

第四，对于保护成员，本质上就是为了在多代之间传递共同特征。因此，如果善于利用保护成员，可以在类的层次结构中找到数据共享与成员隐蔽之间的结合点，既可实现某些成员的隐蔽，又可方便地继承，能实现代码重用与扩充。

第五，如果在多级派生时都采用公共继承方式，那么直到最后一级派生类都能访问基类的公共成员和保护成员。如果采用私有继承方式，经过若干次派生之后，基类的所有成员都将变成不可访问。如果采用保护继承方式，在派生类外是无法访问派生类中任何成员的，包括从基类继承而来的公共成员（因为这些公共成员的封装类别都已改变为保护）。而且，经过多次派生后，人们很难清楚地记住哪些成员可以访问，哪些成员不能访问，很容易出错。因此，在实际应用中，最常用的继承方式一般都是公共继承。

第六，类继承体系设计的难点在于合理抽象各级当前基类的行为功能和属性，类体系设计要有较高的水平！基于 C++ 的继承机制，许多厂商开发出各种实用的类库，用户可以将它们作为基类去建立适合于自己的类（即派生类），并在此基础上构造自己的应用程序。类库的出现使得软件的重用更加方便。类库一般是随 C++ 编译系统（及开发环境）发行，不同的 C++ 编译系统及开发环境，提供的类库一般是不同的。类库的使用一般都是通过包含头文件（含有类的完整定义）的方式引入，然后在链接时，由编译系统将所用类的具体实现代码（以编译后的独立目标代码形式存放在开发系统的某一指定目录下)和自己的代码链接在一起。类库是类体系设计的典型应用!

第七,鉴于继承的 is-a 关系,凡是基类对象实例可以出现的地方,都可以用派生类对象实例替换。

8.3.2 多态(或遗传变异)

1)什么是多态

继承机制中,尽管可以将派生类对象实例赋值给基类对象实例,但此时通过基类对象实例访问具体的成员时,只能访问派生类对象实例中从基类继承而来的公共成员。也就是说,此时是依据对象实例定义的类型来决定访问的具体内容,而不是依据实际赋值的对象实例类型来决定访问的具体内容(参见图 8-31(a)的解析)。

然而,实际应用中,有时需要通过基类对象的指针或引用,既能够访问基类对象的成员,也能够访问派生类对象的成员。也就是说,当把一个基类对象实例的地址赋给基类对象的指针时,通过该基类对象指针访问某个成员就是访问基类对象的成员;当把一个派生类对象实例的地址赋给基类对象的指针时,通过该基类对象指针访问某个成员就是访问派生类对象的成员。此时是依据实际赋值的实例类型来决定访问的具体内容,而不是依据实例定义的类型来决定访问的具体内容。显然,相对于继承机制,这种机制具有动态灵活性。事实上,从遗传角度来看,这种机制是一种遗传变异,即对于基类对象的某种行为,在各个具体的派生类对象中会呈现出各种不同的形态。因此,这种机制被称为"多态"(Polymorphism)。

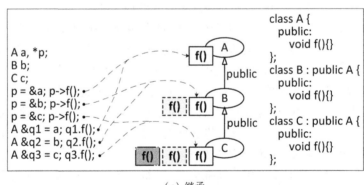

(a)继承

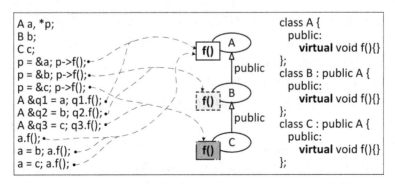

(b)多态

图 8-31　C++语言中多态的定义与使用

2）C++ 语言中的多态机制

为了指定某种行为允许在遗传时变异，C++ 语言中，通过关键字 virtual 修饰基类的某个函数成员，以便通知编译程序协助处理这种多态行为。被 virtual 修饰的函数成员被称为虚函数（virtual function），图 8-31（b）所示给出了多态的具体定义和使用。当一个类带有虚函数时，编译系统会为该类构造一个虚函数表 virtual function table（简称 vtable，虚表），它是一个指针数组，存放每个虚函数的入口地址。派生类继承基类的虚表并以重新定义的函数行为替换基类的行为，图 8-32 所示给出了多态机制的实现原理。

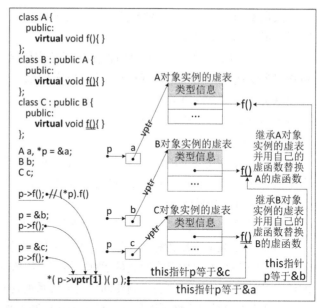

图 8-32　C++ 语言中继多态机制的实现原理

C++ 语言中，多态机制仅用于"->"（指针形式成员运算）形式、指针方式的"(＊)."（成员运算）形式或引用方式的"."（成员运算）形式的实例访问，对于普通实例方式"."（成员运算）形式的实例访问，仍然是依据实例定义的类型来决定具体的访问对象（参见图 8-31(b)所示的解析）。

C++ 语言中，虚函数具体使用时应注意以下一些规定：

● 在类外定义虚函数时，不必再加关键词 virtual。

● 在派生类中重新定义虚函数时，要求函数名、函数返回类型、函数参数个数和类型都必须与基类的虚函数相同，派生类仅仅是根据其自身需要重新定义函数体（即改变具体的行为）。

● 当一个函数成员被声明为虚函数后，其派生类中的同名函数都自动成为虚函数。因此，在派生类重新声明该虚函数时，可以加 virtual，也可以不加，但习惯上一般在每一层声明该函数时都加 virtual，以使程序更加清晰。

● 如果在派生类中没有对基类的虚函数重新定义，则派生类简单地继承其直接基类的虚函数。

● 只能用 virtual 声明类的函数成员，使它成为虚函数，而不能将类外的普通函数声明为虚函数。因为虚函数的作用是允许在派生类中对基类的虚函数重新定义。显然，它只能用于类的继承层次结构中。

● 一个函数成员被声明为虚函数后，在同一类族中的类就不能再定义一个非 virtual、但与该虚函数具有相同参数（包括个数和类型）和函数返回值类型的同名函数。

● 在定义虚函数时，有时并不定义其函数体，即函数体是空的。它的作用只是定义了一个虚函数名，具体功能行为留给派生类去添加。这种虚函数称为纯虚函数。

● 可以根据以下因素考虑是否将类的某个函数成员声明为虚函数：首先，看该函数成员所在的类是否会作为基类。然后，看该函数成员在类被继承后有无可能被更改行为功能，如果希望更改其功能的，一般应该将它声明为虚函数。再者，应考虑对该函数成员的调用是通过对象实例名还是通过指向基类的指针或对基类的引用去访问，如果是通过指向基类的指针或对基类的引用去访问的，则应当声明为虚函数；如果该函数成员在类被继承后功能不需修改，或派生类用不到该函数,则不要将它声明为虚函数。不要仅仅考虑到要作为基类而将类中的所有函数成员都声明为虚函数。

● 对于动态对象实例,允许将派生类对象实例赋值给基类指针。因此,当通过 delete 运算析构对象实例时,为确保基类和派生类对象实例都能够正确地被析构,应该使用虚析构函数。即使基类并不需要析构函数,也应显式地定义一个函数体为空的虚析构函数,以保证在析构动态对象实例时能得到正确的处理。

3)对多态机制的进一步认识

首先,应该从遗传的角度将它与继承统一起来,不要将继承与多态分裂开来。也就是说,多态是施加在继承上的一种控制策略,是对继承的一种细粒度控制;或者,多态就是一种特殊的继承——具有变异的继承。

其次,与继承不同,多态仅对 class 的函数成员起作用,而对属性成员不起作用。

再者,多态建立在以指针形式进行实例访问的机制基础上(包括指针形式成员运算"->"和(*).成员运算以及引用形式的成员运算"."),并且,依据实际赋值的对象实例的类型来决定具体的访问对象实例。因此,多态机制使同族对象关系的建立可以推迟到程序运行阶段,具有强大的动态灵活性。这种灵活性可以建立一种由现在控制未来的通用机制(即基类仅定义行为,不定义行为的具体实现;未来的派生类按需定义其具体的行为实现;程序的控制逻辑建立在各种指向基类对象的指针及基类对象的抽象行为定义基础上;具体程序构造时,通过将派生类对象的实例地址赋给指向基类对象的指针而实例化程序的控制逻辑,或者说将程序的控制逻辑作用于具体的程序),并成为继面向功能(或面向过程)程序构方法(参见第5、6章)、面向对象程序构造方法(参见第7、8、9章)之后的第三代程序构造方法——面向组件(或面向接口)程序构造方法的基础。

第四,本质上多态机制通过分层,增加一个虚表层,将函数调用的直接绑定静态关系改造为间接绑定动态关系,实现对象行为动态调整的目的。

第五,函数重载也可以看成是一种多态机制,因为它也是对同一个函数名(即对象的某种行为)给出多种不同的具体实现(即可以由不同的表现形态)。但是,函数重载与基于虚函数的多态相比,有着本质的区别。函数重载通过参数的变化(类型、个数或顺序)实现同一个函数名的多种版本,并且函数体的逻辑基本一致。而基于虚函数的多态要求函数名及其参数必须完全一致,但函数体的逻辑可以不同。因此,从抽象行为定义及其具体实现的角度看,函数重载不是严格的多态,因为重载的各个版本的参数不完全一致,也即抽象行为定义并不完全一致。尽管如此,可以将函数重载看成是一种拓展的多态,即函数名表示统一的抽象行为语义,参数表示对统一抽象行为语义的细化或拓展。另外,函数重载是一种面向 class 内部的静态多态机制,重载函数调用的绑定在程序编译时就已经确定(这种绑定称为"静态联编");而基于虚函数的多态是一种面向 class 外部(即多个同族 class 之间)的动态多态机制,虚函数调用的具体绑定在程序翻译时不能确定,必须等到程序运行时才能建立(这种绑定称为"迟后绑定"或"动态联编")。

最后,需要认识到虚函数的使用会给系统带来额外的空间开销(虚表空间)。然而,尽管如此,系统在进行动态关联时的时间开销是很少的(仅在第一次关联时进行赋值),因此,多态性是灵活高效的。

8.3.3　C++语言对继承和多态的拓展

作为 C 语言的进化,C++语言为了继续保持对计算机系统特性敏感的血统和特征,对继承和多态机制进行了拓展,拓展主要体现在多重继承和抽象类两种机制。

1) 抽象类

所谓抽象类(abstract class),是指一个含有纯虚函数(即函数不具体定义其行为逻辑)的类。如果一个类的所有函数都是纯虚函数,则该类称为纯抽象类。C++ 语言通过给一个虚函数赋予 0 值来表示一个具有虚拟行为的纯虚函数。图 8-33 所示给出了一个纯抽象类的样例。

```
class A {
  public:
    virtual void f1( )= 0;
    virtual void f2( )= 0;
    virtual void f3( )= 0;
};
```

图 8-33　C++ 语言的抽象类支持机制

图 8-33 中,纯虚函数后面的“ = 0”并不表示函数的返回值为 0,它只是起到形式上的标识作用,通知编译系统“这是纯虚函数”。显然,抽象类不能定义其对象实例(或者说抽象类不能被实例化),但是可以定义指向抽象类的指针变量。当派生类成为具体类之后,就可以用这种指针指向派生类对象的实例,然后通过该指针调用虚函数以实现多态行为的操作。

如果在一个类中声明了纯虚函数,而在其派生类中没有对该函数进行定义,则该虚函数在派生类中仍然为纯虚函数,派生类仍然是抽象类。

抽象类的作用主要是作为一个类族的共同基类,或者说,为一个类族提供一个公共行为抽象。在此,抽象的行为也称为接口(interface)。抽象类将类的设计与类的具体实现分离,即只定义系统做什么,而不必考虑具体怎么做,从而,提高程序的可维护性。例如:对于相同的接口,可以有多种不同的具体实现;或者,对类库的构造和使用而言,用户通过继承使用类库中的基类时,程序编译时只需对派生类新增的功能进行编译,然后与类库的目标代码链接即可,从而大大提高了程序调试的效率。如果在必要时修改了基类,只要基类的公共接口不变,派生类不必修改,只要将基类重新编译并和派生类重新链接即可。

抽象类是面向接口编程(即组件模型)的基础。

2) 多重继承

所谓多重继承,是指一个派生类可以有多个基类,它从这些基类共同继承(如图 8-34 所示)。此时,派生类中除自己增加的成员外,还分别包括了从基类 A、B、C 继承而来的所有成员,这些继承而来的成员的访问属性,仍然遵循单继承时的原则,即分别按表 8-1 所示规则确定其访问属性。

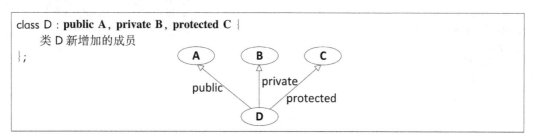

图 8-34　C++ 语言多重继承示例

223

多重继承可以描述现实生活中的具体情况，能够有效地处理一些较复杂的问题，使程序构造具有灵活性。多重继承时，派生类对象实例构造的原则仍然遵循单继承时派生类对象实例构造的原则，即满足"尊老"原则，只不过针对多个被继承的基类，需按照声明派生类时基类出现的顺序（派生类声明时，各基类的排列顺序任意）逐个构造其实例。

多重继承会带来一些新的问题，增加了程序的复杂度，使程序的编写和维护变得相对困难并容易出错。其中，最常见的问题就是继承时因成员同名而带来的二义性问题和因多路径继承同一基类而产生的冗余问题。图 8-35 所示给出了相应示例。

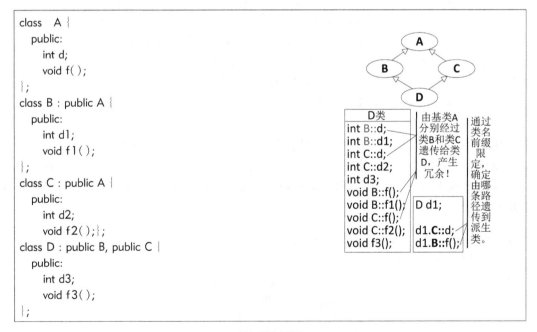

图 8-35　C++ 语言多重继承机制带来的问题

针对二义性问题,C++ 语言通过域名前缀给予限定。也就是说,对于派生类对象实例,如果直接访问同名成员,则访问的是派生类自己增加的成员(即同名隐藏或作用域覆盖);如果要访问从某个基类继承而来的同名成员,则必须给出基类名进行前缀限定。

尽管通过在派生类对象实例名后增加直接基类名可以避免产生二义性,使其惟一地标识一个成员,然而,在一个类中保留间接共同基类的多份同名成员,这种冗余现象显然是不必要的。为此,C++ 语言通过虚基类(virtual base class)机制(事实上,该机制可以看成是叠加在继承方式上的一种细粒度控制),使得派生类在通过多条路径继承一个基类时只继承该基类一次,从而消除遗传时带来的冗余。图 8-36 所示给出了相应的解析。

```
class A {
  public:
    int d;
    void f( );
};
class B : virtual public A {
  public:
    int d1;
    void f1( );
};
class C : virtual public A {
  public:
    int d2;
    void f2( );};
class D : public B, public C {
  public:
    int d3;
    void f3( );
};
```

D 类

int **d**;
int B::d1;
int C::d2;
int d3;
void **f()**;
void B::f1();
void C::f2();
void f3();

仅保留一份基类 A 分别经过类 B 和类 C 遗传给类 D 的成员!

图 8-36　C++ 语言虚基类机制应用示例及解析

对于虚基类机制,具体使用时必须注意以下几点:

● 为了保证虚基类在派生类中只被继承一份成员,应当在该基类的所有直接派生类中都将该基类声明为虚基类,否则,仍然会出现对基类的多次继承。图 8-37 所示给出了相应的解析。

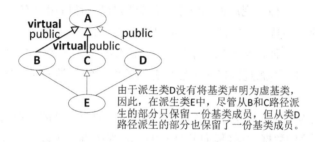

由于派生类 D 没有将基类声明为虚基类,因此,在派生类 E 中,尽管从 B 和 C 路径派生的部分只保留一份基类成员,但从类 D 路径派生的部分也保留了一份基类成员。

图 8-37　C++ 虚基类使用问题

● 如果在<u>虚基类</u>中定义了带参数的构造函数,并且没有定义默认构造函数,则在其所有派生类中(包括直接派生类或间接派生类),必须通过构造函数的初始化参数列表对虚基类进行初始化。图8-38所示给出了相应的解析。

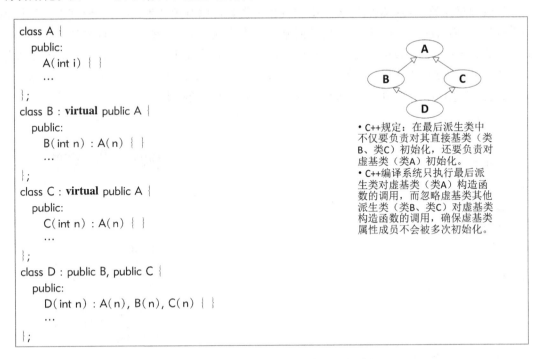

```
class A {
  public:
    A(int i) { }
    ...
};
class B : virtual public A {
  public:
    B(int n) : A(n) { }
    ...
};
class C : virtual public A {
  public:
    C(int n) : A(n) { }
    ...
};
class D : public B, public C {
  public:
    D(int n) : A(n), B(n), C(n) { }
    ...
};
```

● C++规定:在最后派生类中不仅要负责对其直接基类(类B、类C)初始化,还要负责对虚基类(类A)初始化。
● C++编译系统只执行最后派生类对虚基类(类A)构造函数的调用,而忽略虚基类其他派生类(类B、类C)对虚基类构造函数的调用,确保虚基类属性成员不会被多次初始化。

图8-38　C++虚基类使用时对象实例构造问题

● 只有在比较简单且不易出现二义性的情况或有特殊需求时才使用多重继承,能用单一继承解决的问题尽量不要使用多重继承。

8.3.4　对同族对象关系的进一步认识

针对同族对象关系,通常都是将继承和多态分离开来进行介绍,割裂了两者内在的思维联系,增加了认知难度并破坏其思维统一性。在此,从遗传角度统一了这两种机制,从认知角度解析了两者之间的认识统一性和思维系统性。也就是,将多态看成是一种特殊的继承,即带有变异的继承;或者,多态是作用于正常继承的一种细粒度控制机制,进一步控制继承。

私有继承本质上是一种实现层面的继承,或者说它仅仅是借用已有类来实现一个新类,它并不具有接口继承应有的特点。因此,对于通用继承含义而言,私有继承缺乏相应的语义,它可以看作是通用继承的一种特殊使用。事实上,经私有继承而来的新类,本质上它与基类之间并不是is-a关系。例如:不能直接将一个经私有继承而来的新类的对象实例赋值给基类变量或指针。

保护继承主要是为了维持同族对象之间的特殊基因(即家族基因)的遗传,与静态类属性实现同一类各对象实例之间数据共享(横向共享)相对应,保护继承可以实现同族不同类对象实例之间数据共享(纵向共享)(参见第9.1小节的相关解析)。因此,尽管保护继承拓展了私有继承的语义范畴,但其仍然不具有通用继承的含义。因此,实际应用中,一般都是采用公共继承。

　　继承是从派生类视角出发来看待遗传关系,而多态则是从基类视角出发来看待遗传关系,多态提供了由基类预定派生类抽象行为的机制,便于在抽象行为基础上建立对同族类实例进行统一控制的结构。

　　多继承是普通继承的一种多维拓展,即将 1:n 关系拓展为 m:n 关系。

　　基于对象及其关系的各种机制定义和确定,使得通用对象类型相对比较完整,图 8-39 所示给出了 C++ 语言对象实例的完整内存结构。图 8-40 所示给出了关于同族对象关系学习的思维导图。

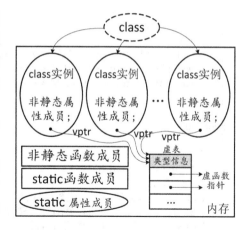

图 8-39　C++ 对象实例的内存结构(完整)

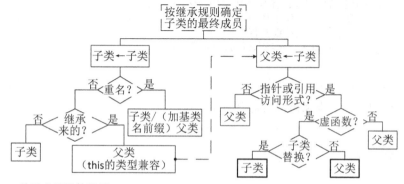

关于成员函数调用:

1)确定是谁调用、调用谁的、调用形式(子类实例调用/父类实例调用;调用子类的/调用父类的;分量调用形式/指针、引用调用形式;是否重名隐藏/是否需要前缀限定/是否虚函数替换);

2)参数传递时类型兼容与转换(父类兼容子类、多态);

3)是否传值(复制构造函数调用问题/堆栈临时实例析构问题)。

图 8-40　C++ 同族对象关系学习导图

【例 8-1】　同族对象关系理解。

```cpp
#include<iostream>
using namespace std;

class A {
  public:
    void f1() { cout<<"A f1"<<endl; }
    virtual void f2() { cout<<"A f2 V"<<endl; }
    virtual void f3() { cout<<"A f3 V"<<endl; }
};
class B : public A {
  public:
    void f1() { cout<<"B f1"<<endl; }
    void f2() { cout<<"B f2 V"<<endl; }
};
```

```
class C : public B {
  public:
  virtual void f1() { cout<<"C f1 V" <<endl; }
    void f2() { cout<<"C f2 V" <<endl; }
    void f3() { cout<<"C f3 V" <<endl; }
};

int main()
{
  C c;
  B b1, b2 = c, *q = & b2;
  A *p = & b1;
  c.f1();   // 虚函数与普通函数一样,可以直接调用
  c.B::f1();   // 虚函数与普通函数一样,满足重名覆盖特征
  b1.f3();   // 多态时虚函数没有替换
  b2.f1(); q->f1();   // 普通函数访问时取决于定义时的类型
  b2.f2();   // 对于虚函数,普通实例访问形式仍取决于定义时的类型
  p->f2(); (*p).f2();   // 多态行为/替换(两种指针访问形式)
  p->f3();   // 多态行为,虚函数没有替换
  p = & c; p->f3(); p->f2();   // 多态行为,虚函数替换
  return 0;
}
```

【例8-2】 this 指针带来的同族对象多态关系。

```
#include<iostream>
using namespace std;

class A {
  public:
    void testfuc() { func(); }
    void func() { cout<<"A::func" <<endl; vfunc(); }
    virtual void vfunc() { cout<<"A::vfunc" <<endl; }
};
class B : public A {
  public:
    virtual void func() { cout<<"B::func nothing called" <<endl; }
    virtual void vfunc() { cout<<"B::vfunc" <<endl; }
};

int main()
{
  B b;

  b.testfuc(); //①访问继承来的函数(因 B 中只有一个,不
需要加 A::前缀)。
// 该函数默认参数 this 的类型为 & A,但调用该函数的实例 b 类型为 B,则参数传递时
// 相当于将派生类实例地址赋值给基类指针,又因该函数是普通函数,故调用 A 的 func()。
// func()函数中调用虚函数 vfunc(),即 this->vfunc(),尽管 this 仍是 A 型指针,此时产生
// 多态行为,故调用 B 的 vfunc()。
  b.func();   // ②同名冲突,普通实例分量形式访问(this 类型为 & B)
  A *p = & b;
  p->vfunc();   // ③多态行为
  return 0;
}
```

8.4　进一步认识对象及其关系

8.4.1　完整的实例构造过程(包括嵌套、继承和多态)

实例构造过程按如下顺序进行：

1）父类构造函数被执行；

2）父类如果有成员对象,则以其声明的顺序调用它们的构造函数;(对象嵌套)

3）父类的虚表处理；(多态)

4）子类嵌套对象按其声明的顺序调用它们的构造函数;(对象嵌套)

5）子类构造函数执行,子类虚表处理。(多级继承)

8.4.2　完整的实例析构过程(包括嵌套、继承和多态)

1）子类析构函数被执行；

2）子类如果有成员对象且其有析构函数,则以其声明的相反顺序调用它们的析构函数;(对象嵌套)

3）子类如果带有一个虚表指针,则被重新定义,指向适当的基类虚表;(多态)

4）子类如果有直接的不含有虚表的基类,该基类有析构函数,则以其声明的相反顺序调用它们的析构函数;(多继承)

5）子类如果有含有虚表的基类,这些基类有析构函数,而当前子类是继承树最尾部的类,则以这些基类原来的构造顺序相反的顺序调用它们的析构函数。(多级继承)

综上所述,一个独立对象的构造、使用与析构,相当于是点结构思维;不含虚函数和嵌入对象的对象及其在继承体系中时的构造、使用与析构,相当于是线性结构思维;含有虚函数和嵌入对象的对象及其在继承体系中时的构造、使用和析构,相当于是树状结构思维。

从本质上看,同族对象仍然体现单个(单族)对象的形态,异族对象才能体现对象社会的群体效应。除基本的异族对象嵌入关系外,异族对象关系更多的是关注应用层面各种对象的稳定结构关系设计,以便于程序以后的扩展和维护,这些知识属于应用层面,可以参阅设计模式与应用框架相关内容。在此,主要解析最基础的对象关系,属于原理性层面的知识。

8.5　抽象数据类型的进一步抽象与拓展

8.5.1　类模板

所谓类模板,也称为参数化类。它对抽象数据类型中所涉及的数据类型又进行了一次抽象,允许类型可变。类模板与函数模板有着异曲同工的作用,都是使一种方法独立于其处理的数据对象类型,拓展该方法的重用和共享能力,只是两者孕育于不同的程序构造方法,即前者孕育于面向对象方法,后者孕育于面向功能方法。也就是说,模板机制本质上是强调算法(处理方法)的抽象。

　　类是对处理对象的抽象，用于按需描述任意对象的一种抽象数据类型构造机制。如果将类也看作是一种特殊对象，则类模板就是该类特殊对象的抽象数据类型定义，目的是对该类特殊对象的各种行为和属性进行统一抽象，使得类模板的行为和属性独立于具体的类型，即相当于处理方法的抽象。因此，类模板可以看成是抽象数据类型的抽象数据类型。利用类模板可以建立具有同样属性结构特征和行为特征的各种抽象数据类型，称为模板类（或类模板概念的具体表现，由类模板产生的类），该过程称为模板的实例化。显然，类模板概念也是计算思维的一种具体表现和应用。

　　C++语言类模板的定义及描述方法基本上与函数模板类似，即以关键词 template<…> 作为模板标志，其中<…>是模板的参数部分，参数可以是类型、也可以是非类型或数值（即常量，表示该类型确定）、还可以是另一个类模板，参数可以有多个（多个参数时，中间用逗号分隔），参数的名字在模板的整个作用域内有效。并且，参数也可以有默认值，默认值的使用规则与函数参数默认值的使用规则一致（即如果一个参数有默认值，则其后的每个参数都必须有默认值）。类模板定义及使用的具体解析如图 8-41 所示。

```
//类内定义
template< class T>    //类型参数
class A {
   public:
      T d;
      T f( T n) {...};
};

//类外定义
template< class T>    //类型参数
class A {
   public:
      T d;
      T f( T n);
};
template< class T>
T A<T>::f( T n)
{ … };

//支持数值参数的定义
template< class T, T t>    //非类型参数
class A {
   public:
      …
      void print( )
      { cout<<t<<endl; }
   private:
      T a;
};

A<int> a;        //特化为 int 型模板类 A<int>，并创建其实例
A<float> b;      //特化为 float 型模板类 A<float>，并创建其实例
A<int, 8> temp;  //合法。特化为 int 型模板类 A<int, 8>，并创建其实例
const int i=8;
A<int, i> temp;  //合法。特化为 int 型模板类 A<int, 8>，并创建其实例
```

图 8-41　C++ 语言类模板的具体定义及使用解析

8.5.2　类模板特化

考虑到类模板实例化时,有时针对一些特殊类型或类型的特殊应用形态无法直接进行实例化,此时需要针对这些特殊类型或类型的特殊应用形态进行特殊处理,将类模板进行特殊变形,产生另一个相应的特殊类模板(称为模板特化),以便类模板的实例化。类模板特化一般分为三种情况:绝对类型特化(即全特化)、引用或指针类型特化以及模板特化。图 8-42 所示分别给出了相应解析。另外,如果需要依据类模板的部分参数进行特化或对参数给予进一步条件限制和转型进行特化,这种特化称为偏特化(或部分特化,仅针对类模板),例如:到引用或指针类型的特化和到模板的特化。

对于类模板及其特化,具体的匹配顺序按照特殊到一般的顺序进行,即越是具体的越优先匹配。因此,匹配顺序为直接类、特化类、偏特化类、类模板。

```cpp
//类模板
template<class T>    // template<typename T>,typename 与 class 等价
class Compare {
    public:
        static bool IsEqual( const T & lh, const T & rh )
        {
            return lh == rh;
        }
};

//将参数化类型 T 特化为具体类型 float。建立类模板的特化(版本)
template< >
class Compare<float>{
    public:
        static bool IsEqual( const float & lh, const float & rh )
        {
            return abs( lh - rh ) < 10e- 3;
        }
};
//将参数化类型 T 特化为具体类型 double。建立类模板的特化(版本)
template< >
class Compare<double>
{
    public:
        static bool IsEqual( const double & lh, const double & rh )
        {
            return abs( lh - rh ) < 10e- 6;
        }
};

//将参数化类型 T 特化为参数化类型 T *。建立类模板的(偏)特化(版本)
template< class T>
class Compare<T *>{
    Public:
        Static bool IsEqual( const T *lh, const T *rh )
```

```
            }
                return Compare<T>::IsEqual(*lh, *rh);
            }
};

//将参数化类型 T 特化为标准类模板 vector<T>。建立类模板的(偏)特化(版本)
template< class T>
class Compare<vector<T>>
{
    public:
        static bool IsEqual(const vector<T>& lh, const vector<T>& rh)
        {
            if(lh.size( ) !=rh.size( )) return false;
            else
            {
                for(int I =0; I<lh.size( ); ++i)
                {
                    if(lh[i] !=rh[i]) return false;
                }
            }
        return true;
        }
};

//将参数化类型 T 特化为自定义类模板 SpecializedType<T>。建立类模板的(偏)特化(版本)
template<class T1 >
struct SpecializedType
{
    T1 x1;
    T1 x2;
};
template< class T>
class Compare<SpecializedType< T> >
{
    public:
        static bool IsEqual(const SpecializedType<T>& lh, const SpecializedType<T>& rh)
        {
            return Compare<T>::IsEqual(lh.x1 +lh.x2, rh.x1 +rh.x2);
        }
};
```

图 8-42 C++语言中类模板的特化

8.5.3　类模板与继承

依据计算思维原理,类模板作为一种特殊抽象数据类型,也支持继承、多态、重载、友元、static 成员、内联等各种机制。并且,它与普通抽象数据类型——类一起,形成更加灵活的各种支持机制。有关这些进一步的内容及其解析,在此不再展开。

8.5.4　泛型编程

所谓泛型编程（Generic Programming），是指构造程序的一种思想，其核心在于"泛型"。其中，"型"是指数据类型，"泛"是指广泛、通用。程序一般包括数据组织与数据处理两个部分，"泛型编程"是指程序中的数据组织方法应该独立于具体的数据类型，可以适用所有的数据类型；程序中的数据处理算法（或方法）应该独立于具体的数据类型，可以适用所有的数据类型，并且其效率与针对某特定数据类型而设计的算法相同。例如：以线性结构组织数据时，对于数据元素的类型应该"泛化"，可以是整数、字符串、数组、文件、类等各种类型；对基于该数据组织结构的数据集进行排序时，排序方法本身对于数据元素的类型也应该"泛化"，可以是对整数、字符串、数组、文件、类等各种类型数据进行排序。另外，作为程序的两个基本要素，尽管数据组织与数据处理相对独立，但因其作用于同一程序，所以两者的耦合也应该必须"泛型"，即对于数据处理而言，一种处理方法应该可以作用于所有的数据组织方法；反之，对于数据组织而言，一种组织方法应该可以被作用于所有的数据处理方法。因此，数据组织的"泛型"、数据处理的"泛型"，以及两者耦合关系的"泛型"，共同构成泛型编程的基础。

从抽象角度来看，类及类模板机制实现了数据类型的泛化，泛型编程方法则进一步实现了程序设计方法的泛化。从认识角度看，类及类模板机制是泛化编程的基础，算法泛化本身是对类及类模板机制的一种特殊应用。

泛型编程的典型代表是 C++ 标准模板库（Standard Template Library，STL），它包含很多基本算法和数据结构，而且将算法与数据结构完全解耦，使算法不与任何特定数据结构或对象类型绑定（或耦合）在一起。本质上，STL 属于应用范畴，是对类和类模板机制的一种综合应用。有关 STL 的解析将在第 14 章给出。

8.6　C++ 语言面向对象方法的程序基本结构

为了支持图 4-3 所示的面向对象方法，C++ 语言中，依据演化，面向对象方法的程序结构一般有普通型结构、总线型结构和框架型结构三种，分别针对小规模程序、大规模程序和（标准化）通用应用程序的逻辑结构，并且，继续沿用面向功能方法基于多文件和编译预处理机制的物理结构模型。

8.6.1　普通型结构

面向对象方法脱胎于面向功能方法，因此，普通型结构自然地沿用面向功能方法的基本结构。同时，依据面向对象方法原理，将面向功能方法中的程序建筑块——函数升华为对象，并且，同步升级各种相应的机制，例如：函数库升级为类库、支持模板库、抽象数据类型定义与实现分离为多文件、通过抽象数据类型扩展内置数据类型、各种数据组织和数据处理机制全面支持抽象数据类型，等等。由二元组（{对象}，{对象之间的关系}）定义相应的程序基本结构模型。

另外，增加 inline 机制弥补传统宏机制因不能进行参数有效性检测和返回值不能被强制转换为可转换的合适类型而带来的一系列隐患和局限性的弊端，以及以模板机制区分重载，等等。强调类型的一致性检查。

8.6.2 总线型结构

尽管普通型结构建立了程序物理结构的基本形态，然而它对基于图4-3原理的大规模程序基本逻辑结构并没有给出新的有效组织方法。随着程序规模的越来越大，对象协作关系变得十分复杂，不利于程序的扩展和维护。因此，总线型结构得以发展。相对于普通型结构，总线型结构通过提供一个或多个处理对象协作关系的特殊对象，将对象之间的直接耦合关系改造为间接耦合关系，使得整个程序的逻辑结构具备相对稳定的形态，为程序的扩展和维护提供较好的灵活性。

总线型结构中，对象回归其"数据"的固有属性，即等到被处理，从而，使得直接耦合时的主动式模型转变为间接耦合时的被动式模型，形成了事件驱动编程模式。

8.6.3 框架型结构

框架型结构是总线型结构的升华，它将协作关系以及处理对象协作关系的特殊对象经过抽象和归纳，建立一种规范化的事件处理机制，同时再提供一些额外附加功能，建立一种框架结构，为应用程序的构造及维护提供一致的标准化程序结构形态。然而，框架型结构的标准化特征使得程序构造失去一定的灵活性。

 ## 8.7 深入认识面向对象方法

相对于面向功能方法，面向对象方法将人的认识视野由机器域转变到问题域，体现了人类对程序（或软件）构造方法认识的深入，提高了针对程序构造的思维方法的抽象层次。

面向对象方法建立在对象及其关系基础之上。从本质上看，同族对象仍然体现单个（单族）对象的形态，异族对象才能体现社会的群体效应，异族对象及其关系构成面向对象程序的基本结构，各种对象通过相互发送消息，协作完成程序的功能。有关异族对象及其关系属于应用层面，具体参见第16.2小节的相关解析。

尽管面向对象方法给出了公式4-1中f的具体定义，但它对抽象数据类型的定义粒度并没有给出显式的说明，对抽象数据类型之间的相互关系究竟如何定义也没有给出显式的说明。也就是说，面向对象方法只给出了基本的程序构造方法并定义其程序基本形态，而该方法的具体实现及其应用则取决于人类自身的认识。事实上，这属于方法应用层面的知识，属于隐性知识范畴，本书第16章将给予详细的解析。

对象类型体现了代码与数据的统一，即class机制作为一种抽象数据类型，本身是用于描述数据，但是其内部构造需要函数机制，而函数机制属于代码。另外，作为代码基本建筑块的函数机制，其参数类型、返回值类型以及局部数据组织和处理等也可以使用class机制。这种统一性是现代计算机工作原理内涵的具体表现，即一切都是二进制编码。

从本质上看，对象类型是一种基于面向功能方法的特殊程序（即是面向功能方法的一种特殊应用），其重要性在于它是由面向功能方法孕育的面向对象方法的胚胎。因此，从系统思维的角度，面向功能方法是面向对象方法的母体，随着该胚胎的成长，最终面向对象方法青出于蓝而胜于蓝,建立了比其前辈更加辉煌灿烂的编程世界,实现了人类(针对程序构造的)思维的转变和升华。

相对于面向功能方法,面向对象方法通过抽象数据类型机制消除了大规模程序构造时的"数据波动"效应,显著提高了程序开发、调式和维护的效率。同时,它也实现了标准类库,支持面向各种通用功能的抽象数据类型及其关系的定义。有关 C++ 标准库的基本体系及详细功能解析,读者可以参阅相关资料,在此不做展开。

面向对象方法由面向功能方法孕育并演化,而它自身的成长又孕育了第三代程序构造方法——面向接口方法。因此,C++ 可以支持多种程序构造范型,包括功能模型、对象模型和组件模型。也就是说,C++ 跨越三代程序构造范型,因此,相对其他程序设计语言而言,彰显了 C++ 的强大应用能力。这也就是 C++ 的魅力所在。

C++ 语言是一种高阶、多维的语言,其各种机制(数据组织、数据处理、表达式、函数、类、继承与多态、重载、模版与泛型、代码与数据的统一等等)无处不在地诠释着计算思维之本质——递归(或高阶逻辑及其应用)。

8.8 本章小结

本章对对象之间的基本关系及其带来的实例构造和使用规则进行了解析,同时解析了 C++ 中对对象之间基本关系及其带来的实例构造和使用规则的相关支持机制及约束,对 C++ 中各种拓展机制也进行了解析。在此基础上,给出了 C++ 语言面向对象程序构造方法的程序基本结构。特别是,对面向对象方法及其与面向功能方法的内在思维联系给出了深层解析,诠释了计算思维对程序构造基本方法及支持机制的具体映射。

习 题

1. 对象关系有几种? 请举例说明。

2. 嵌入对象的构造与析构都先于宿主对象的构造与析构,请问它是如何实现的。

3. 含嵌套对象的"大"对象的静态局部实例、动态实例分别如何构造与析构? 请举例说明。

4. 基类地址不可以直接赋给派生类指针,即不可以直接用基类对象实例替换派生类对象实例。为什么?

5. 继承时,基类的私有成员是否被继承? 如果被继承,则它在派生类中能否被访问? 为什么?

6. 如何实现对私有(继承)基类的公共函数成员调用,以便引用私有基类的私有成员?

7. 私有继承时,类外部如何通过派生类对象实例访问基类的私有成员?

8. 对于函数成员,解析同名隐藏(或覆盖)与重载的区别。

9. 同一基类的不同派生类对象实例之间能不能赋值?

10. 保护成员能否隔代遗传?

11. 类机制中,如何才能防止隐式类型转换? (提示:可以建立一个基类,其中将复制构造

函数及赋值运算重载函数设为私有并不予实现)

12. 通过上网搜索并研学,解析 Java 的 final 机制与 C++ 的私有继承或保护继承的关系?(提示:从是否相当于两者的综合合并着手)

13. 继承时如果发生同名现象,则如果在定义派生类对象的模块中通过对象名访问同名的成员,其究竟访问谁的成员? 为什么?

14. 如果需要在派生类中直接引用基类的某些成员,应当将基类的这些成员声明为 protected 还是 private? 为什么?

15. 当不需要对派生类新增成员进行任何初始化操作时,派生类构造函数的函数体可以为空,即构造函数是空函数,则此派生类构造函数的作用是什么?

16. 如果在基类中没有定义构造函数,或定义了没有参数的构造函数,则在定义派生类构造函数时,是否可以不写基类构造函数? 为什么?

17. 如果在基类中既定义无参的构造函数,又定义了有参的构造函数,则在定义派生类构造函数时,是否一定要包含基类构造函数? 对于这种情况,在调用派生类构造函数时,如何决定调用基类的有参构造函数还是无参构造函数?

18. 派生类可以改变基类中定义的非虚函数的行为,此时,如果分别用基类类型指针和派生类类型指针调用该函数成员,则系统会调用派生类对象实例中的哪个函数成员? 如果将非虚函数改为虚函数,则结果如何? 请分析这两种情况的原理。

19. 面向对象方法中,类的成员具有类内、类外、后代三种不同的作用域,对于不同的作用域,成员具有不同的访问属性。请问如何具体确定一个成员的访问属性?

20. Windows 操作系统环境中,所有程序都是基于窗口的,Windows 操作系统对程序的管理(例如:窗口移动、关闭、大小调整;事件处理等等)也是基于窗口并具有统一的方法。请问:在不知道将来用户会使用哪种程序的前提下,Windows 操作系统是如何提前实现对未来各种程序管理的?

21. 构造函数能否声明为虚函数? 为什么?(提示:虚函数用于与具体对象实例的函数的绑定,而在执行构造函数时类对象实例还未完成建立过程)

22. 如果基类和派生类都定义了析构函数,此时将派生类对象实例地址赋给指向基类类型的指针,则通过 delete 运算符撤销对象实例时,系统如何调用析构函数? 如果将基类析构函数变为虚函数(称为虚析构函数),此时,对于上述问题,系统如何调用析构函数? 请分析这两种情况的原理。

23. 如果类 B 需要访问类 A 的保护成员或者需要重新定义类 A 的虚函数,那么,是采用类 B 私有继承类 A 好,还是将类 A 作为类 B 的嵌入对象好? 为什么?

24. 从某种意义上看,结构体与联合体的区别与联系和继承与多态的区别与联系具有思维通约性。你如何认识这种思维通约性。

25. 请给出类模板、模板类和类模板特化类三个概念之间的区别与联系,并举例说明。

26. 图 8-36 中,如何通过 D 的实例访问属性成员 d 和函数成员 f( )?

27. 图 8-41 中,下述使用是否正确,为什么?

```
int i=10;
A<int, i> temp;   // ?
```

28. 请解析模板特化与模板偏特化之间的区别。

29. 对于如下代码段,请说明: 1)a 和 b 是不是 X 的派生类? 2)能不能通过模板类 X 来实现多态? 3)如果不能实现多态,应该怎样扩展使其可以实现多态?

```
template<class T>class X{ ... };
X<int>a;
X<double>b;
```

30. 对于下列程序段,请说明: 1)a1 和 a2 是否有一个共同的静态成员? 2)a1 和 b1 是否有一个共同的静态成员? 为什么?

```
template<class T>class X { static char c; };
X<int>a1, a2;
X<double>b1, b2;
```

31. 对于类模板定义:

```
template<class T, class V>
class MyClass {
    ...
};
```

请分析下列两者的区别:

```
template<>
class MyClass<int, char*>{
    ...
};
```

与

```
class MyClass<int, char*>{
    ...
};
```

32. 请解释 C++ 与 C++ 语言之间的区别。

33. 针对指针形式的实例成员函数访问,继承和多态有什么不同?

34. 给出下列程序的运行结果,并分析原因。

```
#include<iostream>
using namespace std;

class X {
  public:
    X() { cout<<"这是 X 的默认构造函数"<<endl; }
    X(X & t) { a =t.a; cout<<"这是 X 的构造函数"<<endl; }
    X operator=(X m) { a =m.a; cout<<"X 赋值构造"<<endl; return *this; }
    ~X() { cout<<"这是 X 的析构函数"<<endl; }
```

```
    private:
        int a;
};
class Y {
    public:
        Y() { cout<<"这是 Y 的默认构造函数"<<endl; }
        Y(Y & t) { a =t.a; cout<<"这是 Y 的构造函数"<<endl; }
        Y operator =(Y m) { a =m.a; cout<<"Y 赋值构造"<<endl; return *this; }
        ~Y() {cout<<"这是 Y 的析构函数"<<endl; }
    private:
        int a;
};
class A {
    public:
        A(X a, Y b, int c)
        {
            cout<<"进入 A 构造函数"<<endl;
            x =a;    cout<<"x 赋值结束"<<endl;
            y =b;    cout<<"y 赋值结束"<<endl;
            z =c;     cout<<"离开 A 构造函数"<<endl;
        }
        ~A() { cout<<"这是 A 的析构函数"<<endl; }
    private:
        X x;
        Y y;
        int z;
};
class B {
    public:
        B(X a, Y b, int c) : x(a), y(b), z(c)
        { cout<<"进入 B 构造函数"<<endl; cout<<"离开 B 构造函数"<<endl; }
        ~B() { cout<<"这是 B 的析构函数"<<endl; }
    private:
        X x;
        Y y;
        int z;
};
int main()
{
    cout<<"****x1,Y1 已构造****"<<endl;
    X x1;
    Y y1;
    cout<<"****通过构造函数初始化****"<<endl;
    A a(x1,y1,5);
    cout<<"****通过参数化列表初始化****"<<endl;
    B b(x1,y1,3);
    cout<<"****运行结束****"<<endl;
    return 0;
}
```

35. 给出下列各个程序的运行结果,并分析原因。

```
1) class base {
     public:
         virtual void disp( ){ cout<<"base class"<<endl;}
};
class derive1 : public base {
     public:
         void disp( ) {cout<<"derive1 class"<<endl;}
};

int main( )
{
   base obj1, *p;
   derive1 obj2;
   p =& obj1; p->disp( );
   p =& obj2; p->disp( );
   obj1 =obj2; obj1.disp( );
   return 0;
}
```

36. 对于下列程序,编译时产生如图 8-所示错误信息,请分析其原因。

```
#include<iostream>
using namespace std;

class A {
   public:
     A( ) { cout<<"构造 A"<<endl; }
     A(A & a) { cout<<"复制构造 A"<<endl; }
     A & operator =(const A a)
        { cout<<"A 赋值运算"<<endl; }
     ~A( ) { cout<<"析构 A"<<endl;   }
};
class B : public A {
};

int main( )
{
   B b,
     c =b;    // 复制构造
   cout<<"******"<<endl;
   c =b;    // 赋值运算。参数和返回值都是值传递,需要调用复制构造函数①②
   return 0;
}
```

行	列	单元	信息
		C:\Users\junshen\Desktop\未命名11.cpp	**In member function 'B& B::operator=(const B&)':**
12	7	C:\Users\junshen\Desktop\未命名11.cpp	[Error] no matching function for call to 'A::A(const A&)'
12	7	C:\Users\junshen\Desktop\未命名11.cpp	[Note] candidates are:
7	5	C:\Users\junshen\Desktop\未命名11.cpp	[Note] A::A(A&)
7	5	C:\Users\junshen\Desktop\未命名11.cpp	[Note] no known conversion for argument 1 from 'const A' to 'A&'
6	5	C:\Users\junshen\Desktop\未命名11.cpp	[Note] A::A()
6	5	C:\Users\junshen\Desktop\未命名11.cpp	[Note] candidate expects 0 arguments, 1 provided
8	9	C:\Users\junshen\Desktop\未命名11.cpp	[Error] initializing argument 1 of 'A& A::operator=(A)'
		C:\Users\junshen\Desktop\未命名11.cpp	**In function 'int main()':**

行: 23   列: 1   已选择: 0   总行数: 23   长度: 465   插入   在 0.016 秒内完成解析

第 9 章　高级机制：共享、安全与性能

> **本章主要解析**：面向功能方法和面向对象方法中的共享、安全和性能问题；C++语言对这些问题处理的支持机制与拓展。
>
> **本章重点**：面向功能方法和面向对象方法中的共享、安全和性能问题；对共享、安全和性能之间相互平衡的哲学认识。

　　程序构造基本方法仅仅是给出了程序的通用基本结构形态及其相关的各种机制，然而，这些机制还不够完善，缺乏对共享、安全与性能方面的支持。尽管共享、安全与性能具有应用相关的特征，但基本方法层面也应该具备必要的基础支持机制作为支撑，从方法上奠定这方面应用的基础。相对于前面几章解析的基本方法及其相关机制，本章属于基本方法的若干高级机制。

9.1 共享

　　所谓共享，一般是指多个主体对同一主题的作用，或同一个主题被多个主体共同使用。程序设计中，主题一般是指数据或数据组织，主体一般是指数据处理部分。依据程序构造方法的原理，共享机制在程序设计基本方法中主要依据数据的作用域而建立。

9.1.1　函数内的数据共享

　　函数内的数据共享主要实现同一个函数多次被调用时多次调用之间的数据共享。依据面向功能方法原理，函数内部局部数据的生命期是在该函数每次被调用时进行实例化，在每次调用结束并返回时释放内存空间。因此，对于同一个函数，即使多次被调用，其每次调用对局部数据的状态也不做保留。然而，实际应用中有时需要将同一个函数每次被调用时的局部数据状态进行保留，以便多次调用形成一个完整的上下文。为此，C++语言通过关键词 static 对函数中的局部数据进行修饰来实现该功能（称为静态局部变量）。具体参见第 5.4.2 小节的解析。

　　对于静态局部数据，它仅仅实现了同一个函数多次被调用时的上下文状态保留和延续，不能实现对多个不同函数之间的数据共享，也不能实现函数外部与函数内部的数据共享。

9.1.2　抽象数据类型内的数据共享

1）单个抽象数据类型内的数据共享

单个抽象数据类型内的共享主要实现同一种抽象数据类型的各个对象实例之间的数据共享。显然，这种共享机制的实现必须在抽象数据类型层面进行，而不能在对象实例层面进行。C++语言通过关键词 static 对 class 的属性成员进行修饰，使得该属性成员成为整个抽象数据类型层面的成员（称为类静态属性成员或类级属性成员），为该 class 的所有实例共享。并且，通过专门的静态函数成员机制，为在没有创建任何实例时提供对静态属性成员的访问。

针对类模板而言，如果其含有静态变量，则其每一个实例化类（模板类）都含有该静态变量，此时，同一个实例化类的多个实例之间共享该实例化类中的静态变量。图 9-1 给出了相应的解析。

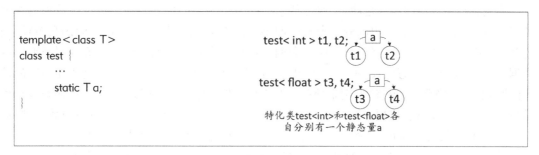

图 9-1　类模板的静态量及其共享

2）多个同族抽象数据类型之间的数据共享

多个同族抽象数据类型之间的数据共享主要实现同族对象之间的数据共享。这种机制主要是通过遗传实现，具体参见第 8 章有关同族对象关系的解析。

C++语言中，protected 访问属性、protected 继承方式以及两者的联合使用就是实现同族抽象数据类型间数据共享的机制。或者说，protected 限定就是为了保留同族共同基因而建立的一种机制。

9.1.3　单文件程序内的数据共享

所谓单文件程序是指用一个单独的文件存放一个完整程序。一般而言，对于规模较小的程序，都是用一个文件进行存放。

对于面向功能方法，单文件程序内的数据共享主要实现同一个程序的多个不同函数之间的数据共享，或者实现函数外部与函数内部的数据共享；对于面向对象方法，单文件程序内的数据共享主要实现同一个程序的多个异族抽象数据类型之间的数据共享。一般而言，程序设计语言中都是通过全局数据组织机制来实现这种共享。

9.1.4　多文件程序内的数据共享

现代应用的业务逻辑都比较复杂，导致程序的规模也比较大，基于操作系统的文件系统机制，一个文件可能存放不了整个程序。另外，即使一个文件能够存放整个程序，但考虑到多个小组大规模同步开发需要以及对各业务逻辑处理程序的合理分布和组织以方便维护等，往往将一个大型程序通过多个文件来存放,即所谓的多文件程序。

源于 C 语言诞生的背景和历史,C/C++ 语言天生就是支持多文件程序的一种程序设计语言。例如:将一个程序分为多个头文件(*.h 文件)和实现文件(*.c 文件或 *.cpp 文件)等等。为了实现多文件程序内的共享,C++ 语言通过关键词 extern、#include 提供相应的支持。

关键词 extern 用于对本程序文件中需要用到的其他外部文件(即同一个程序的其他文件)中的数据、函数或抽象数据类型的说明,以便共享其他外部文件的数据、函数或抽象数据类型。关键词#include 用于对本程序文件中需要用到的外部模块(即其他程序的一些文件)的数据、函数或抽象数据类型的说明,以便共享外部模块的数据、函数或抽象数据类型。具体解析参见图 6-19 和表 6-1。

9.1.5　共享带来的问题

实现共享带来的问题就是冲突,实现共享的同时也必须处理好冲突。对于函数内的数据共享,通过变量生命期和作用域概念来解决冲突。也就是,作用域约束了数据的函数范畴,使得共享数据不可能被其他函数共享;而生命期将数据的有效性延期。对于抽象数据类型内的数据共享,冲突通过静态函数(解决无实例访问问题,即解决成员需要通过实例才能访问的冲突问题)和重名隐藏(或覆盖)原则来处理。对于单文件程序内的数据共享,基于程序块及作用域概念,通过重名隐藏(或覆盖)原则来处理(参见图 5-9)。对于多文件程序内的数据共享,C++ 语言通过关键词 static 约束全局数据或函数来解决冲突问题(参见图 6-19)。对于外部模块的共享,C++ 语言通过命名空间机制(例如:using namespace std;)和预编译处理指令机制来解决冲突问题(参见图 6-21)。

9.2　安全

本节主要解析 C++ 语言面向数据组织和数据处理的安全性问题所提供的基本支持机制,即解析显式的基本安全机制,不解析这些机制的具体应用技巧以及其他应用层面的各种安全性技术和处理方法(即隐式、广义的安全方法。有关这些内容,读者可以参阅专门解析数据安全的相关书籍和资料等)。

9.2.1　引用

引用变量是一种特殊变量,本质上它是另一个变量的别名或化身。相对于指针,引用机制带来了更好的安全性。首先,引用变量并不是独立存在的,它在定义的同时必须进行初始化,使其显式地绑定到一个已经存在的变量。因此,对于引用变量的使用不需要对其有效性进行判断(即引用总是有效的)。而指针变量使用前一般都应该对其有效性进行判断,即看其是否为空或无明确指向。例如:通过 new 运算动态申请空间时,必须对其返回的指针进行检查,否则可能会因申请失败而导致指针无效(即指针为 NULL)。

9.2.2　const 限定

C++ 语言中,const 限定主要用于限制对数据的修改权以保护数据。依据所要限制的处理

对象类型及其粒度,一般有如下几种:

1) 预定内置数据类型的数据修改权限定

对于预定内置数据类型,const 限定主要用于限定数据对象不能被修改。因此,const 限定的数据对象必须在定义时就初始化,而且以后也不能够再被修改。事实上,此时的 const 限定相当于将变量改变为常量(也称为常变量)。相对于通过宏定义语句#define 定义的符号常量而言,常变量具有类型安全性。事实上,通过 enum 定义的数据,也是一种常变量(形式上像变量,本质上是常量)。

2) 预定内置数据类型关联关系下的数据修改权限定

对于指针关联,const 限定可以分别针对指针变量和其所关联的宿主变量两者分别进行修改权限定(分别称为常指针和常宿主),通常有三种具体的限定方式:仅限定指针变量(即常指针)、仅限定指针所关联的宿主(即常宿主)和两者同时限定。常指针表示关联关系不能被改变,但关联的宿主值可以改变;常宿主表示关联关系可以改变,但关联的宿主的值不能通过指针间接地改变;两者同时限定表示关联关系不能被改变,关联的宿主的值也不能被改变(参见图 2-10)。

函数参数的定义,本质上也是一种数据组织定义,因此,const 限定规则也可以用于函数的参数,由此限定函数体内的操作对实际参数的修改权,保护实际参数不能被修改(对于指针类型)。或者,对于引用类型,通过 const 限定延长临时实例的生命期(例如返回临时对象实例的const &),确保引用的安全性。具体的规则,与上述预定内置数据类型数据修改权的限定规则一致。

另外,静态局部数据可以解决函数机制中的数据无效引用问题。

3) class 类型的数据修改权限定

针对 class 类型的数据修改权限定,主要是用于限定对 class 类型所封装的数据成员的修改权。

第一,private 封装特性就起到一个安全保护,对外隐藏 class 的属性数据,使外部不能直接进行访问和修改。

第二,由于 class 类型的数据成员可以是各种预定内置数据类型,因此,与预定内置数据类型一样,通过 const 限定限制对其某个或某些数据成员的修改(称为常数据成员),其作用和使用规则与一般预定内置数据类型常变量的使用规则相似。此时,对象实例必须在定义时被初始化,而且这些数据成员的初始化必须通过参数化列表方式进行,不能通过构造函数进行初始化。

第三,与预定内置数据类型一样,可以通过 const 限定限制对 class 类型所有数据成员的修改,此时,对象实例必须在定义时就初始化。例如:

```
类名 const 对象实例名[(实参列表)];
或:
const 类名 对象实例名[(实参列表)];
```

这种经过 const 限定的对象实例称为常对象实例,凡是希望保证任何数据成员都不被改变的对象实例,就可以定义为常对象实例。常对象实例的初始化也必须通过参数化列表方式进行,不能通过构造函数进行初始化。

为了提供对常对象数据成员的访问,C++ 语言对面向功能方法的函数机制进行了拓展,规定 class 的函数成员可以加 const 限定,以便区别一般的函数成员。class 的函数成员加 const 限定的方法是在函数头的尾部添加 const 关键词,如图 9-2 所示。具有 const 限定的函数成员称为常函数成员。const 关键词是函数类型的一部分,在声明函数原型和定义函数时都要有 const 关键词,否则两个函数是指两个不同性质的函数(也就是说,class 类型允许一个函数同时存在普通函数形式和常函数成员形式)。然而,在调用常函数时则不必加 const。常函数成员不能修改 class 类型的数据成员。

```
class A {
    ...
  public:
    void func( ) const
    {
        ...
      // 内部不能改变属性成员的值,仅可以访问
    }
};
```

图 9-2 常函数的定义方法

值得注意的是,常对象只保证其数据成员是常数据成员,其值不能被修改,但常对象中的函数成员并不保证就是常函数成员,常函数成员必须通过关键词 const 显式地进行限定说明。

常函数成员可以引用 const 数据成员,也可以引用非 const 数据成员。const 数据成员可以被常函数成员引用,也可以被非 const 成员函数引用。

另外,常函数成员不能调用另一个非 const 函数成员,否则间接地失去了常函数成员的意义(因为非 const 函数成员可以修改非 const 数据成员,这样 const 函数成员也就可以修改非 const 数据成员了)。

除了由系统自动调用的隐式构造函数和析构函数外,不能通过常对象实例调用一般的非 const 型的函数成员来访问对象实例的数据成员(该机制可以防止通过这些函数来修改常对象中数据成员的值),只能通过常对象实例调用常函数成员来访问对象实例的数据成员(因为常函数成员可以访问常对象中的数据成员,但不允许修改常对象中数据成员的值)。

第四,const 可以限定函数成员的参数,以防止函数体内的操作对实际参数的修改企图。

第五,const 可以限定函数成员的返回值,以防止返回的对象实例作为左值。该机制一般用在运算符重载中,以阻止通过返回的对象实例去修改对象状态的企图。

综上所述,针对抽象数据类型 class,const 限定可以分别作用在对象实例、函数成员(包括参数和返回值)、属性成员三个方面,其权限的限定规则如表 9-1 所示。

表 9-1 C++ 中 const 限定的具体含义

限定范围		限定规则
对象实例		满足内置数据类型限定的规则,仅对属性成员限定。并且,不能调用非 const 函数成员
成员函数	参数	满足对象实例的限定规则
	返回值	满足对象实例的限定规则
	函数	不能修改属性成员值
属性成员		满足内置数据类型限定的规则

4）this 指针的修改权限定

对于 class 的普通成员函数,其第一个默认参数是由编译器自动添加的 this 指针,其形式为：类名 ＊ const this,在此通过 const 限定 this 只能关联到当前实例。对于 const 成员函数,其形式为：const 类名 ＊ const this,在此进一步通过 const 限定该函数不能修改当前实例的属性成员值。

5）class 类型在绑定和关联关系下的数据修改权限定

与内置数据类型相似,class 类型也有引用和指针两种应用形态,对于它们的修改权限定规则同时满足内置数据类型绑定关系下的数据修改权限定规则和 class 类型自身的修改权限定规则。

6）可以通过 const_cast 运算符临时解除一个常变量或常对象实例的 const 特性限定。

9.2.3　异常控制

C++ 异常(将在第 12 章解析)是运用面向对象方法建立的面向程序执行异常状态控制的一种机制,包括相应抽象数据类型定义及流程控制语句,主要面向程序中一些潜在的预定隐性逻辑错误的控制(例如：运算时产生除数为 0 的异常错误等)。

异常建立了一种安全控制结构,可以对程序的运行过程进行监视,使得程序运行在发生某些预定隐性逻辑错误的时候不会失控(例如,无任何提示时突然终止运行等),而是按预定的设计将执行流转移到统一的处理单元,以便对错误进行相应的控制与处理。

9.2.4　动态类型检查

类型检查有助于类型匹配的合理性检测,现代程序设计语言一般都提倡类型检查(称为类型安全的语言),以防止潜在的错误。

类型检查可以是静态的,也可以是动态的。对于静态类型检查及其转换,C++ 提供了三种机制：1)传统方式的强制转换(预定内置数据类型或不含多态的类);2)static_cast 运算符(预定内置数据类型或不含多态的类);3)reinterpret_cast(任意不兼容类型指针之间的强制转换)。

对于动态类型检查及其转换,C++ 提供 RTTI 机制。RTTI(Run-Time Type Identification,运行时类型标识)是一种有关类型的元数据技术,它支持运行时动态确定对象的精确类型。也就是说,RTTI 可以预先记录有关类型的各种元数据(即类别标识名称或 ID;继承关系;对象结构,包括属性的形态、名称及其位置;函数成员表,包括函数的形态、名称及其参数形态等;类别所诞生的各对象实例;函数的原始码;类别的有关在线上说明;等等),然后通过提供某些特定运算或访问方法来使用这些元数据。目前,C++ RTTI 技术主要提供两种用于动态类型检查的运算符：typeid 和 dynamic_cast。typeid 运算符用于对类型或实例进行类型检查,对于预定内置数据类型或没有 virtual 函数的类而言,typeid 的结果是静态类型(即在编译期间确定类型);对于有 virtual 函数的类而言,typeid 的结果是动态类型(即在运行期间确定类型)。dynamic_cast 运算符用于含多态的类族中向下类型转换。在此,正是多态的动态行为特性(即基类指针或引用当前绑定的实际宿主)需要该运算符确定当前基类指针或引用所绑定宿主的精确类型。

性能

9.3.1 inline 函数

基于函数机制的结构化程序设计方法,尽管提高了程序的开发与维护效率,但函数的调用与返回也带来了性能方面的问题。为了弥补这个缺陷,C++语言提供了 inline 函数机制(称为内联函数)。所谓内联函数,是指在程序被翻译时,由翻译程序将该函数体直接插入到该函数调用处(即内联),这样在程序运行时就消除了函数调用和返回,从而提高性能。显然,这种处理思想与预处理的处理思想类似,只不过后者是在翻译前进行。

inline 函数的具体实现是通过在一个函数头的最前面用关键词 inline 进行修饰。inline 函数机制兼顾了开发时的逻辑结构化特性和运行时的效率和性能问题,但也带来了代码冗余问题。

具体应用中,一般将功能比较简单且需要频繁调用的函数采用 inline 函数机制实现,以平衡开发效率和运行性能。另外,具体应用中还必须注意以下几点:1)递归函数不能定义为内联函数;2)内联函数必须先定义后使用,否则编译器仍会将它视为普通函数;3)内联函数不能进行异常的接口声明;4)存在 while 和 switch 等复杂语句的函数不宜作为内联函数,否则编译器仍将其视为普通函数。

9.3.2 类的友元

类的封装机制限制了外部对类私有数据成员的直接访问,这样对于需要频繁访问对象实例私有数据成员的一些操作而言,如果每次都需要通过调用对象实例的公共成员函数来访问其私有数据,则程序的运行效率和性能就大幅度下降。为此,C++语言提供了友元机制来弥补该缺陷。

所谓友元,是指某个类的朋友,它可以直接访问该类的私有数据。从而,消除了因每次访问都需要调用公有成员函数所带来的函数调用开销。

C++语言中,通过关键词 friend,一个类可以将某个或某些普通函数或另一个类的某个或某些成员函数声明为自己的友元函数,也可以将另一个类声明为自己的友元类(此时,友元类的所有成员函数都成为该类的友元函数)。友元函数或友元类的函数成员可以直接访问其宿主的私有数据。可流类的输入输出重载函数是最典型的友元函数机制的具体应用。

一个函数(包括普通函数和成员函数)可以被多个类声明为"朋友",这样就可以引用多个类中的私有数据。然而,对于友元类而言,友元机制不具备对称性,即如果 A 类将 B 类视为友元类并等于 B 类也就自动将 A 类也视为友元类,除非 B 类也给出了显式的说明。并且,友元关系也不能传递。

友元机制尽管提高了程序的运行效率,但它破坏了类的封装性和信息隐蔽,因此,在实际应用中,除非确有必要,一般不要将整个类声明为友元类,而只将确实有需要的成员函数声明为友元函数,这样可以提高安全性。另外,在使用友元时,要注意到它的副作用(即对私有成员数据的破坏性);而且也不要过多地使用友元,只有在必要时才使用。

9.3.3　类数据成员的 mutable 限定

const 对象实例保护了实例的数据成员不能被修改。然而，考虑到实际应用时的特殊要求，有时可能存在需要修改常对象实例中某个数据成员值的情况。为此，C++ 语言对此作了特殊处理，通过引入关键词 mutable（一种新的存储类别）修饰，将一个数据成员声明为可变的数据成员，允许常成员函数修改它的值。图 9-3 所示给出了相应的解析。

```cpp
#include<iostream>
using namespace std;

class TestMutable {
  public:
    TestMutable( int v = 0)
    {   value = v;   }
    int getValue( ) const
    {
       return value++;    // 修改属性成员的值
    }
  private:
    mutable int value;
};

int main( )
{
  const TestMutable test(99);

  cout<<"Initial value: "<<test.getValue( );
  cout<<"\nModified value: "<<test.getValue( )<<endl;
  return 0;
}
```

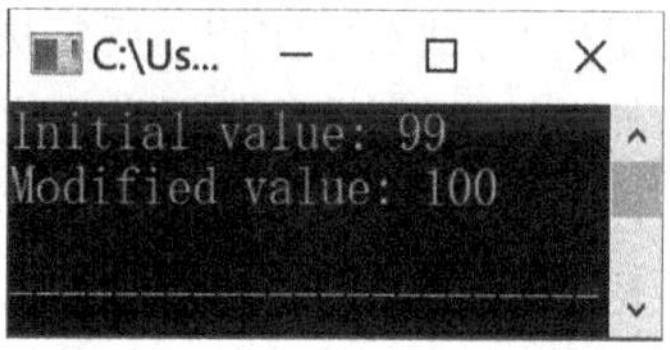

```
C:\Us...    —    □    ×
Initial value: 99
Modified value: 100
```

图 9-3　mutable 限定的特权

9.3.4　临时变量

所谓临时变量，并不是指用户定义的某种临时用的变量，而是指编译器内部按需自动生成的各种隐式的临时变量。C++ 中的临时变量问题是影响程序运行性能的一个关键因素，因此，为了提高程序的运行性能，应该理解 C++ 的一些内部机制，尽量降低或减少临时变量问题带来的影响。

1）类型转换时的临时变量问题

在进行表达式运算、函数调用参数传递和函数调用返回时，经常存在类型转换问题。对于普通内置数据类型来说，类型转换不存在明显的性能问题。然而，对于抽象数据类型而言，类型转换会带来较大的性能问题。究其原因，主要是涉及相应对象实例的临时构造与析构问题。特别是，对于自动隐式类型转换，更应该引起重视。

具体而言，依据类型转换原则，每当将一个小类型转换为一个大类型时，编译器采用自动隐式类型转换,此时,如果大类型是抽象数据类型,那么,依据抽象数据类型的构造原理,此时需要调用大抽象数据类型的类型转换构造函数,并以小类型(一般是内置数据类型。对于抽象数据类型,则是通过类型转换运算符重载方法实现)作为参数进行隐式类型转换。

对于抽象数据类型,无论是类型转换构造函数,还是类型转换运算符重载,发生类型转换时,编译器会自动调用这些函数,建立一个无名的临时对象实例(即转变后的抽象数据类型实例),当本次运算、本次函数调用或本次函数返回工作结束后,该临时对象实例被自动析构,即调用相应抽象数据类型的析构函数。因此,临时实例的构造与析构因存在函数调用而导致程序性能受到影响。例如,对于表达式 c1+2.5,其中 c1 是某种抽象数据类型,此时需要将 2.5 作为参数,隐式调用该抽象数据类型的转换构造函数构造出一个临时的该抽象数据类型的实例,并再次调用该抽象数据类型的重载运算函数 operator+( )实现最终的运算。该表达式处理完成,所构造的临时实例还需要被自动析构。

2) 局部变量生命期带来的临时变量问题

依据面向功能方法原理,局部变量的生命期是从函数被调用开始,到函数调用返回时结束。因此,如果局部变量是抽象数据类型,那么,每次函数调用都会有实例构造和析构问题,这就影响程序的运行性能。因此,对于批量数据组织(例如数组),无论是内置数据类型还是抽象数据类型,应该将其限定为 static 局部变量,以便消除每次大批量局部变量的构造与撤销(对于内置数据类型)或对象实例的反复构造与析构(对于抽象数据类型)。

另外,对于局部抽象数据类型实例的定义,应尽量放在(靠近)其使用处,以便消除因不必要的析构函数调用(例如,定义后还没有使用前,因满足某种条件引起函数返回而引发局部实例被析构)而影响性能的弊端。

3) 函数调用参数传递时的临时变量问题

函数调用时,存在两个方面的临时变量构造与析构问题。一是参数传递时的隐式类型转换所引起的临时变量问题;二是参数传递方式所带来的临时变量问题。前者首先需要通过调用类型转换函数临时构造一个目标类型的对象实例,然后通过调用复制构造函数将该临时对象实例传递给对应的参数。后者主要是由传值方式所带来的问题。与内置类型不同,抽象数据类型如果采用值传递,将会涉及参数对象实例在堆栈空间的构造问题,此时复制构造函数被调用,增加函数调用开销。因此,对于抽象数据类型,一般都是使用引用传递。

4) 函数调用返回时的临时变量问题

函数调用返回时,也存在两个方面的临时变量构造与析构问题。一是函数结果返回时的隐式类型转换所引起的临时变量问题;二是函数调用返回时返回方式所带来的临时变量问题。前者与参数传递时的临时变量问题类似,不再赘述。后者主要是由传值返回方式所带来的问题。

与内置数据类型不同,抽象数据类型如果采用值返回,将会涉及函数结果对象实例在堆栈空间的临时构造问题,此时会增加构造函数和析构函数被调用的开销。因此,对于抽象数据类型,函数调用返回一般也都采用引用返回(此时必须确保不能导致无效引用,或者通过 const &延长临时对象实例的生命期)。此时,如果要消除因引用返回带来的左值效应所导致的安全隐患,可以通过 const 进行限定。

特别是,上述各种情况对于含有嵌入对象的类或继承树中的派生类,其临时对象实例的构造与析构开销会更大,严重影响程序的运行性能。可见,C++语言引入引用机制的本质作用就是为了提高性能及安全性。

　　尽管 C++ 语言的引用机制可以提高性能，然而，还是存在若干问题。首先，虽然通过 const 引用机制可以拓展左值应用，实现到值（常量或一个表达式）或临时实例的绑定，但其不能改变被绑定对象的值。也就是，这种拓展力度不够，不具备左值应用的相似特点。其次，函数机制中，对于抽象数据类型而言，引用型参数传递对于右值形态实参，会涉及临时实例的构造与析构开销；引用型返回时对于右值形态返回值，也会涉及临时实例的构造与析构开销，并且导致无效引用安全隐患。为此，新的 C++ 标准中增加了右值引用机制，进一步完善了引用机制。

　　右值引用的标志采用两个 & & 符号，即类型名 & & 。例如：int & & x = 8;，其中，x 就是右值引用变量。右值引用主要用于对右值形态（即"值"）或临时对象实例的绑定（与之对应的左值引用主要用于对左值形态，即变量/"地址"的绑定）。事实上，右值形态最终也是一种临时对象实例。因此，右值引用的本质就是要实现对临时对象实例的控制、管理和读写访问（通过绑定的右值引用变量进行），延长其生命周期（即使其与右值引用变量具有相同的生命周期）。具体而言，就是实现资源控制权转移，并且，通过这种转移消除临时实例构造与析构的开销，进一步提高程序运行性能。另外，新 C++ 标准也提供了 move( ) 库函数，用于实现对左值的右值转换（用于将一个生命周期即将结束的左值按右值引用思想继续使用）。具体解析如图 9-4 所示。

```cpp
#include<iostream>
using namespace std;

class B {
  public:
    B( ) { cout<<"B 默认构造\n"; }
    ~B( ) { cout<<"B 析构\n"; }
};
class A {
    int x; B *b;
  public:
    A( int x) : x(x)
    {
    cout<<"A 构造\n";
    b =new B[x];    // ①
    }
    A( A & a)
    {
      cout<<"A 复制构造\n";
      x =a.x;
      b =new B[x];   // ②
      for ( int i =0; i<x; ++i)
        b[i] =a.b[i];
    }
    ~A( ) { cout<<"A 析构\n"; }
};
A f( int x)
{
```

进入 f
③　A 构造
①　B 默认构造
　　B 默认构造
④　A 复制构造
②　B 默认构造
　　B 默认构造
⑤　A 析构
　　B 析构
请按任意键继续.

进入 f
A 构造
B 默认构造
B 默认构造
A 复制构造
B 默认构造
B 默认构造
A 析构
B 析构
⑥　A 复制构造
　　B 默认构造
　　B 默认构造
⑦　A 析构
　　B 析构
　　A 析构
请按任意键继续.

```
    cout<<"进入 f\n";
    return A(x);   // ③ 直接在堆栈构造,不需要复制
}
int main( )
{
    A t=f(3);
    A tt(t);   // ④
    return 0;
}   // ⑤

// 函数替换为此版本(增加局部实例)
A f( int x)
{
    cout<<"进入 f\n";
    A temp(x);
    return temp;   // ⑥ 局部实例 temp 的值复制到堆栈
}   // ⑦   局部实例 temp 析构

// 复制构造替换为此版本
A(A & a)
{
    cout<<"A 复制构造\n";
    x = a.x;
    b = move(a.b);   // ⑧ 调用复制构造,使用 move( )转移控制权,减少复制
}

// 上述函数版本和复制构造函数版本同时替换
// ⑨ 针对局部实例 temp 的返回,调用复制构造,使用 move( )转移控制权,减少复制
```

// 复制构造替换为此
版本(转移构造)
A(A && a)
{
  cout<<"A 转移构
造\n";
  x=a.x; b = a.b;   //
④ 调用默认复制构造
}
// 上述函数版本和复
制构造函数(转移构
造)版本同时替换
// ④ 调用默认复制构造
// ⑥ 延长局部实例 temp 的生命周期,减少复制工作

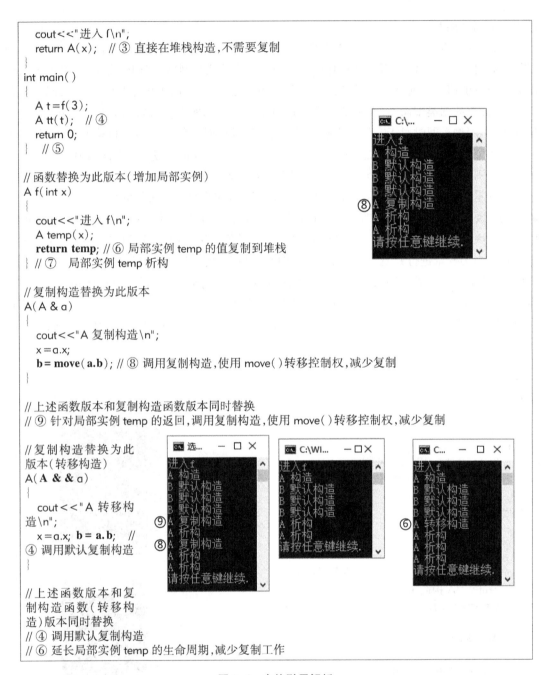

图 9-4　右值引用解析

5)表达式计算时的临时变量问题

对于含有抽象数据类型的表达式计算,最终都归结为类型转换和函数调用两个方面,其临时变量问题仍然是归结到上述所述的几种。

6)inline 函数织入时的临时变量问题

inline 函数在编译时进行自动织入,此时,对于其实际参数是表达式的应用场景,直接扩展织入就会带来副作用,此时需要引入临时变量以消除副作用(参见图 9-5 所示解析)。

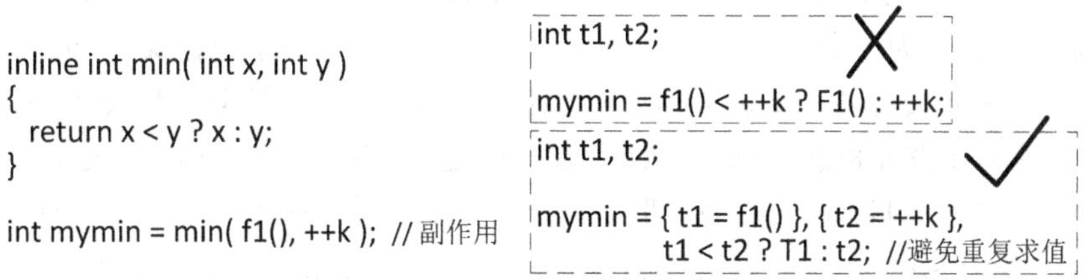

图 9-5　引入临时变量消除副作用

另外,对于其局部变量,inline 函数在自动织入时都必须放在函数调用的一个封闭区段中并拥有一个独一无二的名称。如果 inline 函数以单一表达式织入多次,则每次织入都需要自己的一组局部变量。如果 inline 函数以分离的多个式子织入多次,则只需一组局部变量就可以重复使用,因为它们被放在一个封闭区段中,有自己的作用域范围。

尽管 inline 函数机制作为老式宏替换机制的安全替代品,并能够消除函数调用及返回导致的性能开销。然而,inline 函数中的局部变量,再加上有副作用的实参,可能会导致大量临时性对象的产生。特别是对于类类型而言,更加复杂。并且,inline 函数的织入也会产生大量的冗余扩展码,使程序的大小暴涨,由此,必然也带来相应的性能消耗。

9.3.5　初始化参数列表

作为对象类型实例初始化的一种方式,初始化参数列表具有较好的性能,相对于通过构造函数函数体赋值的初始化方式,初始化参数列表可以节省多次函数调用的开销(对于预定内置数据类型,两种初始化方式性能一样),具体解析参见图 9-6 所示。

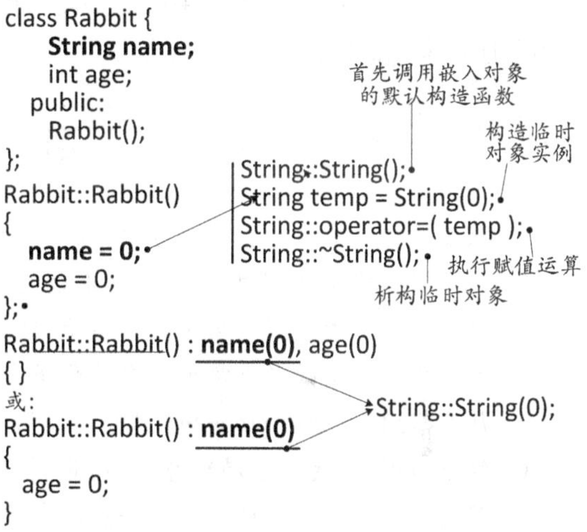

图 9-6　初始化参数列表的性能提升

从本质上看,性能的提升主要就是降低函数调用带来的开销。

9.4　对共享、安全与性能的综合认识

作为程序设计语言中的高级支持机制,共享、安全和性能尽管各自面向特定的方面(Aspect),然而,在具体使用中因三者共同作用于同一个程序而存在一定的冲突。例如:有时为了提高性能,安全就会减弱。因此,对于这些高级机制的使用,主要是依据所需要解决的具体问题,进行三者之间的相互平衡。也就是说,不能片面追求某个方面,而应该从一个程序的整体角度来考虑各个方面的具体使用,使程序达到和谐。

另外,各种机制之间存在一定的思维联系。具体而言,为了追求某个方面特性,首先提出

了相应的支持机制。但是,该机制的提出又影响了另一个方面特性,所以又提出另一种机制来弥补该缺陷。例如:为了安全提供了 const 限定机制,但对于抽象数据类型而言,它缺乏临时的修改灵活性,为此又提供了 mutable 限定机制;为了安全,引入了类的封装机制,但其影响了性能,为此又弥补了友元机制;等等。从而,如此反复,最终导致 C++ 语言机制的复杂性。因此,只有在理解各种机制之间内在思维联系基础上才能有效地认识和使用好各种机制。

从系统化思维角度看,这些高级机制本质上主要是弥补由抽象数据类型所带来的一些问题,或者说完善抽象数据类型机制以及在其基础上的面向对象方法的支持机制。也就是说,拓展抽象数据类型后,为了使得它在使用上具有与传统内置数据类型一致性的语义,需要扩展传统的机制,由此带来丰富的各种新机制。

9.5 本章小结

本章主要解析了 C++ 语言中的一些高级机制,这些机制直接影响程序的质量和运行性能并为程序带来灵活性。

习　题

1. 从安全性和执行性能两个方面分析指针与引用的不同。
2. 从执行性能角度,分析为什么局部数组应该采用 static 存储类别限定。
3. 静态局部变量能不能在函数外面使用?
4. 类模板的静态量能否实现所有特化类实例之间的共享? 为什么?
5. 从共享角度,分析 protected 属性的作用。
6. 给出 static 限定对于局部量、全局量、类以及模板的不同作用。
7. 解决共享冲突有几种方式? 分别用在什么场景?
8. 常对象的初始化必须通过参数化列表方式进行,不能通过构造函数进行。为什么?
9. 抽象类型作为函数参数时,为什么都是采用引用传递方式,而不是值传递?
10. 对于抽象类型,给出 const 各种限定的含义及作用。
11. 为什么常实例不允许调用非 const 函数成员?
12. 如何理解"const 函数成员是常实例机制带来的一种拓展机制"?
13. 什么是类型检查? 它是如何实现的?
14. 请给出四种 *_cast 运算的具体作用。
15. 为什么递归函数不能内联?
16. 为什么引入友元机制?
17. 对于下列每组数据定义,哪些是正确的,哪些是错误的? 为什么?

① int & p =56;
② int *const p =& x;　int *& q =p;　const int *& r =p;　int *const & s =p;
③ const int *p;　int*& q =p;　const int*& r =p;

18. 对于下列各种场景，分析其临时变量问题。

```
① void fun(X x)   // X 是一种抽象类型
{ }
X xx;
fun(xx);
② X fun()
{ X xx; return xx; }   // X 是一种抽象类型
X x = fun();
③ string s, t;
string& v = s + t + "aaa";
```

19. 分析比较第 8 章习题 33 中两种初始化方式带来的性能问题。

20. 运行下列程序并分析错误原因。

```
class A {
      int x;
   public:
     A(x = 6) { }
     A(int x) { }
     A(A & a) { x = a.x; }
}
void f(A & a) { ··· }
int main()
{
   A _a;
   f(8);
}
```

21. 对于抽象类 A 的运算 *（用于有理数的乘积），下列几种友元方式重载实现的执行性能及安全性如何？请分析之。

```
1) const A operator *(const A & left, const A & right)
   {
       return A(left.n*right.n, left.d*right.d);
   } // 提示：构造函数调用，临时变量生成
2) const A & operator *(const A & left, const A & right)
   {
       A result = new A(left.n*right.n, left.d*right.d);
       return result;
   } // 提示：构造函数调用，返回局部变量的引用
3) const A & operator *(const A & left, const A & right)
   {
       A *result = new A(left.n*right.n, left.d*right.d);
       return *result;
   } // 提示：构造函数调用，连续运算时多次析构
4) const A& operator *(const A& left, const A& right)
   {
```

253

```
        static A result;
        result = …;
        return result;
    }   // 提示: 对于 if( operator = =( operator*( a, b), operator*( c, d))) 应用场合, 条件永远成立,
两个值实际为同一个值
```

22. 对象作为参数时, 为什么通常都是用引用传递, 而不是值传递?

23. 与基本内置数据类型不同, 通用对象数据类型如果采用值传递, 将涉及(哪些)函数调用开销和临时对象问题?

第三篇

应　用

第 10 章 程序设计应用概述

本章主要解析：什么是应用；应用的本质及其思维特征；C++程序设计应用的基本认知框架；学习应用的基本策略。

本章重点：应用的本质及其思维特征。

应用是程序设计的最终目标。应用既综合了语言、环境及（基本）方法，又具有它自身的特征。与语言、环境及（基本）方法的封闭范畴不同，应用是一个开放的范畴，因为应用需要涉及技术与应用领域两个层面，其中应用领域层面决定了应用的开放性。正是这种开放性，决定了程序设计应用的创新属性。

10.1 什么是应用

所谓应用，是指如何针对具体的领域问题，给出满足计算机系统特性约束的有效解决方法（称为程序设计应用方法，简称应用方法），然后通过某种程序构造方法（即第2篇的基本方法）及某种程序设计语言（用于具现程序构造方法以便使用方法）构造出相应处理程序，最后通过某种环境执行程序并得到最终结果的过程。

程序构造方法、程序设计环境及程序设计语言仅仅决定了程序的基本形态及其具体描述方法，是所有应用都必须遵循的共性规律。应用的本质在于如何针对具体的领域问题，寻找满足计算机系统特性约束的有效解决方法。应用方法的获得，一方面是如何有效地灵活运用程序构造方法、程序设计环境及程序设计语言这三个基本要素；另一方面，对领域问题的求解要具备相应的认知及经验（参见第16章的相关解析）。并且，最终实现两个方面的有机综合。

程序构造方法、程序设计环境及程序设计语言这三个基本要素的知识是相对显性的、有限的，而对它们的具体运用、以及对领域问题求解的认知与经验所涉及的知识却是隐性的、无限的。显然，对于应用而言，前者是外因，后者是内因，它直接决定了应用的能力。因此，如何建立对领域问题求解的认知与经验成为应用本质的核心。

应用的思维特征及其 C++ 映射

10.2.1 应用的思维特征

认知与经验的获得取决于思维。由应用的本质可知,其思维具有明显的特征,主要表现为宏观的全过程思维和微观的计算思维。全过程思维是指应用的思维需要覆盖演绎和归纳这两个思维过程,即完成思维的全过程。具体而言,对于如何有效地灵活运用程序构造方法、程序设计环境及程序设计语言这三个基本要素,本质上是基于演绎思维,也就是说,这三个方面知识本身的学习及基本应用都是建立在演绎思维基础上,因为其显式的封闭特性决定了其知识体系的演绎特征。然而,对于领域问题的求解,本质上基于归纳思维,也就是说,一方面,领域问题求解的认知及经验获得过程是一个归纳的过程;另一方面,领域问题求解方法的获得也是一个归纳的过程,即需要把实际的领域问题进行抽象并归纳到某种或某些已知的模型(即应用建模,简称建模),以便利用模型求解。本质上,建模也就是对程序构造方法、程序设计环境及程序设计语言这三个基本要素的有效灵活运用。

上述应用建模属于计算思维的外因,在此,微观的计算思维主要是指计算思维的内因,即对领域问题求解的认知与经验获得所具备的思维属性。具体而言,对于领域问题求解的认知及经验获得,尽管领域问题是多样的、千变万化的,然而,问题的解决方法(或获得解决方法的思维)却是有规律的,尤其是增加了计算机这个特定环境的约束。因为,依据辩证法的基本原理,人类思维存在共性规律,在约束条件下,这些思维规律形成了相应的应用思维定式或应用模式。应用模式及其建构(将在第 16 章解析)就是应用的计算思维属性的具体体现。也就是说,二元组({应用模式},{应用模式建构策略})建立了程序设计应用的思维基础。因此,应用模式的发掘及其建构(也称逻辑组合)就是程序设计应用的精髓所在,它也成为应用能力发展的引擎。

10.2.2 应用思维特征的 C++ 映射

C++ 程序设计应用中,全过程思维主要表现在两个方面:对各层次多种应用之间关系的逻辑梳理和对每种应用的认知体系。具体而言,应用涉及面向 C++ 语言拓展支持机制的内向应用和面向领域的外向应用,前者包括 I/O 流机制、字符串处理机制、异常控制机制和 STL (Standard Templete Library,标准模板库),后者包括框架式程序构造方法、基本应用模式及其建构和广谱隐式应用(或应用建模)。其中,应用模式挖掘、应用建模基于归纳思维,其他都是基于演绎思维。

计算思维主要表现在对每种应用的认知方式中,也就是说,每种应用的认知体系,本质上都是依据计算思维原理展开(参见图 10-2)。图 10-1 所示给出了 C++ 程序设计应用要素的基本认知框架。

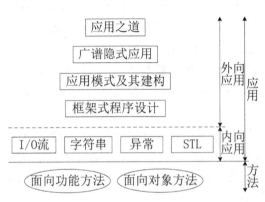

图 10-1 C++ 程序设计应用要素的基本认知框架

10.3　学习应用的基本策略

依据应用的本质及其开放特征,应用的学习应该具备相应的策略。首先,应该区分显性知识和隐性知识两个范畴。程序设计语言、计算机环境、程序构造基本方法以及一些已经外化(或显性化)的应用模式都属于显性知识范畴,而应用模式及其建构属于隐性知识范畴。应用模式及其建构不仅针对程序构造基本方法的具体应用,也针对程序设计语言和计算机环境的具体应用。其次,要认识显性知识和隐性知识两者的关系,并由此关系分解学习目标。显性知识是隐性知识的基础,具有特殊性,相对容易学习;隐性知识是显性知识的概括和抽象,具有普遍性,相对难以学习。因此,显性知识的学习是学习目标的第一个层次,也是一种短期目标;而隐性知识的学习是学习目标的第二个层次,是一种长期目标。事实上,隐性知识才是学习的根本目标,它对整个学习起到决定性的作用。再者,采用基于计算思维的递归学习策略。也就是说,将计算思维原理运用到学习本身,建立对知识本身和知识学习两个方面统一认知的递归学习策略。图 10-2 所示给出了递归学习策略的解析。最后,实现递归学习策略的具体应用。也就是,将递归学习策略投射到显性知识、隐性知识及其两者关系的具体学习中。具体而言,无论是显性知识还是隐性知识,都应该寻找其基本的元素集合以及元素之间的关系集合。

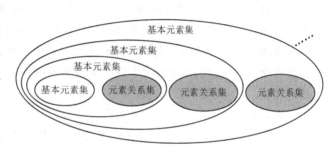

图 10-2　基于计算思维的递归学习策略

10.4　本章小结

本章主要解析了应用的本质及其思维特征。在此基础上,给出了 C++ 程序设计应用要素的基本认知框架,并给出了学习应用的基本策略。本章为无界应用的学习建立了有界的基本方法和思路。

习　题

1. 什么是应用? 应用涉及哪些内容?
2. 请解析基本方法和应用方法的区别与联系。
3. 为什么说应用要素具有开放特性,而语言、环境和基本方法要素具有封闭特性?
4. 什么是显性知识? 什么是隐性知识? 它们的关系如何? 请举例说明。
5. 如何理解"归纳是演绎的基础"?
6. 什么是递归学习策略? 请举例说明。

第 11 章　I/O 流

　　本章主要解析：面向程序数据输入和输出的流机制抽象概念及其基本原理；为 C++ 语言提供基本输入和输出机制的标准 I/O 流抽象数据类型及其基本使用方法，包括 I/O 流类型的基本体系（标准 I/O 类库结构）、基本输入流类型的常用成员函数及其使用、基本输出流类型的常用成员函数及其使用、流的状态管理和格式控制；标准 I/O 流类型与 C++ 基本语言机制及其支持的面向对象程序构造方法之间的关系；自定义通用抽象数据类型的输入与输出机制与标准 I/O 流类型之间的关系；文件 I/O 流及其与标准 I/O 流的区别与联系；流类型中蕴含的计算思维。

　　本章重点：面向程序数据输入和输出的流机制抽象概念及其基本原理；C++ 标准 I/O 流类型的基本体系；标准 I/O 流类型与 C++ 基本语言机制及其支持的面向对象的程序构造方法之间的关系；自定义通用抽象数据类型的输入与输出机制与标准 I/O 流类型之间的关系；文件 I/O 流及其与标准 I/O 流的区别与联系；流类型中蕴含的计算思维。

　　输入和输出用于实现程序与外部的交互，是程序设计的一个重要机制，程序设计语言及其衍生的开发环境都必须提供相应的支持机制。输入和输出是一个相对比较复杂的过程，它涉及外部设备的控制和管理，具有平台依赖性。因此，输入和输出机制的构建核心在于如何弱化平台依赖性。基于面向对象方法，C++ 语言通过流概念拓展了其对输入和输出的支持机制，建立了利用标准输入设备（键盘）和输出设备（显示器）进行输入和输出的标准 I/O 流机制和面向磁盘等外部存储设备输入和输出的文件 I/O 流机制。

11.1　什么是 I/O 流

　　任何程序都会遇到数据的输入和输出问题（特殊情况下，允许程序可以没有输入），传统的输入和输出机制一般有两种实现方法，一种是在语言中直接实现输入和输出语句及命令，另一种是将输入和输出委托给语言的支持环境，语言本身不直接支持。C 语言采用第二种方法，从而使得 C 语言具有较强的可移植性。也就是说，只要支持 C 语言的开发环境提供相应的输入和输出标准库，C 语言程序就能在此环境中编译和运行。C++ 语言保留了 C 语言的这种设计思想,通过 C++ 标准库,实现对数据输入和输出功能的支持。

依据现代计算机系统的结构及其基本工作原理,设备控制和管理一般都是由系统软件操作系统负责,因此,无论哪种输入和输出实现机制,最终都是要调用操作系统的基本输入和输出功能。如果是语言本身直接支持,则其相应的语句或命令的内部实现就封装了对操作系统基本输入和输出功能的调用逻辑。如果委托给语言的支持环境,则是由标准库中的函数或类来封装对操作系统基本输入和输出功能的调用逻辑,而语言本身仅仅是通过引入标准库支持对相应预定函数或类的使用。图 11-1 所示给出了两种策略的基本实现思想。

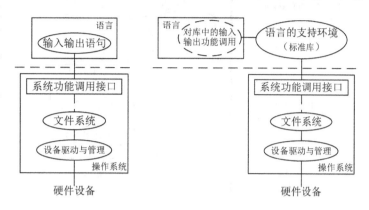

图 11-1 输入和输出的两种基本实现策略

由图 11-1 可知,第一种策略是一层实现方法,第二种策略是两层实现方法。因此,第二种策略通过将复杂的 I/O 处理逻辑从语言本身机制中解耦并单独专门实现,从而消除了语言本身机制对基础运行平台技术的依赖性和耦合性,增加了语言本身机制的高可移植性并建立相应的基于标准库的程序构造规范。对某种程序构造方法而言,这种规范统一了用户自身和标准库两者对程序构造基本方法的应用方式。

因为面向功能方法建立在函数机制上,因此,标准库通过函数方式解决输入和输出问题并建立标准 I/O 函数库,这显然是合理的。事实上,函数库可以看成是面向功能方法的一种典型应用。但是,面向功能方法对数据类型的封闭性,决定了基于函数库的实现方法对通用抽象数据类型的不适应性。为此,C++ 语言中,基于面向对象方法,重新实现了基于“流”概念的数据输入和输出机制——标准库中的流类型部分。

所谓流(Stream),是对数据传输过程的一种抽象。流概念涉及三个方面:流的内容(各种类型的数据)、流的控制和调节(流的操纵和控制)以及流的来源或结果(简称源或宿,即随时间顺序而消耗或叠加的流存储/流缓冲)。图 11-2 所示给出了“流”概念的基本解析。

图 11-2 “流”概念的基本解析

所谓 I/O 流(I/O Stream),是对程序数据输入和输出过程的一种抽象,它是“流”概念在程序数据输入和输出问题中的一种具体应用。I/O 流抽象数据类型就是对这种抽象的具体定义及实现。

通过“流”概念,比较直观和简洁地给出了统一的数据输入和输出过程,即流机制不仅可以用来输入输出预定的标准内置类型数据,也可以用于输入输出用户自定义的抽象类型数据。

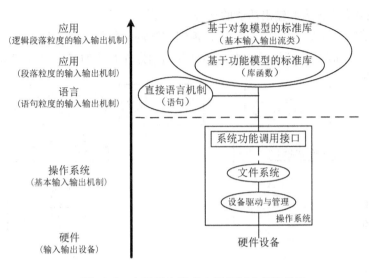

图 11-3　各种输入输出实现机制之间的关系

并且，流机制具有类型安全和类型自适应优点。综合而言，语言直接支持、库函数支持和流支持是对操作系统基本输入和输出功能进行不断包装的过程，通过层层包装，实现了数据输入和输出过程的抽象。流机制从相对较高的抽象层面给出了程序数据输入输出问题的解决方案，方便程序构造人员使用。图 11-3 所示给出了各种输入输出实现机制的关系。图 11-4 所示分别给出了针对同一个问题，用两种不同方法构造的程序及其对标准库应用的相应解析。

```cpp
// 输入一个整数，输出该整数的平方(面向功能方法)
#include <stdio.h> // 引入含输入输出函数的标准函数库
using namespace std;

int main()
{
    int x;

    scanf( "% d", & x ); // 调用标准库中的输入函数 scanf()
    printf( "% d\n", x*x ); // 调用标准库中的输出函数 printf()

    return 0;
}

// 输入一个整数，输出该整数的平方(面向对象方法)
#include <iostream> // 引入含输入输出流类型定义的标准库
using namespace std;

int main()
{
    int x;

    cin >> x; // 使用标准输入流对象实例 cin
    cout << x*x; // 使用标准输入流对象实例 cout
    return 0;
}
```

图 11-4　两种基本程序构造方法对标准库的使用

11.2 C++ I/O 流机制实现概述

尽管流机制在 C++ 语言中十分重要,但从本质上看,I/O 流并不属于 C++ 语言本身,它是 C++ 语言所支持的面向对象方法的一种典型应用。也就是说,I/O 流机制是一种用面向对象方法(例如:类、重载、继承、多态、友元和模板等机制)构造出来的一种特殊应用,主要解决 C++ 语言中的数据输入和输出问题。

C++ 流机制的具体实现由相应开发环境所附带的标准库完成,最新的 C++ 标准库引入了 STL(Standard Template Library,标准模板库),并且,通过模板及 STL 的设计思想重新改写了老标准库中的一些库程序,基于流概念的 I/O 库程序就是其中之一。因此,实际使用时,一定要注意标准库的版本或头文件的正确名字。

考虑到开放、扩展性以及对国际化的支持等因素,C++ 标准库 I/O 流的基本实现原理如图 11-5 所示。图 11-5(a)是基本体系结构,其中内部字符表示格式(Internal representation)就是指流缓存(即流存储)中字符存放的格式,它由流抽象类型模板定义的第一个参数 charT 类型决定。格式化层主要实现格式化或解析工作,即将与环境相关的本地化字符表示格式(Native representation)解析并转变为内部字符表示格式,包括在输入时负责解析从外部设备读入的字符序列(例如:考虑跳过空格等各种因素)、在输出时负责格式化和产生能输出到外部设备的字符序列(例如:考虑输出字段宽度、浮点数的精度及表示方法、八进制/十进制/十六进制整数表示以及适合地方文化习俗的数据表示方法等各种因素)。该层相对独立于设备特性,与本地化特征相关;传输层主要实现将字符序列送到外部设备或从外部设备上读取字符序列,它封装了所有与外部设备特性有关的内容,包括访问外部设备(例如:文件打开与关闭等)、缓冲和编码转换(例如:将设备上使用的字符表示格式转换为格式化层的字符表示格式)等。它主要完成将内部字符表示格式转变为由外部设备决定的外部字符表示格式(External representation)。显然,两个层次的工作分别将两端的各种特殊性映射到内部的统一表示类型。图 11-5(b)是相应的类及其关系定义,其中除 ios_base 类外,其他类都是基于 STL 设计思想的类,以抽象的字符类型(charT)及提取它各种应用形态的提取器(traits)为类模板参数(有关类型应用形态及其提取器概念,参见第 14.2 小节)。针对面向标准默认 I/O 设备(键盘与显示器)的数据流方式输入和输出(称为标准 I/O 流)和面向外存文件的数据流方式输入和输出(称为文件 I/O 流),I/O 流类部分主要定义了 ios_base、basic_ios< >、basic_istream< >、basic_ostream< >、basic_iostream< >;basic_ifstream< >、basic_ofstream< >、basic_fstream< >;basic_streambuf< >、basic_filebuf< > 等抽象数据类型模板,并分布在< ios >、< istream >、< ostream >、< iostream >、< fstream > 和< streambuf > 等几个头文件中。其中,ios_base 是基类,提供独立于抽象字符类型(即模板第一个参数 charT)的一些公共类型定义(包括各种位掩码类型、流异常类型、格式状态类型定义等等)和附加在流上的 locale 及其相关操作函数、与某些事件相关的回调函数等;basic_ios< >提供依赖于抽象字符类型 charT 的类模板,主要涉及一些共有的函数和特性,例如:指向流缓冲类的指针及相应的获取该指针的函数、显示错误的函数、流状态及相关函数、异常掩码的提取函数、输出中用以调整字段宽度的填充字符函数 fill( )、复制一个流数据成员的函数、流打结/同步函数 tie、依赖字符和 lacale 的函数、等等。basic_istream< >、basic_ostream< >、basic_iostream< >、basic_streambuf< >构成通用的标准 I/O 流;basic_ifstream< >、

basic_ofstream<>、basic_fstream<>、basic_filebuf<>构成具体的文件 I/O 流。basic_streambuf<>
相对独立,它辅助其他流类型工作(其他流类都是该类的友元类,利用它的底层读写功能进行
操作),主要提供缓存管理和读写方面的一些功能。另外,通过相对独立的头文件<iomanip>,
定义与流状态管理和格式控制的一些全局函数(称为流操纵符或操纵算子),用于对流的控制
和管理。

C++ 流机制通过对流类模板的 charT 类型实例化(即 typedef basic_iostream<**char**>
iostream;等),定义了常用的标准 I/O 流,即 ios、istream、ostream、iostream;常用的文件流,即
ifstream、ofstream、fstream。考虑到对国际化字符的支持,STL 中也相应地提供了支持 wchar_t 类
型的实例化版本,其相应抽象数据类型的名字及头文件名都是在相应类型名或头文件名前面
加一个字母"w",例如:**wios**、**wiostream**、**wfstream**;<**wiostream**>、<**wfstream**>等等。

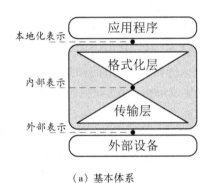

(a) 基本体系

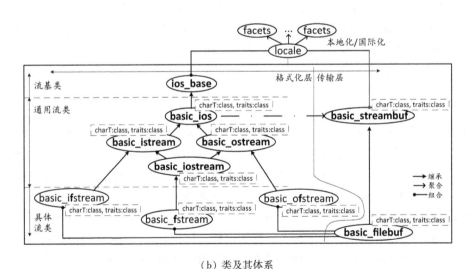

(b) 类及其体系

图 11-5 C++ 标准库中 I/O 流类机制的实现原理

输入输出流类型的具体实现,主要是通过重载传统运算符">>",实现各种预定内置数据
类型数据以及大部分类库中已定义抽象数据类型数据的流方式输入,称为流提取(或流消耗)
运算;通过重载传统运算符"<<",实现各种预定内置数据类型数据以及大部分类库中已定义
抽象数据类型数据的流方式输出,称为流插入(或流生成)运算。并且,对流的工作状态、存放
流的缓冲区以及流的表现方式等进行控制和管理。考虑到流机制随时间顺序连续生成或消耗

的特点(即连续运用流运算),运算符"＞＞"和"＜＜"的重载实现函数,都应该返回流对象类型的引用(即返回值具有左值特征,以便继续调用重载的"＞＞"和"＜＜"运算)。并且,函数的第一个参数也应该规定为流对象类型的引用(即相应的 this 指针)。图 11-6 所示给出了相应的示例及其解析。用户可以基于这些流类型,实现自己所定义的通用抽象数据类型数据的流方式输入和输出,构建可流类。

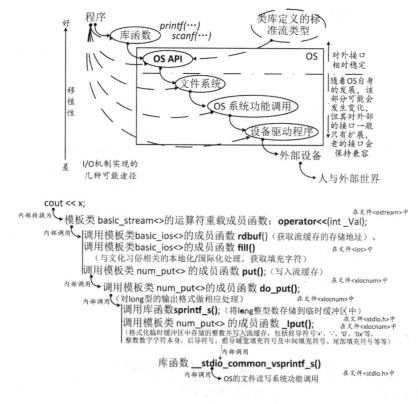

图 11-6　C++ 标准库中 I/O 流具体运算的实现原理
(以 int 类型的＜＜运算为例／VS2015)

考虑到版权,I/O 流的具体实现代码一般不公开,用户都是通过引入存放流类型定义的相应头文件来使用其中定义的各种流类型。当用户创建可执行程序时,由链接程序完成用户程序目标代码与库程序目标代码的合并并生成最终完整的可执行程序。

11.3 C++ 标准 I/O 流

标准 I/O 流类型主要面向标准输入输出设备,实现其数据的流方式输入和输出。考虑到标准输入输出是任何程序都必须使用的,因此,存放标准输入输出流类型定义的头文件＜iostream＞中,不仅构建了相应的流类型,而且也预先建立了四个名称固定的标准 I/O 流类型的全局对象实例:cin、cout、cerr 和 clog(它们也相应是 istream_withassign 和 ostream_withassign 的对象实例)。用户在使用时,程序中不再需要显式定义就可以直接使用。其中,cin 是输入流

istream_withassign 类型的对象实例；cout 是输出流 ostream_withassign 类型的对象实例；cerr（不带缓冲）和 clog（带缓冲）也都是输出流 ostream_withassign 类型的对象实例，它们主要用于向标准输出设备输出错误信息。

默认情况下，标准输入绑定到键盘，标准输出绑定到显示器。通过操作系统提供的重定向功能，可以使标准输入输出绑定到特定的设备（cerr、clog 只能输出到显示器），例如：磁盘文件。

11.3.1 标准输入流类型及其使用

依据现代计算机系统和操作系统设计原理，每当从键盘输入时，输入的数据先存放在键盘缓冲区中，每次按下回车键或遇到文件结束控制符时，键盘缓冲区的数据（包括回车键和控制符）再送入到内存的输入缓冲区（即输入流）中，程序通过标准输入流对象实例 cin 直接操纵输入流以读取数据。图 11-7 所示给出了相应解析。

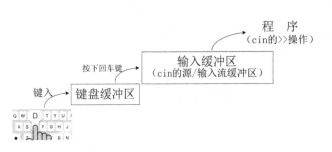

图 11-7　输入流缓存的建立

默认情况下，标准输入流是以一个或多个空格符作为输入数据的分隔符，因此，从输入流中提取（消耗）数据时，cin 通常会跳过（即相当于丢弃）输入流中的空格和 tab 键字符。然而，对于字符型数据的输入，空格符有可能是需要的有效输入字符。另外，当输入缓冲区中有残留数据时，cin 会直接读取这些残留数据而不会等待键盘输入。为此，标准输入流 istream 类型提供了一系列函数成员，用于提供各种流输入功能及对流中数据的检测。表 11-1 所示给出了一些函数成员及其使用方法的解析。

表 11-1　istream 类型的一些成员函数及其使用方法

函数成员	功能解析	样例
get( )	从指定输入流中提取一个字符（包括换行符），返回值就是读入的字符。若遇到输入流中的文件结束符，则函数值返回文件结束标志 **EOF**(End Of File)	char c; while((c = cin.get()) ! = EOF) …;
get(char & n) get(unsigned char & n) get(signed char & n)	从输入流中读取一个字符(包括换行符)，赋给字符变量 n。如果读取成功则返回非 0 值(真)，如失败(遇文件结束符)则函数返回 0 值(假)	char c; while(cin.get(c)) …;

get(char *p, int n, char e)
get(unsigned char *p, int n, char e)
get(signed char *p, int n, char e)
	从输入流中读取 n-1 个字符，赋给指定的字符数组 p(或字符指针 p 指向的数组) (数组的第 n 个字符自动填写 '\0')，如果在读取 n-1 个字符之前遇到指定的结束标志字符 e(参数 e 可以省略，此时默认为 '\n')，则提前结束读取。如果读取成功则函数返回非 0 值(真)，如失败(遇文件结束符)则函数返回 0 值(假)	char c[10];
		cin.get(c, 10, '\n'));
		或
		cin.get(c, 10));

(续表)

函数成员	功能解析	样例
getline(char *p, int n, char e) getline(unsigned char *p, int n, char e) getline(signed char *p, int n, char e)	从输入流中读取一行字符。用法同 get(char *p, int n, char e),但读入时舍弃终止字符 e	char c[10]; cin.getline(c, 10, '\n'));
eof()	从输入流读取数据时,如果遇到文件末尾(遇文件结束符),函数返回值为非 0 值(真),否则为 0(假)	while(! cin.eof()) …;
peek()	观测并返回输入流中当前位置的下一个位置的字符。当前位置保持不变,下一个位置的字符仍保留在流中,不提取。如果要访问的字符是文件结束符,则函数值是 **EOF**	char c; c = cin.peek(); 或 cin.peek()
putback(char c)	将指定的字符 c 插入到输入流中的当前位置	cin.putback('c');
ignore(int n, char e)	跳过输入流中的 n 个字符(该参数可以省略,此时默认为 1),或在遇到指定的终止字符 e(该参数可以省略,此时默认为 **EOF**)时提前结束(此时跳过包括终止字符在内的若干字符)	cin.ignore(5, 'A');
read(char *p, int n)	从输入流中以无格式方式(例如:不考虑换行或空白符等,严格按原始字节读取)读入 n 个字节的内容	char c[10]; cin.read(c, 9);
gcount()	用于统计最后一次通过 cin.getline 或者 cin.read(char *buf, int n)输入的字符个数,含末尾的 '\0',但不能用于 cin>>str 中的 str 长度的测算。	int c; c = cin.gcount();

11.3.2 标准输出流类型及其使用

现代操作系统中,为了提高输出效率及整个计算机的工作效率,对于数据输出一般都采用缓冲机制,即系统在内存中开辟一定容量的缓冲区,数据首先输出到缓冲区,然后再从缓冲区输出到外部设备。

标准输出流 ostream 类型针对带缓冲的流方式数据输出和不带缓冲的流方式数据输出分别实现了相应的支持机制,称为缓冲流和非缓冲流。对于缓冲流,仅当缓冲区满、当前送入的数据为换行符或主动冲洗缓冲区时,系统才对流中的数据进行处理(称为刷新)。而对于非缓冲流,一旦数据送入缓冲区,则立即处理。

标准输出流 ostream 类型提供了一些函数成员,用于提供各种输出功能。表 11-2 所示给出了一些函数成员及其使用方法的解析。程序通过预定的标准输出流对象实例 cout 实现数据的流方式输出。

表 11-2　ostream 类型的一些成员函数及其使用方法

函数成员	功能解析	样例
put(char c)	将指定字符 C 写入输出流	cout.put('c') ;
write(char * p, int n)	向输出流中以无格式方式(例如:不考虑换行或空白符等,严格按原始字节读取)写入 n 个字节的内容	char c[10]; cout.write(c, 9) ;
flush( )	冲洗(或清空)输出流(输出缓冲区)	cout.flush( ) ;

11.3.3　标准 I/O 流的状态管理和格式控制

为了对流的状态进行管理以及对流的输出格式进行控制,标准 I/O 流定义了流的各种状态标志以及实现了各种状态管理和格式控制机制。各种状态标志或格式标志都采用位模式定义,便于状态标志或格式标志的叠加。表 11-3 所示给出了用于状态管理的相关常量成员与函数成员。其中,strm∷iostate 就是支持位模式定义的整数类型,strm∷badbit、strm∷failbit 和 strm∷eofbit 都是位模式中的某个位值,表示特定的位模式实例。

表 11-3　标准输入输出流的条件状态及管理函数

常量成员或 函数成员	功能解析	样例
strm∷iostate	与机器相关的整型名,由各个 iostream 类定义	—
strm∷badbit	strm∷iostate 类型的值,用于指示被破坏的流	—
strm∷failbit	strm∷iostate 类型的值,用于指示失败的 I/O 操作	—
strm∷eofbit	strm∷iostate 类型的值,用于指示流已经到达文件结束符	—
eof( )	如果相应流设置了 eofbit 位值,则该函数返回 true	while(cin>>i, ! cin.eof( )) {…}
fail( )	如果相应流设置了 failbit 位值,则该函数返回 true	if(cin.fail( )) {…}
bad( )	如果相应流设置了 badbit 位值,则该函数返回 true	if(cin.bad( )) {…}
good( )	如果相应流处于有效状态,则该函数返回 true	if(cin.good( )) {…}
clear( )	将相应流的所有状态位值都重新设置为有效状态	cin.clear( ) ;
clear(flag)	将相应流的某个指定状态位值重新设置为有效状态,其他状态位值保持不变。flag 给出某个指定状态,flag 的类型是 strm∷iostate	cin.clear(old_state) ;
setstate(flag)	为相应流添加某个指定状态位值。flag 给出某个指定状态,flag 的类型是 strm∷iostate	cin.setstate(cin.badbit | cin.failbit) ;
rdstate( )	读取相应流的当前状态位值,返回值类型是 strm∷iostate	istream∷iostate old_state = cin.rdstate( ) ;

对于流格式,流机制的实现也是通过位模式方式定义了若干格式标志常量,如表 11-4 所示。

表 11-4　标准输入输出流的格式及管理函数

枚举常量与函数成员	功能解析	样例
skipws = 0x0001	跳过输入流中当前位置及后面的所有连续的空白符,(默认为有效)	—
left = 0x0002	在指定的域宽内按左对齐格式输出(默认为无效)	—
right = 0x0004	在指定的域宽内按右对齐格式输出(默认为有效)	—
internal = 0x0008	在指定的域宽内,数值的符号按左对齐、数值本身按右对齐输出,剩余的字符位置用填充字符填充(默认为无效)	—
dec = 0x0010	输入或输出时转换为十进制(默认为有效)	—
oct = 0x0020	输入或输出时转换为八进制(默认为无效)	—
hex = 0x0040	输入或输出时转换为十六进制(默认为无效)	—
showbase = 0x0080	输出时在数值前输出基指示符,即八进制数数字 0,十六进制数为 0x(默认为无效,此时按是十进制输出,无基指示符)	—
showpoint = 0x0100	输出时输出小数点及小数尾部的无效数字 0(默认为无效)	—
uppercase = 0x0200	使十六进制数和浮点数中使用的字母输出为大写(默认为无效)	—
showpos = 0x0400	使输出的正整数前带有"+"(默认为无效)	—
scientific = 0x0800	用科学表示法输出浮点数(默认为依据数值自动判别)	—
fixed = 0x1000	用固定小数点法输出浮点数(默认为依据数值自动判别)	—
unitbuf = 0x2000	在输出操作后刷新所有流	—
stdio = 0x4000	在输出操作后刷新标准流 cout 和 cerr	—
flags()	返回当前用于 I/O 控制的格式状态字	cout.flags();
flags(long flag)	重新设置格式状态字为 flag,并返回此前的格式状态字	cout.flags(ios::showbase);
setf(long flag)	重新设置格式状态字中与位模式值 flag 对应的各状态位,并返回此前的相应设置。	cout.setf(ios::showbase | ios::uppercase);
unsetf(long flag)	清除格式状态字中与位模式值 flag 对应的各状态位,并返回此前的相应设置。	cout.unsetf(ios::showbase | ios::uppercase);
width()	返回当前的输出域宽。若返回数值 0 则表明没有为刚才输出的数值设置输出域宽	cout.width();
width(int w)	设置下一个数据值的输出域宽为 w,并返回上一个数据值所规定的域宽	cout.width(10);
precision()	返回当前浮点数输出的精度	cout.precision();

（续表）

枚举常量与函数成员	功能解析	样例
precision(int p)	重新设置浮点数输出的精度,并返回此前的输出精度(系统预设置的浮点数输出精度为 6 位有效数字)	cout.precision(3);
fill( )	返回当前使用的填充字符	cout.fill( );
fill(char c)	重新设置流中用于输出的填充字符为 c,并返回此前的填充字符(系统预设置的填充字符为空格)	cout.fill('*');

通过函数成员方式控制流的格式,使用时需要通过流对象实例访问函数成员,这种方式给连续的流式操作带来不便。也就是说,每一种格式控制操作都需要单独的一个语句,不能将格式控制操作嵌入到连续的流 I/O 语句中。为此,标准 I/O 流又定义了相应的流操纵函数(也称为流操纵算子)。流操纵函数分为带参数和不带参数(不带参数的操纵函数也称为操纵符)两种,分别存放在头文件< iomanip >和< iostream >中。表 11-5 和表 11-6 分别给出了相应的流操纵符及其解析。

表 11-5　不带参数的流操纵函数(操纵符)

操纵符	功能解析	样例
dec	将整数转换为十进制格式输入或输出	cout< < dec< < k; cin> > dec> > k;
hex	将整数转换为十六进制格式输入或输出	cout< < hex< < k; cin> > hex> > k;
oct	将整数转换为八进制格式输入或输出	cout< < oct< < k; cin> > oct> > k;
ws	忽略输入流中的空白符	cin> > ws;
endl	插入换行符并刷新输出流	cout< < endl;
ends	插入串结束符 '\0'	cout< < ends;
flush	刷新输出流	cout< < flush;

表 11-6　带参数的流操纵符

常量成员或函数成员	功能解析	样例
setw(int n)	设置域宽为 n	cout< < setw(5)< < 255; cin> > setw(5)> > buf;
setfill(char c)	设置填充字符为 c	cout< < setfill('@')< < 255;
setbase(int n)	设置整数的基数为 n(n 取值为 0、10;8;16,分别表示十进制、八进制和十六进制)	cout< < setbase(8)< < 255; cin> > setbase(16);
setprecision(int n)	设置精度为 n	cout< < setprecision(3)< < 2.55; cin> > setprecision(12);

（续表）

常量成员或函数成员	功能解析	样例
setiosflags(long f)	设置由 f 指定的状态格式位	cout<< setiosflags(ios∷ hex ｜ ios∷uppercase); cin>> etiosflags(ios∷ ocx ｜ ios∷skipws) ;
resetiosflags(long f)	取消由 f 指定的状态格式位	cout<< resetiosflags(ios∷dec); cin>> resetiosflags(ios∷hex);

另外,用户也可以自定义操纵符,以便以这些预定义格式操纵符为基础建立含义明确的更大语义单位的操纵符。图 11-8 所示给出了相应的示例及其解析。

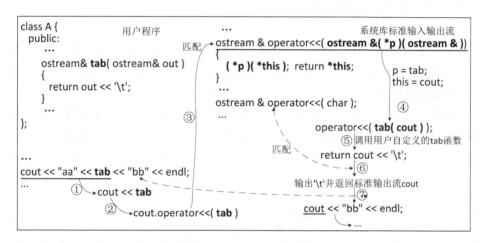

图 11-8　自定义流操纵符 tab

11.3.4　对标准 I/O 流的深入认识

流机制中,流内容(即数据)的输入/输出以字节为单位,按字节序列依次逐个进行(即字节流,简称流)。按照对字节内容的解释方式不同,字节流可以分为字符流(也称文本流)和二进制流。字符流将字节流的每个字节按 ASCII 字符进行解释,数据传输时需要做转换(例如:int型数据 1234567 在内存中占 4 字节,但输出前要先转换成数值串“1234567”后才能输出。反之亦然),效率较低。但字符流可直接编辑、显示或打印,字符流数据可以适用于各类计算机。二进制流将字节流的每个字节按二进制方式解释,数据传输时不做任何转换,效率高。但不同的计算机系统对数据的二进制存放格式存在差异(例如:对 int 型数据四个字节的访问顺序),而且二进制也无法人工阅读。因此,二进制流数据的可移植性较差。二进制流的输入输出也称为无格式的 I/O 或低级 I/O,相应地,字符流的输入输出称为格式化 I/O 或高级 I/O,它需要面向数据类型并对字节流做转换。

流的各种处理函数,在具体使用时要注意如下几点:1)流的当前操作位置以及操作后是否改变;2)流对特殊分隔符的处理(即操作时是否过滤或丢弃);3)对换行符或文件结束符的处理(即操作时是否跳过或丢弃);4)输出时有无缓冲;5)对于输入流,换行符(Enter,回车键)有两个作用：一是表示输入到缓冲区中的数据可以提取，二是从输入流中提取非字符型数据时，作为与空格字符等同的分隔符处理。对于输出流，表示将缓冲中的数据输出。

可以在任何输入流和输出流之间建立链接，称为流绑定或流打结、流链接。此时，从输入流提取数据时，与其链接的输出流会先自动刷新输出。流的绑定与解绑定可以通过成员函数 tie( )来实现。例如：cin.tie(& cout)将标准输出流绑定到标准输入流中，cin.tie(NULL)或 cin.tie(0)解开绑定。也可以把一个输出流链接到另一个输出流上。此时，每次向被绑定流写入数据的时候，就会先向绑定流写入刚才已经写入的缓冲数据，从而，通过这种机制保持两个相关流之间的同步。

11.4 C++ 文件 I/O 流

文件 I/O 流在默认标准 I/O 流的基础上，实现了面向外部存储器、基于操作系统文件管理机制的数据输入和输出方法。考虑到文件操作不是每个程序都必须的，况且由于情况各异，每个用户程序需要操作的文件也不同，无法事先给予统一定义。因此，文件 I/O 流机制仅仅定义了相应的各种文件 I/O 流类型，即 ifstream、ofstream 和 fstream，并没有预先为用户定义它们的对象实例。相对于默认标准 I/O 流的使用，文件 I/O 流的使用除了要引用不同头文件外，还必须增加两个步骤：1)使用前显式创建相应流类型的流对象实例；2)使用后撤销相应的流对象实例。一旦流对象实例被创建完后，流的具体使用方法与默认标准 I/O 流的使用方法一致。

11.4.1 操作系统文件处理的一般原理

操作系统通过文件系统(File System,FS)实现对软件资源和外部设备资源的统一管理。为了对外部存储器中的文件(即软件或数据资源)进行操作，文件系统需要为每个当前正在使用的文件在内存建立相应的控制结构，记录对应文件的当前工作状态。因此，文件操作一般具备三个基本步骤：打开文件(即建立相应控制结构并初始化)、读写文件(即具体的访问操作)和关闭文件(即将当前状态同步到外部存储器对应文件并撤销相应控制结构)。

11.4.2 如何创建文件输入流对象实例

从文件系统的工作原理角度，创建文件输入流对象实例就是对应于打开文件工作，它需要指出要具体操作的文件路径名以及用于数据输入的具体操作方式。打开文件成功后，操作系统会在内存创建相应控制结构并初始化相应各种参数。

从抽象数据类型角度，创建文件输入流实例就是建立一个文件输入流类型 ifstream 的对象实例，并通过具体文件路径名以及用于数据输入的具体操作方式作为实际参数，调用文件输入流类型的相应构造函数或调用其 open( )函数成员对实例进行初始化。具体使用解析如图11-9所示。

文件操作涉及与外部设备的联系，因此，文件输入流对象实例创建后，需要立即验证其是否创建成功或有效，以便为后续文件流读写奠定良好基础。并且，使用文件输入流对象实例读入数据时，一定要预先在外存相应指定路径中准备好其所绑定的数据文件！

图 11-9　文件输入流对象实例的创建

11.4.3　如何创建文件输出流对象实例

从文件系统的工作原理角度,创建文件输出流对象实例也是对应于打开文件工作,它也需要指出具体操作的文件路径名以及用于数据输出的具体操作方式。打开文件成功后,操作系统会在内存创建相应控制结构并初始化相应各种参数。

从抽象数据类型的角度,创建文件输出流对象实例就是建立一个文件输出流类型 ofstream 的实例,并通过具体文件路径名以及用于数据输出的具体操作方式作为实际参数,调用文件输出流类型的相应构造函数或调用其 open() 函数成员对实例进行初始化。具体使用解析如图 11-10 所示。

与文件输入流对象实例创建一样,文件输出流对象实例创建后,也需要立即验证其是否创建成功或有效,以便为后续的文件流读写奠定良好基础。

11.4.4　如何访问文件

文件 I/O 流成功创建后(即文件打开后),在其关闭之前(即文件关闭前),可以对文件进行读和写操作。文件访问操作一般涉及对文件数据的处理方式、文件访问模式及文件读写位置三个方面。

1)对文件数据的处理方式

计算机内部是二进制世界,文件中的数据也是以字节为单位的二进制表示形式。然而,对于各种不同类型数据,其二进制表示形式是不同的。对于字符信息,在计算机内部是以 ASCII

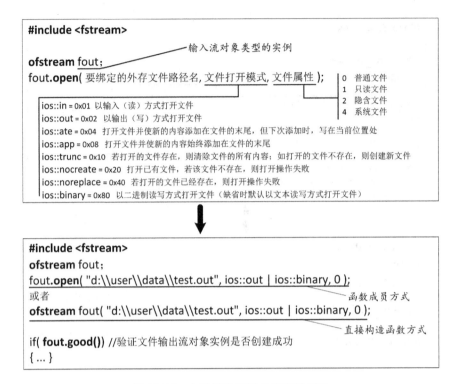

图 11-10　文件输出流对象实例的创建

编码形式存放；对于数值型数据，在计算机内部则是以补码或浮点形式等存放；对于多媒体数据，在计算机内部则是以各种编码数据存放。因此，针对不同含义的以字节为单位的二进制数据，如何将其输出也是不同的。所有计算机系统的信息输出都是基于 ASCII 编码标准（通过 ASCII 编码可以找到相应符号的字模信息并输出），因此，对于字符信息，可以直接读取并（最终通过操作系统的 BIOS）输出；对于数值型数据，需要将内部以补码或浮点形式等存放的数据转换成相应的数字符号的 ASCII 编码并（最终通过操作系统的 BIOS）输出；对于多媒体数据，则通过专门的处理软件和硬件将各种编码数据还原成原始信息。同样，针对不同含义的以字节为单位的二进制数据文件的创建与内容写入方法也是不同的，同样按照上述原理进行反向转换。

　　因此，文件读写对文件中数据的处理一般分为两种方法：按字节直接读写和按语义读写。按字节直接读写就是直接以字节为单位按字节顺序读写二进制数据，对二进制数据不做任何语义解释。因此，这种文件访问方式被称为二进制文件访问方式，相应地，被读写的文件称为二进制文件或流式文件；按语义读写是按顺序将一个或多个连续的字节解释为一个有意义的数据并转换为其相应的 ASCII 编码进行输入或输出。例如：将一个字节解释为一个 ASCII 码字符、将连续两个字节解释为一个 Unicode 码字符或一个整型数据、将连续四个字节解释为一个整型数据等等。因此，这种文件访问方式被称为 ASCII 码文件访问方式，相应地，被读写的文件称为 ASCII 码文件或文本文件。C++ 语言中，将对二进制文件的输入输出称为低级 I/O 或无格式化 I/O，将文本文件的输入输出称为高级 I/O 或格式化 I/O。

　　考虑到不同计算机系统在存储一个有意义的数据时，字节顺序不一定完全一致，例如：对于 4 个字节的整型数据，字节顺序可以是由低到高排列，也可以是由高到低排列。因此，文件在不同系统之间交换时就会产生错误。所以,二进制文件不适合异构系统的交换。因为 ASCII 码是所有计算机系统的编码标准,所以,ASCII 文件适合在异构系统之间交换。

另外,二进制文件访问及传输的速度要比 ASCII 码文件访问及传输的速度快、效率高,因为后者需要将字节的二进制数据进一步按语义单位进行转换和解释。

2)文件读写位置

为了对文件进行读写,每一个文件都有一个指示当前读写位置的标志,称为文件读写位置指针。每当打开一个文件时,操作系统在内存创建的相应于该文件的控制结构中就初始化该位置指针,使其指向文件的开始位置。随着对文件的读写操作,该指针位置不断自动调整。

C++ 文件 I/O 流中,与读写位置指针相关的常量成员和函数成员如表 11-7 所示。图 11-11 所示给出了相应的语义解析。

表 11-7　C++ 文件 I/O 流中定义的文件读写位置及相应位置操作函数

流类型	成员常量和函数	功能解析	样例
基本输入输出流 ios	ios::beg	文件开始位置	
	ios::cur	文件当前位置	
	ios::end	文件结束位置	
输入流 ifstream	seekg(绝对位置值) seekg(偏移值,参照起点位置值)	使当前位置=绝对位置值	seekg(n); seekg(n, ios::end);
		使当前位置=参照起点位置值+偏移值	
	tellg()	返回当前位置指针	tellg();
输出流 ofstream	seekp(绝对位置值) seekp(偏移值,参照起点位置值)	使当前位置=绝对位置值	seekp(n); seekp(n, ios::end);
		使当前位置=参照起点位置值+偏移值	
	tellp();	返回当前位置指针	tellp();

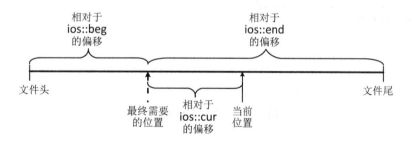

图 11-11　文件 I/O 流中的位置语义

3)访问模式

访问模式是指按什么规则读写文件,一般有顺序访问和随机访问两种基本模式。顺序访问是指从当前位置开始,按顺序读写文件中的数据。随机访问是指可以随机调整当前位置,然后从调整后的位置读写文件中的部分数据。

针对 ASCII 码文件,一般采用顺序访问模式,此时,可以依据数据类型依次读写各个数据(参见图 11-13 所示)。也就是说,此时的读写是按语义读写,位置指针的移动是按照数据类型所占的字节数来计算距离!例如:读写一个整型数据后,位置指针自动调节并指向下一个整型数据所占字节的第一个字节位置。针对二进制文件,一般采用随机访问模式,此时,位置指针的移动是按照字节数来计算距离(参见图 11-14 所示)!本质上,任何文件都是以字节为单位的字节流,只是字节的内容及语义不同。因此,针对 ASCII 码文件,也可以采用随机访问模式,此时,必须按照各种数据类型所占用的字节数精确计算出所要随机访问的目标数据位置,然后才能由此位置读写目标数据(参见图 11-15 所示)。显然,针对二进制文件,也可采用顺序访问模式,只不过此时是按字节顺序访问,而不是按数据类型顺序访问(参见图 11-16 所示)。

对 ASCII 文件的读写操作(或按语义的读写方式),一般用以下两种方法:

1)用流提取运算符">>"和流插入运算符"<<"来输入/输出标准数据类型的数据。

2)用文件流的函数成员 put、get、getline 等进行字符的输入输出。

对二进制文件的读写操作(或按字节的读写方式),主要用文件流的函数成员 read 和 write 实现。这两个函数成员的原型为:

istream & read(char * buffer, int len);

ostream & write(const char * buffer, int len);

其中,字符指针 buffer 指向内存中的一块存储空间,len 是读写的字节数。

11.4.5　如何关闭文件 I/O 流

从文件系统的工作原理角度,关闭文件 I/O 流是对应于关闭文件工作,它首先需要依据相应内存控制结构中的参数,将当前有关文件操作的最终状态同步到外部存储器中对应的文件。然后,操作系统将内存中相应的控制结构从整个文件管理控制结构中脱钩并删除,从而断开与外部设备的联系。

从抽象数据类型的角度,关闭文件 I/O 流就是通过调用相应 I/O 流类型的函数成员 close( ),通知操作系统执行文件关闭的各项工作。具体使用解析如图 11-12 所示。

```
#include< fstream>

fin.close( );
或
fout.close( );
```

图 11-12　文件 I/O 流的关闭

11.4.6　文件流应用示例及解析

【例 11-1】　用语义读写方式,从键盘输入一批整型数据并将它们写入一个文本文件;然后,读出该文件中的数据到数组中,并输出其中的最大值和最小值。

相应程序及解析如图 11-13(a)所示(含程序运行结果)。图 11-13(b)所示是数据的各种形态解析。

```
#include<fstream>
#include<iostream>
using namespace std;

int main()
{
    int a[10], t;
    ofstream fout("d:\\f1.dat", ios::out);
    if(!fout)   // 对输出文件流进行验证
    {cerr<<"file open error!"<<endl;  exit(1);}

    cout<<"Please input 6 integer numbers:"<<endl;
    for(int i = 0; i<6; ++i) {   // 从键盘输入一批整型数据并写入文件
        cin>>t;  fout<<t<<" ";
    }   // 整数之间用一个空格符分开,以便按语义读取
    fout.close();

    ifstream fin("d:\\f1.dat", ios::in);
    if(!fin)   // 对输入文件流进行验证
    {cerr<<"file open error!"<<endl;   exit(1);}

    for(int i = 0; i<6; ++i)    // 从输入文件流读入整数到数组
        fin>>a[i];

    int max = a[0]; // 求最大值和最小值
    int min = a[0];
    for(int i = 1; i<6; ++i) {
        if(a[i]>max) max = a[i];
        if(a[i]<min) min = a[i];
    }
    cout<<"Max:"<<max<<" "<<"Min:"<<min<<endl;
    return 0;
}
```

（a）程序及解析

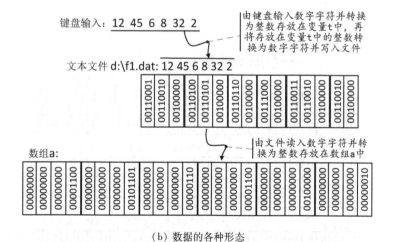

（b）数据的各种形态

图 11-13　文件流语义读写方式应用示例及解析

【例 11-2】　用直接字节读写方式,从键盘输入一批整数存放在数组中并将该数组写入一个二进制文件;然后,读出该文件中的数据到数组中,并输出其中的最大值和最小值。

相应程序及解析如图 11-14(a)所示(含程序运行结果)。图 11-14(b)所示是数据的各种形态解析。

```cpp
#include<fstream>
#include<iostream>
using namespace std;

int main()
{
    int a[6], b[6];
    ofstream fout("d:\\f2.dat", ios::out | ios::binary);
    if(! fout)   //对输出文件流进行验证
    {cerr<<"file open error!" <<endl; exit(1);}

    cout<<"Please input 6 integer numbers:" <<endl;
    for(int i = 0; i<6; ++i)   //从键盘输入一批整数到数组 a
        cin>>a[i];
    fout.write((char *) a, sizeof(a));   //按字节将数组 a 直接写入文件
    fout.close();

    ifstream fin("d:\\f2.dat", ios::in | ios::binary);
    if(! fin)   //对输入文件流进行验证
    {cerr<<"file open error!" <<endl; exit(1);}

    fin.read((char *)b, sizeof(b));   //从输入文件流按字节读入整数到数组

    int max = b[0]; //求最大值和最小值
    int min = b[0];
    for(int i = 1; i<6; ++i) {
        if(b[i] > max) max = b[i];
        if(b[i] < min) min = b[i];
    }
    cout << " Max:" << max << " " << "Min:"<<min<<endl;
    return 0;
}
```

```
C:\WINDOWS\syste...        □    ×
Please input 6 integer numbers :
12 45 6 8 32 2
Max:45 Min : 2
请按任意键继续. . .
```

(a) 程序及解析

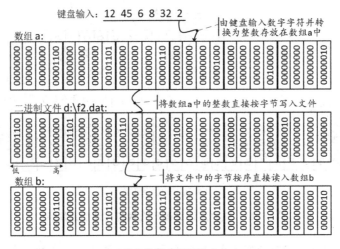

(b) 数据的各种形态

图 11-14 文件流直接字节读写方式应用示例及解析

【**例 11-3**】 用随机访问模式,将例 11-1 中建立的文本文件中的第 2 个数据改为 18,然后,读出该文件中的数据到数组中,并输出数组内容。

相应程序及解析如图 11-15(a)所示(含程序运行结果)。图 11-15(b)所示是数据的各种形态解析。

```cpp
#include<fstream>
#include<iostream>
#include<stdlib.h>
using namespace std;

int main()
{
  char a[2];
  int b[6];
  ifstream fin("d:\\f1.dat", ios::in | ios::binary);
  if(! fin)   //对输入文件流进行验证
  {cerr<<"file open error!"<<endl;   exit(1);}

  fin.seekg(3);   //随机定位到第 3 个字节
  fin.read(a, 2);   //读取第 2 个整数对应的两个数字字符的 ASCII 码
  fin.close();

  a[0] = '1'; a[1] = '8';   //将第 2 个整数改为 18

  ofstream fout("d:\\f1.dat", ios::in | ios::out | ios::binary);
  if(! fout)   //对输出文件流进行验证
  {cerr<<"file open error!"<<endl;   exit(1);}

  fout.seekp(3);   //随机定位到第 3 个字节
  fout.write(a, 2);   //写入第 2 个整数对应的两个数字字符的 ASCII 码
  fout.close();

  ifstream fin2("d:\\f1.dat", ios::in | ios::binary);
  if(! fin2)   //对输入文件流进行验证
  {cerr<<"file open error!"<<endl;   exit(1);}

  for(int i = 0; i<6; ++i) {
    if (i==2 || i==3 || i==5) { //随机读一位整数
      fin2.read(a, 1);   a[1] = '\0';
    }
    else
      fin2.read(a, 2);   //随机读两位整数
    fin2.seekg(1, ios::cur);   //将读写指针移到下一个数据的开始字节
    b[i] = atoi(a);   //将数字符号串转换为对应的整数
  }
  fin2.close();

  for(int i = 0; i<6; ++i)
    cout<<b[i]<<" ";
  cout<<endl;
  return 0;
}
```

```
C:\WI...  —  □  ×
12 18 6 8 32 2
请按任意键继续. . . _
```

(a) 程序及解析

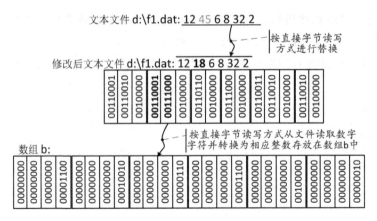

（b）数据的各种形态

图 11-15　文件流随机访问模式读写方式应用示例及解析

【**例 11-4**】　用顺序访问模式，分别从例 11-1 和例 11-2 中建立的文件中逐个读取数据到数组中，并输出数组内容。

相应程序及解析如图 11-16（a）所示（含程序运行结果）。图 11-16（b）所示是数据的各种形态解析。

```cpp
#include <fstream>
#include <iostream>
using namespace std;

int main()
{
    int a[6], b[6];

    ifstream fin("d:\\f1.dat", ios::in);
    if(! fin)  // 对输入文件流进行验证
    {cerr<<"file open error!"<<endl; exit(1);}

    for(int i = 0; i<6; ++i)
        fin>>a[i];  // 按语义方式顺序读取

    for(int i = 0; i<6; ++i)
        cout<<a[i]<<" ";
    cout<<endl;

    ifstream fin2("d:\\f2.dat", ios::in | ios::binary);
    if(! fin2)  // 对输入文件流进行验证
    {cerr<<"file open error!"<<endl; exit(1);}

    fin2.read((char *)b, sizeof(b));  // 按直接字节方式顺序读取
    fin2.close();

    for(int i = 0; i<6; ++i)
        cout<<b[i]<<" ";
    cout<<endl;
    return 0;
}
```

```
C:\...      —    □    ×
12 45 6 8 32 2
12 45 6 8 32 2
请按任意键继续. . .
```

（a）程序及解析

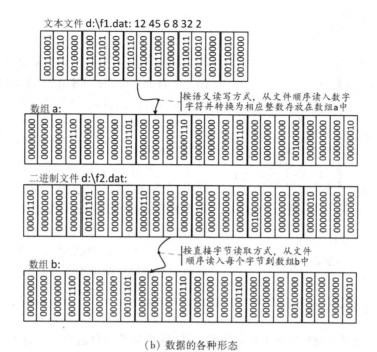

（b）数据的各种形态

图 11-16　文件流顺序访问模式读写方式应用示例及解析

由上述例题可知,对于文本文件,其存储的每个字节内容是相应符号的 ASCII 码,例如:对于整数 18,应该存放两个字节,分别对应于数字字符'1'和'8'的 ASCII 码。在此,流的函数成员在写文件时已经将整数 18 转换为对应的数字字符。对数值型数据文本文件,每当写入一个数据后,还需要写入一个(或几个)空格或换行符作为数据之间的分隔符号,以便按语义方式读取各个数据。因为读取文本文件中的数据时,流的函数成员是以分隔符为基础将一个连续的数字符号串(可以有小数点)读取并转换为相应的整数或浮点数。如果不给出分隔符,则所有数字符号就会连在一起转换为一个整数。

对于二进制数据文件,其存储的每个字节内容就是内存中的字节内容,例如:对于整数 18,在内存中一般占有 4 个字节,对应 18 的二进制表示,即用十六进制表示为 00000012H。将 18 写入到二进制文件时,直接将该 4 个字节写入。在此,流的函数成员在写文件时不对整数 18 做任何转换。对于一批整型数据,所有数据都是按每个数据 4 个字节连续写入,数据之间不需要加空格或换行符作为分隔符。因此,读入二进制数据文件时,也是按字节直接读取并存放到内存中。显然,二进制文件的读写,特别是数值型二进制文件的读写,因为不需要做转换,所以该方法一次可以输出一批数据,效率较高。

11.5　对 I/O 流的深入认识

11.5.1　I/O 流概念的认知层次

作为输入输出问题的一种抽象处理机制,流概念的理解涉及多个层次,图 11-17 给出相应

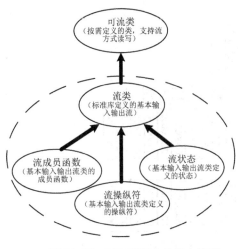

图 11-17 I/O 流概念的基本体系

的解析。

其中，标准库基本 I/O 流类型采用面向对象方法，实现了预定内置数据类型数据的流方式输入输出。并且，在标准库基本 I/O 流类型中，通过函数重载实现方式（具体表现为流函数成员和流操纵符[一种特殊的函数成员]）提供了对流的各种调整和控制能力。用户自定义的抽象数据类型，都是通过友元函数方式定义各自类型数据的流方式输入输出，友元函数的具体实现是调用标准库基本 I/O 流类型预定好的流方式数据输入输出。用户自定义的抽象数据类型也可以定制自己的流操纵符。凡是定义了流方式数据输入输出的用户自定义抽象数据类型都称为可流类。

11.5.2 I/O 流概念的通用性

I/O 流概念及其实现使程序 I/O 的风格一致，使数据类型自适应。通过 I/O 流，程序可以读写任何类型的数据，从终端上的简单文本行到存储在磁盘中的复杂结构。

传统标准库中的 I/O 函数一般适合小型程序，对大型程序、复杂程序会产生较多的障碍。例如：I/O 函数不可以修改和重新编程；使用时有太多互不相容的规则和函数名，特别是利用第三方 I/O 函数库更是如此；标准库中的 I/O 函数只能识别预定的固有数据类型；经常通过编写低级函数或使用第三方工具箱来增强和扩展标准库 I/O 函数的功能，导致较高的系统依赖性，减弱了所谓的标准 I/O 库能带来的可移植性；等等。

类机制是创建新基本数据类型的手段，I/O 流是该概念的自然延伸！因此，建立在面向对象程序构造方法基础上的 I/O 流机制具有广泛的通用性。例如：用户可以对标准库中基本 I/O 部分的各种流类型进行扩展以支持各种定制的输入输出特性。

11.5.3 I/O 流机制的安全性

I/O 流关注类型检查，辅助编译器在许多错误变严重之前捕获它们，帮助程序员找到程序代码中不正确的语句或对函数参数匹配进行自动检查。

11.5.4 I/O 流概念的递归性

I/O 流概念蕴含着丰富的递归思想。首先，流随时间叠加或消耗的本质，在应用中表现为递归应用，即流运算的结果仍然是流。其次，流类型本身是递归的。它既是面向对象方法的一种具体应用，又是为其他应用提供基础。第三，标准库中的基本流类型与用户自定义类型的流机制之间也是递归的。用户自定义类型的流机制建立在标准库基本流类型的基础上，并且，标准库基本流类型也可以应用用户自定义类型的流机制（例如：用户自定义流操纵符）。第四，基于分层思想的流机制的整个实现体系，表面上是强调重用，本质上则是递归思想的运用。本质上，I/O 流概念的递归性也是计算思维的一种典型应用。

11.5.5 I/O 流的模板化(模板化 I/O 流)

新的 C++ 标准库中,以模板方式重新改造了整个 I/O 流体系,将传统非模板化 I/O 流体系作为模板化 I/O 流体系的 char 类型实例化版和 wchar 类型实例化版。对于模板化 I/O 流体系,除模板等面向对象方法概念外,还涉及 STL 的设计思想及方法(例如:类型特性的萃取等),在此不再展开。读者可以参见第 14 章的相关解析及其他相关资料。

从思维角度,非模板化 I/O 流体系到模板化 I/O 流体系的提升,是对非模板化 I/O 流体系的一种多维拓展。并且,这种拓展提升了思维的抽象层次。

11.5.6 标准 I/O 流体系的可扩展性

C++ 标准 I/O 流机制本质上相当于一种特殊应用框架,支持扩展和定制。除了可以基于 C++ 标准 I/O 流扩展用户自定义抽象类型的流方式输入输出外(即构建可流类),它还可以支持传输层的新概念(例如:增加新的外部设备、网络通信通道等。参见图 11-5)、除 char 类型外的其他自定义字符类型的模板实例化以及本地化和编码转换等。

11.6 本章小结

本章主要解析了面向对象方法的最基本应用之一——I/O 流类型及实现方法。I/O 流概念及其实现机制填补了 C++ 语言在面向对象程序设计方法层面的输入和输出功能,统一了预定内置数据类型和通用抽象数据类型的输入输出方法。并且,充分诠释了面向对象方法的可扩展性和可重用性的内涵。

习 题

1. 什么是流?流包括哪三个方面?。

2. 文件 I/O 流在使用时,与标准 I/O 流有什么不同?

3. 什么是可流类?它与标准 I/O 流有什么关系?能不能定义一个与标准 I/O 流无关的特殊可流类?

4. 标准输出流是带缓冲的流,请分析 cout<< flush;与 cout<< endl;的区别。

5. 请通过重定向 cout 的方法,将一个程序的输出定向到一个文本文件。同时,请分析该方法与直接使用文件 I/O 流创建一个同样的文件文件,两者有什么区别和联系?

6. 请解析 cin>>ch;与 ch= cin.get();两者使用时的区别(提示:前者过滤回车,后者不过滤回车)

7. 请分析 i= 8; cout<< i++ << i++ << i++ << endl;的运行结果,并解释其原因。(提示:运算符函数重载、函数调用作为函数参数、参数压栈顺序)

8. 请解释 if(cin)、if (cin>> word)和 if(cin>> word, cin.good())三者之间的区别?

9. 请解释:针对流的控制,用流操纵符和用流成员函数有何区别?

10. 请解释文件和文件流的区别与联系。

11. 用标准 I/O 流读写预定内置类型的数据文件时,数据文件是文本文件还是二进制文件? 为什么?

12. 针对数值型数据和符号型数据,解析它们分别用文本文件和二进制文件存放时有何区别? 如何读写? 一般而言,数值型数据用什么文件存放较为合适? 符号型数据用什么文件存放较为合适? 为什么?

13. 从键盘输入的数值型数据(例如:整数),是数字符号还是数值本身? 为什么? 对于 int x; cin>>x; 如果从键盘输入 88,则 x 中存放的是数值 88 还是数字符号"88"? 对于 char x; cin>>x; 如果从键盘输入 88,则 x 中存放的是什么? 为什么? (提示:参见第 11、12 题)

14. 对于大容量文件的读写,使用无格式的 I/O 可获得最佳性能。为什么?

15. 对于下列三个程序片段,请分析他们的区别。

```
①
int k;
cout<<"Enter a value:";
cin>>k;

②
int k;
cout<<"Enter a value:"<<endl;
cin>>k;

③
int k;
cin.tie(& cout);
cout<<"Enter a value:";
cin>>k;
cin.tie(0);
```

16. 请结合缓存区的思想,具体分析下列程序运行的结果及其产生的原因。

```cpp
#include<fstream>
#include<iostream>
using namespace std;

int main()
{
    fstream fin("1.mp3",ios::in |ios::binary);
    if(! fin.is_open()) {
      cout<<"源文件打开失败"<<endl;
      return 0;
    }
    fstream fout("2.mp3",ios::out |ios::binary);
    if(! fin.is_open()) {
      cout<<"目标文件打开失败!"<<endl;
      return 0;
    }
    fout<<fin.rdbuf();
    fin.close();
    fout.close();
    return 0;
}
```

17. 如何理解 C++ 流机制的数据类型统一性、安全性和自适应性? 请举例说明。

第 12 章 字符串

　　本章主要解析：C++语言对字符串处理的各种支持机制,包括面向功能方法中的char型数组、char型指针、标准函数库cstring,面向对象方法中的自定义String类、标准库中的string类、MFC的特定CString类、字符串流(或称字符串R/W流)各相关类。同时,从使用角度解析了各种常用方法之间的转换原理。特别是,从计算思维层次解析了基本机制和由基本机制的特殊应用而产生的高级机制两者之间的区别和联系及其该思维策略对不同抽象层次的具体投射。

　　本章重点：各种支持机制的区别与联系;数据类型和数据类型的应用两者之间的区别及思维联系;预定数据类型和由其特定应用构建相关处理机制与抽象数据类型和由其构建相关处理机制两者具备的思维通约性;字符串常量初值形式与字符串变量初值形式在使用时的本质区别。

　　自然界中的信息呈现形态是各种各样的,最基本的两种形态是数值(例如:年龄、工资、分数、价格等等)和符号(姓名、地址、图片等等)。与数值不同,符号有其自身的特点,主要表现为通常不以单个符号表意,而是以一串符号(即字符串)来表意。例如:姓名一般是以两个或多个汉字表意(对于汉语名称)或多个西文符号表意(对于西文名称等)。因此,针对符号信息的处理,需要提供特殊的处理方法,以便提高处理的效率和便捷性。

　　C++语言中,以char数据类型来表示符号,可以通过数组、指针等复合数据组织方式以与处理其他数值型数据类型相同的方式来对符号进行处理。然而,考虑到符号信息的串型表意特点,这种基本的处理方法往往缺乏实际应用价值,或者说这种基本的处理方法对于符号的处理既不方便也没有较好性能。因此,在上述基本处理方法基础上,C++又专门提供了针对符号串的各种处理方法。

12.1 字符串的传统处理方法

12.1.1 通过字符数组处理符号串

　　传统方法中,可以通过字符类型的数组来处理符号串。也就是说,将符号串看成是由一组字符类型数据组成的字符数组,借用数组及其处理规则来处理符号串。

【例 12-1】 从键盘输入一串字符并以反序输出该串字符

按照处理数组的基本思路,通过循环语句可以实现一串字符的输入及其反序输出。图 12-1 给出了相应的程序。

```cpp
#include<iostream>
using namespace std;

int main()
{
  char a[10];

  for(int i = 0; i<10; ++i)
    cin>>a[i];
  for(int i = 9; i>=0; --i)
    cout<<a[i];
  cout<<endl;
  return 0;
}
```

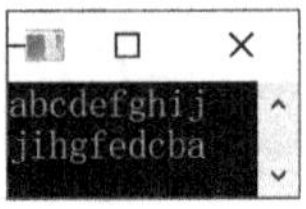

图 12-1　字符数组的输入输出

显然,用数组来处理字符串,本质上仍然是对单个符号数据的处理,无法体现符号信息的串型特点。

12.1.2　通过字符型指针处理符号串

与数值型数据一样,也可以定义一个指向字符型数据的指针,并将其关联到一个字符数组,然后,通过指针运算间接地处理数组以实现对符号串的处理。图 12-2 所示给出了例 12-1 程序的指针方式使用方法。

```cpp
#include<iostream>
using namespace std;

int main()
{
  char a[10], *p= a;

  for(int i = 0; i<10; ++i)
    cin>>*p++;
  for(int i = 9; i>=0; --i)
    cout<<*(--p);
  cout<<endl;
  return 0;
}
```

图 12-2　通过指针间接处理字符数组

在此,尽管通过指针来间接处理字符数组,但本质上仍然是对单个符号数据的处理。为此,基于指针处理方式,C 语言对字符串的处理做了拓展,允许用户对字符串进行整体处理并提供相应的标准库函数给予支持,真正实现符号信息处理的串型表意特点,从而方便用户使用。其实现原理如下：

首先，增加双引号标志作为一个字符串常量的标志，例如："ABcdEf2345"。

其次，增加一个特殊转义字符 '\0' 作为整个字符串的结束标识符，整个字符串是由指针所指位置的字符开始到结束标识符的前一个字符结束（因为数组所占的内存空间是连续分配的）。因此，习惯上称 char * 为字符串类型。事实上，尽管字符串作为一个整体看待并处理，但其内部存储仍然是采用字符数组，该数组与一个字符型指针关联，并且字符数组的最后有一个串结束标识符 '\0'。

最后，在此基础上，通过相应的标准函数库（用头文件<string.h>定义。在 C++ 中，考虑到对 C 语言的兼容及支持面向功能方法，保留<string.h>。同时，随着命名空间引入，将原来的<string.h>统一在命名空间 std 下，并包装成<cstring>），提供对字符串的各种常用处理功能的支持。常用标准库函数参见附录 C。例 12-2 给出了一个使用传统面向功能方法处理的字符串应用示例。

【例 12-2】 从键盘输入一句英文，统计其中每个单词的出现频度。

本题使用标准库 cstring 中的 strtok( ) 库函数以给定的分隔符号（由字符串 delims 给出各个分隔符）逐个分离出输入字符串中的每个单词，使用库函数 strcmp( ) 比较单词，使用库函数 strdup( ) 将分离出的单词复制给 word 数组。另外，本题使用传统面向功能方法，因此，字符串的输入输出也使用标准库 stdio.h 的 gets( ) 函数和 printf( ) 函数。相应程序及其解析如图 12-3 所示。

```cpp
#include<cstring>
#include<stdio.h>
using namespace std;

int main()
{
    char s[80], *word[20] = {NULL}, *p, *delims = " .,";
    int count[20] = {0}, curr = -1, i;
    bool flag;

    gets(s);
    p = strtok(s, delims);  // 取第一个单词
    while(p != NULL) {
        i = 0, flag = false;
        while(i++ <= curr && !flag)
            if(!strcmp(word[i-1], p)) {    // 当前所取单词已出现过
                count[i-1]++; flag = true;
            }
        if(!flag) {  // 当前所取单词是一个新的单词
            word[++curr] = strdup(p); count[curr]++;
        }
        p = strtok(NULL, delims);    // 取后续单词
    }

    for(int i = 0; i <= curr; ++i)
        printf("% s: % d\n", word[i], count[i]);
    return 0;
}
```

图 12-3　使用面向功能方法统计输入字符串中的每个单词的频度

12.1.3　传统处理方法存在的问题

基于基本的 char 型数据类型，传统处理方法通过数组和指针实现了符号信息的串行化处理及应用，突出了符号型数据的串型表意特点。也就是，首先通过数组实现"串型"表达，然后再引入 '\0' 和指针（该指针关联到数组）实现"串型"的基本输入和输出，最后通过标准库函数实现"串型"的各种处理。

尽管传统处理方法可以提供对字符串处理的支持，但其本质仍然是建立在预定基本 char 型数据类型及其复合应用（即数组和指针）基础上，并没有建立真正的字符串类型。因此，它不能在数据类型层面提供对字符串数据的直接支持（即没有独立的字符串类型），不能实现数据组织方法的思维一致性。

12.2　自己构建字符串数据类型 String

面向对象方法中，抽象数据类型机制为类型的构建奠定了基础。因此，针对字符串处理，可以构建一种新的字符串数据类型。从本质上看，字符串数据类型也是面向对象方法的一种特殊应用。图 12-4 所示给出了一种基于 C++ 语言抽象数据类型机制的字符串类型 String 的基本定义，图 12-5 所示给出了基于字符串类型 String 的具体应用示例。

```cpp
#include<iostream>
using namespace std;

class String {
        friend ostream & operator<<(ostream & , const String & ); // 重载输出流
        friend istream & operator>>(istream & , String & ); // 重载输入流
    public:
        String(const char * = "");     // 默认构造函数或类型转换函数
        String(const String & );      // 复制构造函数
        ~String();      // 析构函数
        const String & operator =(const String & );      // 重载赋值运算
        const String & operator +=(const String & );      // 重载连接运算
        bool operator !() const;      // 重载非运算用于判断字符串是否为空串
        bool operator ==(const String & ) const;      // 重载相等运算
        bool operator <(const String & ) const;      // 重载小于运算
        bool operator ! =(const String & right) const      // 重载不等于运算
        {
            return !(*this ==right);
        }
        bool operator >(const String & right) const      // 重载大于运算
        {
            return right< *this;      // 借用已经重载的小于运算
        }
        bool operator < =(const String & right) const      // 重载小于等于运算
        {
```

```
            return !(right < *this);        // 借用已经重载的小于运算
        }
        bool operator>=(const String & right) const        // 重载大于等于运算
        {
            return !(*this < right);        // 借用已经重载的小于运算
        }
        char& operator[](int);    // 重载取字符运算(左值)
        char operator[](int) const;    // 重载取字符运算(右值)
        String operator()(int, int = 0) const;        // 重载取子串运算
        int getLength() const;        // 重载取字符串长度运算
    private:
        int length;        // 字符串长度
        char *sPtr;        // 字符串首指针
        void setString(const char *);        // 内部工具函数
};
```

(a) String.h

```
#include <iostream>
#include <iomanip>
#include <cstring>        // 基于面向功能方法来实现
#include <cstdlib>
#include "String.h"

String::String(const char *s): length((s ! = 0) ? strlen(s) : 0)
{
    cout << "Conversion (and default) constructor:" << s << endl;
    setString(s);        // 调用统一的内部工具函数
}
String::String(const String & copy): length(copy.length)
{
    cout << "Copy constructor:" << copy.sPtr << endl;
    setString(copy.sPtr);        // 调用统一的内部工具函数
}
String:: ~String()
{
    cout << "Destructor:" << sPtr << endl;
    delete [] sPtr;
}
const String & String::operator =(const String & right)
{
    cout << "operator = called" << endl;

    if (& right ! = this) {        // 避免自我赋值
        delete [] sPtr;
        length = right.length;
        setString(right.sPtr);        // 调用统一的内部工具函数
    }
    else
        cout << "Attempted assignment of a String to itself" << endl;
```

```
        return *this;
}
bool String::operator!() const
{
      return length==0;
}
bool String::operator==(const String & right) const
{
   return strcmp(sPtr, right.sPtr)==0;
}
bool String::operator<(const String & right) const
{
   return strcmp(sPtr, right.sPtr)<0;
}
const String & String::operator+=(const String & right)
{
   size_t newLength = length + right.length;
   char *tempPtr = new char[newLength+1];

   strcpy(tempPtr, sPtr); strcpy(tempPtr + length, right.sPtr);

   delete [] sPtr;
   sPtr = tempPtr; length = newLength;
   return *this;
}
char & String::operator[](int subscript)
{
   if (subscript<0 || subscript>=length) {
     cerr<<"Error: Subscript "<<subscript
         <<" out of range"<<endl;
     exit(1);
   }
   return sPtr[subscript];      // 返回值可以作为左值
}
char String::operator[](int subscript) const
{
   if (subscript<0 || subscript>=length) {
     cerr<<"Error: Subscript "<<subscript
         <<" out of range"<<endl;
     exit(1);
   }
   return sPtr[subscript];         // 返回值作为右值
}
String String::operator()(int index, int subLength) const
{
   if (index<0 || index>=length || subLength<0)
     return "";
   int len;
   if ((subLength==0) || (index + subLength>length))
     len = length - index;
```

```
    else
       len = subLength;
    char *tempPtr = new char[len + 1];
    strncpy(tempPtr, & sPtr[index], len);
    tempPtr[len] = '\0';
    String tempString(tempPtr);
    delete [] tempPtr;
    return tempString;
}
int String::getLength() const
{
    return length;
}
void String::setString(const char *string2)
{
    sPtr = new char[length + 1];          // 重新申请存储空间
    if (string2 ! = 0)
       strcpy(sPtr, string2);
    else
       sPtr[0] = '\0';
}
ostream & operator<<(ostream & output, const String & s)
{
    output<<s.sPtr;          // 转接到标准的基本输出流
    return output;           // 继续返回标准的基本输出流,使基本输出流累积
}
istream & operator>>(istream & input, String & s)
{
    char temp[100];

    input>>setw(100)>>temp;          // 转接到标准的基本输入流
    s = temp;     // 调用 String 自身重载的赋值运算
    return input;          // 继续返回标准的基本输出流,使基本输出流累积
}
```

(b) String.cpp

图 12-4　自定义字符串数据类型 String

```
#include<iostream>
#include "String.h"

int main()
{
    String s1("happy");     // 以下 3 行调用构造函数
    String s2(" birthday");
    String s3;

    // 测试重载的输出流运算
    cout<<"s1 is \"" << s1<<"\"; s2 is \"" << s2<<"\"; s3 is \"" << s3<<'\"'
```

```
          <<boolalpha<<"\n\nThe results of comparing s2 and s1:"
          <<"\ns2==s1 yields "<<(s2==s1)    // 以下6行测试重载的关系运算
          <<"\ns2 ! = s1 yields "<<(s2 ! = s1)
          <<"\ns2>  s1 yields "<<(s2> s1)
          <<"\ns2<  s1 yields "<<(s2< s1)
          <<"\ns2>=s1 yields "<<(s2>=s1)
          <<"\ns2<=s1 yields "<<(s2<=s1);

  cout<<"\n\nTesting ! s3:"<<endl;
  if ( ! s3) {        // 测试重载的空运算
    cout<<"s3 is empty; assigning s1 to s3;"<<endl;
    s3= s1;        // 测试重载的赋值运算
    cout<<"s3 is \"" << s3<<"\"";    // 测试重载的输出流运算
  }

  cout<<"\n\ns1 += s2 yields s1 = ";
  s1 += s2;        // 测试重载的串连接运算
  cout<< s1;       // 测试重载的输出流运算
  cout<<"\n\ns1 += \" to you\" yields"<<endl;
  s1 += " to you";        // 测试类型转换构造函数以及重载的串连接运算
  cout<<"s1 = " << s1<<"\n\n";        // 测试重载的输出流运算

  cout<<"The substring of s1 starting at\n"
          <<"location 0 for 14 characters, s1(0, 14), is:\n"
          << s1(0, 14)<<"\n\n";    // 测试重载的取子串运算以及重载的输出流运算
  cout<<"The substring of s1 starting at\n"
          <<"location 15, s1(15), is:"
          << s1(15)<<"\n\n";    // 测试重载的取子串运算以及重载的输出流运算

  String *s4Ptr = new String(s1);        // 测试复制构造函数
  cout<<"\n*s4Ptr = " << *s4Ptr<<"\n\n";        // 测试重载的输出流运算

  cout<<"assigning *s4Ptr to *s4Ptr"<<endl;
  *s4Ptr= *s4Ptr;        // 测试重载的赋值运算(自我赋值情况下)
  cout<<"*s4Ptr = " << *s4Ptr<<endl;        // 测试重载的输出流运算

  delete s4Ptr;        // 测试析构函数

  s1[0] = 'H';        // 以下2行测试重载的取字符运算(左值情况)
  s1[6] = 'B';
  cout<<"\ns1 after s1[0] = 'H' and s1[6] = 'B' is:"
          <<s1<<"\n\n";
  cout<<"Attempt to assign 'd' to s1[30] yields:"<<endl;
  s1[30] = 'd';        // 测试重载的取字符运算(下标越界),产生错误
  return 0;
}
```

图 12-5 String 类型的应用

由图 12-5 可以看出,尽管 String 类型的实现也是基于数组和指针概念,但其处理方法与传

统处理方法位于不同的思维层次。传统处理方法是对预定内置 char 类型,通过数组和指针进行各种具体应用,本质上是 char 类型的应用。String 类型的实现是在传统处理方法基础上建立新类型(对于传统处理方法而言,新类型也是 char 类型的一种应用,或者是一种特殊的具体应用),并使该新类型与 char 类型具有相同的概念层次,即可以通过该类型定义变量、可以对其再通过数组和指针进行各种具体的数据组织应用等,此时的应用本质上是字符串类型 String 的应用。因此,相对于传统处理方法,String 类型的实现可以看作是对 char 类型应用的应用。另外,尽管 String 类型建立在 char 类型基础上,但它具有与 char 类型同样的应用规则(或运算符使用时具有一致的表意特征)。例如:关系运算直接使用统一的关系运算符,而不是调用 strcmp( )等库函数;连接运算直接使用+ = 运算,而不是调用 strcat( )等库函数;输入输出直接使用标准的基本 I/O 流;等等。更深入地从计算思维层面来看,传统处理方法属于对基本数据组织方法集和基本数据组织方法关系集两者的应用层次,而 String 类型的实现属于基本数据组织方法集的层次,即传统处理方法仅是对基础的应用,而 String 类型的实现是填补基础。

　　另外,值得注意的是,String 类型的具体实现可以基于传统处理方法已有的基础实现,例如:利用标准函数库等;也可以直接基于对数组和指针的具体应用而实现。图 12-6 所示给出了两种不同实现策略的示例。

```cpp
// 利用标准函数库
#include<iostream>
#include<iomanip>
#include<cstring>          // 基于面向功能方法来实现
#include<cstdlib>

#include "String.h"

const String & String::operator+=(const String & right)
{
    size_t newLength = length + right.length;
    char *tempPtr = new char[newLength +1];

    strcpy(tempPtr, sPtr);
    strcpy(tempPtr +length, right.sPtr);

    delete [] sPtr;
    sPtr = tempPtr;
    length = newLength;
    return *this;
}
bool String::operator==(const String & right) const
{
    return strcmp(sPtr, right.sPtr)==0;
}

void String::setString(const char *string2)
{
    sPtr = new char[length +1];        // 重新申请存储空间

    if (string2 ! = 0)
```

```cpp
            strcpy(sPtr, string2);
    else
            sPtr[0] = '\0';
}

// 基于对数组和指针的具体应用
#include <iostream>
#include <iomanip>

#include "String.h"

const String & String::operator+=(const String & right)
{
    size_t newLength = length + right.length;
    char *tempPtr = new char[newLength + 1];

    int i, j;
    for(i = 0; i < length; ++i)
        *(tempPtr + i) = *(sPtr + i);
    for(j = 0; j < right.length; i++, j++)
        *(tempPtr + i) = *(right.sPtr + j);
    *(tempPtr + i) = '\0';

    delete [] sPtr;
    sPtr = tempPtr;
    length = newLength;
    return *this;
}
bool String::operator==(const String & right) const
{
    bool equal = false;
    int i = 0;
    while(sPtr[i] != '\0' && right.sPtr[i] != '\0' && ! equal) {
        if(sPtr[i] != right.sPtr[i])
            equel = ! equel;
    }
    if(equel || ! (sPtr[i] == '\0' && right.sPtr[i] == '\0'))
        return false;
    return true;
}

void String::setString(const char *string2)
{
    sPtr = new char[length + 1];        // 重新申请存储空间

    if (string2 != 0) {
        int i;
        for(i = 0; i < length; ++i)
            *(sPtr + i) = *(string2 + i);
        *(sPtr + i) =    '\0';
    }
    else
        sPtr[0] = '\0';
}
```

图 12-6 **String** 类型的具体实现策略

开发环境 Microsoft Visual C++ 附带的基础类库 MFC(Microsoft Foundation Classes,参见第15 章相关解析)中,提供了 Microsoft 自己定义并实现的一种字符串类型 CString(基于模板方式实现),读者可以参阅相关资料并进行分析,在此不再展开。

12.3 C++ 标准库的字符串数据类型 string

尽管用户可以自定义字符串类型,但是,考虑到规范性、实现成本及新字符串数据类型的实现质量等,C++ 语言开发环境一般都提供标准的字符串数据类型 string(简称 string 类),并通过 C++ 标准库提供。

对于 string 类型,新 C++ 标准库通过模板机制并采用 STL(参见第 14 章的解析)的设计思想及方法重新改写了老的标准库程序。string 类型是模板类 basic_string 的 char 型实例化类,如图 12-7 所示。

```
template<class charT, class traits = char_traits<charT>, class Allocator = allocator<charT>>
class basic_string{…};

typedef basic_string<char> string;
```

图 12-7　C++ 标准库字符串类 string

string 类针对字符串的各种处理功能,提供了比较完善的支持机制,使得字符串类型与预定内置数据类型具有一致的操作语义及表达形式。例如:string 对象可以自动调整大小等。另外,string 类还定义了一个配套类型 size_type(它一般被映射为预定的 unsigned 类型),用户可以通过前缀名的限定来使用 size_type 类型,例如:string::size_type a;

string 类的基本定义参见附录 D。图 12-8 所示给出了 string 类的具体应用示例。

```cpp
#include<iostream>
#include<string>
using namespace std;

int main()
{
    string string1("cat");      // 调用转换构造函数
    string string2;     // 调用默认构造函数
    string string3;

    string2 = string1;      // 调用重载的赋值运算
    string3.assign(string1);      // 调用赋值函数成员
    cout<<"string1:"<<string1<<"\nstring2:"<<string2
        <<"\nstring3:"<<string3<<"\n\n";

    string2[0] = string3[2] = 'r';    // 调用重载的取字符运算[]
    cout<<"After modification of string2 and string3:\n"<<"string1:"
```

```
              <<string1<<"\nstring2:"<<string2<<"\nstring3:";

    for (int i = 0; i<string3.length(); ++i)    // 调用函数成员
        cout<<string3.at(i);

    string string4(string1 + "apult"); // 调用重载的连接运算+,再调用复制构造函数
    string string5;    // 调用默认构造函数

    string3 += "pet";    // 调用重载的连接运算+=
    string1.append("acomb");    // 调用函数成员
    string5.append(string1, 4, string1.length() - 4);    // 调用函数成员
    cout<<"\n\nAfter concatenation:\nstring1:"<<string1
        <<"\nstring2:"<<string2<<"\nstring3:"<<string3
        <<"\nstring4:"<<string4<<"\nstring5:"<<string5<<endl;

    string string6("Testing the comparison functions.");    // 调用转换构造函数
    string string7("Hello");
    string string8("stinger");
    string string9(string7);    // 调用复制构造函数

    if (string6 == string9)    // 调用重载的关系运算==
        cout<<"string6==string9\n";
    else {
        if (string6>string9)    // 调用重载的关系运算>
            cout<<"string6>string9\n";
        else
            cout<<"string6<string9\n";
    }

    int result = string6.compare(string7);    // 调用函数成员
    if (result ==0)
        cout<<"string6.compare(string7)==0\n";
    else {
      if (result>0)
        cout<<"string6.compare(string7)>0\n";
      else
        cout<<"string6.compare(string7)<0\n";
    }

    result = string6.compare(2, 5, string8, 0, 5);    // 调用函数成员
    if (result ==0)
        cout<<"string6.compare(2, 5, string8, 0, 5)==0\n";
    else {
        if (result>0)
            cout<<"string6.compare(2, 5, string8, 0, 5)>0\n";
        else
            cout<<"string6.compare(2, 5, string8, 0, 5)<0\n";
    }

    string first("one");    // 调用转换构造函数
```

```cpp
    string second("two");     // 调用转换构造函数

    cout<<"Before swap:\n first:"<<first<<"\nsecond:"<<second;
    first.swap(second);      // 调用函数成员 swap
    cout<<"\n\nAfter swap:\n first:"<<first
        <<"\nsecond:"<<second<<endl;

    string string10("The airplane landed on time.");     // 调用转换构造函数
    cout<<string10.substr(7, 5)<<endl;     // 调用函数成员

    return 0;
}


#include<iostream>
#include<string>
using namespace std;

void printStatistics(const string & stringRef)
{    // 调用函数成员
     cout<<"capacity:"<<stringRef.capacity()<<"\nmax size:"
         <<stringRef.max_size()<<"\nsize:"<<stringRef.size()
         <<"\nlength:"<<stringRef.length()
         <<"\nempty:"<<stringRef.empty();
}

int main()
{
    string string1;     // 调用默认构造函数

    printStatistics(string1);
    cout<<"\n\nEnter a string:";
    cin>>string1;
    // 验证空格作为输入分隔符(输入带空格字符串,仅读入空格前部分)
    cout<<"The string entered was:"<<string1;
    cout<<"\nStatistics after input:\n";
    printStatistics(string1);

    // 调用重载的连接运算+=
    string1 += "1234567890abcdefghijklmnopqrstuvwxyz1234567890";
    cout<<"\n\nstring1 is now:"<<string1<<endl;
    printStatistics(string1);

    string1.resize(string1.length() +10);     // 调用函数成员
    cout<<"\n\nStats after resizing by (length +10):\n";
    printStatistics(string1);

    string string2("noon is 12 pm; midnight is not.");     // 调用转换构造函数
    int location;

    cout<<"Original string:\n"<<string1
```

```cpp
        <<"\n\n(find) \"is\" was found at:"<<string2.find( "is" )
        <<"\n(rfind) \"is\" was found at:"<<string2.rfind( "is" ); // 调用函数成员

    location = string2.find_first_of( "misop" );    // 调用转换构造函数,其中"misop"为模式标志
    cout<<"\n\n(find_first_of) found '"<<string2[location]
        <<"' from the group \"misop\" at:"<<location;
    location = string2.find_last_of( "misop" );    // 调用转换构造函数,其中"misop"为模式标志
    cout<<"\n\n(find_last_of) found '"<<string2[location]
        <<"' from the group \"misop\" at:"<<location;
    location2 = string1.find_first_not_of( "noi spm" );    // 调用转换构造函数,其中"noi spm"为模式
标志
    cout<<"\n\n(find_first_not_of) '"<<string2[location]
        <<"' is not contained in \"noi spm\" and was found at:"
        <<location;

    // compiler concatenates all parts into one string
    string string3("The values in any left subtree"
        "\nare less than the value in the"
        "\nparent node and the values in"
        "\nany right subtree are greater"
        "\nthan the value in the parent node");    // 调用默认构造函数

    cout<<"Original string:\n"<<string3<<endl<<endl;
    string3.erase( 62 );    // 调用函数成员
    cout<<"Original string after erase:\n"<<string3
        <<"\n\nAfter first replacement:\n";

    int position = string3.find( " " );    // 调用函数成员
    while (position != string::npos) {
        string3.replace( position, 1, "." );    // 调用函数成员
        position = string3.find( " ", position +1 );    // 调用函数成员
    }
    cout<<string3<<"\n\nAfter second replacement:\n";

    position = string3.find( "." );    // 调用函数成员
    while (position != string::npos) {
        string3.replace( position, 2, "xxxxx;;yyy", 5, 2 );    // 调用函数成员,"xxxxx;;yyy"为模式标志
        position = string3.find( ".", position +1 );    // 调用函数成员
    }
    cout<<string3<<endl;

    string string4("beginning end");    // 调用转换构造函数
    string string5("middle ");    // 调用转换构造函数
    string string6("12345678");    // 调用转换构造函数
    string string7("xx");    // 调用转换构造函数

    string4.insert( 10, string5 );    // 调用函数成员
    string6.insert( 3, string7, 0, string::npos );    // 调用函数成员
    cout<<"Strings after insert:\nstring1:"<<string4
        <<"\nstring2:"<<string5<<"\nstring3:"<<string6
        <<"\nstring4:"<<string7<<endl;

    string string8("Testing iterators");    // 调用转换构造函数
```

```
string::const_iterator iterator1 = string8.begin( );    // 调用函数成员
cout<<"string8 = "<<string8
    <<"\n(Using iterator iterator1) string8 is:";
while (iterator1 != string1.end( )) {     // 调用函数成员
    cout<<*iterator1;
    iterator1++;
}
cout<<endl;

string string9("STRINGS");      // 调用转换构造函数
const char *ptr1 = 0;
int length = string9.length( );    // 调用函数成员
char *ptr2 = new char[length +1];

string9.copy( ptr2, length, 0 );    // 调用函数成员
ptr2[length] = '\0';
cout<<"string string9 is "<<string9
    <<"\nstring1 converted to a C- Style string is "
    <<string9.c_str( )<<"\nptr1 is ";    // 调用函数成员
ptr1 = string9.data( );     // 调用函数成员
for (int i = 0; i<length; ++i)
    cout<<*(ptr1 +i);

cout<<"\nptr2 is "<<ptr2<<endl;
delete [ ] ptr2;
return 0;
}
```

图 12-8　string 类的应用示例

由图 12-8 可知,相对于自定义 String 类,标准 string 类的功能要完善得多,除了常用的功能外,还拓展了更多丰富的功能,例如：插入、删除、查找、容量查询以及到 char * 传统风格的转换等等。

12.4 字符串流

所谓字符串流,是指一种基于流机制、面向内存以“字节”为单位的数据读/写方式,它与标准 I/O 流和文件 I/O 流处于同一个思维层次。也就是说,字符串流与字符串类型并不是同一个概念,字符串类型是字符串流的内容,字符串流是字符串类型的数据在内存读/写的一种流式实现机制。

为了兼容传统 char *方式的字符串,C++ 语言中,对于字符串流提供了两套实现,即定义并构建了两种字符串流类型。一种是以 C 语言的 char * 类型作为其读/写的数据类型,定义并构建 strstream、istrstream、ostrstream 字符串流类型并包装在头文件< strstream> 中;另一种是以 C++ 语言的 std∷string 类型作为其读/写的数据类型,定义并构建 stringstream、istringstream、 ostringstream 字符串流类型并包装在头文件< sstream>中(C++标准委员会推荐使用)。无论是哪种类型,其实现方法都是直接扩展 C++标准 I/O 流,如图 12-9 所示。

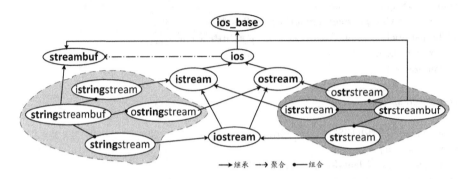

图 12-9 字符串 R/W 流的实现原理(基于模板类的 char 实例化)

依据流机制的基本工作原理,字符串流以内存的一块存储空间作为流的缓冲存储(对于 strstream 而言,直接用字符数组表示内存的流缓冲存储;对于 stringstream 而言,通过 string 类包装了内存的字符数组,并对内存字符数组提供更方便更安全的管理功能)。字符串流具有与标准 I/O 流和文件 I/O 流相类似的使用方式,但是,具体使用步骤有一定区别,具体如下:

● 字符串流数据在输入时不是从外存文件或标准输入设备读入,在输出时也不是流向外存文件或标准输出设备,而是从内存中一个存储空间流入或流向内存中另一个存储空间。因此,字符串流本质上是字符串数据的 R/W 流,而不是 I/O 流。

● 字符串流对象关联的不是文件或标准 I/O 设备,而是内存中一个流缓冲存储区(字符数组或字符数组的包装),因此,它不需要有与文件 I/O 流的打开文件和关闭文件相对应的操作。

● 对于 I/O 流,每个文件的最后都有一个文件结束符,表示文件的结束。而字符串流所关联的流缓冲存储区中没有相应的结束标志,因此,用户要指定一个特殊字符作为结束符并在向流缓冲存储区写入全部数据后写入该特殊字符。

● 与文件 I/O 流类似,字符串流对象实例也需要显式创建。

因此,字符串流的使用方式一般分为建立流和访问流两个基本步骤。

1) 建立字符串流

建立字符串流就是创建一个字符串流对象实例,并将其关联到内存一个存储空间(即流缓冲存储区)。与文件 I/O 流不同,字符串流没有 open 函数成员,因此,只能在建立字符串流对象实例时,通过给定参数来确立字符串流与流缓冲存储区的关联,即只能通过构造函数来建立流缓冲存储区、流对象实例及它们的关联关系。

● 建立字符串输出流

ostrstream 类提供的构造函数原型为:

```
strstream(char *buffer, int n, int mode = ios::out);
```

其中,buffer 是指向流缓冲区(即字符数组)首元素的指针,n 为指定的流缓冲区的大小(一般与字符数组的大小相同,也可以小于字符数组的大小),第三个参数是可选的,默认为 ios::out 方式。通过下列定义语句可以建立输出字符串流对象实例并与流缓冲区建立关联:

```
ostrstream sout(buff, 20); // buff(即输出流缓冲区)为已经定义好的一个字符数组,
                           //  其大小应该大于等于 20
```

ostringstream 类提供的构造函数原型为:

```
explicit ostringstream (openmode which = ios_base::out);
explicit ostringstream (const string & str, openmode which = ios_base::out);
```

其中,str 是指流缓冲区。参数 which 是可选的,默认为 ios_base::out 方式。通过下列定义语句可以建立输出字符串流对象实例并与流缓存区建立关联(流缓冲区的大小动态自适应):

```
ostringstream sout();            // 流缓冲区大小为 0
ostringstream sout("abcd");      // 流缓冲区大小为 4
```

● 建立字符串输入流

istrstream 类提供的构造函数原型为:

```
istrstream(char *buffer);
istrstream(char *buffer, int n);
```

其中,buffer 是指向流缓冲区(即字符数组)首元素的指针,n 为指定的流缓冲区的大小(一般与字符数组的大小相同,也可以小于字符数组的大小)。通过下列定义语句可以建立输入字符串流对象实例并与流缓冲区建立关联:

```
istrstream sin(buff);         // bbuf(即输入流缓冲区)为预先构建好的 char 类型的数组
istrstream sin(buff, 20);     // 流缓冲区大小为 20
```

istringstream 类提供的构造函数原型为:

```
istringstream (const string str, openmode which = ios_base::in);
```

其中,str 是指流缓冲区。参数 which 是可选的,默认为 ios_base::in 方式。通过下列定义语句可以建立输入字符串流对象实例并与流缓冲区建立关联:

```
istringstream sin(strbuf);    // strbuf(即输入流缓冲区)为预先构建好的 string 对象类型的实例
```

● 建立字符串输入输出流

strstream 类提供的构造函数原型为:

```
strstream(char *buffer, int n, int mode);
```

其中,buffer 是指流缓冲区,n 为指定的流缓冲区的大小,参数 mode 是可选的,默认为 ios_base::in 和 ios_base::out 方式。通过下列定义语句可以建立字符串输入输出流对象实例并与流缓冲区建立关联:

```
strstream sio(buff, sizeof(buff), ios::in | ios::out);    // buff 为已经定义好的一个字符数组
```

stringstream 类提供的构造函数原型为：

```
stringstream (string str, openmode which = ios_base::in | ios_base::out);
```

其中，str 是指流缓冲区，参数 which 是可选的，默认为 ios_base：：in 和 ios_base：：out 方式。通过下列定义语句可以建立字符串输入输出流对象实例并与流缓冲区建立关联：

```
stringstream sio(strbuff);    // strbuf 为预先构建好的 string 对象类型的实例
```

2）访问字符串流

访问字符串流就是读写字符串流，或者说是基于流方式读写字符串数据。例 12-3 给出了读写字符串流的基本应用及其解析。

【例 12-3】 字符串流的输入与输出应用示例。

本例主要给出以 string 类型的数据作为流内容的字符串流的基本读写应用示例。如图 12-10 所示。

```cpp
#include<iostream>
#include<string>
#include<sstream>    // 标准字符串流的定义(以 string 类型数据作为流内容)
using namespace std;

int main()
{
    ostringstream outputString;    // 构建字符串输出流实例(流的空间为 0)

    string string1("Output of several data types ");
    string string2("to an ostringstream object:");
    string string3(" \n        double:");
    string string4(" \n            int:");
    string string5("\naddress of int:");

    double double1 = 123.4567;
    int integer = 22;

    // 填充字符串输出流空间(即按照流方式把数据按字节方式写入到内存流缓存
    outputString<<string1<<string2<<string3<<double1<<string4
            <<integer<<string5<<& integer;

    // 调用函数成员将字符串流缓存的内容(即字节流)转换为字符串
    cout<<"outputString contains:\n"<<outputString.str();

    outputString<<" \nmore characters added"; //继续向字符串流缓存写入新数据
    cout<<" \n\nafter additional stream insertions,\n"<<"outputString contains:\n"<<outputString.str()<<endl;

    string input("Input test 123 4.7 A");
```

```
    istringstream inputString(input); // 构建字符串输入流实例(以 string 型数据 input 为流缓存
    string string5;
    string string6;
    int integer1;
    double double2;
    char character;

    // 按照流方式从流缓存读入各种数据(内部将流缓存中的字节流按对应读取的数据类型转换为
    相应的数据)
    inputString>> string5>>string6>>integer1>>double2>>character;

    cout<<"The following items were extracted\n"
        <<"from the istringstream object:"<<"\nstring:"<<string5
        <<"\nstring:"<<string6<<"\n    int:"<<integer1
        <<"\ndouble:"<<double2<<"\n    char:"<<character;

    long value;
    inputString>>value;     // 当前字符串流缓存已空

    if (inputString.good())     // 判断当前字符串流缓存是否为空
        cout<<"\n\nlong value is:"<<value<<endl;
    else
        cout<<"\n\ninputString is empty"<<endl;

    return 0;
}
```

图 12-10　字符串流的应用示例及解析

12.5 进一步认识字符串

1）正确区分字符串、字符串类型、字符串 I/O 和字符串流四个不同概念

字符串是指由一串符号构成的数据或信息。字符串类型是指用来定义和描述字符串数据或信息的一种数据类型,它一般是复合数据类型(或称构造数据类型),即通过对预定内置基本数据类型的具体应用来构造(对于面向功能方法,通过 char 型数组和指针关联来构造;面向对象方法中,C++ 通过自定义类构造,即 String 或 string)。字符串 I/O 是指字符串数据或信息的输入输出。对于面向功能方法,通过 char 数组形式及其指针关联形式来实现字符串的输入输出;面向对象方法中,C++ 在 String 或 string 类中通过重载<< 和>>运算来实现字符串的输入输出。字符串流是指字符串数据或信息在内存中的一种基于流方式读写的机制,它不是字符串数据或信息的 I/O。

2）正确理解字符串处理两个不同思维层次的思维一致性

从传统的 char 型数组、char ＊到 String、string,都是建立在面向功能方法基础上,是对传统数据组织基础方法及数据处理基础方法的一种具体应用(或一种特殊应用),最终拓展了内置

数据类型,建立了通用的抽象数据类型——class 类型。

对于字符串流,它是建立在面向对象方法基础上,是对新抽象数据类型(也包括预定内置基本数据类型)及其组织和数据处理基础方法的具体应用,最后建立了面向符号型数据读写的通用处理机制(符号型数据 I/O 的通用机制已经包含在 String 类型或标准 string 类型的定义中)。该机制作为面向对象方法的一种特殊应用,本身又丰富了 C++ 语言的标准库。

两者尽管处于不同思维层次(前者用面向功能方法,后者用面向对象方法),但却具有显式的思维通约性,即两者都是通过对基于数据类型的数据组织基础方法和数据处理基础方法的特殊应用而实现。

3) 各版本字符串处理方法之间的相互转换

为了方便、高效率地处理字符串,诞生了各种不同的函数库或类库,而且同一种库还有不同版本之分。由此,导致实际应用中常常需要在不同版本之间进行转换处理。

首先,字符串的处理涉及面向功能和面向对象两代方法;其次,它还涉及是自己实现还是标准化实现。综上所述,C++ 语言中针对字符串的处理有 char 数组、基于面向功能方法的标准函数库 cstring(即 char *),基于面向对象方法的标准类 string、Microsoft Virsual C++ 开发环境所带 MFC 中自定义的 CString,以及用户自己定义的 String 类。它们在使用时的基本转换关系如图 12-11 所示(不包括用户自定义的各种 String 类)。

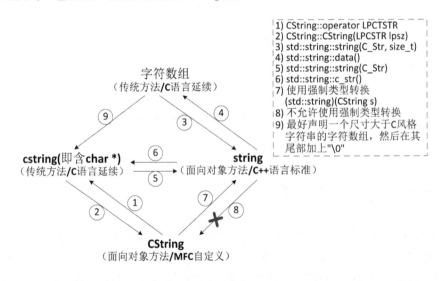

图 12-11 C++ 中各种字符串处理方法之间的转换

事实上,面向功能方法中,字符数组并不涉及串结束标志符 '\0';而 cstring 中的库函数都支持 char *,即含有串结束标志符 '\0'。面向对象方法中 string 并不以 '\0' 结尾,而是通过串首指针和长度两者确定一个字符串。因此,各种处理方法进行类型转换时就是要注意依据各种函数的处理结果是否包含串结束标志符 '\0' 来实现类型的一致性。另外,还要注意到,string 函数成员的处理结果一般都是 const char *(因为对于一个对象实例而言,其函数成员的结果应该属于该实例),因此,如果要用于 char * 场合,必须做复制(类似于深复制与浅复制问题,参见图 7-8 所示的解析)。

对于 C++ 标准 string 类型,使用时不必担心内存是否足够、字符串长度等等细节问题,它已经做了比较完善的考虑。而且,它所提供的各种功能函数足以完成大多数情况下的实际应用需要。

针对内存中以字节为单位的数据读写问题,C++ 也利用流的概念进行了抽象(即字符串流)并定义了相应的流类型。并且,将字符串流看成是面向内存数据读写(对应于"输入"和"输出")的流方式实现机制,与标准 I/O 流、文件 I/O 流一起构成标准库中整个 I/O 流机制的完整体系。

12.6　本章小结

本章主要解析了 C++ 语言中针对字符串处理的各种方法,并对面向功能处理方法和面向对象处理方法的思维策略及其演化关系和相互转换进行了解析。

C++ 语言中有关字符串的处理,本质上不属于 C++ 语言本身的机制,它应该是 C++ 语言所支持的两种程序构造方法在字符串处理问题上的一种特殊应用。

习　　题

1. 请比较传统 char * 型字符串与 string 型字符串的区别。
2. 请区分下列几种字符型数据的不同:

```
char a1[6] = {'a', 'b', 'c', 'd', 'e', 'f'};
char a2[ ] = {'a', 'b', 'c', 'd', 'e', 'f'};
char a3[7] = {'a', 'b', 'c', 'd', 'e', 'f', '\0'};
char a4[7] = "abcdef";
char a5[ ] = "abcdef";
const char *a6 = "abcdef";
char *a7 = a2;
char *a8 = a3;
```

3. 如何用单个字符来初始化 string 对象? 请分析 string a'd';和 string a(1, 'd'); 哪个是正确的,为什么?
4. 如何用一个字符型数组来初始化 string 对象个? 请分析 char b[ ] = {'a', 'b', 'c'}; string a = b;是否正确? 为什么?
5. 能否将两个 string 型数据直接相加,比如 string b = " iwf"; string a = " hyon" + " onfg" +b;为什么? 请分析 string a = " hyon" + (" onfg" +b);是否正确? 为什么?
6. 请仔细分析 string 类的各个成员函数的功能及其返回值的类型。

第 13 章 异　　常

　　本章主要解析：什么是异常；异常处理的两种基本方法；C++ 语言异常处理机制的基本原理及应用；C++ 语言异常处理机制的特点及其思维特性。

　　本章重点：异常处理的两种基本方法及其本质区别；C++ 语言异常处理机制与 C++ 语言面向对象方法的关系；C++ 语言异常处理机制的基本原理；C++ 语言异常处理机制的多维思维特征。

　　限于人类思维的不完备性或开放性，程序设计总是存在隐藏的 bug，特别是一些引发程序运行行为异常的状态。为了辅助程序设计人员对程序可能潜在的异常状态进行预先控制，需要有相应手段和机制以提高程序的鲁棒性。C++ 语言异常处理机制就是针对这类问题处理的一种通用可扩展辅助机制。

13.1　什么是异常

　　所谓异常（exception），是指一个语法正确的程序在运行时所表现出来的与期望不一致的状态或结果。产生异常的原因主要是在程序设计时没有充分考虑到或预见到所有可能出现的工作状态及其相应的应对措施。例如：对于两个整数相除，除数为 0 就是一个异常工作状态，如果程序在设计时没有预先考虑到这种情况，则程序运行时一旦遇到除数为 0，就出现异常，导致程序的运行结果与期望不一致。传统面向功能程序构造方法中，程序一旦遇到异常，依据异常的不同情况，或者得不到正确结果，或者立即以非正常方式中止程序运行，或者出现死机现象等。相对于语法错误，异常是一种比较隐蔽的逻辑错误。

13.2　如何处理异常

　　对于异常的处理，可以从两个层面着手。最基本的方法是将异常处理交给程序设计人员，由程序设计人员对程序中可能出现的各种异常进行相应处理。显然，对于这种方法，程序设计语言本身并没有提供额外的支持机制,整个处理逻辑完全取决于程序设计人员的思维习惯。由此带来的问题是,一方面对于异常的处理缺乏统一的规范;另一方面,随着程序规模的加大,用于异常处理的逻辑存在较多冗余。从而,导致程序的业务逻辑和异常处理逻辑交织在一起,给程序的维护与扩展带来困难。

　　为此,另一种处理异常的方法是,由语言本身提供相应的异常处理机制并在此基础上建立异常处理的统一逻辑框架,将异常处理和业务逻辑解耦,使异常处理独立于业务逻辑。程序设计人员通过异常处理机制的支持,只要填写处理框架中具体异常类型及其处理逻辑即可,而异常处理框架的运行控制则由系统负责。显然,这种方法显式地区分了业务逻辑和异常处理逻辑,使异常处理方法规范化并可以重用于各种业务逻辑。从而,为程序维护和扩展带来方便。

　　图 13-1 所示解析了两种异常处理方法的基本原理。

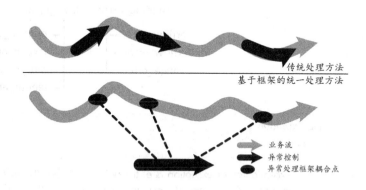

图 13-1　两种异常处理方法基本原理的解析

13.3　C++ 语言异常处理机制

13.3.1　异常处理框架及其描述

　　C++ 语言标准提供了独立的异常处理机制,异常处理框架通过 try-catch 语句(即检查异常-捕获并处理异常。具体语法如图 13-2 所示)和 throw 语句(即抛出异常。具体语法如图 13-3 所示)实现。

```
try｛
    需要进行异常监控的代码段
｝
catch( 异常信息的类型［异常信息变量名］)｛
    进行该类型异常处理的代码段
｝
［ catch( 异常信息的类型　［异常信息变量名］)｛
    进行该类型异常处理的代码段
｝［...］］
```

图 13-2　try-catch 语句的语法结构

```
throw［表达式］;
```

图 13-3　throw 语句的语法结构

　　异常处理框架对基本内置数据类型异常和通用抽象数据类型异常给出了统一的处理机制。并且,运用面向对象方法构建了标准异常类型 exception,同时也相应归纳了几大类异常类型,exception 类及其派生类定义(即几大类异常)包装在头文件<exception>中。图 13-4 所示给出了异常类型的定义,图 13-5 所示给出了异常处理框架的基本工作原理。

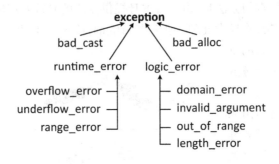

```
class exception {
    public:
        exception() throw();        // 构造函数
        exception(const exception & e) throw();      // 复制构造函数
        exception & operator =(const exception & e) throw();   // 重载赋值运算
        virtual ~exception() throw();      // 析构函数
        virtual const char *what() const throw();       // 访问函数,输出异常信息
};
```

图 13-4　exception 类的基本定义

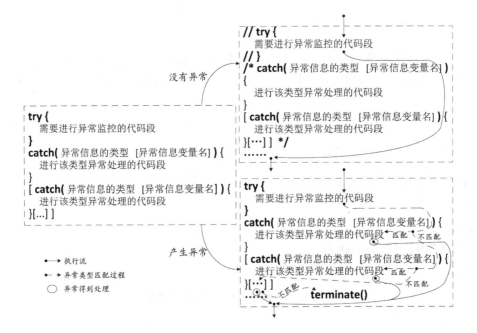

图 13-5　C++ 异常处理框架的基本原理

由图 13-5 可知,C++ 语言异常处理框架对于不产生异常的情况,整个 try-catch 结构相当于一个注释,程序按正常顺序执行 try 块中的代码段,接着按正常顺序继续执行 catch 子句后面的代码段。然而,如果在执行 try 块内代码段(包括其所调用的函数)的过程中发生异常,则控制流立即转向相应的 catch 子句段并按顺序寻找与异常信息类型匹配的 catch 子句。一旦找到匹配的 catch 子句,则对当前异常进行处理,处理后控制流恢复正常,即继续按顺序执行 catch 子句段后面的代码段。如果在 catch 子句段没有寻找到与异常信息类型匹配的 catch 子句,则异常处理框架自动调用相应的系统函数 terminate( ),终止整个程序的运行。

图 13-6 所示给出了异常应用的示例及解析,该应用示例主要改进了系统库函数 atoi( ) 的不完善性。atoi( )函数用于将一个数字字符串(可以含有小数点、正负号)转换为对应的数值。然而,如果调用者传入了一个 NULL 字符串,则程序会异常退出,导致服务中断;如果调用者传入一个非法字符串(例如:字符串中含有字母等),则结果返回 0。因此,atoi( )函数是一个不完善的函数,如果应用在一个重要系统中,一旦遇到返回 0 的特殊情况,如果调用者不知情,代码继续无声无息执行下去,则会引起系统灾难。并且,在复杂的系统中,很难查找并定位这个 bug。在此,可以通过异常处理改造 atoi( ),构建一个相对安全的 atoi 方法——NumberStrParse( )。

```cpp
#include<cstring>
#include<stdlib.h>
#include<ctype.h>


class NumberStrParseException {};        // 自定义的异常类

bool isNumber(char *str)
{
  if (str = = NULL)      // 完善的改造之一
     return false;
  int len = strlen(str);
  if (len = = 0)       // 完善的改造之二
     return false;
  bool isaNumber = false;
  char ch;
  for (int i = 0; i<len; ++i) {    // 原来 atoi()函数的基本功能
    if (i = = 0 & & (str[i] = = '-' || str[i] = = '+'))      // 处理正、负号
       continue;
    if (isdigit(str[i]))    // 处理数字字符
       isaNumber = true;
    else {    // 处理其他非法字符
       isaNumber = false; break;
    }
  }
  return isaNumber;
}


int NumberStrParse(char *str) throw(NumberStrParseException)
```

```
{
  if (! isNumber(str))
    throw NumberStrParseException( ); // 完善的改造。对于两种异常情况,
                                      // 可以抛出异常给主调函数,以便主调函数进行处理
  return atoi(str);     // 对于正确的字符串,调用原来的 atoi()函数
}


#include <iostream>
using namespace std;

int main()
{
  char *str1 = "1", *str2 = NULL;
  try {
    int num1 = NumberStrParse( str1);
    int num2 = NumberStrParse(str2);     // 引发异常
    cout<<"sum is "<<   num1 + num2<<endl;
  }
  catch (NumberStrParseException) {
    cout<<"输入的字符串为空或含有非法字符! \n";
  }
  return 0;
}
```

输入的字符串为空或含有非法字符!

图 13-6 异常应用示例及解析

13.3.2 C++异常机制使用的基本规则

C++语言中,对于异常机制的具体使用,必须注意以下几点:

1)一个 try-catch 结构中只能有一个 try 块,而 catch 块可以有多个,以便捕获并处理不同的异常类型;并且,try 块和每个 catch 块都必须用大括号将代码块包含(即使只有一个语句)。

2)需要进行异常监测的代码,特别是对其他函数的调用,必须放在 try 块中,否则被调用函数引发的异常得不到监测与处理。

3)try 块和 catch 块是一个整体,catch 块是 try-catch 结构中的一部分,它必须紧跟在 try 块之后,不能单独使用,也不能在两者之间插入其他语句。

然而,在一个 try-catch 结构中,可以将异常的具体处理放在另一个函数中,即相当于在本函数中只监测异常(并捕获)而不做具体处理。这种方法便于对异常具体处理方法的调整与演化。

4)catch 后面的小括号中,一般只给出异常的类型名,例如:catch(**double**),catch 只检查所捕获异常的类型,而不检查它们的值。因此,如果需要监测多个不同的异常,则应当由 throw 语句抛出不同类型的异常。

异常类型可以是 C++ 预定义的标准内置数据类型,也可以是用户自定义的复合(构造)数

据类型(例如：结构体)或抽象数据类型(即类)。对于抽象数据类型,如果由 throw 语句抛出的信息属于某类型或其子类型,则 catch 与 throw 两者匹配,由 catch 捕获该异常信息(即类型兼容)。

catch 还可以有另外一种写法,即除了指定类型名外,还指定变量名,例：如 catch(**double d**),此时,如果 throw 抛出的异常信息是 double 型的变量 a,则 catch 在捕获异常信息 a 的同时,还使 d 获得 a 的值,或者说 d 得到 a 的一个拷贝。

5)如果在 catch 子句中没有指定异常类型,而用了省略号"…",则表示它可以捕捉任何类型的异常信息,例如：对于子句 catch(…){cout<<"OK"<<endl;},它能捕捉所有类型的异常信息,并输出"OK"。一般而言,这种 catch 子句应放在 try-catch 结构中的最后,相当于除了已经明确给出的需要捕获并处理的异常外的"其他"任何异常(类似于 switch 语句中的 default)。

6)try-catch 结构可以与 throw 出现在同一个函数中,也可以不在同一个函数中。当 throw 抛出异常信息后,首先在本函数中寻找与之匹配的 catch,如果在本函数中无 try-catch 结构或找不到与之匹配的 catch,就转到离出现异常最近的 try-catch 结构去处理(该动作可以称为控制流上交)。这种情况一般出现在异常控制嵌套应用的场合(参见例 13-1 所示的解析)。

7)在某些情况下,throw 语句可以省略表达式(即 throw;),此时表示"在此不处理这个异常,请上级处理"(即控制流上交)。这种情况一般出现在 catch 子句中;另外,如果异常处理中又抛出与自身处理类型相同的异常,则同样会将控制流交给上级处理(事实上,如果异常处理中又抛出异常,无论类型如何,本级都不再处理,直接交给上级处理)。

8)如果遍历整个异常处理流程(包括多层异常控制嵌套场景),对 throw 抛出的异常类型找不到与之匹配的 catch 块,则系统最终自动调用一个系统函数 terminate(),强制程序终止运行。

9)为便于维护程序,方便函数使用者能够预先知道所用函数是否会抛出异常信息以及异常信息可能的类型,C++ 语言对函数机制进行了拓展,将异常指定作为函数声明的一部分,允许在声明函数时列出该函数可能抛出的异常类型(用 throw 关键词显式说明,位于函数头参数列表区的后面,例如：int fun(int,float) throw(int);。默认省略 throw 关键词说明情况下,表示该函数可以抛出任何类型的异常信息;如果要抛出多种类型,throw 后面的小括号中用逗号分隔每种类型;如果 throw 后面的小括号中不给出任何类型,则表示该函数不会抛出任何异常[即使函数体内显式使用 throw 语句],一旦发生异常,程序将会非正常终止),并且,在函数声明和函数定义中必须一致(否则在进行函数的另一次声明时,编译系统会报告"类型不匹配")。

【例 13-1】　函数嵌套调用情况下的异常处理。

图 13-7 所示给出了一个应用示例,解析在函数嵌套调用情况下,异常处理时的控制流走向以及异常捕获与处理的具体原理。本例也说明了异常控制嵌套应用场景下,控制流逐层上交的处理规则(即异常与最近的 try-catch 结构匹配原则)。

13.3.3　异常处理时的对象实例析构

对于抽象数据类型而言,如果在 try 块(或 try 块中调用的函数)中定义了类的对象实例,显然在建立该对象实例时会自动调用其构造函数。在执行 try 块(包括在 try 块中调用其他函数)的过程中如果发生了异常,此时依据异常处理框架的原理,执行流程将立即离开 try 块。这样执行流程也就有可能离开该对象实例的作用域而转到其他函数,因此,应当事先做好结束对象实例的工作。C++ 语言异常处理机制会在 throw 抛出异常被 catch 捕获时,对有关的局部对象

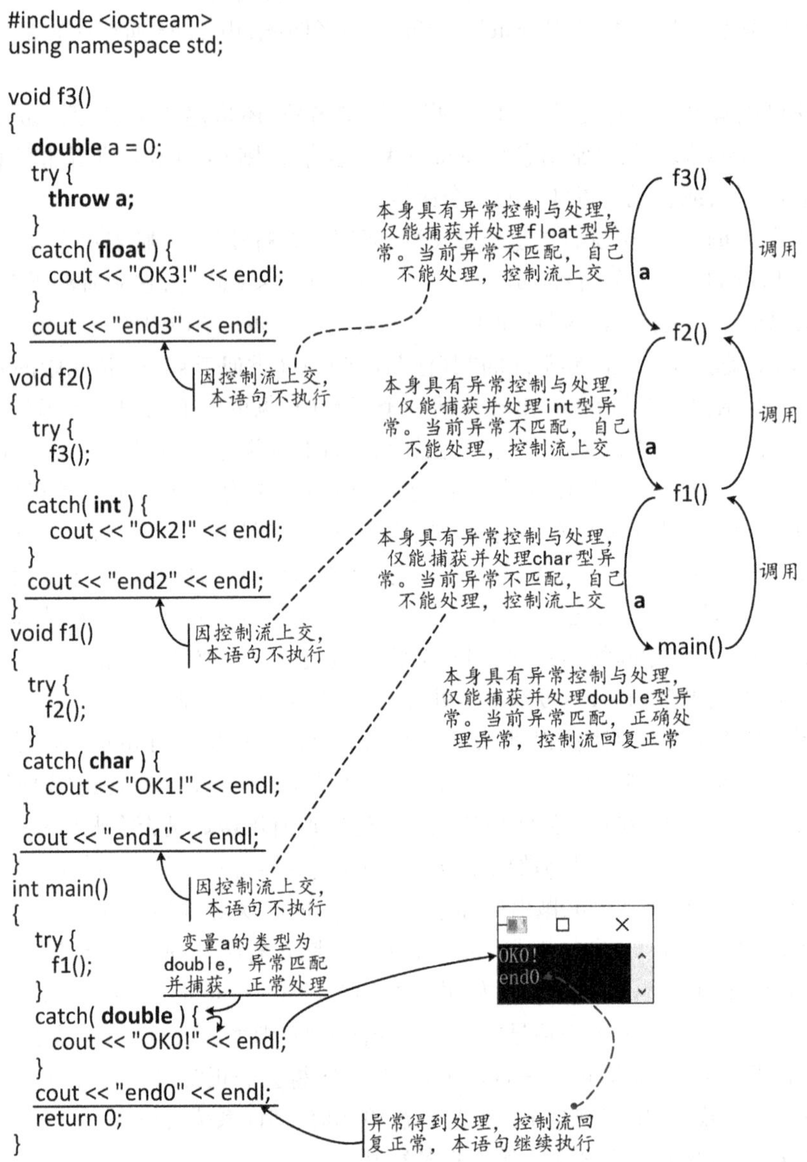

```
#include <iostream>
using namespace std;

void f3()
{
    double a = 0;
    try {
        throw a;
    }
    catch( float ) {
        cout << "OK3!" << endl;
    }
    cout << "end3" << endl;
}
void f2()
{
    try {
        f3();
    }
    catch( int ) {
        cout << "Ok2!" << endl;
    }
    cout << "end2" << endl;
}
void f1()
{
    try {
        f2();
    }
    catch( char ) {
        cout << "OK1!" << endl;
    }
    cout << "end1" << endl;
}
int main()
{
    try {
        f1();
    }
    catch( double ) {
        cout << "OK0!" << endl;
    }
    cout << "end0" << endl;
    return 0;
}
```

本身具有异常控制与处理，仅能捕获并处理float型异常。当前异常不匹配，自己不能处理，控制流上交

因控制流上交，本语句不执行

本身具有异常控制与处理，仅能捕获并处理int型异常。当前异常不匹配，自己不能处理，控制流上交

因控制流上交，本语句不执行

本身具有异常控制与处理，仅能捕获并处理char型异常。当前异常不匹配，自己不能处理，控制流上交

因控制流上交，本语句不执行

本身具有异常控制与处理，仅能捕获并处理double型异常。当前异常匹配，正确处理异常，控制流回复正常

变量a的类型为double，异常匹配并捕获，正常处理

异常得到处理，控制流回复正常，本语句继续执行

```
OK0!
end0
```

f3()
f2()
f1()
main()
调用
a

图 13-7　函数嵌套调用情况下的异常处理

实例进行析构(即调用相应类对象实例的析构函数),析构对象的顺序与构造的顺序相反,然后执行与异常类型匹配的 catch 块中的语句。由此,确保相应局部对象实例的正常析构。

【**例 13-2**】　异常处理时的对象实例析构。

C++ 语言异常处理机制较好地考虑了对象实例的析构问题。每当异常发生时,在控制流上交给上层之前,异常处理机制会自动地正确析构当前作用域内已经构建的各个局部对象实例。图 13-8 所示给出了一个应用示例及其解析。

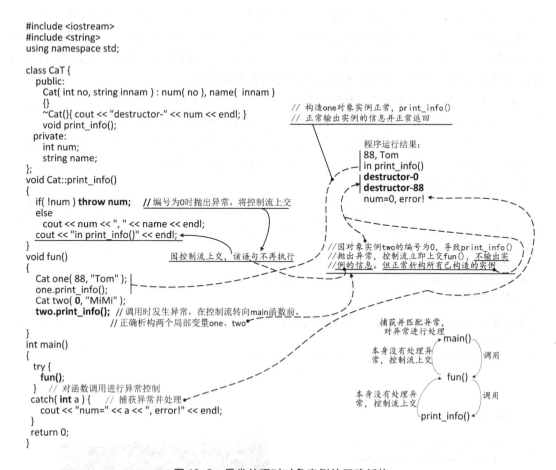

图 13-8　异常处理时对象实例的正确析构

13.4 深入认识异常

1）异常与异常处理框架是两个不同的概念，前者是处理对象，后者是处理方法。C++语言异常处理机制通常是指这两个方面。

2）本质上，抽象数据类型——异常类及其体系，也是 C++ 语言面向对象方法的一种特殊应用，该应用本身又丰富了 C++ 的语言机制。

3）与顺序、分支、循环和递归一样，异常处理框架也可以看作是一种执行流控制机制。

4）C++ 语言异常处理机制需要一定的开销，因此，频繁执行的关键代码段应避免使用异常处理。另外，对于一些简单的异常控制，如果使用普通处理方式（例如：断言 ASSERT、特殊值返回等）已经足够简洁明了，则尽量不要使用异常处理机制。

5）相对于 C 语言的 setjump、longjump 机制，C++ 语言异常处理机制比较灵活。一方面，它可以处理任意类型的异常，包括预定内置数据类型和抽象数据类型。并且，在出现异常时，能够获取异常的相关信息，指出异常原因并可以给用户优雅的提示。另一方面，可以把内层异常处理直接转移到适当的外层来处理，简化了处理流程。而传统方法只能是通过一层层返回错误码把错误处理转移到外层,导致层数过多时需要非常多的判断。再者,对于抽象数据类型而言,通过适当的 try-catch 布局可以避免或确保不产生内存泄漏(即可以保证相应对象实例一定会被正确析构。例如:当局部出现异常时,在执行异常处理代码之前会执行堆栈回退,即为所有局部对象实例调用其析构函数,确保局部对象实例正确析构)。

6)可以在异常处理块中尝试错误恢复,以保证程序不出现崩溃现象。例如:当出现除数为 0、内存访问违例等异常时,可以通过适当处理让程序不崩溃并继续运行。

7)从计算思维角度,异常处理机制实现了维度拓展,即将一维的处理方法拓展到二维的处理方法,实现了异常问题处理逻辑(相对不变部分)与业务逻辑(可变部分)的解耦,从而提高异常处理的规范化和灵活性、可扩展性。

8)C++ 语言标准异常类及其体系可以扩展,用户可以通过继承方法构建自己的异常类型。图 13-9 所示解析了相应的扩展方法。例 13-3 给出了一个综合案例。

```cpp
#include<iostream>
#include<stdexcept>    //引入 runtime_error 类的定义
using namespace std;

class DivideByZeroException: public runtime_error {
    public:
        DivideByZeroException(): runtime_error("企图被 0 除!")
        {}
};

double f(int x, int y)
{
    if (y==0)    // 除数为 0
        throw DivideByZeroException();
    return static_cast<double>(x) / y;
}
int main()
{
    int num1, num2;
    double result;
    cout<<"Please enter two integers(^Z to end):";
    while(cin>>num1>>num2) {
        try {
            result = f(num1, num2);    // 可能引发异常
            cout<<"The result is :"<<result<<endl;
        }
        catch(DivideByZeroException & divideByZeroException) {
            cout<<"异常发生:"<<divideByZeroException.what()<<endl;
        }
        cout<<"\nPlease enter two integers(^Z to end):";
    }
    cout<<endl;
}
```

图 13-9   定义并使用用户自定义的异常

9)C++ 语言异常处理机制只能处理同步异常,不能处理异步异常。

【例 13-3】 C++语言异常处理综合示例。

针对图 13-10 所示程序及其输出结果,具体分析其执行过程。

```cpp
#include<iostream>
#include<stdexcept>
using namespace std;

class W {
    int id;
public:
    W(int n) {id = n; cout<<id<<"C"<<endl;}
    ~W() {cout<<id<<"D"<<endl;}
};
class ghost: public runtime_error {
public:
    ghost(): runtime_error("I have escaped!") {}
};

void f()
{
    try {
        W _w(2); throw ghost();
    }
    catch (...) {
        cout<<"ghost!"<<endl; throw;
    }
    cout<<"F!"<<endl;
}
int main()
{
    W _w(1);
    try {
        f();
    }
    catch (ghost& g) {
        cout<<g.what()<<endl;
    }
    cout<<"Game over!"<<endl;
    return 0;
}
```

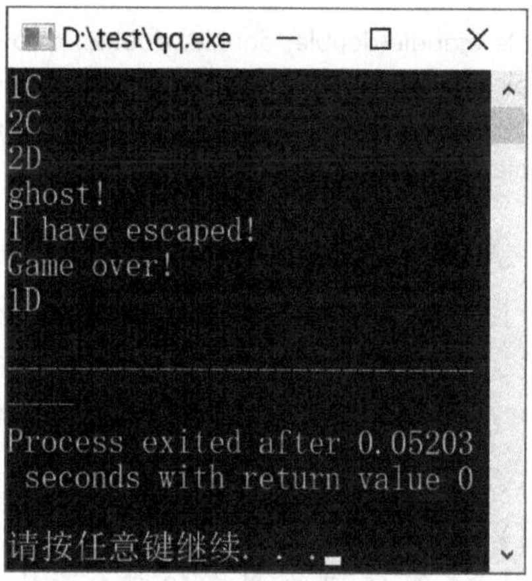

```
D:\test\qq.exe
1C
2C
2D
ghost!
I have escaped!
Game over!
1D


Process exited after 0.05203
 seconds with return value 0
请按任意键继续. . .
```

图 13-10　C++语言异常处理综合示例程序

13.5 本章小结

本章对 C++语言面向对象方法的特殊应用之一——异常处理机制进行了相应解析,并解析了它与面向功能方法中异常处理机制的本质区别。并且,从计算思维层次,解析了异常处理机制所蕴含的多维处理策略。

习　题

1. 构造一个程序,要求输入一个整数数组,使数组每个元素值等于其原值除以第一个元素原值。请问该程序中是否需要加入异常处理机制? 为什么? 如需要,请给出完整的程序。

2. 如果把 catch{…} 作为第一个子句,则出现什么情况? (提示:如果作为第一个 catch 子句,则后面的 catch 子句都不起作用)

3. C++ 语言中的异常处理机制 try-catch 结构能不能在 C 语言中使用? 为什么? (提示:缺乏抽象数据类型机制)

4. 请分析 C 语言标准库函数 int setjmp(jmp_buf envbuf) 和 void longjmp(jmp_buf envbuf, int status) 的作用,并结合一个具体案例,利用这两个函数来模拟异常处理机制。

5. 依据 C++ 语言异常处理机制,对于下列函数原型,分别抛出什么类型的异常:

```
double triangle(double, double, double) throw(double);
double triangle(double, double, double) throw(int, double, float, char);
double triangle(double, double, double) throw();
double triangle(double, double, double);
```

6. AOP(Aspect-Oriented Programming)是一种编程思想,其基本原理是将一些通用的基础性服务控制逻辑(即所谓的 Aspect)与业务逻辑解耦。请分析 C++ 语言异常处理机制与 AOP 的关系。(提示:C++ 语言异常处理机制可以看作是 AOP 的一种具体应用)

7. 如何利用系统变量__FILE__、__FUNCTION__和__LINE__等,使异常处理提示能够给出文件名、函数及行号等信息,以方便调试? (提示:通过继承标准异常类,重载或替换相应的成员函数)

8. 对于图 13-7,如果将 f3 函数中的 catch 子句改为 catch(double),而程序中其他部分不变,则程序运行结果是什么? 如果在此基础上再将 f3 函数中的 catch 块改为如下:

```
catch(double)
{
    cout<<"OK3!"<<endl;   throw;
}
```

则程序的运行结果是什么?

9. 对于图 13-6,请参照其运行结果和图 13-5,给出异常类 NumberStrParseException 的具体定义。

10. 对于图 13-6 的程序,如果以 char * str1 = " 1", * str2 = " 12,"; 作为输入,请给出运行结果并分析原因。

11. 请解释图 13-1 中的"异常处理框架耦合点"对应 C++ 语言异常处理机制中的哪个部分?

第 14 章　标准模板库(STL)

本章主要解析：什么是泛型程序设计，泛型程序设计的思维本质；C++ 标准模板库的基本构造原理；C++ 标准模板库的基本应用。

本章重点：泛型程序设计及其思维本质；C++ 标准模板库的基本构造原理。

模板机制进一步提升了函数或类的抽象层次，使得函数或类的构造独立于具体的数据类型(或者，对数据类型具有普适性)。模板机制仅仅建立了面向功能方法和面向对象方法中实现类型普适的基础方法，它不涉及应用语义。针对面向普适应用的一些常用基本数据组织方法和基本数据处理方法，可以通过模板机制(及各种面向功能方法、面向对象方法的一些机制)的具体应用来进行拓展，使其能够对数据类型具有普适性。从而，建立泛型程序设计的基础，拓展程序设计的思维维度。

14.1　泛型程序设计及其思维本质

14.1.1　泛型程序设计

所谓泛型，是指数据类型可以变化或者可以支持各种不同的数据类型。程序一般涉及数据组织(或数据结构)和数据处理(或算法)两个方面，因此，所谓泛型程序设计是指程序的数据组织方法和数据处理方法都必须独立于具体的数据类型，或者说它们都应该能够支持各种不同的数据类型。

泛型程序设计本质上是要实现软件代码的重用，或者说它是实现软件重用的一种方法或手段。相对于其他的软件重用实现方法，泛型程序设计具有较高的抽象特性，其意义更加广泛和重要。如果没有泛型程序设计，则每当遇到不同类型时就需要按需进行类型转换或重新改变算法的设计，这不仅繁琐，而且也降低了开发效率和运行效率。

14.1.2　泛型程序设计的思维本质

泛型程序设计的思维本质在于实现特殊性到普遍性的升华。因此，从哲学角度看，面向基本算法和数据结构,泛型程序设计奠定了一种建立通用原理和方法的基础。另外,从逻辑角度看,泛型程序设计通过提高抽象级别,实现了一维(即面向一种具体数据类型)到多维(即面向各种数据类型)的拓展。

泛型程序设计本质上是也是计算思维的一种具体应用,其目的是建立通用的原理,以便用该原理进一步指导程序设计应用。也就是说,它要实现归纳思维到演绎思维的转变。

另外,它也体现最佳(或极佳)效率、极低耦合性、极高复用性、高度扩展性和框架性等软件工程的目标。

14.2 C++ 标准模板库 STL

C++ 标准模板库 STL(Standard Template Library)就是利用 C++ 语言的模板机制,以及 C++ 语言对面向功能方法和面向对象方法所提供的各种支持机制,针对程序设计中常用的基本数据结构和算法进行了泛型设计,使得它们可以独立于具体的数据类型并具有与针对某特定数据类型进行设计时的相同效率。因此,模板机制是 STL 的基石。

STL 是泛型程序设计的典型代表或具体案例,也是基于 C++ 的泛型程序设计方法的具体应用。STL 包含很多面向程序设计的基本数据结构和算法,而且将算法与数据结构完全解耦,支持各自的扩展和演化。

14.2.1 STL 的基本原理及体系结构

为了实现泛型程序设计,STL 基于模板和设计模式(同时配合各种面向功能方法、面向对象方法支持机制)建立其实现原理。具体而言,STL 以容器(container)、算法(algorithm)、迭代器(iterator)、适配器(adapter)、函数对象(function object)和空间配置器(allocator)六个组件及其逻辑关系构成其整个泛型设计支持机制的基本框架。其中:

1) 容器主要面向数据存储,相当于数据组织部分的逻辑层面,它主要提供模板化的各种常用数据结构抽象类型的定义。

2) 算法主要面向数据的基本操纵,相当于数据处理部分中一些常用基本算法,它主要提供基于函数模板机制的各种常用基本算法。

3) 迭代器主要面向容器和算法的解耦,使得两者之间的不同策略可以灵活匹配;它相当于一种"泛型指针",通过重载指针的各种基本运算,提供模板化的相应抽象类型定义。

4) 空间配置器主要面向容器与其所依赖的存储资源(内存、外存等)的解耦,使得可以对存储资源进行统一配置与管理;它相当于数据组织部分物理层面的抽象;基本实现中,它提供动态内存空间配置与管理的模板化相应抽象类型定义。

5) 函数对象主要面向传入给算法的参数构造,使得算法的策略可以参数化;它通过重载函数调用运算(即()运算),提供模板化的相应抽象类型定义。

6) 适配器机制主要面向接口的转换及其扩展,以便更好地扩展 STL 的现有能力。它提供基于适配器模式的模板化相应抽象类型定义。

六个组件的相互关系如图 14-1 所示。

其中,空间配置器隐藏于容器背后,迭代器伴随着容器,函数对象伴随着算法,算法通过迭代器作用于容器,算法通过函数对象接受行为策略,适配器用于函数对象、迭代器和容器的接口转换与扩展。

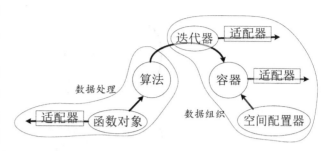

图 14-1　C++ STL 实现的基本体系

为了实现广泛的通用性,STL 的概念结构及基本实现框架蕴含了多种设计理念或思想：1）每个部分相对独立并高度抽象,各个部分通过某种耦合器进行间接松耦合。具体而言,针对程序的两个基因,分别以容器和算法两个概念抽象,并通过迭代器消除相互依赖；并且,通过空间配置器消除容器（数据组织逻辑结构）及其物理实现（数据组织物理结构）之间的相互依赖；通过函数对象消除算法及其具体实现策略之间的相互依赖。2）每个部分都考虑扩展。具体而言,对于容器、迭代器及函数对象,通过适配器实现扩展；对于算法,通过函数对象间接扩展；对于容器,通过空间配置器间接扩展。

因此,从逻辑上看,STL 具有两层结构,即容器、算法和迭代器构成第一层,函数对象、适配器和空间配置器构成第二层。另外,其外部所有的转换及其扩展可以看成是构成整个体系的第三层。从而,演绎"一生二,二生三,三生万物"的内涵。

14.2.2　对类型通用化的处理

1）解耦技术的通用原理及其解析

解耦用于将固定不变的关系改造成动态可调整的关系,提高关系双方各自对变化的适应性。解耦技术已成为面向软件维护的重要设计技术之一。解耦技术实现的基本原理就是增加层次,或者,通过增加层次,不断隔离关系的双方。图 14-2 所示给出了解耦技术的通用原理及其解析。

2）C++ STL 对类型通用化的处理

为了实现泛型程序设计的目标,类型的通用化处理成为 STL 实现的关键。基础的模板机制提供了类型泛化的基础,可以支持算法和容器的各自泛型化（分别用函数模板和类模板）。然而,它仅仅是以直接方式给出了泛型化的解决方法,对于间接方式的泛型化无法解决。由于STL 解耦了算法和容器,二者通过迭代器进行间接耦合,因此,尽管算法和容器借助于基础的模板机制分别实现其泛型化,但是,如何实现两者耦合时的泛型化（或者说算法泛型化如何通过迭代器间接地实现与容器泛型化的匹配）,成为 STL 需要解决的首要问题。依据图 14-2 所示的基本原理,STL 通过 traits 编程技巧实现了图 14-2 中的"形式数据源"机制,较好地解决了算法和容器两者耦合时的泛型化匹配问题。具体方法如下：

● 以"类型应用形态"作为核心概念

从算法角度,其处理对象的类型有多种应用形态,例如：对于 int 型数据,可能涉及的类型应用形态有 int、int *、int &、const int 等等。STL 中算法的处理对象是迭代器,因此,与处理普通对象类似,其处理过程中需要涉及迭代器类型的各种应用形态,鉴于迭代器的固有应用目标,其类型应用形态一般有迭代器类型本身（value_type）、迭代器类型的指针（pointer）、迭代器类型的引用（reference）、迭代器类型的差额（difference_type）（即两个同类型迭代器之间的距

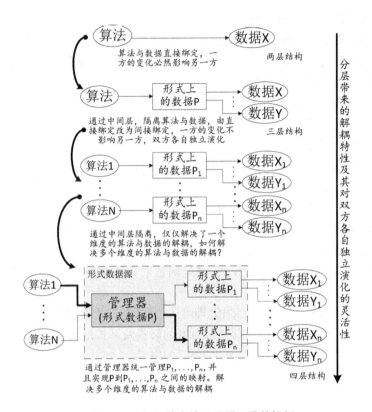

图14-2 解耦技术的通用原理及其解析

离)和迭代器类型标签(iterator_category)(即说明是哪一种迭代器。依据移动特性与施行操作,迭代器分为五种:input iterator/只读型、output iterator/只写型、forward iterator/读写型、bidirectional iterator/可双向移动型和 rondom access iterator/随机访问型,它们可以作为迭代器类型标签值)。

● 利用"类型应用形态内嵌"编程技巧

类型应用形态内嵌是指在类模板内部嵌入类型应用形态的说明。具体是:通过关键词 typedef 在类模板内部定义或说明其对泛化目标类型的各种应用形态。例如:对于迭代器类模板,通过关键词 typedef 在其内部定义或说明其对泛化目标类型的各种应用形态,实现迭代器与容器之间的泛化类型匹配。

● 借助编译器进行类型应用形态的提取

首先,针对模板机制,编译器具备"模板参数推导"(即依据实际给出的具体类型确定模板中对应的参数化类型)和模板特化的功能;

其次,为了触发类型应用形态的提取,通过关键词 typename 通知编译器,在需要提取迭代器类型对其泛化目标类型应用形态的应用场合,指定提取类型应用形态的来源,实现算法与迭代器之间的泛化类型匹配;

最后,在上述两者的基础上,构建统一的类型应用形态提取器,实现多维状态下的算法与容器两者耦合时的泛型化匹配。

图14-3 所示给出了 Traits 编程技巧的具体解析。

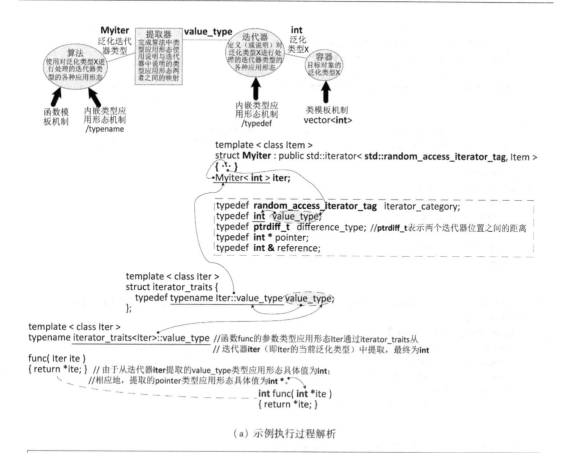

（a）示例执行过程解析

```
// 五种迭代器类型
struct input_iterator_tag {};
struct output_iterator_tag {};
struct forward_iterator_tag: public input_iterator_tag {};
struct bidirectional_iterator_tag: public forward_iterator_tag {};
struct random_access_iterator_tag: public bidirectional_iterator_tag {};


// 迭代器类型基本应用形态的标准定义 std::iterator
template< class Category, class T, class Distance = ptrdiff_t, class Pointer = T *, class Reference =
T & >
struct iterator {
    typedef Category iterator_category; // 内嵌类型应用形态
定义方法：定义具体形态
    typedef T value_type;
    typedef Distance difference_type;
    typedef Poinert pointer;
    typedef Reference reference;
};


// 迭代器类型应用形态提取器 traits
template< class Iterator>
struct iterator_traits {
    // 内嵌类型应用形态定义方法：指定要提取的类型应用形态的具体来源
    typedef typename Iterator::iterator_category iterator_category;
```

```
        typedef typename Iterator::value_type value_type;
        typedef typename Iterator::difference_type difference_type;
        typedef typename Iterator::pointer pointer;
        typedef typename Iterator::reference reference;
};

// 针对原生指针(native pointer)的 traits 特化版(无法通过 typename 指定类型应用形态的
// 来源,因为原生指针不能内嵌定义其具体的类型应用形态。所以通过特化方法直接指定其
// 类型应用形态)
template< class T>
struct iterator_traits< T * >{
        typedef random_access_iterator_tag iterator_category;
        typedef T value_type;
        typedef ptrdiff_t difference_type;
        typedef T *pointer;
        typedef T & reference;
};

// 针对原生指针的 pointer-to const 的 traits 特化版(通过特化方法直接指定其类型应用形态)
template< class T>
struct iterator_traits< const T * >{
        typedef random_access_iterator_tag iterator_category;
        typedef T value_type;
        typedef ptrdiff_t difference_type;
        typedef const T *pointer;
        typedef const T & reference;
};

// 判定迭代器类型应用形态为 iterator_category 的函数
// (即用于检查泛型迭代器 Iterator 的类型应用形态是否为 iterator_category)
template< class Iterator>
inline typename iterator_traits< Iterator   >::iterator_category
iterator_category(const Iterator & ) {
        typedef typename iterator_traits< Iterator >::iterator_category category;
        return category();
}

// 判定迭代器类型应用形态为 difference_type 的函数
// (即用于检查泛型迭代器 Iterator 的类型应用形态是否为 difference_type)
template< class Iterator>
inline typename iterator_traits< Iterator >::diffrence_type *
distance_type(const Iterator & ) {
    return static_cast<typename iterator_traits< Iterator >::difference_type * > (0);
}

// 判定迭代器类型应用形态为 value_type 的函数
// (即用于检查泛型迭代器 Iterator 的类型应用形态是否为 value_type)
template< class Iterator>
inline typename iterator_traits< Iterator >::value_type *
value_type(const Iterator & ) {
    return static_cast< typename iterator_traits< Iterator   >::value_type* > (0);
}
```

(b) 相关类模板描述

图 14-3 Traits 编程技巧的具体实现原理

由图 14-3 可知,迭代器相当于容器的驱动程序,算法通过驱动程序访问容器。Traits 编程技巧相当于定义了驱动程序构造(iterator)及运行管理(typename、iterator_traits、typedef)的一种基本规范(也可以看成是一种统一的框架),迭代器类型的应用形态相当于驱动程序的标准接口,iterator_traits 相当于驱动程序管理器。定义一种迭代器就是具体定义这种驱动程序的每个接口(接口关联到容器),算法调用的驱动程序接口(typename/相当于逻辑接口)经过驱动程序管理器(iterator_traits)的映射,映射到具体的驱动程序接口(typedef/相当于物理接口)。由此,通过迭代器隔离了算法和容器,使算法和容器可以各自独立发展。

14.2.3　实例解析

本节以 STL 中的 vector 容器、search 算法、基于普通指针运算和操作的迭代器、两个参数的函数对象、基本 alloc 空间配置器等为实例,展示及解析 STL 的实现原理。

1）alloc 空间配置器

alloc 空间配置器使用系统内存的堆空间,并考虑内存不足时的应变措施。另外,对多线程状态和由过多小区块可能造成的内存碎片问题也进行了充分考虑(采用二级配置器结构和内存池应对碎片问题)。alloc 空间配置器是 STL 的默认配置器。

2）vector 容器

vector 容器基于动态空间管理策略,实现的关键在于其对大小的控制以及重新配置时的数据移动效率。具体而言,vector 维护一个线性连续空间,以迭代器 start 和 finish 分别指向所配置的空间中目前已经被使用的范围,并以迭代器 end_of_storage 指向整块连续空间(含备用空间)的尾端。如图 14-4 所示。为了降低配置时的速度成本,即降低"配置新空间——数据移动——释放旧空间"操作时的时间消耗,vector 实际配置的大小一般比客户需求量更大一些,以备将来可能的扩充(即所谓的容量概念,容量永远大于或等于 size 的大小)。

vector 容器默认使用 alloc 空间配置器,并且为了方便以元素大小为配置单位,另外定义了一个 data_allocator,如图 14-5①所示。

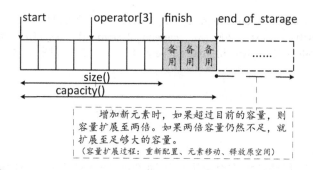

图 14-4　vector 的基本结构及构造方法

3）迭代器

由于 vector 维护的是一个(逻辑上)连续的线性空间,因此,不论其元素的类型是什么,普通指针都可以作为 vector 的迭代器而满足所有必要条件。vector 支持随机存取,其迭代器类型为 Random Access Iterators。图 15-5②所示给出了 vector 迭代器的相应定义。算法可以通过提取器(或称萃取器)iterator_traits 提取 vector 迭代器的各种类型应用形态。

```
template < class T, class Alloc >
class simple_alloc {    // ①
    public:
        static T *allocate(size_t n)    // 支持以元素大小为配置单位
        {return 0 == n ? 0: (T *)Alloc::allocate(n *sizeof(T));}
        static T *allocate(void)
        {return (T *)Alloc::allocate(sizeof(T));}
        static void deallocate(T *p, size_t n)    // 支持以元素大小为配置单位
        {if (0 ! = n) Allocc::deallocate(p, n *sizeof(T));}
        static void deallocate(T *p)
        {Allocc::deallocate(p, sizeof(T));}
};

template < class T, class Alloc = alloc >
class vector {
    public：
        // 迭代器类型的应用形态定义
        typedef T value_type;
        typedef value_type *pointer;
        typedef value_type *iterator;        // ②
        typedef value_type & regerence;
        typedef size_t size_type;
        typedef ptrdiff_t difference_type;
    protected:
        typedef simple_alloc < value_type, Alloc > data_allocator;      // ①
        iterator start;    //参见图 14-4
        iterator finish;    //参见图 14-4
        iterator end_of_storage;    //参见图 14-4
    public:
        iterator begin(){return start;}
        iterator end(){return finish;}

        size_type size() const {return size_type(end() - begin());}    //参见图 14-4
        size_type capacity() const {return size_type(end_of_storage() - begin());}    //参见图 14-4
        reference operator[](size_type n){return *(begin() + n);}    //参见图 14-4
        …
};
```

图 14-5 vector 的定义

4）search 算法

算法的泛型化,一般涉及操作对象类型的抽象化、操作对象表示的抽象化以及操作区间目标移动行为的抽象化。STL 中操作对象类型的抽象化通过模板机制实现,操作对象表示的抽象化通过容器机制实现,操作区间目标移动行为的抽象化通过迭代器机制实现。针对一段元素区间,STL 提供的基本算法一般都是以一对迭代器表示算法的操作区间,区间为前闭后开(便于判断空区间,即 first 迭代器等于 last 迭代器)。

search 算法的基本功能是在序列一所涵盖的区间中,查找序列二的首次出现点。如果不存在完全匹配的子序列,则返回序列一的尾部迭代器最终位置。图 14-6 所示给出了 search 算法

的解析。

```
template<class Iter1, class Iter2, class Pred>
Iter1 search (Iter1 first1, Iter1 last1, Iter2 first2, Iter2 last2, Pred pred); //①
{
  if (first2==last2) return first1; //序列二为空,认为匹配,返回首次出现位置

  while (first1 != last1) {
    Iter1 it1 = first1; Iter2 it2 = first2;
    while (pred(*it1, *it2)) {    // ①
      ++it1;    ++it2;
      if (it2==last2) return first1; //找到序列 2,返回首次出现位置
      if (it1==last1) return last1; //没有找到序列 2,返回序列一尾部迭代器最终位置
    }
    ++first1;   //两个序列出现不匹配,调整起点重新开始
  }
  return last1;   //没有找到序列 2,返回序列一尾部迭代器最终位置
}
```

图 14-6 search 算法的解析

5) 函数对象

search 算法中,对于两个区间当前位置泛型化操作对象的比较,可以通过函数对象机制给出具体的比较策略,如图 14-6 中的①处注释。

6) 关系解析

图 14-7 所示给出了 vector 容器(含基本空间配置器 alloc)、search 算法、两个参数的函数对象以及基于普通指针的迭代器之间的关系及解析。

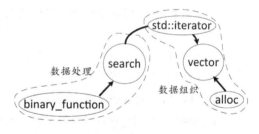

图 14-7 STL 结构的各个组件的实例及相互关系解析

14.2.4 STL 的基本应用

1) 标准 C++ STL 基本内容

C++ 标准中,STL 主要包括 13 个头文件,具体参见如表 14-1 所示的解析(注:STL 存在多种版本,依据编译器不同而不同。在此给出的版本与读者实际所用的版本不一定完全一致)。

表 14-1 STL 头文件及其内容说明

头文件	内容说明
<utility>	适用于整个 STL 的一些通用类型定义
<vector>	动态数组容器类型定义
<list>	线性列表容器类型定义
<set>	集合容器类型定义
<map>	映射容器类型定义
<stack>	堆栈容器类型定义

(续表)

头文件	内容说明
<queue>	队列容器类型定义
<deque>	双端队列容器类型定义
<iterator>	基本迭代器类型定义
<algorithm>	基本常用算法相关模板函数定义
<numeric>	简单数学运算模板函数定义
<functional>	函数对象类型定义
<memory>	空间分配器类型定义

2）STL 使用的基本方法

对于 STL 的使用,一般遵循如下基本步骤:

● 引入相应的 STL 头文件;

● 特化容器模板并构建特化容器对象实例;

● 与特化容器配套,特化迭代器模板并构建特化迭代器对象实例;

● 按需构造一个函数对象实例;

● 通过特化容器对象实例、特化迭代器对象实例以及特化函数对象实例,使用算法库功能;

另外,还可以通过空间配置器、适配器实现 STL 的高级应用。

3）应用示例及解析

【例 14-1】 构造一个数组并排序。

本例使用 STL 的 vector 模板构造一个动态数组,使用 STL 的 sort 算法对数组进行排序并输出结果。

本例使用到空间配置器、容器、迭代器、算法和函数对象,程序及解析如图 14-8 所示。

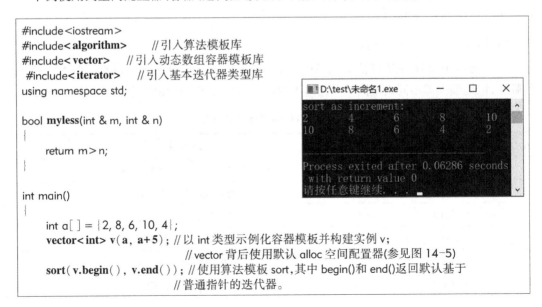

```cpp
#include<iostream>
#include<algorithm>      //引入算法模板库
#include<vector>      //引入动态数组容器模板库
 #include<iterator>      //引入基本迭代器类型库
using namespace std;

bool myless(int & m, int & n)
{
    return m>n;
}

int main()
{
    int a[] = {2, 8, 6, 10, 4};
    vector<int> v(a, a+5); //以 int 类型示例化容器模板并构建实例 v;
                           // vector 背后使用默认 alloc 空间配置器(参见图 14-5)
    sort(v.begin(), v.end()); //使用算法模板 sort,其中 begin()和 end()返回默认基于
                           //普通指针的迭代器。
```

```
                    // sort 经过 iterator_traits 到迭代器、再到容器,最后提取 int 类型
                    // (以 value_type 类型应用形态作为相互之间的映射类型标志,参见图 14-3a)
    cout<<"sort as increment:"<<endl;
    copy( v.begin( ), v.end( ), ostream_iterator<int>( cout, " \t" ) );
        // 使用算法模板 copy。ostream_iterator<int>(cout,"\t")为实例化的输出流迭代
        // 器模板实例,它绑定到 cout 并输出 int 类型。
    // copy 经过 iterator_traits 到 ostream_iterator<int>、再到 ostream,最后提取 int 类型
    // (以 value_type 类型应用形态作为相互之间的映射类型标志,参见图 14-3a)
    cout<<endl;

    sort( v.begin( ), v.end( ), myless );
        // 使用算法模板 sort & 函数对象(sort 的第三个参数)。
        // 函数 mylee 传递给 sort,改变其两数比较的策略。
    copy( v.begin( ), v.end( ), ostream_iterator<int>( cout, " \t" ) );
    cout<<endl;

    return 0;
}
```

图 14-8　STL 的基本应用示例及解析

【例 14-2】 容器及其扩展。

通过适配器机制,可以实现容器的扩展,即构造新的容器。本质上,新容器的具体实现是以已有的容器为基础,或者说,新容器向外部提供的接口功能,其内部是适配到已有容器的相应接口。图 14-9 所示给出了 STL 中 stack 容器及其相应解析。

```
template<class T, class Sequence = deque< T> >// 以底层容器 deque 为基础
class stack {
    friend bool operator== __STL_NULL_TMPL_ARGS (const stack & , const stack & );
    friend bool operator< __STL_NULL_TMPL_ARGS (const stack & , const stack & );
public:
    typedef typename Sequence::value_type value_type;   // 提取底层容器数据类型的应用形态
    typedef typename Sequence::size_type size_type;
    typedef typename Sequence::reference reference;
    typedef typename Sequence::const_reference const_reference;
protected:
    Sequence c；  // 指定底层容器 c
public:
    bool empty() const { return c.empty( );}    // 直接将接口功能适配到底层容器的接口
    size_type size() const { return c.size( );}
    reference top(){ return c.back( );}
    const_reference top() const { return c.back( );}   // 利用底层容器尾部作为堆栈顶
    void push(const value_type & x){ c.push_back( x );} // 进栈适配到底层容器的尾部插入
    void pop() { c.pop_back();}  // 出栈适配到底层容器的尾部弹出
};

template< class T, class Sequence>
bool operator==(const stack<T, Sequence> & x, const stack<T, Sequence> & y)
{ return x.c==y.c;}

template< class T, class Sequence>
bool operator<(const stack<T, Sequence> & x, const stack<T, Sequence> & y)
{ return x.c<y.c;}
```

图 14-9　容器的扩展

【**例 14-3**】 函数对象及其扩展。

例 14-1 中初步使用了函数对象。通过适配器机制,还可以实现函数对象的扩展,即可以对函数的参数和函数的返回值进行变换,可以合成多个函数对象,可以扩展普通函数指针的函数对象能力,可以扩展成员函数指针的函数对象能力。也就是说,函数对象扩展是将其能力从由单个普通函数提供拓展到由多个不同种类函数及其综合来提供。从而,使得搭配的主体算法可以具备更强更灵活的行为策略调整能力。

基于适配器机制的实现原理,函数对象适配器内含一个成员对象,指向其要适配到的另一个函数对象。由此,适配器重载的函数调用运算就可以向外部提供新的行为,并将新的行为配接到要适配到的另一个函数对象的行为。图 14-10 所示给出了 STL 本身已有的面向参数变换的函数对象适配器 binder2nd 及其相应解析。

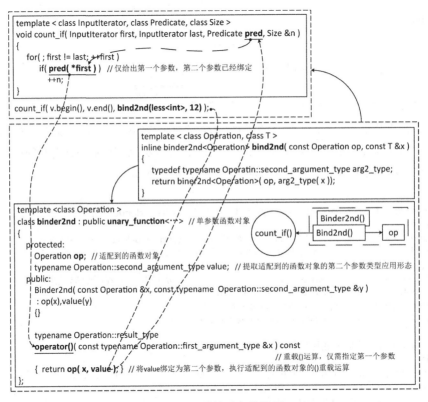

图 14-10　函数对象的扩展

【**例 14-4**】 迭代器及其扩展。

通过适配器机制,可以实现迭代器的扩展,即构造一个新的特殊适配器,其外部向算法提供新的迭代功能接口,内部将该新接口的具体实现适配到一个已有的迭代器上。图 14-11 所示给出了 STL 本身提供的 back_insert_iterator 适配器及其相应解析。

```
// 迭代器适配器 back_insert_iterator,也可看作是一种新的仅完成尾部插入功能的迭代器
template< class Container>
class back_insert_iterator {
  protected:
```

```
        Container *container; // 指向作用的底层容器,该容器带有其默认迭代器
     public:
        typedef output_iterator_tag iterator_category; // 类型为输出型迭代器
        typedef void value_type; // 对于尾部插入迭代器,其他的类型应用形态都是 void
        typedef void difference_type;
        typedef void pointer;
        typedef void reference;

        explicit back_insert_iterator(Container & x): container(& x) {}

        back_insert_iterator< container > &
           operator = (const typename Container::value_type & value)
           {
               container-> push_back( value ); // 配接到容器带有的原默认迭代器
               retuen *this;
           }

        back_insert_iterator< container > &
           operator*() {retuen *this;}   // 对于尾部插入迭代器,该操作无意义
                                         // (关闭该功能)

        back_insert_iterator< container > &
           operator++() {retuen *this;} // 对于尾部插入迭代器,该操作无意义
                                        // (关闭该功能)

        back_insert_iterator< container > &
           operator++(int) {retuen *this;} // 对于尾部插入迭代器,该操作无意义
                                           // (关闭该功能)
};

template< class Container >   // 迭代器的配套函数使用形式,调用该函数即得到一个
                             // 当前迭代器实例
inline back_insert_iterator< Container >
back_insert( Container & x )
{return back_insert_iterator< Container>( x );} // 构造尾部插入迭代器实例
```

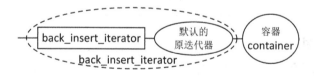

图 14-11　迭代器的扩展

14.2.5　深入认识 STL

STL 不仅对最基本的"数据组织"和"数据处理"两个基本要素进行了泛型化,更是构建了面向完整泛型化程序构造的框架结构。也就是,STL 以泛型程序设计思维为基础,系统化、条理分明地定义了针对程序构成组件的分类学,即数据组织、数据处理及它们的耦合。本质上,STL 系统化地建立了一个面向程序构造的抽象概念库并给出概念库的一个具体实现。

STL 不仅是一个可扩展的程序零件库,也是一个可扩展的框架。因为它定义并建立了各个逻辑部分及其相互关系(即框架基础结构),并且支持扩展(即可以扩展每一个逻辑部分)。

STL 的 traits 编程技巧体现了组件对象模型的基本思想,typedef 相当于于注册机制,

typename 相当于查找机制,编译器(及模板参数推导机制和模板特化机制)相当于服务中介。

STL 通过分层思想解决了各个逻辑部分之间的耦合关系,使每个逻辑部分可以独立演化。同时,它通过模板机制实现了每个逻辑部分的泛型;通过设计模式实现了逻辑部分的扩展。

STL 演绎了从特殊性升华到普遍性的哲学原理,这主要体现在整个框架结构的设计和每个部分的设计都实现了类型的泛化。另外,整个框架结构的设计,演绎了计算思维原理的具体应用。

14.3 本章小结

本章主要介绍了泛型程序设计的基本概念及其思维本质,重点介绍了泛型程序设计的代表——C++ STL 的基本实现原理及基本使用方法。

习　题

1. 什么是泛型程序设计? 它有什么意义?

2. STL 含有哪几个逻辑部分? 它们是如何实现解耦的?

3. 从函数指针到函数对象,其思维本质有什么不同?

4. 设计一个函数对象,实现一个能支持各种基本排序策略的排序算法。

5. STL 的使用一般需要哪几个基本步骤?

6. 利用 STL 中的容器、迭代器、算法和函数对象等,编写一个宽度搜索程序,实现对某种自定义抽象数据类型的具体应用。

7. 由例 14-1 可知,通过函数作为参数,可以改变另一个函数的具体行为策略(参见第6.3.4 小节的解析)。然而,以函数指针实现的函数型参数基于面向功能方法,对于抽象数据类型缺乏良好的支持。为了体现泛型思想特点,可以将函数指针提升为函数对象,即通过定义函数对象类型实现参数类型由面向功能方法向面向对象方法的转变。

函数对象的定义方法,主要是重载函数调用运算符( )。图 14-12 所示给出了相应解析。

```cpp
#include<iostream>
using namespace std;

class Fun { // 函数对象
  public:
    int operator( )( )        // 重载函数调用运算()
    {
        cout<<"函数对象" <<endl;
        return 0;
    }
};

int main()
{
    Fun f; // 构造函数对象实例 f
    f( ); // 调用 Fun 对象实例 f 的()运算,即 f.operator()();
    return 0;
}
```

图 14-12　函数对象的定义方法及解析

第 15 章　应用框架

　　本章主要解析：什么是应用框架；应用框架与基本程序构造方法的关系；基于框架的程序设计基本思维；MFC 框架的基本原理及应用。

　　本章重点：基于框架的程序设计基本思维；MFC 框架的基本原理。

　　随着应用的发展，软件系统越来越复杂、庞大，软件开发和维护的成本越来越高。针对该问题，人们基于对程序构造方法认识的深入，以及对特定应用特征的抽象，现在普遍采用基于框架的设计方法来构造程序，使得程序的整体结构具有相对统一的形式，从而有利于开发及维护。

15.1 什么是应用框架

　　一般而言，任何东西都有结构。所谓结构是指各个基本组成部分及其相互关系所形成的表现形态。程序也有结构，最早的程序是无结构的（本质上它是结构的退化，即只有一个基本组成部分），俗称为一体式"钢板程序"。随着程序规模变大，为了提高开发效率、增加维护和调试的便捷性并降低成本、提高程序质量等，陆续诞生以函数和函数之间关系为基础的程序结构、以对象和对象之间关系为基础的程序结构，这些结构规定了程序的通用基本结构形态，建立了程序构造的通用基本方法，但它并不带有任何与应用相关的特征。

　　通用基本方法仅仅是给出了方法论，而方法的具体运用显然涉及应用要素，主要表现为为特定环境对方法运用的要求及约束和特定类型应用的共性特征两个方面。其中，后者附属于前者，是在前者基础上的一种局部应用。所谓应用框架（Application Framework），是指特定环境依据其自身特点，通过对特定类型应用程序共性结构特征的抽象并基于程序构造通用基本方法而定义的一种应用程序结构模型及其准程序的具体实现，它将特定环境的某种类型应用程序中"一成不变"的功能（尤其是各个基本组成部分之间的交互关系及控制逻辑）固定下来并预先实现及自动提供。

　　本质上，应用框架本身也是面向功能方法和面向对象方法的一种综合应用，它针对特定环境的要求与约束，抽象了某一类程序的共性特征并定义其基本结构形态和运行控制逻辑，相当于已经完成带有该类程序共性特征并满足特定环境要求和约束的最基本的毛坯程序,用户只需要扩展并添加自身应用的个性特征部分就可以丰富并完善该毛坯程序,最终构造出完整的应用程序。显然,基于应用框架进行程序设计,一方面可以降低编写代码所花费的精力和开发成本,另一方面约束了程序的结构规范,增强可维护性和可靠性(因为结构本身及其一些预先自动提供的功能都是经过考验的)并为组合的软件机能提供杠杆支点。并且,它通过对通用基本程序构造方法的进一步包装,建立了该特定环境中一种更为规范和便捷的程序构造基本方法。

目前,面向 Windows 平台的应用程序开发,流行的商用框架主要有 Microsoft 的 MFC (Microsoft Foundation Classes),其配套开发环境为 Visual C++;Borland 的 OWL(Object Windows Library),其配套开发环境为 C++ Builder;IBM 的 OCL(Open Class Library),其配套开发环境为 Visual Age for C++。其他的开发环境主要采用 Microsoft 的 MFC。本章主要解析 MFC 的基本原理及其基本应用。

15.2 基于框架的程序设计思维特征

基于框架的程序设计所需要的思维与直接基于通用基本程序结构的程序设计所需要的思维是不同的,两者思维呈倒置。前者强调规范、统一,是在规范和统一基础上的二次开发,其基本思维策略是演绎式思维。也就是说,首先应该理解框架的基本原理及其定义的应用程序基本结构模型,明确框架本身和开发者之间各自的职责;然后完成自己的职责;更进一步,对框架本身进行扩展改造。后者强调自主,相对比较自由,是依据应用需求对基本程序结构的首次应用,其基本思维策略是归纳式思维。也就是说,首先要对应用需求进行归纳分析,设计并建立应有的程序结构;然后再完成整个结构的实现。正是开发者个体思维特征及认知能力的不同,导致了最终的程序结构各不相同。可见,框架本身预先完成了归纳分析及最终结构设计的部分(或者说,框架选择了最优开发者个体的思维及其带来的程序结构),大幅度降低了开发者的工作量,并且确保了最终程序的质量。当然,它也大大制约了开发者的个体创造力。

基于框架的程序设计也具有显著的高阶思维特性,主要表现为:相对于通用基本方法及其所定义的程序基本结构,应用框架是其一种典型应用;而相对于应用框架及其所定义的程序结构,最终的应用程序又是应用框架的一种具体应用。因此,基于框架的程序设计方法是对通用基本方法的应用的应用,最终程序的结构是(通用基本)结构的(面向特定类框架)结构。另外,应用框架本身实现的各种机制,也具备"维"和"阶"的综合特性。

15.3 MFC 框架的基本原理

15.3.1 Windows 操作系统定义的基本程序模型

为了支持多任务运行对外部设备资源的共享,特别是对屏幕资源的共享,Windows 定义了基于消息的事件驱动工作方式,并以窗口作为程序运行的基本表现形态。窗口可以看作是一种逻辑屏幕,程序的外观表现对应到逻辑屏幕。通过窗口可以实现对屏幕资源的共享,即多个逻辑屏幕可以映射到一个物理屏幕。基于消息的事件驱动工作方式可以实现多任务运行对外部设备资源的共享,即在某个时刻,究竟是哪一个任务占用资源(其逻辑屏幕与物理屏幕绑定并占用其他外部设备资源)。图 15-1 所示是 Windows 定义的窗口基本形态。其中,菜单及其排列、工具条图标、对话框(子窗口)等都通过资源形式附加于窗口主体。

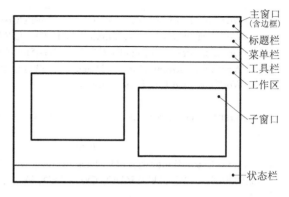

图 15-1　Windows 定义的窗口基本形态

　　相应地,基本程序模型一般由两部分构成:初始化主程序和窗口消息处理子程序。初始化主程序的任务是定义程序应有的窗口类型及其外观表现形态(即使用哪种类型或风格的窗口,所谓类型或风格是指图 15-1 窗口基本形态或其子集;需要加载哪些附加的 UI 资源)并指配用于该窗口消息处理的子程序、向 Windows 登记(或注册)已定义的窗口(即将本任务告知 Windows,以便 Windows 对其运行进行管理)、创建已定义的窗口并显示出来、启动消息处理机制并就绪。消息处理子程序主要负责对发送给本窗口的各种消息进行处理,并将处理结果反馈到窗口界面(即调整界面)。显然,基本程序模型的两个部分相对独立,它们通过消息相互联系。这种模型较好地处理了多任务运行对外部设备资源的共享问题,即所有对外部设备的使用都以事件抽象(例如:敲击键盘、点击鼠标等都产生相应事件),事件由 Windows 统一管理,然后再将事件转变为消息,发送给相应程序模块处理。正是因为初始化主程序定义了窗口类型、指配了相应消息处理子程序并在 Windows 中注册,因此,Windows 就可以依据事件发生的当前窗口向该窗口发送相应事件消息。也就是说,Windows 一方面依据其对系统资源的管理而统一接管所有的事件并转换为相应消息,另一方面依据其对各个活动窗口的管理(这些窗口都已注册)而统一决定消息的去向,从而实现事件与程序(严格而言是任务)之间的耦合。图15-2 所示给出了基本程序模型的代码示例及其运行行为解析。

```
#include <windows.h>

int PASCAL WinMain(HINSTANCE hInstance, HINSTANCE hPrevInstance,
                   LPSTR lpCmdLine, int nCmdShow)
{
    WNDCLASS WndClass;
    HWND hwnd;
    MSG Msg;
    if(! hPreInstance) {//以下定义程序窗口的各种风格及属性,
                      // 加载需要的附加 UI 资源,并记录在 WndClass 结构中
        WndClass.style = CS_HREDRAW | CS_VREDRAW;
        WndClass.lpfnWndProc = WndProc;   // 指配消息处理子程序
        WndClass.cbClsExtra = 0;
        WndClass.cbWndExtra = 0;
        WndClass.hInstance = hInstance;
```

```
    WndCluss.hIcon = LoadIcon(NULL, IDI_APPLICATION);   // ①
    WndClass.hCursor = LoadCursor(NULL, IDC_CROSS);
    WndClass.hbrBackground = (HBRUSH)GetStockObject(WHITE_BRUSH); // ②
    WndClass.lpszMenuName = NULL;   // 没有菜单栏
    WndClass.lpszClassName = WinH;

    RegisterClass(& WndClass)     // 向 Windows 注册窗口
  }
                                    // ③
  hwnd = CreateWindow(WinH, "Hello world", WS_OVERLAPPEDWINDOW, CW_USEDEFAULT, CW_
USEDEFAULT, CW_USEDEFAULT, CW_USEDEFAULT,   NULL, NULL,   hInstance, NULL);   // 创建
窗口
  if(hwnd ==NULL) {return 0;}
  ShowWindow(hwnd, nCmdShow);       // 显示窗口
  UpdateWindow(hwnd);       // 刷新窗口(工作区)

  while(GetMessage(& Msg, NULL, 0, 0)) {     // 启动消息处理机制并就绪
     TranslateMessage(& Msg);
     DispatchMessage(& Msg);
  }
  return Msg.wParam;
}
```

（a）初始化主程序

```
long FAR PASCAL WndProc( HWND hWnd, UINT message, WPARAM wParam, LPARAM lParam )
{
   switch(message) {                                        ①
     case WM_CLOSE:   //用鼠标点击窗口关闭按钮时的消息
         if( IDYES == MessageBox( hWnd, "是否真的结束？", "Exit", MB_YESNO ))
         { DestroyWindow( hWnd );}  // 依据对话框选择关闭窗口并发送WM_DESTROY消息
          break;
     case WM_DESTROY: ←④                    ③                          ②
          PostQuitMessage( 0 );
          // 发送程序退出消息，该消息使初始化子程序中的消息处理循环终止，从而结束程序
          break;
     default:
          return DefWindowProc( hWnd, message, wParam, lParam );
   }
   return 0;
}
```

（b）消息处理子程序

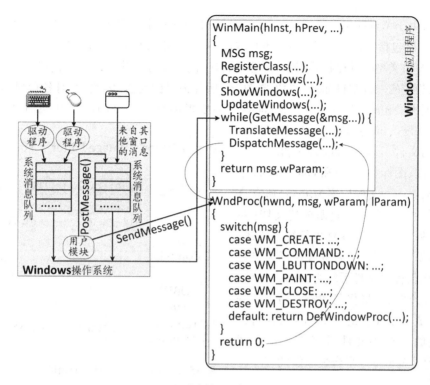

（c）消息处理运行过程

图 15.2 基本程序模型的代码示例及其运行行为解析

Windows 中,窗口的种类有多种(应用程序窗口、文档窗口、对话框窗口以及文件夹窗口等),每种窗口的外观也可以通过预定的参数进行调整,以呈现不同风格。消息也分为多种,每种消息的命名及其作用都有一定的规则,表 15-1 所示给出了消息命名的基本规则。

表 15-1 Windows 消息命名规则

分　类		命名规则	说　明
系统预定的消息 System-Defined Messages	标准 消息	以 WM_开头 (除 WM_COMMAND 之外)	对应于鼠标、键盘等物理资源和面向窗口本身的事件,只能由窗口和视图进行处理
	命令 消息	WM_COMMAND (由参数 wParam 细分)	对应于菜单、加速键或工具栏图标按钮等界面资源的事件,可以由文档、视图、窗口、应用程序等处理。 LOWORD(wParam)表示菜单项、工具栏按钮或一般控件的 ID;对于控件,HIWORD(wParam)表示控件消息类型
	通告 消息	WM_COMMAND (具体消息为: WM_NOTIFY)	对应于复杂控件的事件,控件通知其父窗口(通常是对话框),由窗口和视图进行处理。 参数 wParam 为控件 ID,参数 lParam 为指向 NMHDR(包含控件通知的内容,可以任意扩展)的指针
程序自定义消息 Application-Defined Messages		WM_USER	用户自定义消息,其范围如下: 0x0400-0x7FFF

另外,由于 Windows 采用 GUI(Graphics User Interface,图形用户接口/界面)工作方式,一个 Windows 程序包括"程序代码"(即上述基本程序模型)和"UI 资源"(这些资源在初始化主程序定义程序窗口类型时,以附加资源形式进行加载)两个部分。其中,"程序代码"由 C 语言编译器翻译成相应的二进制目标码。"UI 资源"包括各种界面元素,因此,针对各种界面元素的制作,也必须提供相应的制作工具。Windows 中主要提供 Dialog Editor(对话框编辑器,对应的文件后缀为.dlg)、Image Editor(图像框编辑器,对应的文件后缀为.bmp、.ico 和.cur,分别对应位图、图标和光标)和 Font Editor(字体编辑器,对应的文件后缀为.fon),所有这些资源再通过一个称为资源描述文档(对应的文件后缀为.rc)的文件进行统一描述,然后由资源编译器将所有资源翻译为目标码(对应的目标码文件后缀为.res)。最后,由 Linker(连接器)将代码和资源两个部分链接并生成一个完整的 Windows 可执行程序(对应的目标码文件后缀为.exe)。图 15-3 所示是 Windows 平台最原始的程序开发工作流程。

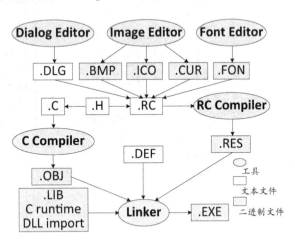

图 15-3　Windows 平台最原始的程序开发工作流程

15.3.2　MFC 对 Windows 基本程序模型的包装

图 15-3 所示的程序开发方式称为 SDK(Software Development Kit)开发方式,它是所有开发平台或环境采用的通用开发方式(注:尽管各种平台的具体开发流程可能不同,但都是通过平台所提供的各种相应工具进行开发),该开发方式所蕴含的是基于通用基本程序(结构)模型的程序设计思维。

Windows SDK 程序设计方法建立在面向功能方法基础上,Windows 提供的所有 API(Application Programming Interface,应用程序编程接口)都是基于函数机制实现。因此,经典 Windows 程序设计普遍采用 C 语言,称为 C/SDK 开发方式。随着面向对象方法的诞生与发展,MFC 基于对象模型原理,将浩繁的原始 Windows API 进行了重新包装并按一定逻辑组织它们,使其具备抽象化、封装化、继承性、多态性和模块化的特征。相对于功能模型的函数库,对象模型的类库成为 Windows 平台面向对象程序设计的 API。因此,Windows 平台的基本程序(结构)模型可以是以函数及函数之间交互为基础,也可以是以对象及对象之间交互为基础。也就是说,Windows 平台既可以支持面向功能方法的程序设计(即经典的 Windows 程序设计),也可以支持面向对象方法的程序设计(基于 MFC 或不基于 MFC),以及两种方法混合的程序设计。有关 MFC 类库的整个体系及各个类定义的细节,在此不做展开,读者可以参阅相关资料。

更进一步,MFC 依据 Windows 基本程序模型(参见图 15-1、图 15-2 所示),对类库中若干相关类之间的交互行为进行抽象并定义其交互关系,通过相关类及其交互关系的定义,建立了面向 Windows 程序设计的框架结构,称为 MFC Application Framework。也就是说,MFC 是一种二维结构的类库,它不仅抽象并封装了一系列类及其体系,而且,在此基础上,还定义了若干相关类之间的交互关系形成相对固定的程序框架结构。在 MFC 中,这些相关类及其交互关系都属于 Application Architecture 子集。

针对图 15-1 所示的窗口基本形态,MFC Application Framework 所定义的程序窗口基本形态如图 15-4 所示。对应于该标准 MFC 程序基本风格,MFC Application Framework 通过如图 15-5a、15-5b 所示的类及其关系定义其基本程序模型。相对于 Windows 基本程序模型,MFC 通过 CWinApp 类抽象整个程序,重新包装了初始化主程序的逻辑,其中成员函数 InitApplication( )对应于(主)窗口类型定义及注册,成员函数 InitInstance( )对应于(主)窗口的创建、显示和刷新,成员函数 Run( )对应于消息处理机制;分别通过文档类(CDocument)和视类(CView)抽象具体的数据内容及其外部表现,实现内容本身与其具体显示方式之间的解耦;通过主框架窗口类(CFrameWnd 或其子类 CMDIFrameWnd)抽象整个应用程序的(主)窗口,包括对窗口基本形态中所有内容进行管理(包括菜单栏、工具栏和状态栏、对话框等及其他们用到的一些字符串、图标等资源),同时包装窗口消息处理子程序(即经典 Windows 基本程序模型的 WndProc 函数部分)的逻辑;通过文档框架窗口类(CMDIChildWnd,也是 CFrameWnd 的子类)抽象(主)窗口工作区(也是一个子窗口),并作为视(CView)的宿主窗口(即视仅仅是指文档框架窗口的内容部分);通过文档模板类(CDocTemplate)抽象文档类、视类和文档框架窗口类三者之间的组合关系及对"UI 资源"描述文件给予指定(本质上,文档模板相当于整个程序赖以作用的数据结构定义,相当于一种被程序处理的处理对象的"类型"),称为文档-视结构(它是 MVC 设计模式的一个变种,参见第 16.2.1 小节的相关解析),用于处理主窗口工作区。MFC 中,一个程序可以处理多种不同的"处理对象类型"(即支持多个文档模板),每次打开或新建一个处理对象实例时,程序会通过对话框要求用户指定本次需要处理的对象类型(参见第 15.4.2 小节关于多文档机制的解析)。文档模板类有单文档模板类(CSingleDocTemplate,程序仅能处理一种文档类型,并且工作区每次仅支持一个文档进行工作)和多文档模板类(CMultiDocTemplate,程序可以处理一种或多种文档类型,工作区可以同时支持多个同类型或不同类型的文档进行工作)两种。另外,对于"UI 资源"也是通过各种子窗口进行管理,子窗口的内容可以是"UI 资源",包括 CStatusBar 类、CToolBar 类、CDialog 类等。所有类之间通过消息进行交互。并且,在开发环境 Visual C++ 的配合下(通过各种向导机制和相应辅助工具,实现对原始标准程序框架功能的个性化定制及完善),标准 MFC 程序框架还预先为程序自动生成了一些公共基础功能的代码骨架,包括文件打开和保存时的文件选择操作,打印机设置、预览,帮助,工具栏、状态栏基本操作等等,具体参见图 15-4 中的菜单或工具栏图标按钮及其解析。

MFC 程序也是一个 Windows 程序,也满足 Windows 基本程序模型的要求(即其内部逻辑也包含如图 15-2 所示的窗口定义、注册及创建操作,窗口函数及消息循环操作等)。然

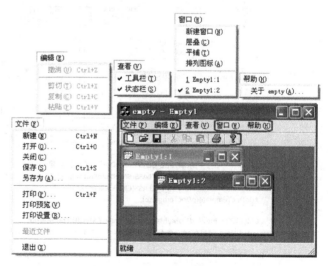

图 15-4 标准 MFC 程序的基本风格

而,经过上述的抽象与包装,MFC 建立了自己的标准 MFC 程序基本模型(一个标准 MFC 程序的代码文件结构与其基本表现形态的关系如图 15-5c 所示),该模型基于面向对象方法和面向功能方法的混合而定义(注:Windows 基本程序模型基于面向功能方法而定义),并在 Visual C++ 开发环境的配合下,实现其到 Windows 基本程序模型的转换。MFC 程序的基本运行流程如图 15-5d 所示。

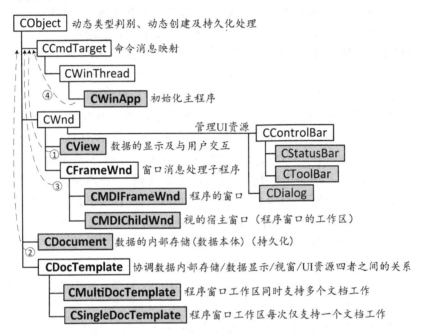

(a) 相关类

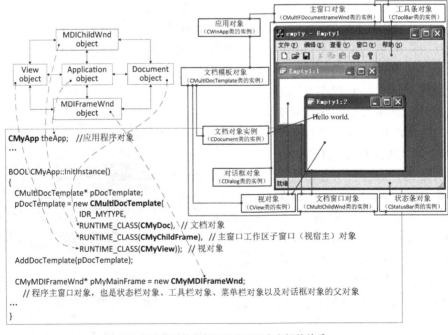

(b) 相关类及其实例以及表现形态之间的关系

338

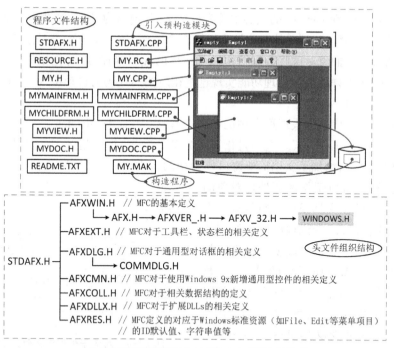

（c）标准程序代码结构与其基本表现形态的关系

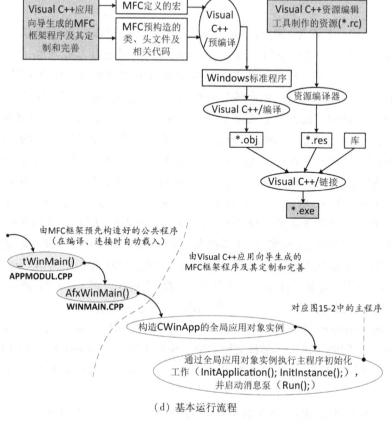

（d）基本运行流程

图 15-5　MFC Application Framework 定义的 MFC 程序基本模型

MFC Application Framework 的核心主要表现在文档-视结构、消息映射及传递机制、运行时动态类型识别及动态创建机制、持久化处理机制四个方面,后三个方面都是定义一些数据结构并通过配套的宏机制抽象对这些数据结构进行维护的代码描述,以简化相似代码的重复输入并借助 Visual C++ 编译器的预处理功能实现这些相应描述代码的自动织入 *。具体解析如下:

1)文档-视结构

针对 Windows 程序基本表现形态中的窗口工作区,MFC Application Framework 采用文档-视结构定义其基本的工作方式。文档是指需要处理的数据,视是指数据的具体表现。为了使视的摆放更加灵活,又增加了文档框架窗口作为视的宿主(或容器),以文档、视和文档框架窗口三者为一体建立窗口工作区所处理对象的"类型"。该"类型"由文档模板进行管理。因此,针对窗口工作区,或者说程序所要处理的对象,通过如图 15-6 所示的数据结构进行管理。相应地,在 CWinApp 类的成员函数 InitInstance( )中,采用如图 15-7a 所示的代码维护图 15-6 所示的数据结构,其中宏 RUNTIME_CLASS 的含义参见图 15-16。图 15-7b 所示解析了文档模板、文档、视以及文档框架之间的交互关系。

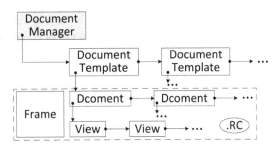

图 15-6   对应于处理对象管理的数据结构

文档-视结构带来了强大的灵活性。首先,由于它实现了数据和数据的展现两者之间关系的解耦,从而便于同一数据源(即文档)的多种展现(即多重视图),具体表现为窗口拆分和同源子窗口。窗口拆分又分为动态窗口拆分(该功能作为一种公共基础功能,由标准 MFC 骨架程序自动生成,如图 15-40a 所示。动态窗口拆分的各个窗格所对应的视的活动不能完全独立,横向的各个视共享垂直滚动,纵向的各个视共享水平滚动,如图 15-40b 所示)和静态窗口拆分(此时,各个窗格对应的视的活动完全独立并可以具有不同的显示格式和风格。如图 15-40c 所示)。与静态拆分类似,同源子窗口也可以实现同一数据源(即文档)的不同格式和风格显示,然而,此时每个视具有各自独立的子窗口,如图 15-40d 所示;其次,通过文档框架窗口和视的进一步解耦,便于将视非常独立地放置在各种窗口应用之中,例如:MDI Document Frame 窗口、SDI Document Frame 窗口、OLE Document Frame 窗口等各种应用。并且,也可以使得文档和视的任意一种组合可以采用各自独立的一套 UI 界面和资源(即通过文档和视的宿主——文档框架窗口负责配套切换,由此实现 UI 界面及其资源与文档及其视之间的解耦);再次,通过文档模板可以使一个应用程序能够处理多种不同类型的文档(即多重文档),即应用程序所处理的对象可以是多种"类型",这样便于开发出"全效型"程序。最后,文档-视结构可以同时实现多重视图和多重文档,即开发出支持多重视图的"全效型"程序。

MFC CDocTemplate 的子类 CSingleDocTemplate 同时只能支持一种文档类型,CMultiDocTemplate 同时可以支持多种文档类型。相对于传统 Windows SDK 的 MDI 程序和 SDI 程序概念,尽管它们都有多文档、单文档字样,但 CSingleDocTemplate 和 CMultiDocTemplate 的概

---

* 有关 MFC 各种核心机制的具体实现方式随其版本不同有所改变,在此基本上是按照 4.2 版本并在参阅较多资料基础上经过作者自身理解后给出的解析。

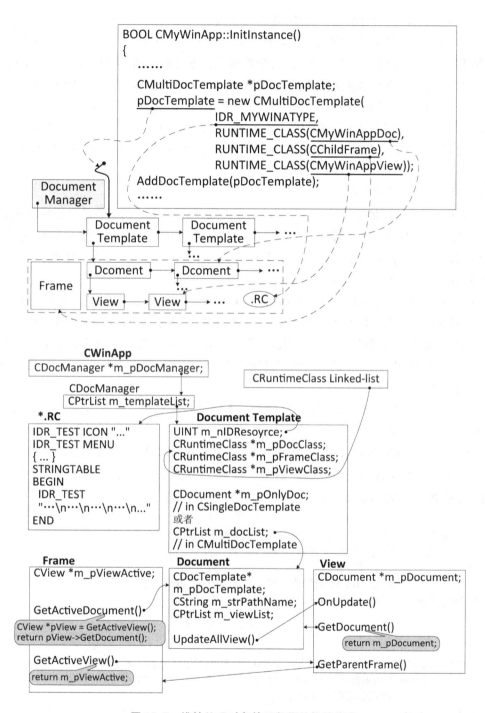

图 15-7　维护处理对象管理数据结构的代码

念具有不同的含义。MFC 中,对于传统 Windows SDK 的 MDI,可以使用 CMultiDocTemplate(此时,窗口工作区支持多个文档子窗口,多个文档可以是相同类型,也可以是不同类型),也可以使用 CSingleDocTemplate(此时,窗口工作区也可以支持多个文档窗口,但文档类型只能是同一种类型);对于传统 Windows SDK 的 SDI,可以使用 CSingleDocTemplate(此时,窗口工作区同时只能有一个文档窗口,打开另一个文档,则当前文档就会被关闭。并且,每次打开的文档类型都相同,即仅支持一种文档类型),也可以使用 CMultiDocTemplate(此时,窗口工作区仍然是同时只能有一个文档窗口,打开另一个文档,则当前文档就会被关闭。但是,每次打开的文档类型可以不同,即可以支持多种文档类型)。显然,传统 Windows SDK 的 MDI 和 SDI 概念,主要强调的是程序窗口工作区是否可以同时支持多个文档子窗口;而 MFC 的 MultiDoc 和 SingleDoc 概念,主要强调的是程序窗口工作区内的文档子窗口是否可以同时支持多种文档类型。前者注重外部表现形式(即 MDI 和 SDI 中的 I,Interface),后者注重内部具体的内容(即 MDT 和 SDT 中的 T,Template)。

2) 消息映射及传递机制

Windows 基本程序模型是基于事件驱动工作方式,该工作方式的核心是消息处理机制。图 15-5d 中,MFC 程序的基本运行流程仅仅给出了对应于 Windows 基本程序模型中初始化主程序(WinMain())的部分,对于窗口消息处理子程序(WndProc())没有涉及。因此,消息映射及传递机制成为 MFC 框架实现的重要部分。

针对消息处理问题,局限于诞生的时代,MFC 发明了一种基于 C/C++ 宏机制的绝妙方法(注:宏机制是 C 语言时代的产物,尽管 C++ 仍然支持,但由于宏机制缺乏类型检查,C++ 时代不再提倡,而是以 const 符号常量定义机制、inline 函数机制等代替),该方法通过定义一些基本数据结构并充分利用 C/C++ 的宏机制定义维护数据结构的代码描述来实现,具有灵活的扩展性及便捷的使用性。

整个消息处理机制分为基本数据结构定义、宏定义和传递逻辑定义,具体解析如下:

● 基本数据结构定义

MFC 面向消息处理的基本数据结构定义及其关系如图 15-8 所示。其中,数组 _messageEntries[]用于存储具体的消息,由结点 messageMap 构成的单链表用于类继承树的消息传递关系建立,具体解析参见图 15-11 所示。

```
enum Afx_Sig  {// 定义消息处理子程序的标识号,由 AfxSig_ 和消息处理子程序
   // 返回值类型、参数类型构成,定义在 AFXMSG_.H 文件中    ①→
   AfxSig_end = 0,   // 结束标识
   AfxSig_vv,        // void (void), 返回值类型 void,参数类型 void    ②→
   AfxSig_bWww,   // BOOL (CWnd *, UINT, UINT)    ③→
     ...
};

union MessageMapFunctions  {// 定义与每个 Afx_Sig 标识对应的消息处理子程序
        // 的调用原型(函数指针调用形式的原型,包括参数及返回值的类型)
        // 定义在 WINCORE.CPP 文件中
   AFX_PMSG pfn;   // ④←
   void (AFX_MSG_CALL CWnd::*pfn_vv)(void);        // ②←
   BOOL (AFX_MSG_CALL CWnd::*pfn_bWww)(CWnd *, UINT, UINT); // ③←
     ...
};

typedef void (AFX_MSG_CALL CCmdTarget::*AFX_PMSG)(void);      ④→
```

```
                // 定义类型 AFX_PMSG,它是一种函数指针

struct AFX_MSGMAP_ENTRY {// 定义记录具体消息内容的结构    // ⑤→
  UINT nMessage;    // Windows 消息类型码
  UINT nCode;        // 控件消息类型码或 WM_NOTIFY 消息类型码
  UINT nID;          // (起始)控件的标识(0 表示 Windows 消息)
  UINT nLastID;      // 结束控件的标识(用于一组控件的场景)
  UINT nSig;         // 消息处理子程序的标识号(对于动作而言)或消息码的指针 ①←
  AFX_PMSG pfn;      // 消息处理子程序的指针(或特殊值)    // ④←
};

struct AFX_MSGMAP {// 定义类继承树消息传递的单链表结构    // ⑥→
  const AFX_MSGMAP *pBaseMap;
  const AFX_MSGMAP_ENTRY *lpEntries;    // ⑤←
};
```

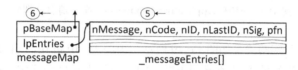

图 15-8　MFC Application Framework 面向消息处理的基本数据结构

● 宏定义及其关系如图 15-9 所示。其中,宏 DECLARE_MESSAGE_MAP( )用在类的定义部分(即.H 文件中),用于定义存放具体消息的数组 _messageEntries[ ](参见图 15-8 所示),并且定义存放类继承树单链表结构中相应于当前类的 messageMap 结点地址的指针变量,以及获取该指针变量的函数原型;宏 BEGIN_MESSAGE_MAP( )、ON_COMMAND( )和 END_MESSAGE_MAP( )都用在类的实现部分(即.CPP 文件中),宏 BEGIN_MESSAGE_MAP( )用于定义如何从整个类继承树消息传递单链表中获取当前类的消息控制结点的地址值以及获取该地址值的函数的具体实现逻辑(即定义函数 GetMessageMap( )的具体执行逻辑)、并且给出数组 _messageEntries[ ]赋值的开始描述,宏 ON_COMMAND( )(以及所有 ON_开头的宏)和 END_MESSAGE_MAP( )用于填充具体消息(即为数组 _messageEntries[ ]赋值以具体的消息内容),并且宏 END_MESSAGE_MAP( )给出数组 _messageEntries[ ]赋值的结束描述。具体解析参见图 15-11 所示。

```
#define DECLARE_MESSAGE_MAP () \
private: \
    static const AFX_MSGMAP_ENTRY _messageEntries[ ]; \    // ①→
protected: \
    static AFX_DATA const AFX_MSGMAP messageMap; \    // ②→
    virtual const AFX_MSGMAP *GetMessageMap() const; \    // ③→

#define BEGIN_MESSAGE_MAP(theClass, baseClass) \
    const AFX_MSGMAP *theClass::GetMessageMap() const \    // ③←
        {return & theClass::messageMap;} \
    AFX_DATADEF const AFX_MSGMAP theClass::messageMap = \    // ②←
    {& baseClass::messageMap, & theClass::_messageEntries[0]}; \
```

```
    const AFX_MSGMAP_ENTRY theClass::_messageEntries[ ] =   \   //①←
    {  \

#define END_MESSAGE_MAP() \   //①←
        {0, 0, 0, 0, AfxSig_end, (AFX_PMSG)0} \
    };  \

#define ON_COMMAND(id, memberFxn) \   //①←
{WM_COMMAND, CN_COMMAND, (WORD)id, (WORD)id, AfxSig_vv,   (AFX_PMSG)memberFxn},

#define ON_WM_CREATE() \   //①←
{WM_CREATE, 0, 0, 0, AfxSig_is, \
(AFX_PMSG)(AFX_PMSGW)(int (AFX_MSG_CALL CWnd::*)(LPCREATESTRUCT)) OnCreate},

……    //①←
```

图 15.9   MFC Application Framework 面向消息处理的宏

● 基本数据结构与宏的关系如图 15-10 所示。由图 15-10 可知,宏主要用来在一个类中生成基本数据结构定义语句的描述、类继承树单链表中相应结点指针变量定义的语句描述、相应结点指针变量赋值的语句描述、获取相应指针变量值的函数定义的具体描述以及各种消息及其处理函数的具体描述。图 15-11 所示给出了基本数据结构以及宏的具体应用示例及其解析。

```
enum Afx_Sig {//定义消息处理子程序的标识号,由 AfxSig_和消息处理子程序
    //返回值类型、参数类型构成,定义在 AFXMSG_.H 文件中   ①→
    AfxSig_end = 0,   //结束标识
    AfxSig_vv,       // void (void), 返回值类型 void,参数类型 void
    AfxSig_bWww,    // BOOL (CWnd *, UINT, UINT)
     ...
};

union MessageMapFunctions {//定义与每个 Afx_Sig 标识对应的消息处理子程序
        //的调用原型(函数指针调用形式的原型,包括参数及返回值的类型)
            //定义在 WINCORE.CPP 文件中   ②→
    AFX_PMSG pfn;
    void (AFX_MSG_CALL CWnd::*pfn_vv)(void);
    BOOL (AFX_MSG_CALL CWnd::*pfn_bWww)(CWnd *, UINT, UINT);
     ...
};

typedef void (AFX_MSG_CALL CCmdTarget::*AFX_PMSG)(void);
        //定义类型 AFX_PMSG,它是一种函数指针

struct AFX_MSGMAP_ENTRY {//定义记录具体消息内容的结构   ③→   ⑥→
    UINT nMessage;   // Windows 消息类型码
    UINT nCode;     //控件消息类型码或 WM_NOTIFY 消息类型码
    UINT nID;      //(起始)控件的标识(0 表示 Windows 消息)
    UINT nLastID;   //结束控件的标识(用于一组控件的场景)
}
```

```
    UINT nSig;    // 消息处理子程序的标识号(对于动作而言)或消息码的指针
    AFX_PMSG pfn;    // 消息处理子程序的指针(或特殊值)
};

struct AFX_MSGMAP {// 定义类继承树消息传递的单链表结构
    const AFX_MSGMAP *pBaseMap;
    const AFX_MSGMAP_ENTRY *lpEntries;
};
```

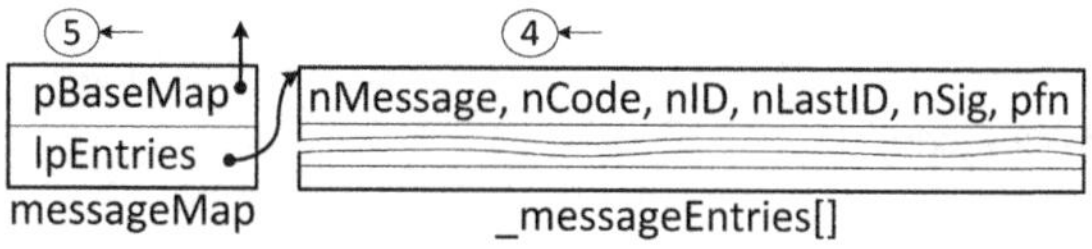

```
#define DECLARE_MESSAGE_MAP () \
private: \
    static const AFX_MSGMAP_ENTRY _messageEntries[ ]; \    // ④→  ⑥←
protected: \
    static AFX_DATA const AFX_MSGMAP messageMap; \    // ⑤→
    virtual const AFX_MSGMAP *GetMessageMap() const; \


#define BEGIN_MESSAGE_MAP(theClass, baseClass) \
    const AFX_MSGMAP *theClass::GetMessageMap() const \
        {return & theClass::messageMap;} \
    AFX_DATADEF const AFX_MSGMAP theClass::messageMap = \
    {& baseClass::messageMap, & theClass::_messageEntries[0]};  \
    const AFX_MSGMAP_ENTRY theClass::_messageEntries[ ] =  \    // ④→
    {  \


#define END_MESSAGE_MAP() \
        {0, 0, 0, 0, AfxSig_end, (AFX_PMSG)0}  \    // ④→
    };  \        // ①②③←


#define ON_COMMAND(id, memberFxn) \
{WM_COMMAND, CN_COMMAND, (WORD)id, (WORD)id, AfxSig_vv,  (AFX_PMSG)memberFxn},
    // ①②③←        // ④→


#define ON_WM_CREATE() \
{WM_CREATE, 0, 0, 0, AfxSig_is, \
(AFX_PMSG)(AFX_PMSGW)(int (AFX_MSG_CALL CWnd::*)(LPCREATESTRUCT)) OnCreate},
// ①②③←        // ④→


……        // ①②③←            // ④→
```

图 15-10　基本数据结构和宏的关系

345

```
// 基于框架的程序   MyView.h
class CMyView: public CView {
  protected:
    CMyView();
    ...
  public:
    virtual ~CMyView();
  protected:
    DECLARE_MESSAGE_MAP( )
};

// 基于框架的程序   MyView.cpp
#include "MyView.h"

BEGIN_MESSAGE_MAP( CMyView, CView )
    ON_COMMAND( ID_FILE_PRINT, CView::OnFilePrint )
    ON_COMMAND( ID_FILE_PRINT_DIRECT, CView::OnFilePrint )
    ON_COMMAND( ID_FILE_PRINT_PREVIEW, CView::OnFilePrintPreview )
END_MESSAGE_MAP( )

CMyView::CMyView()
{ }
CMyView:: ~CMyView()
{ }
...

// 宏展开后的程序   MyView.h
class CMyView: public CView {
  protected:
    CMyView();
    ...
  public:
    virtual ~CMyView();
  private:
    static const AFX_MSGMAP_ENTRY _messageEntries[ ];
  protected:
    static AFX_DATA const AFX_MSGMAP messageMap;
    static const AFX_MSGMAP *PASCAL _GetBaseMessageMap( );
    virtual const AFX_MSGMAP *GetMessageMap( ) const;
};

// 宏展开后的程序   MyView.cpp
#include "MyView.h"

const AFX_MSGMAP *PASCAL CMyView::_GetBaseMessageMap( )
{ return & CView::messageMap; }

const AFX_MSGMAP *CMyView::GetMessageMap( ) const
{ return & CMyView::messageMap; }
```

```
AFX _ COMDAT AFX _ DATADEF const AFX _ MSGMAP CMyView∷messageMap = ｛&
CMyView∷_GetBaseMessageMap, & CMyView∷_messageEntries［0］｝;

AFX_COMDAT const AFX_MSGMAP_ENTRY CMyView∷_messageEntries［］=
｛
　｛WM _ COMMAND, CN _ COMMAND,（WORD）ID _ FILE _ PRINT,（WORD）ID _ FILE _
PRINT, AfxSig_vv,（AFX_PMSG）& CView∷OnFilePrint｝,
　｛WM_COMMAND, CN_COMMAND,（WORD）ID_FILE_PRINT_DIRECT, WORD）ID_FILE_
PRINT_DIRECT, AfxSig_vv,（AFX_PMSG）& CView∷OnFilePrint｝,
　｛WM_COMMAND, CN_COMMAND,（WORD）ID_FILE_PRINT_PREVIEW,（WORD）ID_
FILE_PRINT_PREVIEW, AfxSig_vv,（AFX_PMSG）& CView∷OnFilePrintPreview｝,
　｛ 0, 0, 0, 0, AfxSig_end,（AFX_PMSG）0｝
｝;


CMyView∷CMyView()
｛｝
CMyView∷ ~CMyView()
｛｝
…
```

图 15-11　基本数据结构和宏的具体应用示例(以 CMyView 类为例)

● 消息传递逻辑定义

不同于 Windows 基本程序模型由消息处理子程序 WndProc()统一处理消息的方式,MFC 基本程序模型分别由各个类自身处理与之相关的消息(依据类继承树单链表结构),然后将所有类的消息处理组织成一个树形结构(参见图 15-46 所示),并且依据消息处理的优先关系定义消息的传递逻辑。

MFC 消息传递逻辑的定义是,针对 Windows 标准消息,由子类直接向父类传递(即沿着类继承树单链表结构传递);针对 COMMAND 消息(以及用户自定义消息),MFC 的 Document／View 结构规定的消息传递逻辑如下:首先,Frame 窗口得到消息(依据 Windows 基本程序模型,消息都是发送给程序的窗口),在此先不做处理而直接将消息传递给 View;然后,View 本身处理后再传给 Document;接着,Document 本身处理后又传给 Document Template;再接着,消息回到 Frame 窗口本身;最后,消息回到 CWinApp。也就是说,对于消息的处理而言,View 的优先级最高,其次是 Document,(再次是 Document Template,)接着是 Frame,最后是 CWinApp。消息的整个传递逻辑如图 15-5a 中的虚线所示。也就是,消息传递要穿越对应于文档类、视类、窗口类和应用类的多个类继承树单链表结构。

对于一个应用程序,通过上述机制,MFC 为之构建了消息传递的网络(参见图 15-46 所示),可是,消息如何送递到该网络呢? 依据 Windows 定义的基本程序模型,消息由应用程序的初始化部分通过库函数 DispatchMessage()发送给 Windows(参见图 15-2a 所示),再由 Windows 送递给应用程序的消息处理函数 WndProc()(参见图 15-2b 所示)。然而,MFC 程序的消息处理分布在各个类中,需要一种机制实现其消息传递网络与消息处理函数 WndProc()的映射。映射机制的具体解析参见第 15.4.2 小节相关部分及图 15-46 所示。

3) 运行时类型识别及动态创建机制

运行时类型识别(Runtime Type Identification,RTTI)可以增加程序运行时的类型安全性,现代编译器都支持运行时类型检查。MFC 框架在编译器支持 RTTI 之前，就已经具备该项能力，其实现原理是为程序建立相应的类型目录，记录其所有类型的必要信息，以便在运行时依据该类型信息进行类型检查、相应类型实例的动态创建以及对象实例的序列化处理。与实现消息处理机制采用相同的设计思想，MFC 也是通过定义一些基本数据结构并充分利用 C/C++ 的宏机制来实现类型目录的构建及运用，该机制也具有灵活的扩展性及便捷的使用性。

整个处理机制分为基本数据结构定义、宏定义、类型检查逻辑定义和动态创建。

● 基本数据结构定义

MFC 框架采用单链表结构作为主体结构来记录各个类的类型信息，同时通过结点结构中的特定指针域进行穿线来记录类之间的继承关系，从而建立整个程序的类型目录。类型目录链接表的结点结构由结构体 CRuntimeClass 定义，如图 15-12a 所示。其中，m_pBaseClass 域（对于动态链接，该域为 m_pfnGetBaseClass 函数，其返回记录基类类型信息的结点指针）可以构建类之间的继承关系。另外，还定义一个结构体 AFX_CLASSINIT，用来实现将一个 CRuntimeClass 型的结点实例挂接到类型目录链接接表中，如图 15-12b 所示。图 15-12c 所示是一个类型目录示例。

```
struct CRuntimeClass {
  LPCSTR m_lpszClassName; // 宿主类的名称
  int m_nObjectSize;    // 宿主类本身大小(不包括它的指针成员所指的动态分配的内存的大小)
  UINT m_wSchema;    // 分类编号(对不可分类的类,该值为- 1)

  // 指向宿主类用于动态创建其实例的函数 CreateObject()(如果宿主类不支持动态创建,
  // 例如:对于抽象类,则该指针无效并赋值为 NULL)
  CObject *(PASCAL *m_pfnCreateObject)();

  // 宿主类的父类关系线索结构的首指针
  #ifdef _AFXDLL
  CRuntimeClass *(PASCAL*m_pfnGetBaseClass)();
  #else
  CRuntimeClass *m_pBaseClass;
  #endif

  // 用于动态创建对象实例的母函数(其内部调用 m_pfnCreateObject
  // 所指的具体宿主类的实例创建函数)
  CObject *CreateObject();

  // 宿主类的父类判别函数,可以确定宿主类的继承来源
  BOOL IsDerivedFrom(const CRuntimeClass*pBaseClass) const;

  void Store(CArchive& ar) const; // 辅助持久化写(将类名、类名长度、版本号等元数据写入外存);辅
  助持久化读(与 Store 对应,并据读入的类名等信息定位类型
          // 目录中记录该类类型信息的结点)
  static CRuntimeClass *PASCAL Load(CArchive& ar, UINT*pwSchemaNum);

  CRuntimeClass *m_pNextClass;    // 类型目录单链接表的链接关系
  const AFX_CLASSINIT *m_pClassInit;  // 将宿主类记录类型信息的结点实例插
              // 入到类型目录单链接表中
};
```

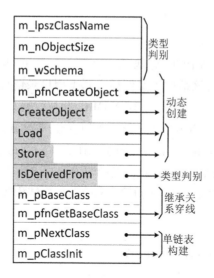

（a）结构体 CRuntimeClass 定义

```
void AFXAPI AfxClassInit(CRuntimeClass *pNewClass)
{
    AFX_MODULE_STATE *pModuleState = AfxGetModuleState();
    AfxLockGlobals(CRIT_RUNTIMECLASSLIST);
        // m_classList 是类型目录结构(单链表)类的实例(在 AFXSTAT_.H 的
        // AFX_MODULE_STATE 结构体中定义,该结构体还包含一个指针变量 m_pClassInit,
        // 存储类型目录结构单链表的头部)。成员函数 AddHeap()将当前宿主类类型
        // 目录信息记录结构体 pNewClass 插入到整个类型目录结构的头部
    pModuleState->m_classList.AddHead( pNewClass );
    AfxUnlockGlobals(CRIT_RUNTIMECLASSLIST);
}


struct AFX_CLASSINIT {
    AFX_CLASSINIT(CRuntimeClass *pNewClass);
};  // 相当于类的构造函数

AFX_CLASSINIT::AFX_CLASSINIT(CRuntimeClass *pNewClass)
{
    AfxClassInit(pNewClass);
}
```

（b）结构体 AFX_CLASSINIT 定义

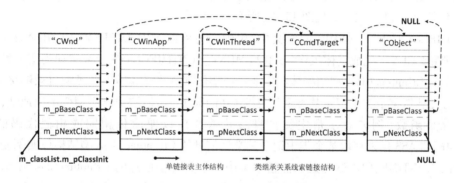

（c）类型目录应用示例

图 15.12　基本数据结构定义及应用示例

● 宏定义及其关系

a) 面向类型检查的宏定义

为了将 CRuntimeClass 结构方便地织入到每个类并构建记录该类类型信息的 CRuntimeClass 型实例,同时将该结构体实例插入到类型目录链接表中,MFC 中定义了相应的宏 DECLARE_DYNAMIC 和 IMPLEMENT_DYNAMIC,并与根类 CObject 配合(参见图 15-21,其他类都必须直接或间接地继承自该根类才能使用相应宏)来实现。

宏 DECLARE_DYNAMIC 用在类的定义部分(.H 文件),为每个类生成如下描述语句:一个 CRuntimeClass 类型的静态变量定义语句,该变量即为记录该宿主类类型信息的 CRuntimeClass 型结构体实例变量;一个获取该宿主类的 CRuntimeClass 型结构体实例变量的地址的函数原型定义语句(参见图 15-13 所示)。

```
#define DECLARE_DYNAMIC(class_name)    \
public:   \
    // 宿主类的记录类型信息的 CRuntimeClass 型结构体实例变量,变量名由
    // "class" 和具体类名组成
    static const CRuntimeClass class##class_name;   \   //①→
    // 获取宿主类的记录类型信息的 CRuntimeClass 型结构体实例变量的地址
    // (每个宿主类都必须重载,根类 CObject 中返回 NULL)
    virtual CRuntimeClass *GetRuntimeClass() const;   \   //①←

#define _DECLARE_DYNAMIC(class_name)   \
public:   \
    static CRuntimeClass class##class_name;   \
    virtual CRuntimeClass *GetRuntimeClass() const; \
```

图 15-13 宏 DECLARE_DYNAMIC 的定义

宏 IMPLEMENT_DYNAMIC 用在类的实现部分(.CPP 文件),为每个类生成如下描述语句:与宏 DECLARE_DYNAMIC 对应,该宿主类中记录其类型信息的 CRuntimeClass 型结构体实例变量的初始化赋值语句;获取该宿主类 CRuntimeClass 型的结构体实例变量的地址的函数的具体实现逻辑定义;将记录该宿主类类型信息的结点(即 CRuntimeClass 型结构体实例变量)插入到整个类型目录链接表中(参见图 15-14 所示)。

宏 IMPLEMENT_DYNAMIC 的定义中,用到了另外两个宏 IMPLEMENT_RUNTIMECLASS 和 RUNTIME_CLASS 完成具体工作。IMPLEMENT_RUNTIMECLASS 用来实现为宿主类中记录类型信息的 CRuntimeClass 型结构体实例变量初始化赋值并将其插入到类型目录链接表中,同时为了方便获取某个类中记录其类型信息的 CRuntimeClass 型结构体实例变量的地址,也分别给出了几个函数(例如对于宿主类自身及其基类),以便简化相同或相似代码的书写。RUNTIME_CLASS 用来获取某个类中记录其类型信息的 CRuntimeClass 型结构体实例变量的地址。(注:RUNTIME_CLASS 即是当前宿主类中记录其类型信息的 CRuntimeClass 型结构体实例变量的地址,IMPLEMENT_RUNTIMECLASS 即是要为当前宿主类实现其类型信息的记录,即为结构体实例变量赋值)

```
#define IMPLEMENT_DYNAMIC(class_name, base_class_name)    \
IMPLEMENT_RUNTIMECLASS(class_name, base_class_name, 0xFFFF, NULL, NULL)

#define IMPLEMENT_RUNTIMECLASS(class_name, base_class_name, wSchema, pfnNew, & _init_##
class_name) \
    // 给宿主类中记录其类型信息的 CRuntimeClass 型静态结构体实例变量的各个域赋值
    // (除了 CreateObject、Load、Store 和 IsDerivedFrom 4 个已实现的域,参见图 15-12a)
    AFX_COMDAT const CRuntimeClass class_name::class##class_name = { \        // ①→
        #class_name, sizeof(class class_name), wSchema, pfnNew, \
        RUNTIME_CLASS(base_class_name), NULL, & _init_##class_name}; \
    // 将宿主类中记录其类型信息的 CRuntimeClass 型结构体实例变量
    // (即单链表的结点实例)插入到类型目录单链表中
static AFX_CLASSINIT _init_##class_name(& class_name::class##class_name); \    // ②
    // 获取宿主类中记录其类型信息的 CRuntimeClass 型结构体实例变量的地址
    // (每个宿主类都必须重载,根类 CObject 中返回 NULL)
CRuntimeClass *class_name::GetRuntimeClass() const \        // ①←
{ return RUNTIME_CLASS(class_name); }

#define RUNTIME_CLASS(class_name)    \
    ((CRuntimeClass*)(& class_name::class##class_name))
```

②

该句描述相当于定义一个结构体AFX_CLASSINIT型的静态实例变量_init##class_name,并且以静态变量 &class_name::class##class_name作为参数自动调用默认构造函数。其中,参数&class_name::class##class_name就是宿主类记录其类型信息的CRuntimeClass型的结构体实例变量的地址,传递给结构体AFX_CLASSINIT默认构造函数的形式参数 m_pNewClass。依照图15-12b的原理,将当前宿主类的类型信息记录结点插入到类型目录单链接表的头部。

图 15-14　宏 IMPLEMENT_DYNAMIC 的定义

b) 面向动态创建的宏定义

所谓动态创建,是指在运行时依据一个类型名来动态创建该类型的一个对象实例(即对象实例的创建工作不需要显式地预先编码)。一般而言,程序中对于实例的创建,要么通过变量定义语句描述(即预先编码),要么通过 new 运算在运行时创建(此时,实例的类型也是预先确定,并且,new 运算的代码也是预先写好)。如何在运行时依据临时给定的类型来动态创建其对象实例,即无法预先确定其类型(不可能预先写出相应代码)的情况下创建实例,显然常规的方法无法支持这种能力。MFC 通过类型目录网络并定义相应的宏,实现了动态创建方法。具体如下:首先,将类的大小记录在类型目录中,然后预先定义一个创建函数并将该函数也记录在类型目录中。这样,在运行时,每当给定一个类型名称时,就可以通过类型目录网络找到对应的结点元素并调用其创建函数来创建其对象实例。

通过为宿主类实现一个创建该类实例的函数 CreateObject( ),并将其赋值给宿主类的 CRuntimeClass 型结构体实例的 m_pfnCreateObject 域,实现宿主类实例的动态创建(动态创建时先依据类名找到类型目录中相应的结点,然后调用其中的 CreateObject( )函数,该函数内部调用 m_pfnCreateObject 所指向的宿主类的具体的实例创建函数。参见图 15-12a)。

为了方便地为每个类自动加入动态创建机制,MFC 定义两个宏 DECLARE_DYNCREATE(.H 文件)和 IMPLEMENT_DYNCREATE(.CPP 文件),实现对象实例动态创建的相关描述语句的自动织入。如图 15-15 所示。

```
#define DECLARE_DYNCREATE(class_name)    \
  DECLARE_DYNAMIC(class_name)    \
  static CObject *PASCAL CreateObject( ); //宿主类用于创建其实例的函数
```

(a) 宏 DECLARE_DYNCREATE

```
#define IMPLEMENT_DYNCREATE(class_name, base_class_name)    \
CObject *PASCAL class_name::CreateObject( )    \
{ return new class_name;}    \        //宿主类必须有默认的构造函数
  //将宿主类创建实例的函数赋值给宿主类的 CRuntimeClass 型结构体实例的 m_pfnCreateObject 域
IMPLEMENT_RUNTIMECLASS(class_name, base_class_name, 0xFFFF,    \
  & class_name::CreateObject, NULL, NULL)
```

(b) 宏 IMPLEMENT_DYNCREATE

图 15-15　针对动态创建的宏定义

c) 面向持久化的宏定义

所谓持久化(也称为序列化),是指将一个对象实例状态写入到外存实现持久保存以及从外存读入对象实例状态信息并依据该信息在内存动态创建该实例。显然,持久化机制实现的基础之一就是上述的动态创建机制。另一个实现基础是文件的读写机制。

通过为宿主类重载流输入运算>>,并且,结合 CRuntimeClass 结构中已经实现的 Load 函数和 Store 函数,实现宿主类实例的持久化处理。

为了使每个类方便地加入持久化机制,MFC 定义两个宏 DECLARE_SERIAL(.H 文件)和 IMPLEMENT_SERIAL(.CPP 文件),实现其对象实例持久化处理的相关描述语句的自动织入。如图 15-16 所示。

```
#define DECLARE_SERIAL(class_name)    \
  DECLARE_DYNCREATE(class_name)    \
  friend CArchive& AFXAPI operator>>(CArchive & ar, class_name *& pOb);
```

(a) 宏 DECLARE_SERIAL

```
#define IMPLEMENT_SERIAL(class_name, base_class_name, wSchema)    \
  CObject *PASCAL class_name::CreateObject()    \
  { return new class_name;}    \
  extern AFX_CLASSINIT _init_##class_name; \
  _IMPLEMENT_RUNTIMECLASS(class_name, base_class_name, wSchema, \
    class_name::CreateObject, & _init_##class_name)    \
  AFX_CLASSINIT _init_##class_name(RUNTIME_CLASS(class_name)); \
  CArchive & AFXAPI operator>>(CArchive & ar, class_name *& pOb)    \
  {
  pOb = (class_name *)ar.ReadObject(RUNTIME_CLASS(class_name));    \
  return ar;
}
```

(b) 宏 IMPLEMENT_SERIAL

图 15-16　针对持久化的宏定义

各个宏之间的关系如图 15-17 所示。

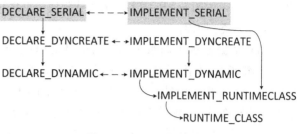

图 15-17　宏之间的关系

● 基本数据结构与宏的关系

类型目录链接表结点数据结构 CRuntimeClass、类型目录链接表结构 以及各个宏的相互关系如图15-18 所示。类型目录主要为动态类型检查、动态创建和序列化工作建立基础。由图 15-18 可知,宏主要用来在程序的每个类中方便地织入描述类型目录链接表结点数据结构实例变量的定义语句、描述实例变量赋值的语句、描述获取类型目录链接表的头指针的函数原型的定义语句及描述其具体处理逻辑的语句、描述将实例结点挂接到类型目录链接表中的语句、描述动态创建函数原型的定义语句及描述其具体处理逻辑的语句、描述反序列化的重载流输入运算函数原型的定义语句及描述其具体处理逻辑的语句,等等。

图 15-18　CRuntimeClass 结构与宏的关系

● 类型目录的逻辑结构——类型目录网络(链接表结构)

依据 MFC 的文档-视结构,以及各种类相应实例的创建顺序,一个程序的类型目录构成类型目录网络。一方面,按视类、文档类、子框架窗口类、窗口类、应用类、相应基础类(线程类、命令对象类、根类 CObject)的逻辑关系构建类型目录的主体部分单链表。另一方面,通过结点结构

CRuntimeClass 中的 m_pBaseClass 域构建附属的类之间的继承关系逻辑(参见图 15-12c 所示)。

● 动态类型识别

MFC 依据类型目录网络,通过为根对象 CObject 设计一个 IsKindOf( )函数(该函数被其他所有类继承),该函数将参数所指定的某个期望类型的类型信息记录结点实例(即 CRuntimeClass 型的变量值)与类型目录网络中的元素——比较,通过返回值 TRUE 或 FALSE 表明是否存在,以此判别某个对象实例的具体类型。图 15-19a 所示给出了 IsKindOf( )函数的基本描述,图 15-19b 所示给出了 IsKindOf( )函数的使用及解析。

```
BOOL Cobject::IsKindOf (const CRuntimeClass *pClass) const
{
    // 获取该函数宿主类的记录其类型信息的静态变量的指针
    CRuntimeClass *pClassThis = GetRuntimeClass();
    return pClassThis->IsDerivedFrom(pClass);
}

BOOL CRuntimeClass::IsDerivedFrom(const CRuntimeClass *pBaseClass) const
{
    const CRuntimeClass*pClassThis = this;
    while (pClassThis ! = NULL) {
     if (pClassThis ==pBaseClass)   // 比较宿主类类型与参数给定的类类型
        return TRUE;
     pClassThis = pClassThis->m_pBaseClass; // 沿类型目录图中的类继承线索
                                            // 关系反向逐级溯源
    }
    return FALSE;
}
```

(a) IsKindOf( )函数的基本逻辑

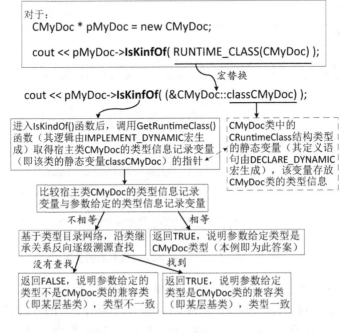

(b) IsKindOf( )函数的使用及解析

图 15-19　动态类型判别

综合而言,MFC 通过文档-视结构,根对象 CObject(主要定义一些实现共有基本功能的虚函数,例如:GetRuntimeClass( )、_GetBaseClass( )、Serialize( )、IsKindOf( )、IsSerializable( )、内存管理函数等等)、Application Architecture 类库子集的根对象(也是 CObject 的直接子类)CCmdTarget(主要封装消息处理相关函数),以及用于记录对象类型并构建类型目录的基本数据结构 CRuntimeClass、配套的各种宏机制,实现了消息映射以及动态类型检查、动态创建和序列化操作。其中,消息映射主要涉及文档-视结构、CCmdTarget 对象和面向消息映射的宏组DECLARE_MESSAGE_MAP/BEGIN_MESSAGE_MAP/ON_WM_.../END_MESSAGE_MAP;动态类型检查、动态创建和序列化操作涉及根对象 CObject、基本数据结构 CRuntimeClass 和相应的宏组 DECLARE _ DYNAMIC/IMPLEMENT _ DYNAMIC、DECLARE _ DYNCREATE/IMPLEMENT _DYNCREATE、DECLARE_SERIAL/IMPLEMENT_SERIAL,它们的具体作用如表 15-2 所示。对于消息映射而言,主要是通过相应宏来维护和使用程序中面向消息处理的数据结构——以messageMap 结点结构为基础的消息映射链接表;对于动态类型检查、动态创建及序列化而言,主要是通过相应宏来维护和使用程序中面向类型信息的数据结构——以 CRuntimeClass 结点结构为基础的类型目录图。因此,对于 MFC 程序的理解,可以从三个方面进行:①文档-视结构;②消息映射机制;③类型的动态处理机制。文档-视结构定义程序的静态结构,消息映射机制和类型的动态处理机制作为针对程序动态行为的两个基本方面,通过相应数据结构和宏的定义,嵌入到静态结构中。图15-20所示给出了 MFC 程序特征的基本视图。

表 15-2　与类型目录相关的三组宏及其所实现的功能等级

功能及作用 宏	运行时动态类型检查 CObject::IsKindOf	动态创建 CRumtimeClass:: CreateObject	序列化 CArchive::operator>> CArchive::operator<<
DYNAMIC	Yes	No	No
DYNCREATE	Yes	Yes	No
SERIAL	Yes	Yes	Yes

可见,相对于 SDK 开发方式,MFC 基于对 Windows 基本程序模型及其窗口基本形态的深入认识,通过对象模型进一步抽象并建立了各种类类型,并且采用 MVC 设计模式的设计思想对其中若干相关类之间的关系也进行了抽象,以文档-视结构作为程序的基本结构,体现程序的静态特征,以消息映射机制和类型的动态处理机制体现程序的动态特征并以简洁统一的方式嵌入在程序基本结构中。

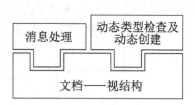

图 15-20　MFC 程序特征的基本视图

在此基础上,构建了 Application Framework。从而,为 Windows 平台的程序开发及维护建立了统一的规范并方便用户开发各种应用程序(可以通过继承相应类并重载其各种虚函数的逻辑即可)。也就是说,MFC Application Framework 已经将一个程序的各个逻辑模块之间的沟通或消息流动及传递全部处理好了,开发者只需要将精力放在具体的数据结构设计以及数据显示及操作方面(即各个模块的具体实例化方面)。并且,它还自动生成一些公共的基础功能供用户选择使用(例如文件对话框操作、打印机设置、帮助、数据库访问等等,参见图 15-25b、图15-25c及图 15-25d 所示)。

15.3.3　MFC 与 Visual C++ 的关系

由图 15-3 可知,Windows 环境的程序开发工作相对繁琐,涉及各种相关的工具。为了方便用户设计及开发各种应用程序,Microsoft 开发了集成式开发工具 Visual C++ ,并且,它与 MFC 紧密配合,建立了基于工程管理思想的框架式程序设计工作方式。首先,Visual C++ 集成了各种工具,包括图 15-3 中的工具以及其他实用工具(例如调式工具等),主要工具之间的关系如图 15-21 所示。其次,Visual C++ 支持多种框架,分别以不同工程类型表示(参见图15-24b)。Visual C++ 支持的大部分框架都是由 Visual C++ 本身基于 MFC 的一些类而定义的,而 MFC Application Framework 是由 MFC 定义,即 MFC 已经抽象并定义了相关类及其交互关系。Visual C++ 的 MFC AppWizard[exe]工程类型只是为了使开发人员更好更方便地使用 MFC Application Framework 而定义的一种向导机制,它是对 MFC Application Framework 的一种集成式使用方式的定义,即定义如何具体使用 MFC 中已经抽象并定义的相关类及其他们基于消息的交互关系以建立一种完整的程序结构形态(主要是对相关类的实例化、面向相关类交互关系的消息映射机制的具体应用、提供一些公共的基础功能实现等)。因此,从本质上看,MFC AppWizard[.exe]工程类型所蕴含的是框架的框架。相对于其他框架,基于 MFC Application Framework 的程序是 Visual C++ 中最复杂的一种框架。MFC AppWizard[.exe]工程类型所定义的程序结构形态如图 15-5 所示。图 15-22 所示是 Windows API、MFC、MFC Application Framework 与 Visual C++ 的关系。

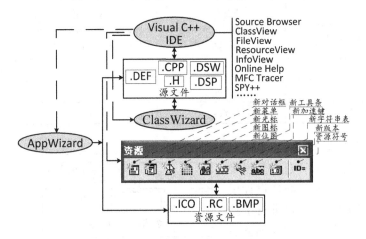

图 15-21　Visual C++ 提供的工具及其关系

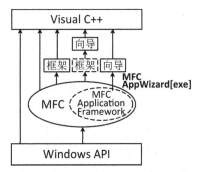

图 15-22　Windows API、MFC、MFC Application Framework 与 Visual C++ 的关系

另外,Visual C++ 利用.DSW(Developer Studio Workspace)文件和.DSP(Developer Studio Project)文件管理工程项目,它们是 Visual C++ 操纵的各种参数数据文件。其中,.DSW 用于记录对应于工程项目工作区的各种环境参数配置(即 IDE 的参数设置),其维护一般与 Visual C++ 的 Project→Setting…菜单命令项的各项操作关联。DSP 用于维护工程项目的所有源代码文件,定义项目构建的过程与方法(即 Visual C++ 如何编译各个单元、连接各个单元以创建最终的可执行程序),其维护与 Visual C++ 的项目构建操作关联。一个工作区(Workspace)可以同时包含多个项目(Project),但同一时刻仅有一个项目是活动项目(即正在工作的当前项目)。

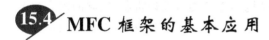

15.4　MFC 框架的基本应用

15.4.1　MFC 框架编程概述

依据 MFC 框架定义的程序基本模型及其构造原理,MFC 框架编程的基本思维特征是,首先通过 Visual C++ 开发环境配套的 MFC 程序构造向导机制,一步步逐项做选择题,即根据具体应用需求对整个 MFC 框架所支持的共性基础功能以及若干面向特定方面处理逻辑的共性支持机制(例如数据库操作、OLE 支持等)进行裁剪和定制,得到其一个子集并生成一个基本骨干程序(注:能够裁剪和定制的主要是一些外观表现功能和基本共性功能,而作为基础骨架的文档-视结构及其消息处理机制和类型动态处理机制是不能裁剪的。也就是说,裁剪的是肌肉和表情,而不是骨架);本质上,该程序就是分别继承图 15.5a 中的 CWinApp、CView、CMDIFrameWnd、CMDIChildWnd 和 CDocument 几个类并享用预先包装和建立好的它们之间的交互关系逻辑及各自的默认功能。然后,通过 Visual C++ 开发环境配套的各种辅助工具,在基本骨干程序基础上再做各种填充题,即根据实际应用需要,重载虚函数、定义自己的用于存储数据的数据成员及其序列化操作(通过面向类型的动态处理机制的相应宏机制完成并具体重载文档类的序列化操作函数等等)、完成消息与代码的"桥接"(通过面向消息映射的宏机制完成)以及定义自己的消息及其与代码的"桥接"、制作各种资源等等,不断丰满和完善基本骨干程序,最终得到所需的程序。为了给出需要填充的位置,Visual C++ 开发环境的向导机制会在其所生成的基本骨干程序代码中给出"// TO DO"提示信息。

15.4.2　MFC 框架编程的基本步骤

依据框架式程序设计方法的基本原理,编程的基本步骤是先选择工程类型(即框架类型及其生产线)并创建相应的基本骨干程序(含一些公共基础功能),然后按需对基本骨干程序的各个部分进行定制化处理。

MFC 框架编程的基本步骤如下:

step 1:启动 Visual C++;

step 2:创建一个新的 MFC AppWizard[exe]工程,启动 AppWizard;

step 3:依据工程创建向导的提示,逐项选择并确定待构造新程序的若干参数及需要的一些基础共性功能,生成初始的基本骨干程序;

step 4:按需使用各种 Resource Editor 工具制作相关的资源;

step 5:通过 ClassWizard 打开基本骨干程序的各个类代码,按需定制化处理(即丰满基本骨干程序。在此,可以按需利用 MFC 的其他类、自定义类或直接使用 Windows API);

step 6:完成并生成最终程序。

其中,step3 中,依据输入的类名等信息,相当于完成了继承框架中各个基类(CWinApp、CView、CMDIFrameWnd、CMDIChildWnd 和 CDocument)的工作并由 Visual C++ 辅助生成相应的描述语句。Step5 中,定制化处理就是要对继承的子类进行具体的功能实现。通过 Visual C++工程管理区域的 class 页卡启动 ClassWizard,找到相应类并打开其代码框架,再在其中找到由 Visual C++ 辅助生成的"// **TO DO**"指示,然后按照实际应用的需要,在此添加相应的功能代码。一般而言,围绕 MFC 框架所定义的程序基本结构形态和相应处理机制,定制的内容主要是:1)对文档类的持久化进行处理,包括数据结构设计、数据结构的持久化操作等,此时需要用到上述解析的有关持久化保存机制的原理;2)对视进行具体处理,即如何显示数据。在此需要用到其他一些支持相关功能的类,例如图形绘制绘制等;3)对消息定义和映射、类型标识及动态创建等进行具体处理。此时需要用到上述解析的有关文档-视结构、消息映射及动态创建等核心机制的原理。当然,在此,也可以按需利用 MFC 中除 Application Architecture 子集外的其他类(例如:各种面向数据组织的类)、自定义类或直接使用 Windows API。有关具体定制化处理的解析,参见例 15-2。

15.4.3 应用示例及解析

【例 15-1】 基本骨干程序。

1. 概述

基本骨干程序也称空程序,即直接由框架生成并具有一些共性基本功能的程序。它可以直接运行,但没有实际的应用功能。它是所有程序的母体,建立了 MFC 程序的基本骨架。

本例直接解析 MFC 基本骨干程序的各种细节,主要是解析该基本骨干程序如何体现 MFC 程序构造的基本原理及各种支持机制,以及 Visual C++ 向导的每个步骤及其交互参数与程序框架原理的对应关系。

2. 开发过程及解析

1)启动 Visual C++ ,出现其工作界面(如图 15-23 所示)。

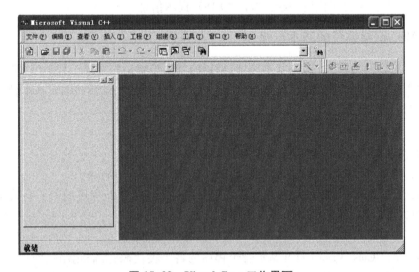

图 15-23 Visual C++ 工作界面

2)准备创建一个名为 Empty 的新 MFC AppWizard[exe]工程,并将其存放在 d:\test 文件夹中(如图 15-24 所示)。

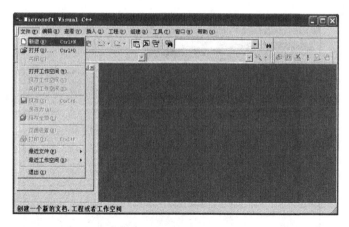

（a）新建一个工程

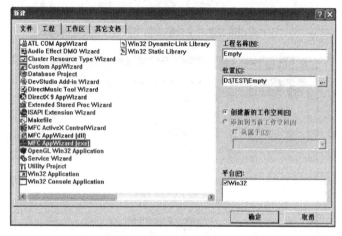

（b）选择工程类型并命名（创建基于 MFC 框架的程序）

图 15-24　启动程序构建工程

3）启动程序构建工程向导（AppWizard），针对工程向导的每步提示，都采用默认的参数，生成基本骨干程序（如图 15-25 所示）。

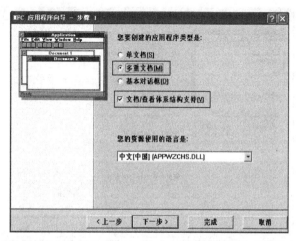

（a）选择基于文档-视结构的 Windows MDI（多文档接口类型）程序类型

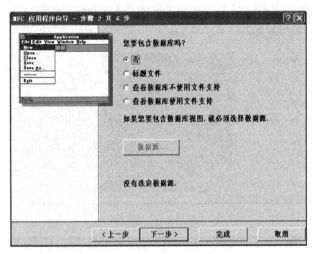

（b）选择不需要有关数据库操作的共性支持机制

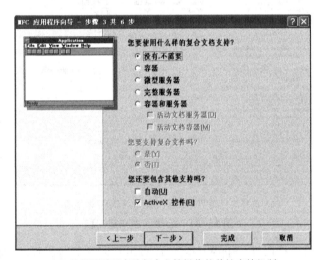

（c）选择不需要有关复合文档操作的共性支持机制

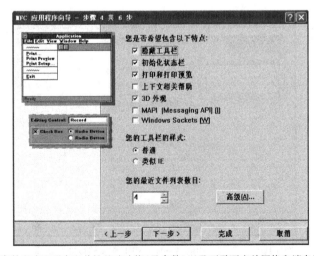

（d）选择所需的程序外观表现形态和共性基础功能（及参数）以及不需要有关网络和消息通信的共性支持机制

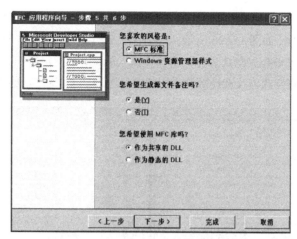

（e）选择所需的程序窗口风格以及要求在所生成的基本骨干程序中给出注释及提示信息

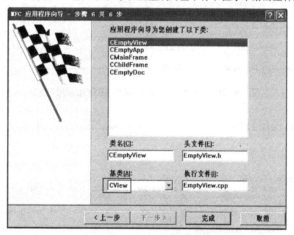

（f）确定基本骨干程序各个类、基类及其定义文件的名称

（g）生成基本骨干程序并给出总结信息

图 15-25　通过 AppWizad 针对待构建程序做相应选择题并自动生成程序

其中,通过图 15-25d 中的"高级(A)···"按钮,可以进一步对窗口样式及一些默认文档名称等相关参数进行指定(如图 15-26 所示)。其中,"文档字符模板"页卡用于指定待构建程序所处理的文档对象的各种相关默认名称,"窗口样式"页卡用于指定待构建程序的主窗口和其工作区子框架窗口的外观样式以及选择部分通用的窗口管理功能(这些功能由框架自动提供)。

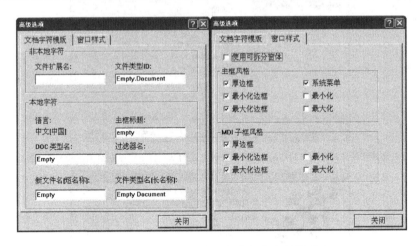

图 15-26　共性基础功能各种细化参数的设定

4) MFC 基本骨干程序自动生成了一些共性基础功能,也定义了几个标准的资源,具体解析参见图 15-27 所示。

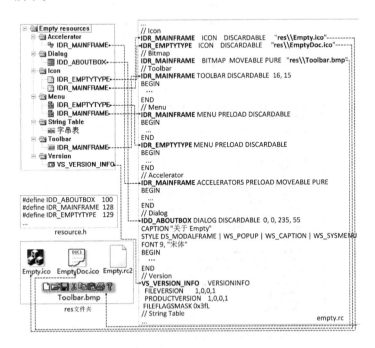

图 15-27　基本骨干程序的资源定义

5) 对基本骨干程序的各个部分,不做任何定制化处理,也不添加任何新的定制资源。图 15-28 所示分别给出了各个类、各个文件。

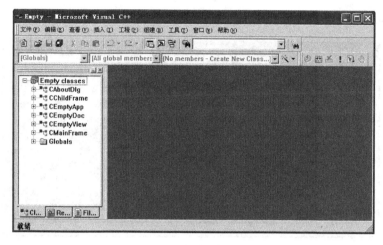

（a）相关的类

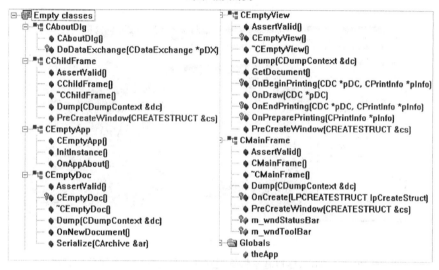

（b）各个类的具体定义（相关成员属性、成员函数）

（c）整个程序按逻辑组织关系分布存放的各种文件

图 15-28 基本骨干程序的类及文件组织

6）完成基本骨干程序构造,编译、连接并创建相应的可执行程序。如图 15-29 所示。

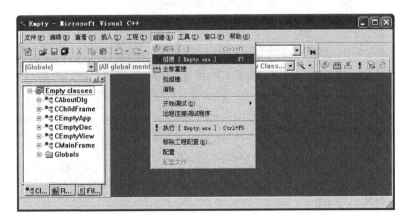

（a）创建可执行程序

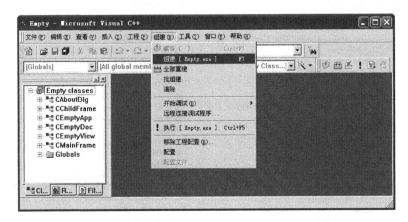

（b）创建成功

图 15-29　编译、连接基本骨干程序各个单元并创建其可执行程序

3. 运行结果及解析

基本骨干程序的运行结果及相应解析,如图 15-30 所示。

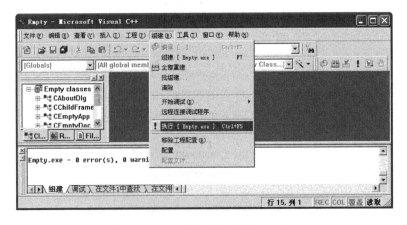

（a）运行基本骨干程序

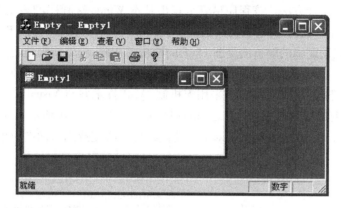

（b）运行结果

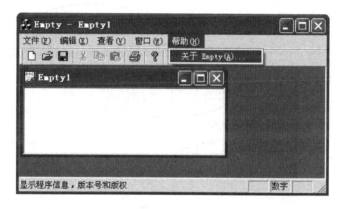

（c）共性基础功能之一——"帮助"菜单

（d）共性基础功能之一——"帮助"菜单（弹出对话框）

图 15-30 基本骨干程序的运行结果及解析

4. 程序结构及运行原理解析

依据 MFC 框架程序的基本构造原理,MFC 基本骨干程序的结构及其运行原理,如图15-5d 所示。附录 F 给出了基本骨干程序最终应有的程序形态,即经过 Visual C++ 辅助并完成宏替换和自动连接预提供代码后的完整 Windows 程序(经过简化整理,去掉所有由 Visual C++ 向导给出的注释,以及除主体外的其他多种选择部分内容)。显然,该程序混合使用了面向功能和面向对象两种程序设计方法。该程序尽管呈现出基本 Windows 程序的表现形态,但本质上仍然是 MFC 框架程序。也就是说,它仍然是基于第 15.2.2 小节的各种机制实现,对消息处理及其运行逻辑和消息流动逻辑的解析满足图 15-5 的解析。在此,可以清晰地看出 Windows 基本程序模型、(通过对 Windows 基本程序模型归纳并抽象出共性基础功能、重新定义二维结构的）MFC 基本程序模型（即附录 F）以及（采用宏机制、AOP 技术并与 Visual C++ 配合而定义的）MFC 框架程序模型最终表现形态三者之间的相互关系（如图 15-31 所示）。图 15-31 所示也展示了 Windows 运行支撑平台如何实现对面向功能编程方法支持到对面向对象编程方法支持的一种拓展途径。

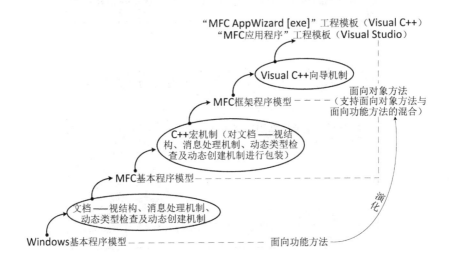

图 15-31　基本 Windows 程序表现形态到 MFC 程序表现形态的进化

【例 15-2】　典型风格程序。

1. 概述

典型风格程序是指具备 Windows 程序典型风格、基本功能相对完整的 Windows 程序。本节给出图 15.4 所示案例的具体构造过程及解析 MFC 框架程序基本模型对其映射。

2. 开发过程及解析

依据 MFC 框架程序的构造方法,首先生成一个基本骨干程序,然后对其进行定制和完善。具体而言,对于文档部分,先找到继承而来的文档类,然后在其中定义需要用于存储数据的数据结构成员,并且完善实现文档数据序列化操作的 Serial( ) 函数的逻辑定义;对于视部分,先找到继承而来的视类,然后完善实现文档数据显示的 OnDraw( ) 函数的逻辑定义以及完善实现文档数据打印的 OnPaint( ) 函数的逻辑定义;依据应用的具体需求,可以对文档模板部分按需增加多种文档模板类型;对于消息,可以依据应用的具体需求,自定义各种消息;依据应用的具体需求,建立并添加各种资源,等等。

1）生成一个基本骨干程序

参照例 15-1 的基本步骤,构造一个基本骨干程序,命名为 MyWinApp。

2）定制相关资源

定制三个菜单命令项,分别是"数据"、"显示"和"排序",其中,"排序"下面又有两个子菜单命令项:"升序"和"降序";定制两个工具条命令按钮图标,分别为↑(升序)和↓(降序);定制一个对话框,用于数据输入,并且,通过 ClassWizard 建立该对话框输入数据与文档类关联的数据成员 m_data。资源定制过程及解析如图 15-32 所示。

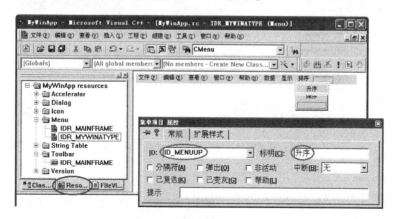

（a）通过 ResourceView 页卡启动相应资源构建工具——建立菜单资源

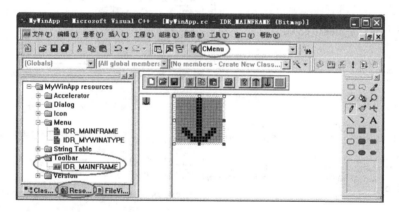

（b）通过 ResourceView 页卡启动相应资源构建工具——建立工具条图标资源

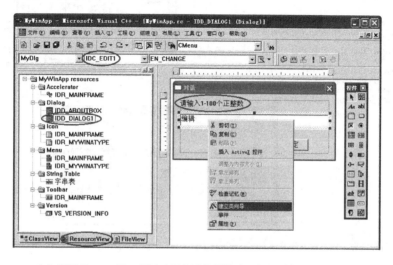

（c）通过 ResourceView 页卡启动相应资源构建工具——建立对话框资源

367

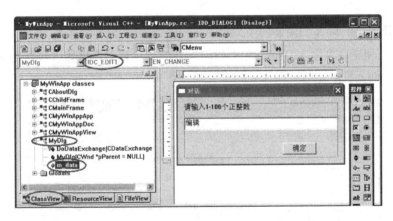

（d）通过 ClassView 页卡启动对话框资源配套代码构建工具——在对话框类中设置用于存储输入数据的变量

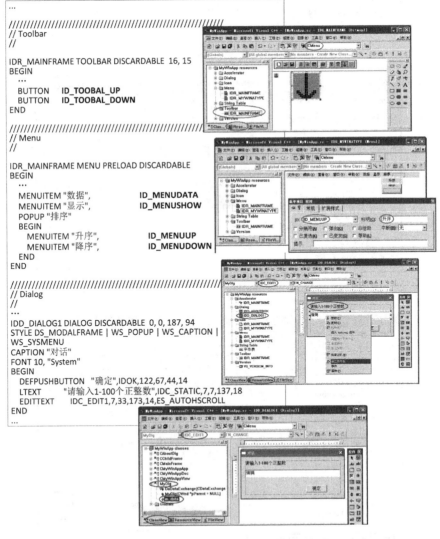

（e）各种资源定制参数在资源文件（MyWinApp.rc）中的描述（忽略共性基础功能相关的资源描述）

图 15-32   通过资源构建工具建立资源

　　各种资源的标识名及其相应的具体参数,存放在程序文件的资源描述文件 MyWinApp.rc 中。由于对话框资源还涉及相应类的定义(参见图 15-32d 所示),因此,对话框资源还对应有类定义文件 MyDlg.h 和 MyDlg.cpp。

　　3)定制和完善文档

　　通过 Visual C++ 工程管理区的 ClassView 页卡,启动 ClassWizard,打开 CMyWinAppDoc 类,添加一个数组 int data[100],用于存储输入的一批整数。并且,添加一个成员函数 setdata(),用于将输入对话框中输入的数据放入数组 data 中(该函数的参数即是对话框与文档类关联的数据变量 m_data),并将数据的个数记录在 length 中。为了便于排序功能的实现,增加了两个动态数组 updata 和 downdata,分别用于存放升序和降序排序后的结果(初始时,由函数 setdata()赋予输入的原始数据序列)。如图 15-33 所示。

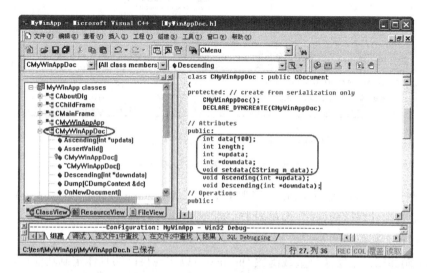

（a）通过 ClassView 页卡启动类向导——定制文档类 CMyWinAppDoc(1)

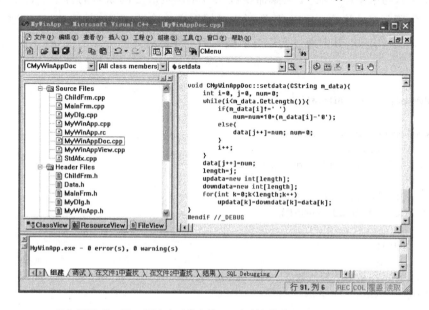

（b）通过 ClassView 页卡启动类向导——定制文档类 CMyWinAppDoc(2)

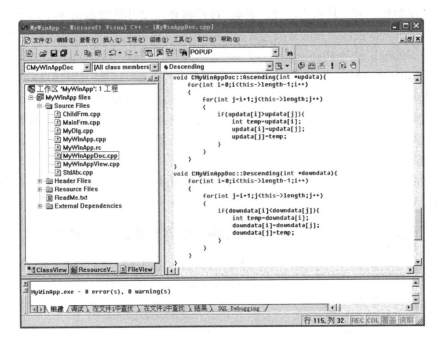

(c) 通过 ClassView 页卡启动类向导——定制文档类 CMyWinAppDoc(3)

图 15-33　定制和完善文档类

另外,为了实现排序的功能,在文档类中增加了 Ascending( )和 Descending( )两个成员函数,分别完成升序和降序的排序(参见图 15-33c 所示)。

4) 定制和完善视

视的定制和完善主要涉及重载函数 OnDraw( )以实现自己的具体定制功能(参见图 15-34所示)以及完善与菜单命令项、工具条命令按钮等定制资源之间联系的各个事件响应函数(参见图 15-35 所示)。其中,对于菜单栏"数据"菜单命令项的事件响应函数在文档类CMyWinAppDoc 中定制,其中通过构建对话框实例实现与对话框资源的关联(参见图 15-36 所示)。

```cpp
void CMyWinAppView::OnDraw(CDC *pDC) // 重载
{
  CMyWinAppDoc *pDoc = GetDocument();
  ASSERT_VALID(pDoc);
  // TODO: add draw code for native data here

  if(cur==0)   // 初始运行时的输出
    pDC->TextOut(20, 20, "Hello!");
  else {
    int *numbers;
    CString temp;
    if(cur==1) {   // 输入原始数据序列未排序时
      temp = "数据:";   numbers = pDoc->data;
    }
```

```
        else if(cur = =2) {   // 升序排序后
         temp ="升序:"; pDoc->Ascending(pDoc->updata);
         numbers = pDoc->updata;
        }
        else if(cur = =3) {   // 降序排序后
            temp ="降序:"; pDoc->Descending(pDoc->downdata);
            numbers = pDoc->downdata;
        }
    for(int i = 0; i<pDoc->length; ++i) {
        CString a;
        a.Format("% d",numbers[i]); temp = temp +a +" ";
    }
    pDC->TextOut(20, 20, temp);   // 输入原始数据或排序后的输出

    CPen *PenOld, PenNew;   // 以下输出图形方式数据序列
    CBrush *BrushOld, BrushNew;
    PenOld = (CPen*)pDC->SelectStockObject(BLACK_PEN); // 选用库存黑色画笔
    BrushOld = (CBrush*)pDC->SelectStockObject(LTGRAY_BRUSH); // 选用库存浅灰色画刷
     int x = 30, y = 100, r = 20;
    for(i=0; i<pDoc->length; ++i) {
      pDC->Ellipse(x- r, y- r, x+r, y+r);   // 绘制背景图形
      CString num;
      num.Format("% d",numbers[i]);
      pDC->SetBkColor(RGB(190, 190, 190));   // 背景颜色
      pDC->TextOut(x- 7, y- 7, num);   // 在背景图形上输出数据
      x +=60;
    }
   }
}
```

图 15-34　OnDraw( )函数的重载

```
void CMyWinAppView::OnMenushow()   // 对应菜单栏"显示"菜单项触发的事件
{
  // TODO: Add your command handler code here
  this->cur =1;   // 各种情况输出时的分类标志,CMyWinAppView 构造函数中初始化为 0
  this->Invalidate(true);   // 清除视中原有的显示信息
  this->UpdateWindow();   // 更新所有视
}

void CMyWinAppView::OnMenuup()   // 对应菜单栏"排序"→"升序"菜单项触发的事件
{
  // TODO: Add your command handler code here
  this->cur =2;
  this->Invalidate(true);
  this->UpdateWindow();
}

void CMyWinAppView::OnMenudown() // 对应菜单栏"排序"→"降序"菜单项触发的事件
```

```
{
    // TODO: Add your command handler code here
    CMyWinAppDoc*pDoc = GetDocument();
    this->cur =3;
    this->Invalidate(true);
    this->UpdateWindow();
    pDoc->UpdateAllViews(this);
}


void CMyWinAppView::OnToobalDown()    // 对应工具栏降序按钮触发的事件
{
    // TODO: Add your command handler code here
    this->OnMenudown();
}


void CMyWinAppView::OnToobalUp()    // 对应工具栏升序按钮触发的事件
{
    // TODO: Add your command handler code here
    this->OnMenuup();
}
```

图 15-35   与菜单命令项、工具条命令按钮对应的事件响应函数定制

```
void CMyWinAppDoc::OnMenudata()    // 对应菜单栏"数据"菜单项触发的事件
{
    // TODO: Add your command handler code here
    MyDlg mydlg;    // 建立定制对话框的实例
    if (mydlg.DoModal()==1) {
        AfxMessageBox("success");
        this->setdata(mydlg.m_data);    // 获取对话框输入的数据
    }
}
```

图 15-36   "数据"菜单命令项的事件响应函数定制

3. 运行结果及解析

图 15-37 所示给出了程序运行的结果。其中，图 15-37d、图 15-37e 和图 15-37f、图15-37g 分别给出了菜单操作和工具栏按钮操作的运行结果。

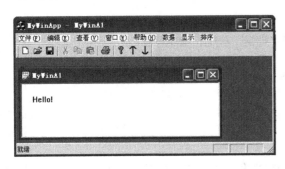

（a）运行后初始画面

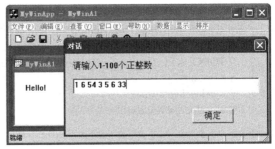

（b）单击"数据"菜单命令项弹出数据输入对话框

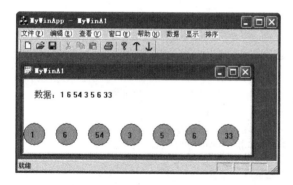
（c）单击"显示"菜单命令项显示输入的数据（文本和图形两种方式）

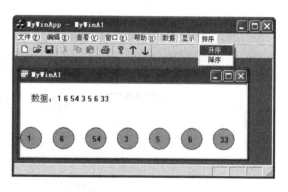
（d）单击"排序→升序"菜单命令项

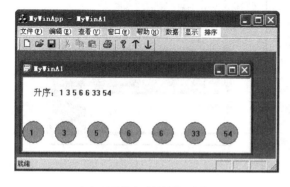
（e）显示排序后的结果（升序）

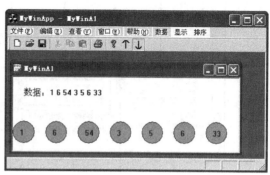
（f）单击工具条"降序"命令按钮

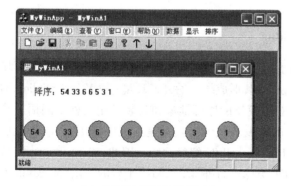
（g）显示排序后的结果（降序）

图 15-37　程序运行结果

4. 程序结构及运行原理解析

依据 MFC 框架程序的基本规范（参见图15-5c），本例程序的结构如图15-38 所示，程序描述参见附录E（经过简化整理，去掉所有由 Visual C++ 向导给出的注释及不涉及的其他选择性内容，程序风格做适当调整以节省版面），程序运行原理解析如图 15-39 所示（参见图15-5d）。

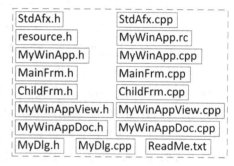

图 15-38　典型风格程序基本结构
及其文件分布

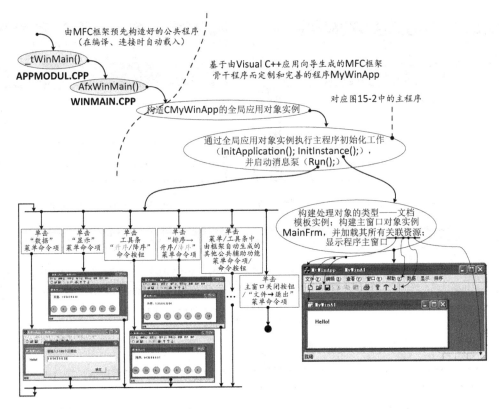

图 15-39　典型风格程序运行原理

15.4.4　从 Visual C++ 到 Visual Studio

随着互联网的发展,Microsoft 推出了.NET 平台,同时也升级了各种相应的开发环境或工具,将程序开发相关的所有工具都集成在一起,形成统一的开发环境——Visual Studio。.NET 平台的核心是提供了一种中间语言,并以对象模型的原理抽象和封装了用这种中间语言描述的各种类库(即.NET 类库)。所有升级后的开发环境或工具都是生成中间语言代码,最后通过"公共语言运行时"(Common Language Runtime,CLR)解释运行。因此,Visual Studio 支持同一个程序可以使用多种语言,可以引用.NET 类库。另外,随着.NET 平台的推出,Microsoft 发明了基于服务模型、面向互联网应用开发的新型程序设计语言 C# 。

尽管开发环境发生了变化,然而基于框架编程的思想仍然产生主要作用,只是 Visual Studio 拓展了框架概念的维度。对于 MFC 框架程序来说,Visual Studio 将其放在"已安装→模板→Visual C++ →MFC 应用程序"中(Visual Studio 2015),并且对应用构造向导的每一步交互也做了相应的调整。另外,随着类库版本的升级,MFC 程序的相关宏也做了相应的调整、扩展和完善。例如:针对消息映射的宏机制,将具体消息处理的隐射(即 ON_开头的宏)单独抽取出来并进行分类,分别放置到 afxmsg_.h、afxole.h 等头文件中,而且扩展了面向多线程状态用户消息处理的相关宏。并且,对 DECLARE_MESSAGE_MAP( )和 BEGIN_MESSAGE_MAP( )两个宏的具体实现也做了优化和调整。有关 Visual Studio 的具体使用,在此不再展开,读者可以参阅附录 G 以及其他相关资料和书籍。

15.5　深入认识基于框架的程序设计

15.5.1　框架式程序设计方法的必要性

　　随着应用的发展,相应的程序规模越来越大。并且,伴随着 GUI 界面的广泛使用,一个程序涉及各种各样的界面资源,各种界面资源之间的交互关系变得十分复杂。另外,针对相同运行支撑平台的各种应用程序之间也存在大量的共性基础功能,它们给程序开发带来大量的重复劳动。由此,导致程序的开发效率低下、程序的维护工作变得十分繁琐和复杂。因此,现代程序设计一般都采用框架式程序设计方法,这已成为程序构造的主流手段。

　　框架式程序设计方法通过对基本程序设计方法的二次包装(或者说,框架本身就是基本程序设计方法的一种典型应用),建立了相对规范的程序结构模型及其运行逻辑控制结构,为程序的维护建立了统一的标准,带来了程序维护工作的便捷性和规范性。并且,对于共性基础功能,框架本身都直接提供,从而提高了程序设计的效率。

15.5.2　MFC 框架的高级应用

1. 多维拓展

● 多重视

　　MFC 框架程序支持多重视。在图 15-26 中选中"使用可拆分窗体"复选框,MFC 框架程序在"窗口"菜单命令项中通过"分隔(P)"子菜单命令项支持窗口的动态拆分功能(如图 15-40a、图 15-40b 所示)。此时,窗口的每个窗格相当于一个视,这些视都对应于同一个文档,每个视可以显示同源文档的不同部分。尽管呈现多视效果,但对于滚动功能,MFC 框架规定横向拆分的多个窗格共享垂直滚动条,纵向拆分的多个窗格共享水平滚动条,如图 15-40c 所示。

　　为了使各个视能够独立工作(如图 15-40d 所示,每个视窗口都有自己的独立滚动条),MFC 框架可以通过静态窗口拆分实现。此时,需要调整 CChildFrame 类的 OnCreateClient 成员函数的具体实现,将原来调用 CSplitterWnd 类的 Create 成员函数实现动态窗口拆分功能改为调用 CSplitterWnd 类的 CreateStatic 成员函数实现静态窗口拆分功能。并且,通过 CSplitterWnd 类的 CreateView 成员函数实现每个窗格所关联的视,每个窗格可以放置不同的视(图 15-40d 中,两个窗格分别采用不同的视)。具体解析参见图 15-41 所示。

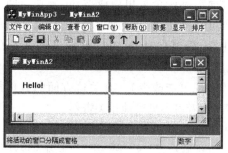

(a) 启用视窗口的动态拆分　　　　　　　　　(b) 移动鼠标确定视窗口动态拆分的窗格分布

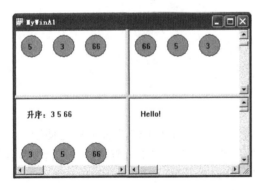

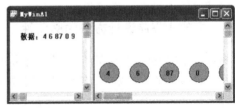

(c) 共享水平或垂直滚动条   (d) 视窗口的静态拆分

图 15-40　单个文档的窗口多重视图

```
BOOL CChildFrame::OnCreateClient( LPCREATESTRUCT /*lpcs*/, CCreateContext *pContext )
{
    m_wndSplitter.CreateStatic(this,1,2); //产生静态拆分窗口，横列为1 纵行为2
    m_wndSplitter.CreateView(0,0,RUNTIME_CLASS(CMyView2), CSize(500,0), pContext);
    M_wndSplitter.CreateView(0,1,RUNTIME_CLASS(CMyView), CSize(0,0), pContext);
    return true;
}
```

(0, 0)　(500, 0)

图 15-41　视窗口的静态拆分

尽管静态窗口拆分实现了各个同源文档视的独立工作,但是,各个视仍然属于同一个(工作区)窗口(即各个视所在的窗格属于同一个窗口)且视的大小在设计时就固定。为了使得同源文档的各个视真正能够完全独立(每个视都是一个独立的子窗口,即同源子窗口),可以通过对 MFC 框架的拓展来实现(首先,建立一个新的视;其次,在应用类的 InitInstance( )成员函数重载实现中分别以各个视与文档和工作区子框架建立两个不同的文档模板实例;再次,按照主框架类 CMDIFrameWnd 的 OnWindowsNew( )成员函数,分别以建立好的两个文档模板实例构建两个类似的函数;最后,在菜单或工具条界面定制两个菜单项或按钮,分别与两个函数关联即可),如图 15-42 所示。显然,这种拓展不具备通用性,需要保持与 MFC 标准框架演化的同步(因为其 CMDIFrameWnd 的 OnWindowsNew( )成员函数具体实现可能改变)。有关这方面的具体解析不再展开,读者可参见其他相关资料。

图 15-42　同源子窗口示例(工具条命令按钮 V1、V2 分别对应两个子窗口)

● 多重文档

多重视解决了"文档——视"结构的视端的多维扩展,对于"文档——视"结构的文档端的多维扩展,可以通过多重文档机制实现。

首先,需要构建一种新的文档类,包括按需重载实现其打开文档(OnNewDocument())、序列化(Serialize())等成员函数的具体功能;其次,构建一套针对新文档类操作的各种 UI 资源;再次,构建配套的相应视类;最后,在应用类的 InitInstance()成员函数的重载实现中,以新的文档类、新的 UI 资源集以及相应的视类和 CMDIChildWnd 类(或其派生类)为基础构建一种新的文档模板实例。至此,就使得一个 MFC 程序具备能够处理两种不同类型对象的多功能软件。具体扩展过程及解析如图 15-43 所示。

```
BOOL CMyWinApp::InitInstance( )
{
  AfxEnableControlContainer();
  SetRegistryKey(_T("Local AppWizard-Generated Applications"));
  LoadStdProfileSettings();

  CMultiDocTemplate *pDocTemplate, *pDocTemplate2;
  // 第一种处理对象(类型)
  pDocTemplate= new CMultiDocTemplate(
    IDR_MYWINATYPE,
    RUNTIME_CLASS(CMyWinDoc),
    RUNTIME_CLASS(CChildFrame),
    RUNTIME_CLASS(CMyWinView));
  AddDocTemplate(pDocTemplate);
  // 第二种处理对象(类型)
  pDocTemplate2= new CMultiDocTemplate(
    IDR_NEWTYPE,
    RUNTIME_CLASS(CNewDoc),
    RUNTIME_CLASS(CMDIChildWnd),
    RUNTIME_CLASS(CNewView));
  AddDocTemplate(pDocTemplate2);

  CMainFrame *pMainFrame = new CMainFrame;
  if (! pMainFrame->LoadFrame(IDR_MAINFRAME))
      return FALSE;
  m_pMainWnd = pMainFrame;

  CCommandLineInfo cmdInfo;
  ParseCommandLine(cmdInfo);

  if (! ProcessShellCommand(cmdInfo))
      return FALSE;

  pMainFrame->ShowWindow(m_nCmdShow);
  pMainFrame->UpdateWindow();

  return TRUE;
}
```

图 15-43　程序初始化时构建两种可以处理的文档类型

对于多功能软件,在新建一个文档时会弹出一个对话框,要求用户指定本次需要处理的文档类型(如图 15-44 所示),并且,主窗口界面也要同步加载相应的配套资源并给出对应的操作界面。图 15-45 所示给出了相应的解析。

事实上,通过多重视和多重文档的综合,可以实现全功能软件。可见,MFC 的"文档——视"结构具有较强的灵活性,相对于 MVC 模式的 1:n 关系支持,"文档——视"结构具备 m:n 关系支持的能力。

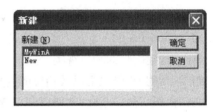

图 15-44 新建文档时需要确定本次构建的文档类型

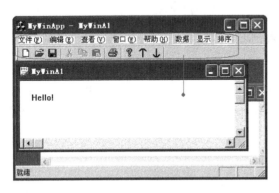

（a）与第一种文档类型（pDocTemplate）对应的工作界面

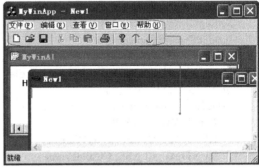

（b）与第二种文档类型（pDocTemplate2）对应的工作界面

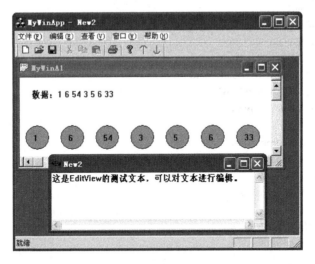

（c）两种不同类型的文档（第一种文档类型用 CScrollView,第二种文档类型用 CEditView）

图 15-45 处理两种不同类型的文档

相对于传统 Windows 程序,MFC 将工作区子窗口又分为子窗口和视(窗口)两个层次(传统 Windows 程序中,工作区子窗口或称文档窗口与视等同),从而,使得视在子窗口中的摆放更加灵活。

● 二维消息处理机制

MFC 框架中,将消息处理单独抽取出来,作为程序的一个相对独立的 Aspect,并通过 C/C++ 宏机制定义了面向消息处理的相应数据结构及其维护代码片段。然后,在 Visual C++ 向导机制的配合下,实现将消息处理的 Aspect 自动静态织入(即在编译时替换)到主体代码中。

MFC 框架的消息处理机制,实现了构成一个程序的各个元件(主框架窗口、工作区子框架窗口、文档、视、资源等等)与其交互关系的解耦,将原来两者混合一体的一维处理方式拓展为两者各自相对独立的二维处理方式。并且,使得消息处理成为程序的一种共性基础服务,其机制被所有的主体程序共享。

MFC 框架为了实现 Windows 程序设计由面向功能方法到面向对象方法的变迁,将传统 Windows 基本程序模型的线性消息处理机制拓展为平面消息处理机制,即针对应用类、主窗口类、文档类和视类,分别建立继承树线性消息传递单链表结构,再把这些结构综合起来建立消息传递树状结构,如图 15-46 所示。基于该结构,图 15-47 所示给出了相应的消息处理基本过程。

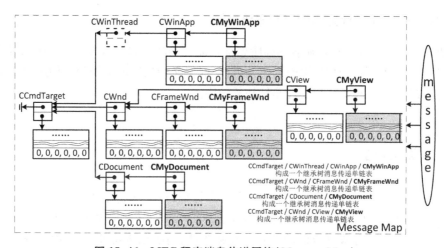

图 15-46　MFC 程序消息传递网络(Message Map)

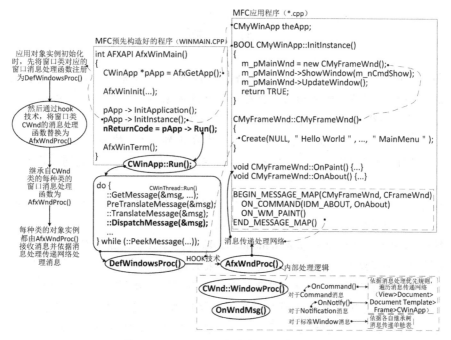

图 15-47　MFC 程序消息处理基本过程

2. 向导定制

适应框架式程序设计方式的发展趋势,Visual C++ IDE 也提供了一个定制个性化框架的工程类型 Custom AppWizard,开发者可以基于现有框架进行扩展或者从头开始定义一个个性的全新框架。因此,Visual C++ IDE 也可以看做是框架的框架(即一种元框架)。有关向导定制的具体方法,在此不再展开,读者可以参见相关的其他资料。

3. MFC 程序构造的高阶特性

MFC 程序构造具有显著的高阶特性。首先,整个程序的逻辑结构是二维的,也就是主体程序元件和一些公共基础服务(消息处理、动态创建、动态类型检查等等)相互解耦合;其次,程序构造过程也是二维的,即开发者与向导相互独立;再次,文档——视结构支持 m:n 的关系。

15.5.3 框架式程序设计方法的高阶思维特征

框架式程序设计方法具备显著的高阶思维特征,一方面,框架本身是对程序构造范型定义的基本程序结构形态的一种具体应用;另一方面,框架又为最终的应用程序构造提供了统一规范的结构形态。因此,框架可以看作是结构的结构。

15.6 本章小结

本章主要给出了框架式程序设计的基本思维特征,重点解析了 Microsoft MFC Application Framework 的基本原理及其应用开发的基本方法,对 Visual C++ 与 MFC 的关系给予了相关解析。最后,对框架式程序设计方法的重要性和必要性、高阶思维特征以及 MFC 框架的高级特性给予了相关解析。

习　　题

1. 相对于由程序构造范型定义的基本程序结构形态,程序框架可以看作是面向应用的程序结构形态(简称应用程序结构形态),请分析两者的关系。

2. 框架式程序构造方法可以看作是"应用的应用",你怎样理解这一点?

3. 框架式程序构造方法是"实践到理论,再由理论到实践"的一种方法,而非框架式程序构造方法可以看作是"理论到实践"的一种方法,在此,两者的理论是否是同一个? 你是如何理解的?

4. 以旅游为例,分别说明框架式程序设计方法和非框架式程序设计方法的对应活动,并分析两种活动各自的优缺点。

5. MFC 采用消息映射机制包装 Windows SDK 开发方式中的消息处理过程。请解析 MFC 消息映射机制的基本结构、相关宏定义以及其带来的优点。

6. 请解析基本程序结构、框架和基于框架的应用程序三者之间的关系。

7. 参照图 15-25,说明 MFC 程序的哪些参数及基本功能已经被抽象出来?

8. 基本 MFC 框架程序自动生成了哪些基本辅助功能? 它的资源包含哪些?

9. 参照图 15-5、15-30,解析用鼠标单击"帮助(H)→关于 Empty(A)…"后,基本框架程序的运行过程。

10. 分析下列程序的运行结果及其原因。

```
class CAge: public CObject
{DECLARE_DYNCREATE(CAge);};
Class CAge2: public CObject
{DECLARE_DYNCREATE(CAge2);};

IMPLEMENT_DYNCREATE(CAge,CObject)
IMPLEMENT_DYNCREATE(CAge2,CObject)

BOOL IsAge(CObject *pO)
{return pO->IsKindOf(RUNTIME_CLASS(CAge));};
BOOL IsAge2(CAge *pO)
{return pO->IsKindOf(RUNTIME_CLASS(CAge));};

int main(int argc, char *argv[ ])
{
    CAge age;
    CAge2 age2;
    BOOL bKind = IsAge(& age2);     // return FALSE
    bKind = IsAge(& age);           // return TRUE
    bKind = IsAge2((CAge*)& age2);  // return FALSE,避免强制转换带来的错误
}
```

11. 将第 10 题的宏进行手工替换,将程序转变为普通程序并验证其运行结果。

12. 针对对象的序列化,参照 RTTI 和动态创建的实现原理,分析宏 DECLARE_SERIAL 和宏 IMPLEMENT_SERIAL 的实现原理。

13. MFC 通过文档模板建立主窗口(及其界面资源)、文档和视图三者的联系,只要按文档模板创建一个新的应用,则文档模板为我们自动创建相应的三个对象实例。请分析下列代码的原理。

```
pDocTemplate = new CSingleDocTemplate(
                    IDR_MAINFRAME,
                    RUNTIME_CLASS(CMSMoneyDemoDoc),
                    RUNTIME_CLASS(CMainFrame),

RUNTIME_CLASS(CMSMoneyDemoView));
    AddDocTemplate(pDocTemplate);
```

提示: RUNTIME_CLASS(class_name) 返回相应类的 CRuntimeClass 静态变量,这个 CRuntimeClass 类型的静态变量中包含了其对应的类的名字,并且其本身实现了一个 CreateObject 函数,这样,CRuntimeClass 静态变量便可以根据其本身的信息来动态创建一个其所属者的对象。

14. 作为 MFC 程序结构的两个主要特征,消息映射机制和类型的动态处理机制的实现思想具有 AOP(Aspect Oriented Programming)方法学的思维痕迹,请解析其认识通约性。

15. CRuntimeClass 结构及其目录图是与整个程序类及其关系结构并列的,相应的宏就是要实现两者的耦合。请给出你的理解和解析。

16. 序列化机制中,为什么只需要重载"读"运算,而不需要重载"写"运算?(提示:"写"运算不涉及动态创建,故不需要每个类重定义其创建)

17. 动态创建机制中,为什么要求相应类必须提供一个默认构造函数?

18. 对于 Windows 程序,MFC 归纳了哪三种资源?哪七种字符串资源?

19. 现代集成开发环境都是采用工程管理思想,为了管理工程,开发环境一般都提供"工程文件"和"工作空间"两个文件(对于 Visual C++ ,分别是.DSP 和.DSW),请解析它们的作用及相互关系。

20. 利用 Visual Studio 2015 构造例 15-2 的程序。

21. 比较分析附录 E 和附录 F,理解 MFC 框架编程的 AOP 思维和多维特性。

22. 图 15-46 所示的消息传递网络,通过什么方法或机制实现两个类实例之间的关系构建(即父类和子类实例的单链表结点如何实现连接)?

23. MFC 采用的消息映射机制是如何确保父类的所有消息也能够被子类处理?相对于多态实现机制,这种机制的优点是什么?

24. Visual Studio 2015 中,对于各种宏机制是如何优化和扩展的?请结合实际例子进行分析。

25. 什么是 HOOK 技术?它有什么用途?举例说明一个使用该技术的实际场景。

26. 同源子窗口和多重文档的实现中,都涉及在应用类的 InitInstance( )成员函数中增加多个文档模板实例,它们在本质上有什么不同?

第 16 章　应用模式及其建构

　　本章主要解析： 程序设计中的常用基本算法及其相互关系；程序设计中的常用基本数据结构及其相互关系；程序设计中常用基本算法和常用数据结构的关系；对常用基本算法和常用基本数据结构的基于模式的认识方法及其基本应用。

　　本章重点： 程序设计中常用基本算法的相互关系及其带来的认识方法；程序设计中常用基本数据结构的相互关系及其带来的认识方法；程序设计中常用基本算法和常用数据结构的关系及其带来的认识方法；对常用基本算法和常用基本数据结构的基于模式的认识方法及其基本应用；计算思维原理对常用基本算法和常用基本数据结构及其应用的投影。

　　模式是指人们从不断重复出现的问题及其解决方案中发现、归纳和抽象出的规律，是对解决问题时积累的经验进行总结、抽象并将解决某类问题的方法归纳和升华到理论高度而建立的一种思维定式。也就是，模式就是解决某一类问题的方法论。在此，应用模式是指程序设计应用中发现和抽象出来的一些相对固定并行之有效的处理问题的方法。

　　程序设计应用中，利用应用模式及其建构，可以在最短时间内得到解决问题的最佳办法，达到事半功倍的效果。

16.1 基本应用模式及其建构

16.1.1 基本惯用法及其建构

　　基本惯用法是最基础、粒度最小的应用模式。程序设计应用中，基本惯用法一般用于解决各种局部的、基本的常用应用问题。

　　【模式 1】 *数字拆分模式*

　　数字拆分模式的完整描述如图 16-1 所示。该模式具有广泛的应用场景，凡是涉及数字问题的应用，基本上都是该模式的一种具体建构行为。例 16-1 和例 16-2 分别给出了该模式的两个建构案例及其解析。

名称	数字拆分
语境	用于整数各个数字的分离及抽取应用场景
问题	如何分离及抽取整数的各位数字
解决方案	重复运用模运算和整除运算的联合
特征	循环体中同时出现模运算符和整除运算符
样例	

```
void getBits( int x, int *d )
{ // 分离整数x的各位数字，并将各位数字依次存储到数组d中
    int c = 0;
    while ( x / 10 ) {
        c++;  *( d + c ) = x % 10;  x = x / 10;
    }
    *( d + ++c ) = x;  *d = c;
}
```

实现说明	数组第一个元素用于记录整数的位数。整数的各个位数字按低位到高位顺序存储在数组中。
参见	数字合并模式、循环模式

图 16-1　数字拆分模式

【例 16-1】　水仙花数。

"水仙花数"是指一个三位的正整数，并且其各位数字的立方和等于该整数本身。显然，作为一个基本应用问题，水仙花数的求解关键是如何分离和抽取给定整数的各位数字。一旦得到各位数字，则通过一个判断语句即可完成。

本例中，由于整数的位数已经明确，因此，数字拆分模式建构时可以简化，去掉循环，直接通过整除运算和模运算获得三个位的数字。图 16-2 中分别给出了标准建构应用和简化建构应用的参考实现。

```
// 数字拆分模式的标准建构应用
#include<iostream>

void getBits(int x, int *d)
{
    int c = 0;
    while (x / 10) {
        C++;  *(d + c) = x % 10;  x = x / 10;
    }
    *(d + ++c) = x;  *d = c;
}
int main()
{
    int number, a[4];
    for (number = 100; number < 1000; ++number) {
        getBits(number, a);
        if(a[1]*a[1]*a[1]+a[2]*a[2]*a[2]+a[3]*a[3]*a[3]==number)
            cout<<number<<endl;
    }
}

// 数字拆分模式的简化建构应用
#include<iostream>
```

```
int main()
{
    int number, a, b, c;
    for (number = 100; number < 1000; ++number) {
        a = number / 100;
        b = (number % 100) / 10;
        c = (number % 100) % 10;
        if(a*a*a+b*b*b+c*c*c == number)
            cout << Number << endl;
    }
    return 0;
}
```

图 16-2　求水仙花数

【例 16-2】 进制转换。

进位计数制是一切数字化处理的基础,进制转换成为程序设计中最常用的基本应用问题。依据进位计数制的基本原理,进制转换主要在于基数转换、以及在基数基础上的各个数字位的确定。例如:对于十进制转换为二进制,就是将基数 10 转换为基数 2,并且依据二进制确定其各个数位上的数字。也就是说,对于同一个数,可以用十进制表示,也可以用二进制表示,它们都是进位计数制的一种具体应用,仅仅是基数不同、以及相应的各个数位上的数字不同。图 16-3 所示给出了进位计数制原理的基本解析。

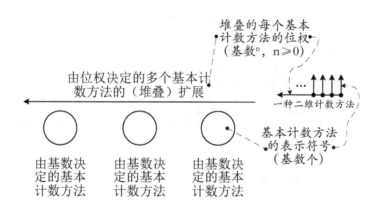

图 16-3　进位计数制原理的基本解析

数字拆分模式本质上就是利用了进位计数制的基数和位权,因此,进制转换就是针对不同进制的基数和位权,实现数字拆分模式的具体建构。图 16-4 所示给出了十进制到其他任意进制的通用转换程序。

```
// 数字拆分模式的标准建构应用
#include<iostream>
void getBits(int x, int base, int *d)    // base 是需要转换到的目标进制的基数
{
    int c = 0;
```

```
  while (x / base) {
     C++; *(d +c) = x % base; x = x / base;
  }
  *(d + ++c) = x; *d = c;
}
int main()
{
  int number, a[1000], base;
  cin>>number>>base;
  getBits(number, base, a);
  for(int i = a[0]; i>0; - - i) // 对基数>10 的进制,输出时对每位数字要按需进行单
                              // 位化表示处理
     cout<<a[i]<<' ';
  cout<<endl;
  return 0;
}
```

图 16-4 进制转换(十进制到其他任意进制)

【模式 2】 数字合并模式

数字合并模式的完整描述如图 16-5 所示。数字合并模式本质上是进位计数制原理的一种展开表达,例如:对于十进制 568,其展开表达为 $5 \times 10^2 + 6 \times 10^1 + 8 \times 10^0$。数字合并模式就是要依据进位计数制原理,将给定的各个数字合并为一个完整的数。

名称	数字合并
语境	用于将多个数字合成为一个整数的应用场景
问题	如何合并各位数字
解决方案	重复运用乘基数并加上当前位的操作
特征	循环体中出现乘基数再加数字位的运算表达式
样例	

	void getData(int *d, int base, int& x)
	{ // 合并依次存储在数组d中的各位数字,得到一个整数x。base为基数
	  int i = d[0];
	  x = 0;
	  while (i-- > 0)
	    x = x * base + d[i];
	}

实现说明	数组的第一个元素用于记录整数的位数。整数的各个位数字按低位到高位顺序存储在数组中。
参见	数字拆分模式、循环模式

图 16-5 数字合并模式

数字合并模式有着广泛的应用,它是数字拆分模式的应用伴侣,它们的综合归纳了进位计数制原理双向应用的基本模式。例 16-3 给出了数字合并模式的建构案例及其解析。

【例 16-3】 回文数。

回文数是指一个正序看和反序看都相同的正整数。显然,判断一个数是不是回文数的关键在于如何得到原整数的反序看整数。利用数字拆分模式和数字合并模式,可以实现回文数判断的应用。图 16-6 所示给出了相应的程序。

```
// 回文数判断
#include<iostream>
void getBits(int x, int base, int *d)
{
    int c = 0;
    while (x / base) {
        C++; *(d +c) = x % base; x = x / base;
    }
    *(d+ ++c) = x; *d = c;
}
void getData(int *d, int base, int& x)
{
    int i = d[0];
    x = 0;
    while (i- - >0)
        x = x *base + d[i];
}
int main()
{
    int number, a[1000], base, denumber;
    cin>>number>>base;
    getBits(number, base, a);
    getData(a, base, denumber);
    if(number == denumber)
        cout<<number<<'是一个回文数'<<endl;
    else
        cout<<number<<'不是一个回文数'<<endl;
        return 0;
}
```

图 16-6　回文数判断

16.1.2　数据结构中的基本应用模式及其建构

所谓结构是指基本元素及其相互关系。数据组织结构(简称数据结构)是指基本数据元素及其相互关系,它就是针对程序设计两个基因之一——数据组织而产生的一些具体方法。尽管存在点、线性、层次和网状四种基本数据结构,每种结构也有各种各样的具体表现形态,然而,线性数据组织结构是数据结构之母,点结构(或称为集合)是线性结构的退化,层次和网状(即平面结构)都是通过线性结构的多重叠加而得到,是对线性结构的一种具体应用。

线性结构存在三种基本应用模式,通过这三种基本应用模式的具体建构,可以产生出其他各种数据结构。

【模式 3】　线性结构查找模式(简称查找模式)

线性结构查找是指对一个线性结构从头到尾的一种访问,并且在访问的同时,判断每一个基本元素是否为需要的元素。查找模式的具体描述如图 16-7 所示。

名称	线性结构查找
语境	线性的数据组织结构及其访问应用
问题	解决线性数据组织方法中的数据访问及处理问题
解决方案	通过迭代方式实现
特征	① 一个循环,条件是"线性结构没有查完"同时"又没有查到要查的目标"。 ② 其后面紧跟一个分支语句,用于判别上述两个条件完成的情况
样例	

```
class SingleNode { /* 线性结构的结点定义 */
    friend  class SingleLink;
    int data;
    SingleNode *next;
  public:
    SingleNode( int element )
    { data = element; next=null; }
}
class SingleLink {  /* 线性结构的定义 */
{
    int len;
    SingleNode *head;
  public:
    SingleLink()
    { len = 0; head=new SingleNode(-1); }

    bool find( SingleLink *h, int d, SingleNode *p )
    { // 在线性结构h中查找指定的数据元素d
      SingleNode *t;
      for( p=h->head, t=p->next ; t!=null && t->data != d; p=t, t = t->next ) ;
      if ( t != null )
          return true;
      return false;
    }
}
```

实现说明	线性结构带有特殊头部结点,实现头部、中部和尾部三种位置的统一处理, 具体位置由参数p返回给主调程序; 特征②分支语句两个部分的具体逻辑,依据条件的具体写法可以交换。
参见	循环三步模式,线性结构插入模式,线性结构删除模式

图 16-7　线性结构查找模式

线性结构的遍历,是指对一个线性结构从头到尾的一种访问,通过遍历可以方便处理线性结构的每一个基本元素。线性结构的遍历是线性结构查找模式的一种退化形态,它仅仅强调访问,淡化访问时对每个基本元素的处理(一般都是输出当前元素,不做其他的处理)。因此,其特征调整为:1)循环的条件只有一个,仅仅是当前位置没有到达最后;2)循环后面不紧跟一个判断。

【模式 4】　线性结构插入模式(简称插入模式)

线性结构插入是指将一个基本元素放入线性结构中。通过插入,可以实现对线性数据组织结构的维护。依据插入位置的不同,可以是头部插入、尾部插入和中间插入。显然,为了得到插入的位置,具体应用中,需要实现该模式和查找模式的建构。尾部插入和中间插入仅仅是查找的位置不同,整个插入操作过程完全一致。另外,通过增加一个特殊的头部结点,可以将头部插入转变为中间插入,进而可以实现三种不同位置插入操作的统一。图 16-8 所示给出了线性结构插入模式的具体描述。

名称	线性结构插入
语境	线性数据组织结构及其维护
问题	解决线性数据组织方法中的数据插入问题
解决方案	通过调整数据之间的逻辑关系实现
特征	两条赋值语句,先调整待插数据与下行数据的关系,再调整待插数据与上行数据的关系。

样例

```
class SingleNode {   /* 线性结构的结点定义 */
    friend class SingleLink;
    int data;
    SingleNode *next;
  public:
    SingleNode( int element)
    { data=element; next=null; }
}
class SingleLink { /* 线性结构的定义 */
    int len;
    SingleNode* head;
  public:
    SingleLink()
    { len = 0; head=new SingleNode( -1 ); }

    void insert( SingleLink *h, int d, int x)
    {   // 在线性结构h的数据元素d之后插入数据元素x
        SingleNode *p;
        SingleNode *e = new SingleNode( x );   //以数据x构造结点

        if(find(h, d, p)) { //调用查找模式,确定插入位置
           e->next = p->next;   //调整待插数据节点e与下行数据结点的关系
           p->next = e;         //调整待插数据节点e与上行数据结点的关系
        }
    }
```

实现说明	插入结点时要调用线性结构查找模式确定插入位置;参照数据元素d查不到时,不能实现数据元素x的插入。
参见	循环三步模式,线性结构查找模式

图 16-8　线性结构插入模式

【模式 5】　线性结构删除模式(简称删除模式)

线性结构删除是指从线性结构中去掉指定的数据元素。通过删除,可以实现对线性数据组织结构的维护。依据删除位置的不同,可以是头部删除、尾部删除和中间删除。显然,为了得到删除的位置,具体应用中,需要实现该模式和查找模式的建构。尾部删除和中间删除仅仅是查找的位置不同,整个删除操作过程完全一致。另外,通过增加一个特殊的头部结点,可以将头部删除转变为中间删除,进而可以实现三种不同位置删除操作的统一。图 16-9 所示给出了线性结构删除模式的具体描述。

线性结构三种基本应用模式的建构及其解析,参见例 16-4、例 16-5 和模式 6。

【例 16-4】　单链表构造。

单链表是线性结构的一种具体实现,它不需要将线性结构中的数据元素集中连续存放,因此,单链表适合于数据元素个数不确定、具有动态特征的数据组织应用场景。

单链表的构造本质上是"线性结构查找"、"线性结构插入"和"线性结构删除"三种基本应用模式的一种具体建构。单链表构造通过循环语句不断输入一个数据并不断使用"线性结构插入"模式实现;单链表的输出使用"线性结构查找"模式实现;单链表的维护使用"线性结构

389

```
名称        线性结构删除
语境        线性结构数据组织方法及其维护
问题        解决线性数据组织结构中数据的维护问题
解决方案    通过调整数据之间的逻辑关系实现
特征        一条赋值语句，将待删数据的上行数据与待删数据的下行数据建立直接关系，
            由此孤立出待删数据，然后再通过删除语句将其删除（因为java语言支持自动垃圾回收
            机制，因此待删数据的具体删除不用再给出语句描述，C/C++语言需要显式给出）。
样例
            class SingleNode {  //线性结构的结点定义
                 friend class SingleList;
                 int data;
                 SingleNode *next;
               public:
                 SingleNode( int element)
                 { data=element; next=null; }
            }
            class SingleLink {  //线性结构的定义
                 int len;
                 SingleNode *head;
               public:
                 SingleLink()
                 { len = 0; head=new SingleNode(-1); }

                 void delete(SingleLink *h, int d)  // 在线性结构中，删除指定数据元素d
                 {
                    SingleNode *P, *t;

                    if(find(h, d, p)) { //调用查找模式，确定删除位置
                       t = p->next;
                       p->next = t->next; //将待删数据的上行数据与待删数据的下行数据建立关系，
                                          //孤立出待删数据
                       delete t;   // 删除孤立出的待删数据
                    }
                 }
            }
实现说明
            删除结点时要调用线性结构查找模式确定删除位置；
            参照数据元素d查不到时，不能实现删除。
参见        循环三步模式，线性结构查找模式
```

图 16-9   线性结构删除模式

查找"、"线性结构插入"和"线性结构删除"三种基本模式建构实现。图 16-10 给出了单链表构造的程序及其解析。

```
#include<iostream>
class SingleNode {
      friend class SingleList;
      int data;
      SingleNode *next;
   public:
      SingleNode(int element): data(element), next(null) {}
}
class SingleList {    // 含特殊的头部结点
      int len;
      SingleNode *head;
   public:
      SingleList(): lent(0), head (new SingleNode(- 1)) {}
      bool find( int d , SingleNode*p) // 查找模式应用建构
      {
         SingleNode *t;
```

```
      for(p = head, t = p->next ; t ! = null & & t->data ! = d; p = t, t = t->next) ;
      if (t ! = null)
         return true;
      return false;
    }
    void insert(int d, int x)    // 插入模式应用建构
    {
      SingleNode *temp;
      SingleNode *e = new SingleNode(x);
      if(find(d, temp)) {        // 查找模式应用建构
        e->next = temp->next ; temp->next = e;
      }
    }
    void delete(int d)    // 删除模式应用建构
    {
      SingleNode *temp, *t;
      if (find(d, temp)) { // 查找模式应用建构
        t = temp->next; temp->next = t->next; delete t;
      }
    }
    void print()
    {
      SingleNode *temp = head->next;

      if(temp = = null) cout<<"There is no element" <<endl;
      else {
        for (; temp ! = null; temp= temp-> next)    // 遍历模式应用建构
           cout<< temp-> data <<' ';
        cout<<endl;
      }
    }
}
int main()
{
  SingleList *a = new SingleList();   // 构建含特殊头部结点的空单链表

  for(int i =0; i<10; ++i)      // 通过循环,不断输入数据并调用插入
    a->insert(i- 1, i) ;
  a->print() ;
  cout<<"删除元素 9,8" <<endl);
  a->delete(9) ; a->delete(8) ;   a->print() ;
  return 0;
}
```

图 16-10 单链表的构造

【例 16-5】 堆栈。

本质上,堆栈是线性结构的一种具体应用,只是对线性结构的操作做了一些限制。因此,堆栈也是"线性结构查找"、"线性结构插入"和"线性结构删除"三种基本应用模式的一种具体建构。其中,压栈操作使用"线性结构插入"模式实现;出栈操作使用"线性结构删除"模式实现;堆栈的输出使用"线性结构查找"模式实现。图 16-11 给出了单链表构造的程序及其解析。

```
class StackNode ｛// 定义链接堆栈的结点结构
    friend class Stack;
    char data;
    StackNode *next;
  public:
    StackNode(char element): data(element), next(null) ｛｝
｝
class Stack ｛
    StackNode *buttom, *top;
  public:
    Stack(): buttom(null), top(null);
    void push( char x)
    ｛// 进栈：插入模式的应用建构(不含特殊头部结点 / 头部插入)
        StackNode *e = new StackNode(x);
        if( top = = null)    // 空栈
            buttom = top = e；    // 压栈
        else ｛        // 非空栈
            e-> next = top；top= e；   // 压栈
        ｝
    int pop( )
    ｛// 出栈：删除模式的应用建构(不含特殊头部结点 / 头部删除)
        if(top = =null)    // 空栈
            cout<<"There is no element in Stack!");
        else ｛    // 非空栈
            int x= top-> data；top= top-> next; // 出栈
            return x；
        ｝
    void print()
    ｛// 输出栈中的元素：遍历模式的应用建构
        if(top = =null)
           cout<<"There is no element in Stack!");
        else ｛
           StackNode *temp;
           for （temp= top；temp ! = null；temp= temp-> next）
           cout< < temp-> data< < ' '；    // 遍历模式的应用建构
           cout<<endl;
        ｝
      ｝
    ｝
｝
int main()
｛
  Stack *a = new Stack();
  for (int i = 0; i<26; ++i)
    a->push((char) ('a' + i));
  a->print();
  cout<<"从栈中出栈 10 个元素" <<endl;
  for (int i = 0; i<10; ++i)
    a->pop();
  a->print();
  return 0;
｝
```

图 16-11　堆栈

【模式6】　有序序列合并模式

有序序列合并用于将两个或多个有序序列合并为一个有序序列,它在程序设计中有着广泛的用途。每个有序序列都是一个线性结构数据组织方法的具体应用,两个有序序列的合并涉及对两个序列的维护,本质上,该维护操作就是"线性结构查找"、"线性结构插入"和"线性结构删除"三种基本应用模式的一种具体建构。图 16-12 所示给出了有序序列合并模式的具体描述。

名称	有序序列合并
语境	两个或多个有序序列合并
问题	通过一遍扫描,合并两个序列
解决方案	分别对两个序列扫描,比较当前位置的数据,根据数据大小关系, 调整原始序列、结果序列数据之间的逻辑关系

特征	分为四大步:
	① 初始化两个序列当前位置指示器;
	② 当"两个序列都没有扫描完"时,重复对两个序列当前位置数据进行比较处理
	　{
	　　if (当前位置的数据大小关系为"大于"){……}
	　　else if (当前位置的数据大小关系为"小于"){……}
	　　　　else {……}
	　}
	③ 当一个序列已结束,处理剩下的序列;
	④ 当另一个序列已结束,处理剩下的序列;

样例
```
class Node {
    friend class ListMerge;
    int data;
    Node *next;
 public:
    Node(int d) : data(d), next(null){}
}
class ListMerge {
    Node *h;
 public:
    ListMerge() : h(new Node(-1)) {}
    Node* delete(Node **h)      // 头部删除:删除模式的应用建构
    { Node *t = *h;  *h = *h->next; return t; }
    void insert(Node **t, Node *temp)   // 尾部插入:插入模式的应用建构
    { (*t)->next = temp; *t = (*t)->next; }
    void merge(Node *h1, Node *h2)
    {
      Node *t1= h1->next, *t2 = h2->next;  // ① 初始化两个序列当前位置指示器
      Node *temp, *tail=h;
      while ( (t1 != null) && (t2 != null)) {   // ② 两个序列没有扫描完
        if (t1->data <= t2->data)    // 两个序列当前位置数据的大小比较并处理
          temp = delete(&t1);  //取t1序列的当前结点作为当前比较处理结果
        else
          temp = delete(&t2);  //取t2序列的当前结点作为当前比较处理结果
        insert(&tail, temp);  // 将当前比较处理结果结点插入最终的线性结构中
      }
      while (t1 != null)   // ③ t2序列已结束,处理剩余的t1序列
      { temp = delete(&t1); insert(&tail, temp); }
      while (t2 != null)   // ④ t1序列已结束,处理剩余的t2序列
      { temp = delete(&t2); insert(&tail, temp); }
    }
}
```

实现说明	参与合并的线性结构都带有头部特殊结点; 合并后的线性结构仍然使用原始序列的数据结点,不另外开辟存储空间。 合并时,数据之间的逻辑关系通过原始序列的头部结点删除和结果序列的尾部结点插入 方法进行调整。
参见	线性结构查找模式,线性结构插入模式,线性结构删除模式

图 16-12　有序序列合并模式

多个有序序列合并是两个有序序列合并模式的一种多维拓展形态,其具体实现方法既可以通过多次迭代应用有序序列合并模式来实现,也可以通过直接对有序序列合并模式进行多维改造来实现。

尽管有序序列合并模式源自于线性结构基本应用模式的建构,然而,其本身又可以作为一种基本应用模式,在实际应用中进行具体建构(也就是说,相对于线性结构基本应用模式,有序序列合并模式是一种具体应用建构;而相对于实际应用,有序序列合并模式又作为一种基本的应用模式)。例 16-6 所示给出了有序序列合并模式的建构及其解析。

【例 16-6】 多项式相加。

多项式相加是工程应用中经常遇到的问题。为此,可以将每个多项式分别用一个单链表表示,单链表的结点包含系数和指数,整个单链表按指数降序顺序构成一个有序序列。在此基础上,利用有序序列合并模式的建构,就可以完成将两个多项式相加的程序构造。图 16-13 所示给出了相应的程序及其解析。

```cpp
include<iostream>
class Term {
        friend class PolyLink;
        int coef;      // 系数
        int exp;       // 指数
        Term *next;
    public:
        Term(int c, int e): coef(c),exp(e),next(null) { }
}
class PolyLink {    // 多项式定义
        int len;
        Term *head;
    public:
        PolyLink() {len = 0; head = new Term(- 1,- 1);}
}
void create(PolyLink *h)
{
  int pos = - 1;     //(以指数值所在结点)标识当前插入位置
  cout<<"请按指数降序顺序,输入多项式中每项的系数和指数(指数为- 1,输入结束):"<<endl;
  cin>>coef>>exp;
  while (exp>0) {
    Term *t = new Term(coef, exp);
    insert(h, pos, t); pos = exp; // 调用线性结构插入模式,并调整当前插入位置
    cin>>coef>>exp;
  }
}
void PloyAdd(PolyLink *h1, PolyLink *h2)
{
  Term *pa, *pb, *pc;
  pa = pc = h1->next ; pb = h2->next;
  while (pa ! = null && pB ! = null) {  // 有序序列合并模式建构
    if (pa-> exp = = pb-> exp) {
        pa->coef = pa->coef +pb->coef; pb = pb->next;
```

```
            if (pa->coef<>0) {
              pc->next = pa; pc = pa;
            } // 为节省存储空间,结果多项式仍借用原第一个多项式的结点
              pa = pa->next;
            }
            else
              if（pa-> exp> pb-> exp）{
                pc->next = pb; pc = pb; pb = pb->next;
              }
              else
                if（pa-> exp< pb-> exp）{
                  pc->next = pa; pc = pa; pa = pa>next;
                }
        }
      if（pa！= null）pc->next = pa;
      else pc->next = pb;
}
void print(PolyLink *h)
{
  Term*p = h->next;
  while（p！= null）{   // 线性结构遍历
    cout<<p->coef<<" "<<p->eof<<endl;
  }
}
int main()
{
  PolyLink *p1, *p2;
  create(p1); print(p1);
  create(p2); print(p2);
  PloyAdd(p1, p2); print(p1);
  return 0;
}
```

图 16-13　多项式相加

16.1.3　算法中的基本应用模式及其建构

所谓算法,是指为了使用现代计算工具(即计算机及其延伸的网络等)处理问题而建立的有效方法。算法设计是程序设计的核心,数据结构设计作用于算法设计,程序设计就是针对给定的问题,按照构建的算法,实现程序构造基本方法及其延伸的三个基本要素的具体应用。

与一般处理问题的方法不同,算法是在特定约束下的问题处理方法,这个特定约束就是要满足现代计算工具的特征和能力。具体而言,算法有效性必须满足有穷性、确切性、可行性、0个或多个输入以及一个或多个输出五个基本特征。因此,算法的设计具有创造性。

尽管算法设计具有创造特点,然而,从认识论角度,针对处理的问题,人类思维具有基本的共性特征。尤其是,对于计算领域,计算思维成为核心基础。并且,计算思维在算法设计中的应用投射,积累了大量的经验并固化了各种基本应用模式。

算法可以分为有确定形式化模型和无确定形式化模型两大类。前者一般是指具有具体的

形式化表达,包括直接的或间接的;后者一般是指没有具体的形式化表达。显然,对于程序设计而言,如果不考虑数据规模,前者的实现要比后者容易,可以直接依据形式化模型进行编程即可。然而,现实世界中,绝大部分问题的解决方法都不能找到确定的形式化模型。因此,无确定形式化模型的算法构造成为算法设计的普遍问题。针对无确定形式化模型的算法设计,最基础的方法就是穷举法,在此基础上,为了满足算法的有效性,人们又创造了各种算法设计策略,例如:贪心、分治、动态规划、搜索优化、随机化等等,并且,也形成了各种应用模式。

因此,对于无确定形式化模型类算法,基于认知原理,穷举法的构造、其他设计策略及其与穷举法的关系延伸和拓展,可以形成算法认识的思维导图。得益于计算机的计算能力,穷举算法是最基本的算法。然而,随着穷举因子数量的增加,朴素穷举算法的编程比较繁琐,失去实际编程意义。因此,实际应用中,一般都是以两个因子的穷举作为主流穷举算法。相对于朴素穷举,本书将两个因子的穷举算法称为"二维规则型穷举算法"(朴素穷举可以看作是"二维规则型穷举算法"的一种特例,其特殊性在于每个穷举维 Y 可以不同,相对独立,分别对应于各个穷举因子)。基于回溯的二维规则型穷举算法及其应用形成了回溯算法基本应用模式(简称回溯模式,参见模式 7 所示),它是算法学习和应用的核心基础。

【模式7】 回溯——二维规则型穷举算法模式

回溯模式是无确定形式化模型类算法的母算法,有着广泛的应用。从穷举的维度看,它是最简单的穷举算法,仅仅涉及两个维度的穷举(一个维度的穷举直接退化为循环语句)。为了实现两个维度的穷举,回溯算法建立了相对固定的模式(也可称为算法框架),具体描述如图 16-14 所示。

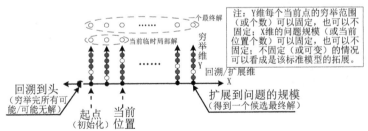

(a) 回溯算法模式的基本模型

```
名称    回溯模式
语境    用于求解带约束条件的给定问题的一个或全部解
问题    在约束条件下求解所有可能答案
解决方案 通过伸展和回溯的方法,试探所有的可能
特征    二维规则穷举,其中一个维称为回溯/伸展维,另一个维称为穷举维。
        具体特征框架如下(假设回溯/伸展维为x,穷举维为y):

    初始化,构造当前临时解(从x维初值开始,y维穷举当前位置的最小/最大可能);
    do while(x维当前位置>= 初值) { //回溯没有到头,所有可能还没有试探完
        if(当前临时解合法) {
            if(当前临时解是一个最终解){
                按要求对解进行处理(例如:输出/保存/比较/统计等);
                调整并产生下一个新临时解; //回溯
            }
            else 扩展当前临时解(X维伸展到下一个位置);
        }
        else 调整并产生下一个新临时解; //回溯
    }

    其中,"调整并产生下一个新临时解"的方法是,先穷举y维当前位置的下一个可能,
如果不能穷举(或已经穷举完当前位置所有可能),则X维需要回溯一次,同时在新位置
上对其Y维穷举其下一个可能。该过程可能会重复多次(即回溯多次),直至回溯到头,
从而结束整个循环。
```

"扩展当前临时解"的方法是，伸展一次X维，并在新的位置上将其Y维初始化为穷举的第一种可能（即设置穷举的最小/最大可能）。

样例

```
// 四色问题（地图着色）：X维是区域个数N，定长；Y维是区域的穷举颜色数4，定长
int back( int *ip, int color[] ) // 回溯当前位置/区域*ip，并取新位置/区域的颜色c
{
    int c = 4;
    while( c == 4 ) { // 连续回溯
        if ( *ip <= 0 ) return 0; // 回溯到头
        -- *ip;  c = color[*ip];  color[*ip] = -1;
    }
    return c;
}
int colorOK( int i, int c, int adj[][N], int color[] ) // 检查选定的颜色c是否满足要求
{
    for ( int j = 0; j < i; ++j )
        if ( adj[i][j] != 0 && color[j] == c ) return 0; // 已有相邻区域 j 填了颜色c
        return 1;
}
int select ( int i, int c, int adj[][N], int color[] ) // 为新区域 i 试探可能的颜色k
{
    for ( int k = c; k <= 4; ++k ) // 对当前区域i，从其当前颜色c开始按序穷举其他颜色
        if ( colorOK( i, k, adj, color ) ) return k;
    return 0;
}
int coloring ( int adj[ ][N] ) // 回溯模式建构应用
{
    int color[N], i, c, cnt;
    for ( i = 0; i < N; ++i ) color[i] = -1;
    i = c = 0; cnt = 0; // 初始化:当前位置/区域i为0，其当前颜色c为0号（初始临时解）
    while( 1 ) {
        if (( c = select( i, c+1, adj, color )) == 0 ) { // 当前临时解不合法
            c = back ( &i, color ); // 调整并产生下一个新临时解
            if( c == 0 ) return cnt; // 回溯到头
        }
        else { // 当前临时解合法
            color[i] = c;  i++; // 当前位置/区域颜色确定，伸展到下一个位置/区域
            if( i == N ) { // 当前临时解为最终解
                output (color); ++cnt;
                c = back( &i, color ); // 调整并产生下一个新临时解
            }
            else c = 0; // 伸展到下一个位置/区域后，该位置/区域的颜色从0开始穷举试探
        }
    }
}
```

实现说明

本模式在应用建构时的关键是，要根据具体问题抽象出x维和y维。

循环部分可以是普通循环，也可以是死循环。如果是死循环，则在循环体内的回溯部分必须有一个if语句，用于判断回溯是否到头，以便终止死循环。

当前临时解的合法性判断，要根据具体问题而定。

当前临时解是否是最终解，要根据具体问题而定。有时是通过长度确定，即x维伸展到规定长度；有时是通过目前x维向量的合理性，即目前x维的向量组成/特性满足题目要求。因此，x维可以定长，也可以不定长。

Y维的穷举范围和起点、x维的起点等，都应根据具体问题而定。因此，y维的穷举域可以固定不变，也可以越来越少。另外，y维的穷举起点可以固定，也可以不固定。

Y维穷举时一定要有有序性，即从小到达，或从大到小，按一定方向进行，以免漏掉一些可能的试探值。

参见 非递归模式

（b）回溯算法模式的基本框架

图 16-14 回溯模式

尽管回溯模式的执行效率不高,但在数据规模不太大的情况下,它能够有效解决大部分应用问题。特别是,对于一些无法找到更有效解决算法的问题,配合一些优化措施,回溯模式有着广泛的用途。例 16-7、例 16-8 和例 16-9 分别给出了回溯模式建构应用及其解析、带优化策略的回溯模式建构应用及其解析和基于递归策略的回溯模式建构应用及其解析。

【例 16-7】 趣味填数。

在 3×3 的方格阵中,填入 1~n(n≥10)内的 9 个互不相同的正整数,使得所有相邻两个方格内的两个正整数之和为质数(图 16-15 所示是一种可能的填法)。求出满足该条件的所有填法。

1	2	3
6	5	8
7	12	11

本题可以通过回溯模式的建构应用实现,其中,X 维是 9 个数(或 9 个格子)的序号,即 0~8,程序中由变量 pos 给定;Y 维是当前 pos 位置上各个数的穷举,即从没有用过的数中选择一个满足约束条件的数。图 16-16 所示给出了相应的程序描述及其解析。

图 16-15　趣味填数示例

```
#include<iostream>
const int N = 12;
int pos;
int checkMatrix[ ][3] = {{-1},{0, -1},{1, -1},{0, -1},{1, 3, -1},
                         {2, 4, -1},{3, -1},{4, 6, -1},{5, 7, -1}};
                              // 每个方格相邻格子的相对坐标
int *a = new int[9]; //用于存储方格所填入的整数
int *b = new int [N+1]; //用于标记某个整数是否已经被选用
void write(int a[ ])
{
  int i, j;
  for(i = 0; i<3; ++i) {
      for(j = 0; j<3; j++)
          cout<<"\t"<<a[3 *i +j];
      cout<<endl;
  }
}
int isPrime(int m)
{
  int i;
  if(m = =2) return 1;
  if(m = =1 || m % 2 ==0)   return 0;
  for(i=3; i *i <= m;) {
      if(m % i ==0) return 0;
          i += 2;
  }
  return 1;
}
int selectNum(int start)
{   // 当前位置/方格穷举下一个可能
  int j;
  for(j= start; j< = N; ++j)
    if(b[j] = =1) return j;
```

```
    return 0;
  }

int check()
{ // pos 位置/方格填入数后,检查当前临时解是否合法
// (即填入 pos 位置的整数是否合理)
    int i, j;
    for(i= 0; (j= checkMatrix[pos][i])>= 0; ++i)
      if(isPrime(a[pos] + a[j])== 0)   return 0;
    return 1;
  }

void extend()
{ // 伸展一个位置,为新的方格尝试一个尚未使用过的整数
a[++ pos] = selectNum(1); // ++pos 即 x 维伸展一次,selectNum(1)即在
// 新位置/方格上,Y 维穷举从最小可能 1 开始
    b[a[pos]] = 0;
  }

vid change()
{//为当前方格试探下一个尚未使用过的整数(找不到时引起回溯)
    int j = 1;
    while(pos>= 0 && (j = selectNum(a[pos] + 1))==0) b[a[pos --]] = 1;
    // a[pos] +1 即 Y 维穷举下一个可能,pos- - 即回溯,pos>=0 即回溯没有到头
    // 循环表示可能需要多次回溯
    if(pos< 0) return;      // 回溯到头
    b[a[pos]] = 1; a[pos] = j; b[j] = 0;    // 找到一个数,即 j
  }

void find()
{// 回溯模式的建构应用
    int ok = 1;
    pos= 0; a[pos] = 1; b[a[pos]] = 0;   // 初始化:第一个位置/该位置填
// 数字 1/标记数字 1 已被用(构造初始临时解)
    do {
      if(ok== 1)   // 当前临时解合法
        if(pos== 8) {   // 当前临时解是一个最终解
          write(a);   // 输出当前解
          change();   // 调整并产生下一个新临时解
        }
        else extend();    // 扩展当前临时解
      else change();   // 当前临时解非法,调整产生下一个新临时解
      ok= check();   // 检查当前临时解的合法性
    } while(pos>= 0);      // 回溯没有到头,继续
  }

int   main()
{
    for(int i= 1; i<= N; ++i) b[i] = 1;
    find();
    return 0;
  }
```

图 16-16　回溯模式建构应用——趣味填数

本例中,对于回溯模式的具体建构应用,Y 维不固定,因为随着填数过程的展开,剩下的可用数不断减少,Y 维的穷举范围不断缩小。X 维固定,总是长度为 9。

【例 16-8】 老鼠走迷宫(含优化策略)。

老鼠走迷宫问题,可以通过回溯模式的建构应用实现。其中,X 维是从迷宫入口到出口所走过的位置数(即路径长度),Y 维是当前位置上上、下、左、右四个方向的穷举。老鼠走迷宫问题中,对于回溯模式的具体建构应用,X 维不固定,因为对于不同的迷宫,可行的路径长度不同;或者,对于同一个迷宫,可能存在多条长度不同的路径。Y 维固定,总是 4 个方向。

本例中,为了加快老鼠寻找迷宫出口的速度,增加了优化策略,规定在当前位置优先试探向出口位置靠拢的方向。该优化策略不能保证每个位置都能找到前进的下一个位置,此时将策略退化为普通试探(即按顺序试探当前位置的四个方向)。图 16-17 所示给出了相应的程序描述及其解析。

```cpp
// 老鼠走迷宫(优化方式)
#include<stack>
#include<iostream>
#define X 10     // 迷宫大小

using namespace std;
class Point {
  public:
    int x, y;
    Point() {}
    Point(int x1, int y1) {x   = x1; y = y1;}
    bool operator ==(const Point & p)
    {
      if (this->x==p.x & & this->y==p.y) return true;
      else return false;
    }
};

int endX, endY; // 终点
Point chosePoint(int currentX, int currentY, int(*maze)[X +2])
{   // 普通方法选位置(按顺序穷举当前位置的四个方向)
  Point nextPoint(- 1, - 1);
  if (maze[currentX][currentY - 1]==0) { // 向左
     nextPoint.x = currentX;   nextPoint.y = currentY - 1;
  }
  else if (maze[currentX +1][currentY]==0) {   // 向下
       nextPoint.x = currentX +1;   nextPoint.y = currentY;
  }
    else if (maze[currentX][currentY +1]==0) {   // 向右
  nextPoint.x = currentX;   nextPoint.y = currentY +1;
  }
      else if (maze[currentX - 1][currentY]==0) { // 向右
        nextPoint.x = currentX - 1;   nextPoint.y = currentY;
  }
  return nextPoint;
```

```
}
Point choseNextPoint(int currentX, int currentY, int(*maze)[X +2])
{ // 优化路径选择,优先向靠近终点的方向移动
  // 为处理方便,迷宫四周增加一堵墙
  Point nextPoint(-1, -1); // nextPoint 为下一个可走的位置,(-1, -1)表示下一个位置不可走
  if (currentX < endX) {  // 终点在下方,先尝试下移
    if (maze[currentX +1][currentY] ==0) {  // 向下可以走
      nextPoint.x = currentX +1; nextPoint.y = currentY;
    }
    else {  // 向下不可走时,尝试在水平方向上选择优化的路径
      if (currentY < endY) {  // 终点在右边,先尝试右移
        if (maze[currentX][currentY +1] ==0) {  // 向右可以走
          nextPoint.x = currentX; nextPoint.y = currentY +1;
        }
      }
      else if (currentY > endY) {  // 终点在左边,再尝试左移
        if (maze[currentX][currentY - 1] ==0) {  // 左边可以走
          nextPoint.x = currentX; nextPoint.y = currentY - 1;
        }
      }
    }
    if (nextPoint.x ==-1) // 考虑优化时无法找到下一个位置,此时调整为普通方法选位置
      nextPoint = chosePoint(currentX, currentY, maze);
  }
  else if (currentX > endX) {   // 终点在上方,先尝试上移
    if (maze[currentX - 1][currentY] ==0) {   // 向上可以走
      nextPoint.x = currentX - 1; nextPoint.y = currentY;
    }
    else {  // 向上不可走时,尝试在水平方向上选择优化的路径
      if (currentY < endY) {  // 终点在右边,先尝试右移
        if (maze[currentX][currentY +1] ==0) { // 向右可以走
          nextPoint.x = currentX; nextPoint.y = currentY +1;
        }
      }
      else if (currentY > endY) {  // 终点在左边,再尝试左移
        if (maze[currentX][currentY - 1] ==0) {  // 向左可以走
          nextPoint.x = currentX;   nextPoint.y = currentY - 1;
        }
      }
    }
    if (nextPoint.x ==-1)  // 考虑优化时无法找到下一个位置,此时调整为普通方法选位置
      nextPoint = chosePoint(currentX, currentY, maze)
  }
  else {  // 终点与起点在同一水平方向,只需要优先尝试向左或向右移动
    if (currentY < endY) {  // 终点在右边,先尝试右移
      if (maze[currentX][currentY +1] ==0) {  // 向右边可以走
        nextPoint.x = currentX; nextPoint.y = currentY +1;
      }
    }
    else if (currentY > endY) {  // 终点在左边,再尝试左移
```

```
                    if (maze[currentX][currentY - 1] ==0) { // 向左可以走
                        nextPoint.x = currentX; nextPoint.y = currentY - 1;
                    }
                }
        if (nextPoint.x ==- 1)    // 考虑优化时无法找到下一个位置,此时调整为普通方法选位置
            nextPoint = chosePoint(currentX, currentY, maze);
    }
    return nextPoint;
}
void findBetterway(int startX, int startY, int(*maze)[X+2])
{
    stack<Point> s;
    int i = startX, j = startY;

    while (!(i ==endX && j ==endY)) {
        Point nextPoint = choseNextPoint(i, j, maze);
        if (nextPoint.x ! = - 1) {      // 有路可走
            Point p(i, j); s.push(p);
            maze[i][j] = 2;      // 标记走过的点
            i = nextPoint.x;    j = nextPoint.y;
        }
        else if (! s.empty()) {    // 无路可走时,回溯
                Point p; p = s.top(); s.pop(); maze[i][j] = 2;
                i = p.x;    j = p.y;
            }
            else {    // 回塑到头
            cout<<"此迷宫无解" <<endl;    break;
            }
        }
        // 输出迷宫状态
        deque<Point> list = s._Get_container();
        for (int i = 0; i<= X + 1; ++i) {
            for (int j = 0; j<= X + 1; ++j) {
                Point p(i, j);
                if (find(list.begin(), list.end(), p) ! = list.end())    // 是否为路径上的点
                  cout<<" ◇";
                else if (maze[i][j] ==1)    // 是否为障碍点或墙
                      cout<<"■";
                else if (p.x ==endX && p.y ==endY)    // 是否为出口
                        cout<<"OK";
                else cout<<"   ";    // 可行走点
            }
        cout<<endl;
        }
    }
}
```

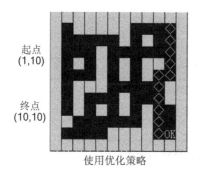 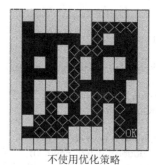

起点
(1,10)

终点
(10,10)

使用优化策略　　　　　　　　　不使用优化策略

图 16-17　回溯模式建构应用——老鼠走迷宫(含优化)

【例 16-9】　老鼠走迷宫(递归方式)。

回溯模式也可以通过递归方法实现,此时,每走一步相当于把问题规模缩小,然后用同样的方法继续求解。由于当前位置有 4 个方向,因此,问题规模缩小后也必须考虑 4 个方向的求解,即需要在 4 个方向递归。并且,每个方向递归后必须恢复当前位置记录,以便其他方向的递归。图 16-18 所示给出了相应的程序描述及其解析。

```cpp
#include<iostream.h>
bool judge(int **r, int x, int y, int k)
{
    bool JUDGE = false;
    if(k==1)    // 当前位置向下可以走
        JUDGE = r[x][y+1]==0 || r[x][y+1]==100;
    if(k==2)    // 当前位置向右可以走
        JUDGE = r[x+1][y]==0 || r[x+1][y]==100;
    if(k==3)    // 当前位置向上可以走
        JUDGE = r[x][y-1]==0 || r[x][y-1]==100;
    if(k==4)    // 当前位置向左可以走
        JUDGE = r[x-1][y]==0 || r[x-1][y]==100;
    return JUDGE;
}
void PrintOut(int **g, int size1)
{// 输出迷宫及路径
    cout<<"一条迷宫路径:\n";
    for(int a = 0; a<= size1-1; ++a) {
        for(int b = 0; b<= size1-1; ++b) {
            char c = g[a][b];
            if(g[a][b]==1)
                c = 26;     // 向右的箭头
            else if(g[a][b]==2)
                c = 25;     // 向下的箭头
            else if(g[a][b]==3)
                c = 27;     // 向左的箭头
            else if(g[a][b]==4)
                c = 24;     // 向上的箭头
            else if(g[a][b]==100)
                c = 1;      // 笑脸
            cout<<c;
        }
```

```
            cout<<"\n";
        }
        cout<<"\n";
}
void Walk(int **u, int nowh, int nowz, int size2)
{
    if (u[nowh][nowz]==100)    // 到达迷宫出口
        PrintOut(u, size2);
    else {
        for (int i=1; i<=4; ++i) {
            if (judge(u, nowh, nowz, i)) {  // 当前位置可以继续向前走一步
                u[nowh][nowz]=i;  // 记录当前位置
                if (i==1)  // 从当前位置继续向下走一步,递归
                    Walk(u, nowh, nowz+1, size2);
                else if (i==2) // 从当前位置继续向右走一步,递归
                        Walk(u, nowh+1, nowz, size2);
                    else if (i==3)  // 从当前位置继续向上走一步,递归
                            Walk(u, nowh, nowz-1, size2);
                        else if (i==4)  // 从当前位置继续向左走一步,递归
                                Walk(u, nowh-1, nowz, size2);
            }
        }
        u[nowh][nowz]=0;   // 恢复当前位置记录,以便其他方向探索
    }
}

int main()
{
    cout<<"请输入迷宫大小:";
    int n;
    cin>>n;
    int **p;
    p = new int*[n+2];
    for(int i=0; i<n+2; ++i)
        p[i] = new int[n+2];

    cout<<"定义迷宫:墙为9,路为0,出口为100!"<<endl;
    for(int d=0; d<=n+1; ++d)
        for(int e=0; e<=n+1; ++e)
            p[d][e]=9;        // 首先,迷宫全为墙
    for(int heng=1; heng<=n; ++heng)  // 然后,按需构造迷宫
        for(int zong=1; zong<=n; zon++g) {
            cout<<"p["<<Heng<<"]["<<Zong<<"]:";
            cin>>p[heng][zong];
        }
    int rh, rz;
    cout<<"请输入迷宫入口的横坐标:";
    cin>>rh;
    cout<<"请输入迷宫入口的纵坐标:";
    cin>>rz;
    Walk(p, rh, rz, n+2);        // 开始走迷宫
    cout<<"至此,如果没有输出任何路径,则迷宫没有通路!";
    return 0;
}
```

图 16-18   回溯模式建构应用——老鼠走迷宫(递归方式)

16.2　设计模式及其建构

设计模式是软件设计模式的简称,是对运用面向对象方法进行软件设计过程中,针对特定场景下简洁而优雅的问题解决方案的一种抽象及描述。相对于基本应用模式,设计模式的粒度要大,逻辑层次要高,其内涵也由程序设计范畴延伸到软件设计范畴。设计模式便于在应用中重用经过考验的有效解决方案,提高程序及软件的质量。

尽管设计模式主要来源于面向对象程序构造范型的应用,然而,其作用及其思维对所有程序构造范型的应用都有指导意义。针对软件系统构造的各个方面,已经总结了各种设计模式,在此,主要解析程序设计中广泛使用的 MVC 模式、工厂方法模式和适配器模式。

16.2.1　MVC 模式及其建构

1) MVC 模式

MVC(Model-View-Controller)模式主要面向(图形)用户界面(Graphics User Interface,GUI)应用开发,已经成为软件系统终端用户界面程序设计的基本规范。它将需要展示的数据部分称为模型(Model),将数据的显示部分称为视图(View)。为了支持模型和视图两者的独立演化,通过称为控制器(Controller)的部分将模型和视图耦合在一起。图 16-19 所示是 MVC 结构的基本视图。

从本质上看,MVC 模式通过增加一个控制器,将模型和视图之间的两者直接耦合关系转变三层的间接耦合关系,从而增加了灵活性。或者说,它将数据与数据的具体表现隔离开来,并通过控制器协调两者的关系。

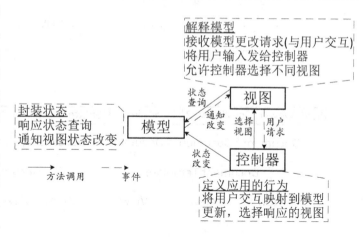

图 16-19　MVC 模式基本结构

图 16-20 所示给出了 MVC 模式的灵活性解析。

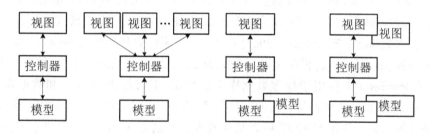

图 16-20　MVC 模式的灵活性

2) MVC 模式的建构(应用)之一

Microsoft 基础类库(Microsoft Foundation Class, MFC)提供的应用开发框架(Application Framework)赖以建立的基础结构——文档(Document)/视(View)结构(参见第 15 章的解析)是 MVC 模式的一种具体建构。MFC 的诞生早于 MVC 模式概念,因此,文档/视结构并不完全遵循 MVC 模式的基本结构,并且相对于 MVC 模式还有所拓展。主要表现为:控制器部分由宿主程序和文档模板(Document template)共同完成,前者相当于数据处理,后者相当于数据组织。正是通过对控制器的进一步细化,MFC 的文档/视结构可以支持文档和视图之间 1∶1 和 1∶n 的关系,并且通过多重文档类型(即多个文档模板)支持两者之间的 m∶n 关系(即一种文档类型对应一种或多种视图,多种文档及其视图的集合体现 m∶n 关系)。图 16-21 所示是 Visual C++文档-视结构的基本模型。图 16-22 所示是 Visual C++文档-视结构的灵活性体现。

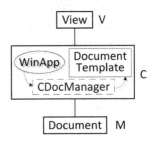

图 16-21　Document-View 结构

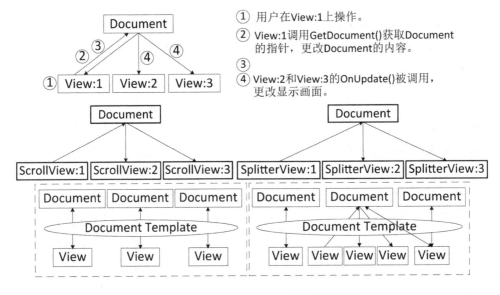

图 16-22　Document-View 结构的灵活性

3) MVC 模式的建构(应用)之二

随着互联网的发展,基于 Web 的应用不断出现,诞生了面向 Web 应用的新 3-Tier/n-Tier 体系结构。针对该体系结构的表示层应用开发,诞生了各种基于 MVC 模式的框架。图 16-23 所示是目前 J2EE(Java 2 Enterprise Edition)平台中较为流行的开源框架 Struts 的基本结构。其中,视图由各种 jsp 页面组成,模型由各种 JavaBean 组成(通过 JavaBean 与数据库系统交互。考虑到各种 JavaBean 主要用于处理数据库中的数据,本书将 JavaBean 和数据库一起作为 MVC 的模型部分,如果从代码与数据的区分角度,也可以将 JavaBean 纳入控制器部分。事实上,前者是从概念层次划分 M 和 C,后者是从技术层次划分 M 和 C,两者位于不同的抽象层次),控制器由 ActionServlet 及其各种具体的 Action 承担(各种 Action 内部调用具体的 JavaBean)。

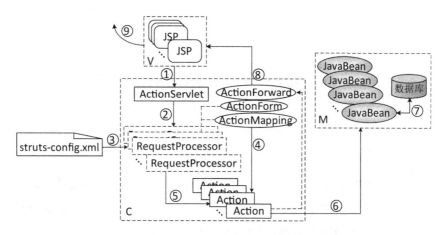

图 16-23　Struts 框架基本结构

16.2.2　工厂方法模式及其建构

1）工厂方法模式

工厂方法模式(Factory Method,实际应用中,通常简称为工厂模式)是一种创建型设计模式,主要针对如何创建及管理对象实例这一问题,给出的良好解决方案。一般情况下,对象实例的创建和管理由对象实例的使用者负责。然而,如此一来,对象实例的使用者就必须预先知道需要创建和管理的对象实例类型。事实上,在实际应用中,对象实例的使用者往往需要创建和管理各种对象实例。因此,预先知道需要创建和管理的所有对象实例的类型,显然是不合适的、不方便的。针对这个问题,工厂方法模式通过提供一个抽象的创建对象实例的操作 CreateProduct( ),以便抽象出所有各种类的对象实例的创建操作,如图 16-24a 所示。针对某个具体应用,可以通过具体子类来覆盖该抽象操作,定义具体的某种类的对象实例的创建工作,即 ConcreteCreator 类的 CreateProduct( )。如图 16-24b 所示。这样,在处理对象实例的创建和管理这一问题上,就可以在抽象层面上建立一个通用的结构,程序设计人员使用该结构时,只要调用抽象的工厂类的对象实例创建操作,就可以创建出各种具体子类的对象实例并管理它们。从而,使得该通用结构可以相对独立于各种具体对象类的对象实例的创建过程。如图 16-24c 所示。

正是由于抽象操作 CreateProduct( )是用来创建对象实例的,其工作性质类似于一个工厂,因此,抽象操作 CreateProduct( )称为工厂方法,该模式就称为工厂方法模式。工厂方法模式是一种类模式,它将对象实例的创建工作延迟到子类中。由此,使得客户和抽象类之间的关系保持稳定,并通过继承方式不断地定义各种具体对象类的对象实例的创建工作,支持该结构的扩展能力。如图 16-24d 所示。图 16-24e 给出了工厂方法模式的基本结构。

工厂方法模式具体应用时,也可以为 FactoryMethod( )指定一个 Product 类的参数——产品标识符,实现参数化的工厂方法,从而,使得 FactoryMethod( )可以创建多种产品。通过为新产品引入新的标识符或将已有的标识符与不同的产品相关联,这种方法可以简单而有选择性的扩展或改变一个 Creator 生产的产品。另外,在支持模板的语言中,也可以实现一个以 Product 类作为参数的 Creator 的模板子类,从而避免仅为了创建适当的 Product 对象而必须建立 Creator 子类的约束。

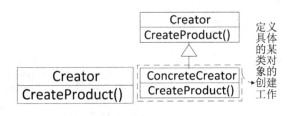

（a）工厂方法模式基础　　　　（b）具体应用实现

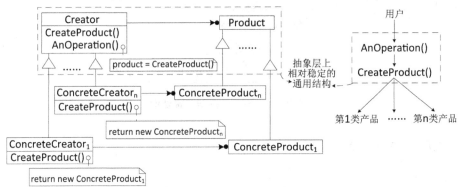

（c）工厂方法模式的通用稳定结构

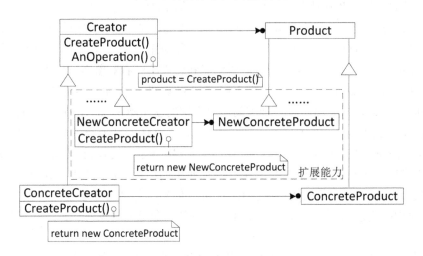

（d）工厂方法模式的扩展性

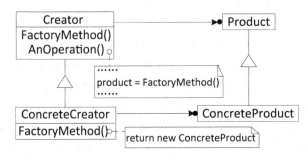

（e）工厂方法模式基本结构

图 16-24　工厂方法模式的基本原理

　　2）工厂方法模式的建构（应用）之一

　　随着基于框架的程序设计工作方式的流行，工厂方法模式潜移默化地渗透到每个程序设计人员的工作中。框架本身的构造及其定义的程序构造方法，普遍采用工厂方法模式，框架使用抽象类定义和维护对象之间的关系。程序中对象实例的创建和管理通常由框架负责，因此，框架中包含工厂方法。框架通过使用工厂方法模式建立起一种抽象稳定的通用系统结构。当通过框架开发软件时，框架的一个实例就是通过继承方式子类化框架中定义的各抽象类，并通过覆盖具体定义创建各种子类对象实例的操作。从而，使得用户不必关心各种对象实例的具体创建过程。

　　面向新 3-Tier/n-Tier 体系结构业务逻辑层的应用开发，Spring 提供了一种轻量级的框架。Spring 框架的主体程序逻辑是，首先以业务组件的描述、以及业务组件之间依赖关系的描述文档为基础，创建一个应用上下文对象实例，然后通过该上下文对象实例隐式地创建其他各种业务对象实例。在此，上下文对象就是工厂模式的一种具体建构。

　　3）工厂方法模式的建构（应用）之二

　　工厂方法模式解决了一个工厂（Creator 相当于一个工厂）及其所生产产品问题的通用解决方案。然而，有时一种应用需要同时产生一系列相关的产品。针对这个问题，工厂方法模式固然可以解决一个产品系列中各种产品的生产问题，但是，一个产品系列中各种产品之间相互独立，它们的相关关系还是需要显式地由用户自己进行另外处理。为此，通过工厂方法模式的建构应用，抽象并归纳出抽象工厂模式。

　　抽象工厂模式（Abstract Factory）通过定义一个能生产一个产品系列的抽象工厂类，建立用于解决同时生产一系列相关产品的通用解决方案，如图 16-25a 所示。针对某个具体应用，可以通过子类覆盖抽象工厂类中生产各种产品的操作，具体定义产品系列中各种产品的具体生产工作，如图 16-25b 所示。一个具体工厂子类，显然对应于一个具体的产品系列，可以同时生产出这一系列的各类产品。然而，抽象工厂类并不能预先知道其所需要生产的某种产品系列的各个具体产品类，因此，抽象工厂类中不能直接定义生产某种产品系列中各种具体产品的操作，只能定义一组抽象的生产一个产品系列的操作 $CreateProduct_1()\sim CreateProduct_n()$，以便抽象出所有具体工厂子类的系列化产品的生产操作。而一个产品系列的产品生产的具体实现则可以由具体的工厂子类去完成（通过继承，具体定义 $CreateProduct_1()\sim CreateProduct_n()$ 的行为，建立具体应用的 $CreateProduct_1()\sim CreateProduct_n()$）。这样，在处理一个工厂及其如何生产一个产品系列的产品和管理这些产品这一问题上，就可以在抽象层面上建立一个通用的结构，客户通过该结构，只要调用抽象工厂类中对应于一个产品系列的产品生产的操作，就可以生产出一个产品系列的各种具体产品并管理它们。从而，使得该通用结构可以相对独立于各种具体产品系列的产品的生产过程。如图 16-25c 所示。

　　正是由于抽象工厂所能生产的一个产品系列是不确定的，需要由具体的工厂对象来确定。因此，该模式称为抽象工厂模式，表示其可以面向任何系列化产品的生产并管理这些相关的产品。抽象工厂模式是一种对象模式，它将对象的创建工作委托给具体的工厂对象。由此，使得客户和抽象工厂之间的关系保持稳定，并通过继承方式不断地定义各种具体产品系列及其相应的具体工厂，支持该结构的扩展能力。如图 16-25d 所示。图 16-25e 给出了抽象工厂模式的基本结构。

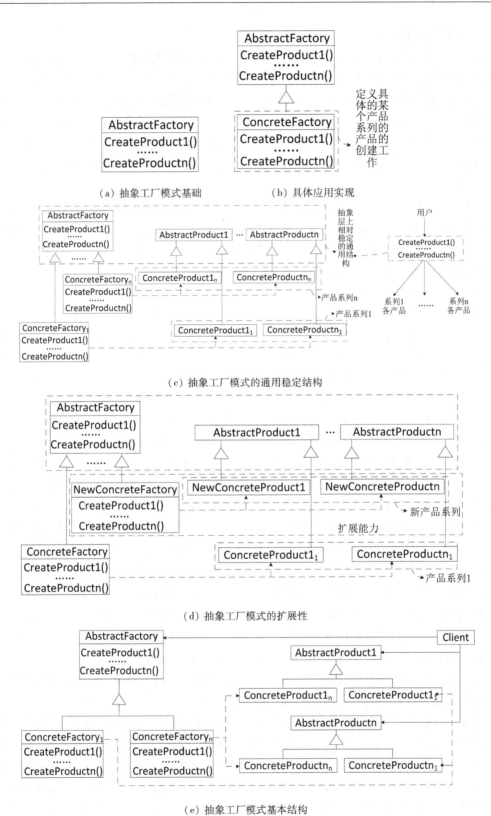

（a）抽象工厂模式基础　　　　（b）具体应用实现

（c）抽象工厂模式的通用稳定结构

（d）抽象工厂模式的扩展性

（e）抽象工厂模式基本结构

图 16-25　抽象工厂模式的基本原理

　　抽象工厂模式尽管通过更换具体的工厂可以很容易地交换不同的产品系列,但却难以扩展抽象工厂以生产新种类的产品。为了解决该问题,抽象工厂模式具体应用时,可以将生产一个产品系列的操作 CreateProduct$_1$( )～CreateProduct$_n$( )为合成一个操作 CreateProducts( ),然后为该操作指定一个用来标识被生产的产品系列类型的参数,从而以类模式方法实现。另外,对于含有多个产品系列,且产品系列之间差别比较小的应用场景,具体工厂也可以使用 Prototype 模式来实现,使产品系列中的每一种产品可以通过复制其原型来生产。这样,就不必要求每个新的产品系列都需要定义其相应的具体工厂类。

　　相对于工厂方法模式来说,抽象工厂模式是其一种建构,它通过维度拓展构建其解决方案。然而,抽象工厂模式本身又成为一种新的设计模式,用于解决某类新的问题,实现其自身的各种具体建构。抽象工厂模式可以广泛应用于需要强调一系列相关的产品对象的设计以便进行联合使用或一个系统需要支持多个产品系列的配置的应用场合,例如支持多种平台或风格的图形用户界面工具包的开发等。

16.2.3　适配器模式及其建构

1）适配器模式

　　适配器一般是指计算机系统中用来连接系统总线和外围设备的一种接口设备,它将系统总线的标准控制信号转换成各种外围设备需要的控制信号。借用这一概念,适配器模式就是专门针对接口不兼容问题提供一种解决方案,将一个类的接口转换成用户希望的另外一个接口,使得原本由于接口不兼容而不能一起工作的那些类可以一起工作。

　　适配器模式(Adapter)中,需要转换的类(Target)的接口(Request( ))称为标准接口,用户希望的另外一个接口称为专用接口(SpecificRequest( ))。相应地,实现专用接口的类称为被适配者(Adaptee),实现两种接口转换的类称为适配器(Adapter)。适配器模式可以采用类模式,也可以采用对象模式。类模式实现时,通过多继承机制实现两种接口的转换,如图 16-26a 所示。对象模式实现时,通过对象的组合机制实现两种接口的转换,如图 16-26b 所示。也就是说,类模式适配器将需要转换的类和实现专用接口的类平等关系看待,而对象模式适配器将需要转换的类和实现专用接口的类作为上下关系看待(依赖于一个适配对象包含另一个被适配对象)。对象模式适配器不需要对每一个需要使用的被适配者都进行适配器的子类化,可以按需动态地进行接口转换,具有较大的灵活性。

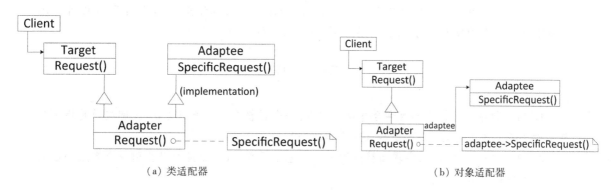

（a）类适配器　　　　　　　　　　　　　（b）对象适配器

图 16-26　适配器模式的基本原理

适配器模式是一种适配器模式可以使用户将一个自己的类加入到一些现有的系统中去,而这些系统对这个类的接口可能会有所不同。适配器模式也可以使用户正在设计的系统重用已经存在、但接口并不完全一致的功能。通过多继承方式,可以实现双向适配器,使得接口差异较大的两个类能够透明地互操作。

2) 适配器模式的建构(应用)

适配器模式广泛运用于需要重用已经存在、但接口不符合要求的类;以及需要创建一个可以重用的类、该类可以与其他不相关的类或不可预见的类协同工作的应用场合。

16.3 模式及其建构(应用)中的计算思维

模式及其建构(应用)是计算思维的具体应用体现。模式集合对应于计算思维原理的基本元素集合,模式的建构(应用)对应于计算思维原理中基本元素运算或关系集合。模式的建构(应用)结果仍然可以作为更大粒度的模式,丰富模式集合。相对于语言或环境要素,程序设计应用要素中的计算思维原理具体运用具有开放特征。也就是说,模式集合、模式建构(应用)集合都是开放的。正是这种开放特征,导致了程序设计应用的无限能力,诠释由量变产生质变的内涵。图 16-27 所示给出了模式及其建构(应用)中计算思维的具体解析。

({应用模式}, {应用模式的建构})

图 16-27 模式及其建构中的计算思维

由图 16-27 可知,对于程序设计应用要素的学习,就是要善于抽象并提炼各种应用模式,不断的更新和修正各种应用模式(模式建构的最简形态)以及在求解问题中主动运用各种应用模式(即模式建构)。从而,不断提升模式的应用能力,实现经验的快速积累及发展。

16.4 本章小结

本章主要解析了程序设计中各种粒度层面的应用模式及其建构,并剖析了程序设计应用要素中计算思维的具体映射。由此,给出了程序设计应用的有效学习策略。

习 题

1. 通过数字拆分模式和数字合并模式,判断一个正整数是否是回文数。(回文数是指一个具备如下特征的正整数:正向看和反向看都相同)

2. 通过序列合并模式,实现高精度数的加法基本运算。(高精度数是指用一个数组分别记录一个大整数的每位数字)

3. 作为一种动态数据组织方法,单链表有着广泛的应用。如何通过线性结构的三种基本应用模式,构建一个单链表?

4. 作为一种动态数据组织方法,单链表有着广泛的应用。如何通过线性结构的三种基本应用模式,实现一个单链表的链接关系反向倒置?

5. 用回溯模式求解八皇后问题。

6. 用回溯模式求解:整数数组 d 中前 n 个元素序列之和等于 total 的所有方案。

7. 用回溯模式求解:将一个长度小于 15 位的数字串拆成 2 段,使其和为最小的素数。

8. 用回溯模式求解:设有 n 个整数($3 \leqslant n \leqslant 10$),将这些整数拼接起来,可以形成一个最大的整数,求拼接后的最大整数。

9. 01 背包问题。将 n 件物品放入一个背包,求一种方案,使得放入的物品重量正好等于背包能容纳的重量。完善图 16-28 中的函数 knap。

```cpp
#include<iostream>
int knap(int s, int n)     // 第 n 个物品,当前背包可容纳重量为 s
{
    KNAPTP stack[100], x;
    int top, k = 0, rep;   // rep 表示当前临时解是否合法
    x.s = s; x.n = n; x.job = 0; top = 1; stack[top] = x;      // 初始化临时解
    while (____(1)____) {
        x = stack[top]; rep = 1;
        while(! k && rep) {
            if (x.s ==0) k = 1;   // 找到最终解,输出
            else if (x.s<0 || x.n<=0) rep = 0;   // 当前临时解非法,调整(可能回溯)
                else {   // 扩展当前临时解
                    x.s = ___(2)___; x.job = 1;   ___(3)___ = x;
                }
        }
        if (! k) {   // 当前临时解非法,调整(可能回溯)
            rep = 1;
            while(top>=1 && rep) {
                x = stack[top--];
                if (x.job ==1) {
                    x.s += w[x.n+1]; x.job = 2; stack[++top] = x;   ___(4)___;
                }
            }
        }
    }
    if (k) {// 找到最终解,输出
        while(top>=1) {
            x = stack[top--]; if (x.job ==1) cout<<w[x.n+1]<<' ';
        }
    }
    return k;
}
```

```
KNAPTP
s n job
        └─物品是否放入
    └─物品号
└─背包可容纳重量
```

图 16-28　01 背包问题的回溯法求解

10. 01 串组合。对于 n 位的 01 串,有 2^n 个组合模式。下列程序求解含有这些模式叠加的

一个环状 01 串，请完善图 16-29 的程序。

```cpp
#include<iostream>
#define N 1024
#define M 10
int b[N+M+1];
int equal(int k, int j, int m)
{
    int i;
    for(i = 0; i<m; ++i)
        if (b[k+I] ____(1)____) return 0;
    return 1;
}
int exchange(int k, int m,  int v)
{
    while(b[k+m-1]==v) {
        b[k+m-1] = ! v;  ____(2)____;
    }
    ____(3)____ = v;   return k;
}
init (int v)
{
    int k;
    for(k = 0; k<N+M-1; ++k)
        b[k] = v;
}
Int main()
{
    int m, v, k, n, j;
    cout<<"Enter m(1<m<10), v(v=0,v=1)"<<endl;
    cin>>m>>v;
    n = 0x01<<m;   init(v); k = 0;   // 初始化临时解
    while (___(4)____<n)   // 扩展当前临时解
        for(j = 0; j<k; ++j)
            if (equal(k, j, m) {   // 当前临时解非法，调整(可能回溯)
                k = exchange(k, m, v); j = ____(5)____;
            }
    for(k = 0; k<n; ++k)   // 找到最终解，输出
        printf("% d\n", b[k]);
    return 0;
}
```

图 16-29   01 串组合问题的回溯法求解

第 17 章　广谱隐式应用

本章主要解析：广谱隐式应用的含义及其思维特征；广谱隐式应用的核心与关键；广谱隐式应用的案例解析。

本章重点：广谱隐式应用的思维特征；广谱隐式应用的核心与关键。

应用的内涵及范畴非常宽泛，具有多个不同的认识层次。简单来说，对于知识的应用可以分为显式应用和隐式应用两个层面。显式应用相对简单、直接，知识维度也单一；而隐式应用则往往比较复杂、简接，知识维度具有复合特性。

显然，从逻辑上讲，隐式应用才是应用的真正内涵，显式应用可以看作是隐式应用的一个特例或退化形态。

17.1　什么是广谱隐式应用

所谓隐式应用，是指从需要解决的具体问题中不能直接显式地确定或判断出使用何种知识的应用。现实世界中，绝大部分应用都属于隐式应用。因此，本书将隐式应用称为广谱隐式应用，一方面，体现"绝大部分"的含义；另一方面，以便强调显式应用和隐式应用的统一。

基于隐式应用的定义，前面几章所叙述的应用显然都是属于显式应用，因为它们显式地说明了是哪一种知识的具体应用。然而，广谱隐式应用仅仅只是给出一个需要解决的具体实际问题，而该问题的解决究竟需要哪些知识，无法从问题本身直接显式得到。事实上，针对隐式应用，同一个问题，往往可以有多种不同的解决方法（这也可以作为"广谱"的含义之一），这取决于每个人的知识基础和经验（即隐性知识）。也就是说，隐式应用所基于的是隐性知识，通过隐性知识的具体应用实现具体实际问题到显性知识之间的映射（即实现显性知识的具体应用），最后实现知识（包括显性知识和隐性知识）的具体应用。在此，正是隐性知识应用的驱动，体现了隐式应用的显著特征。

17.2　广谱隐式应用的核心与关键

相对于显式应用，隐式应用的核心和关键在于寻找给定的具体问题与已有显性知识之间的映射关系,这个过程称为"建模"。因为显性知识都是经过概括和抽象而形成的,并经过逻辑上的梳理和描述。因此,泛义而言,显性知识一般都具有相应的概念模型(即"建模"中的"模"),它可以是简单的,也可以是复杂的。为了用已有的显性知识去解决隐式应用给出的具体实际问题,首先必须通过分析具体问题,对具体问题进行抽象,映射到某种显性知识的模型(单个模型)或某些显性知识的模型(多个模型叠加)(即"建模"中的"建")。通过"建模"得到模型后,就可以依据显性知识本身的方法来解决给定的具体问题,实现显性知识(普遍性原理)在该具体实际问题(特殊性问题)中的具体运用。

应用示例

本节给出几个隐式应用的示例,并解析其隐式特征。

【例 17-1】 特殊数列。

问题描述:对于一个整数数列 a_1,a_2,$\cdots$,a_n,其中 $a_1 = 0$,从 a_2 开始,每个数可以是其前面数加 1 或减 1。如果数列的和为 s,则求满足给定 n 和 s 的数列共有多少种。

基于演绎思维,本题显然可以直接通过穷举方法解决。因此,对于该题的第一印象是,它并不符合隐式应用特征。然而,随着 n 的增加,穷举变得不可行。一方面,程序实现变得困难;另一方面,程序的执行效率也会变差。此时,演绎思维需要向归纳思维迁移,通过对题目的分析,将题目归纳到某个已知的模型,以便通过模型求解的算法来实现求解。于是,该题逐渐显露出隐式应用的特征。或者说,实际应用中,这一类题目的数据规模一般都偏大,它们属于披着显式应用外衣的隐式应用。

本题的模型是程序设计中最基本的算法模型——二维规则型穷举模型(或称回溯模型。参见图 16-14)。在此,X 方向为 2~n(第一个数 a_1 确定,不需要穷举),Y 方向的穷举域为 {+1,−1},并且,X 方向和 Y 方向的范畴都是固定的。具体的程序描述及解析如图 17-1 所示。因本题 Y 方向仅两种可能,因此,程序对标准模型的算法框架做了简化和优化,具体是对 Y 方向的穷举方法做了简化,以及对最后一个位置各种取值试探完的回溯处理与中间位置的回溯处理进行了合并。

```cpp
#include<iostream>
#include<vector>
using namespace std;

int cnt = 0;

bool isValid(vector<int>& op, int n, int s)
{
    int sum = 0;
    int cur = 0;
    for(int i = 0; i<n; ++i) {
        switch(op[i]) {
        case 0: // 第 i+1 个数取加 1 状态
```

```
                ++cur;    // 在前一个数基础上加 1
                sum += cur; break;
             case 1:    // 第 i+1 个数取加- 1 状态
                --cur; // 在前一个数基础上加- 1
                sum += cur; break;
             default:
                cout<<"error";    break;
       }
    }
  return (sum==s) ? true: false;    // 最终候选解是否满足要求
}

void back_traching(vector<int>& op, int n, int s)
{
   int i = 0;    // 伸展/回溯方向的起点位置(对应于第二个数)
   while(i>-1) {    // 没有回溯到头
     if(i==n)
     {// 到达问题规模(除第一个数外的 n- 1 个数已经确定), 当前局部解是一个最终候选解
       if(isValid(op, n, s))    // 当前最终候选解满足要求
          ++cnt;    // 方案数统计
       --i;    // 继续尝试最后一个数的下一个可能取值情况(注: 因当前
               // 位置尝试下一个可能时, 总是伸展一个位置, 此处回拨调整
               // 到后一个位置[即最后一个数的位置], 为该位置可能取值情
               // 况判断准备)
     }
     if(op[i] +1<2) {    // 当前位置可能取值情况存在
       ++op[i];    // 尝试当前位置的下一种可能取值情况
       ++i;    // 伸展到下一个新位置(注: 对于当前位置取第一种可/能
               // 值情况, 继续伸展; 对于当前位置取第二种[即最后一种]
          // 可能值情况, 由最终候选解时的位置回拨对应并协调位置关系)
     }
     else {    // 当前位置下一个可能取值情况不存在
       op[i] = -1;    // 恢复当前位置取值待定的初始状态
       --i;    // 回溯到后一个位置
     }
   }
}

int main()
{
   int n, s;
   while(cin>>n>>s) {
     vector<int> op(n - 1, -1);    // 记录从第二个数开始每个数的加 1 或加- 1
                   // 的状态(0 表示加 1、1 表示加- 1、- 1 表示待确定)
     back_traching(op, n - 1, s);
     cout<<cnt;
     // cnt = 0;        // 允许求解多组(n, s)的情况
   }
   return 0;
}
```

图 17-1　"求解特殊数列"问题的程序及其解析

【例17-2】 悟空坠落。

问题描述：在天空的不同高度漂浮着不同长度的云朵(云朵的高度忽略不计)，悟空在时刻0从高于所有云朵的空中向下坠落，下落速度始终保持1米/秒。每当悟空落到某个云朵时，它可以向左或向右翻滚到云朵的边缘再继续下落，翻滚的速度也是1米/秒。为保证不摔死，每次下落的高度不能超过MAX米。悟空想知道，对于不同的云朵阵，它是否都能到达地面？如果能够到达，到达地面的最早时间可能是多少？

本题题面是典型的实际应用问题，如果基于演绎思维，显然最直接的方法就是穷举。然而，随着云朵数量的增加，量变产生质变，使得穷举方法无法有效地解决该问题。

事实上，针对本题，可以将悟空的初始位置、每个云朵的左端和右端、以及地面抽象成点，将悟空每步可能坠落的路线抽象为线，将悟空每步可能坠落路线的时间抽象为权，就可以将问题抽象并归纳为一个带权的有向无环图模型。然后，基于有向无环图模型的最短路径算法(有关此算法的解析，在此不再赘述，请读者参阅其他相关资料)，就可以得到悟空坠落到地面的最早时间。图17-2所示给出了一个样例及其建模的解析。

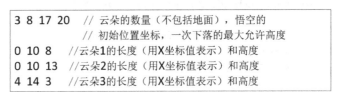

```
3 8 17 20    // 云朵的数量(不包括地面)，悟空的
             // 初始位置坐标，一次下落的最大允许高度
0 10 8   //云朵1的长度(用X坐标值表示)和高度
0 10 13  //云朵2的长度(用X坐标值表示)和高度
4 14 3   //云朵3的长度(用X坐标值表示)和高度
```

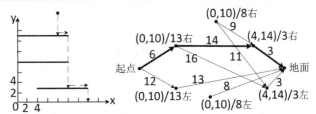

图17-2 悟空坠落问题的样例及其建模

在此，尽管可以归纳到图模型，然而对于建立图模型的具体程序描述是相当繁琐的。为此，可以深入分析题目，归纳并建立其他的模型。

首先，坠落的方向是单向的，而且每步坠落的时间仅仅取决于上下两个云朵，与已经经过云朵无关。也就是说，每步坠落时，前面坠落到当前云朵的最短时间已经确定，本步坠落仅仅取决于是从当前云朵左端还是右端继续坠落，与前面坠落的过程无关(或者说，前面坠落的过程已经浓缩在当前云朵中)。因此，本题的应用问题，具有明显的阶段性和无后效性特征。另外，如果把坠落到当前云朵看作是一个子问题，且坠落到当前云朵的最早时间已经确定，则本步继续坠落只要从当前云朵左端或右端继续坠落中取最早时间即可，这样使得本步坠落后也必然得到最早时间，所以符合"最优子结构"。并且，每个云朵都是考虑如何从左端坠落或从右端坠落，两个子问题之间不会重叠，所以满足独立性。因此，可以采用动态规划策略来构建相应模型(有关动态规划策略的解析，请读者参阅文献9)。具体如下：

1) 由于下落速度和跑动速度都是1米/秒，因此，求时间就可以转化为求距离。

2) 坠落的高度，即垂直方向的距离，显然是悟空初始所在的高度。在此，构建模型时暂不考虑，最后统一增加该高度即可(除非无法到达地面)。也就是说，构建模型时仅仅考虑在云朵上跑动的距离。

3) 对于某个云朵i，以left[i]表示从第i个云朵左端坠落到地面的最短时间，以right[i]表示从第i云朵右端坠落到地面的最短时间。

4）对于第 i 个云朵,如果从左端坠落,则对于第 i 云朵的左端下面是地面而言:

$$left[i] = \begin{cases} 0, & h[i] \leq MAX \\ +\infty, & h[i] > MAX \end{cases}$$

对于第 i 云朵的左端下面是第 j 个云朵而言:

$$left[i] = \begin{cases} \min\{left[j] + x1[i] - x1[j], right[j] + x2[j] - x1[i]\}, & h[i] - h[j] \leq MAX \\ +\infty, & h[i] - h[j] > MAX \end{cases}$$

其中,h[i]、h[j]分别表示第 i 个云朵和第 j 个云朵的高度,x1[i]、x1[j]分别表示第 i 个云朵和第 j 个云朵左端的 x 方向坐标,x2[i]、x2[j]分别表示第 i 个云朵和第 j 个云朵右端的 x 方向坐标。显然,x1[i] - x1[j]表示悟空从第 i 个云朵左端坠落到第 j 个云朵后,从坠落点跑到第 j 个云朵左端的距离,x2[j] - x1[i]表示悟空从第 i 个云朵左端坠落到第 j 个云朵后,从坠落点跑到第 j 个云朵右端的距离。具体解析如图17-3 所示。

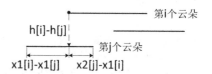

图 17-3　悟空在第 j 个云朵向左端跑动距离的解析

5）对于第 i 个云朵,从右端坠落的情况,可以依据从左端坠落的情况进行类推。

6）边界就是高度最低的云朵的情况。

本题的完整程序描述如图 17-4 所示。

```
#include<cstring>
#include<cstdio>
#include<iostream>
using namespace std;
long i, j, n, maxh;    // maxh 表示一次下落的最大高度
bool flag1, flag2;    // 寻找端点下方的平台时使用的标志变量
long Left[1010], Right[1010], x1[1010], x2[1010], h[1010];
/*Left[i] 表示从第 i 个云朵左边落下到地面的最短时间
  Right[i]  表示从第 i 个云朵右边落下到地面的最短时间
  x1[i] 和 x2[i] 表示第 i 个云朵左右端点的横坐标,
  h[i] 表示第 i 个云朵的高度 */

int cmp(void const *a, void const *b)
{
    return *(int *)b - *(int *)a;
}


void init()
{// 初始化过程, 读入数据
    freopen("Monkey.in","r",stdin);
    freopen("Monkey.out","w",stdout);
    scanf("%ld%ld%ld%ld",&n,&x1[0],&h[0],&maxh);
    x2[0]=x1[0];
    for(i=1;i<=n;i++)
        scanf("%ld%ld%ld",&x1[i],&x2[i],&h[i]);
}

void Qsort(long l,long r)
{// 按高度,采用快速排序方法, 排序所有的云朵
    long i,j,x,t;
    i=l;j=r;x=h[(l+r)/2];
```

```
    do {
        while (h[i]>x) i++;
        while (x>h[j]) j--;
        if(i<=j) {
            t=h[i]; h[i]=h[j]; h[j]=t;
            t=x1[i];x1[i]=x1[j];x1[j]=t;
            t=x2[i];x2[i]=x2[j];x2[j]=t;
            i++; j--;
        }
    } while (i<=j);
    if(i<r) Qsort(i,r);
    if(l<j) Qsort(l,j);
}
void work()
{//利用动态规划策略求解悟空坠落的最早时间
    Qsort(0,n);    //预处理
    for(i=n;i>=0;i--) {//从最低的云朵位置开始向悟空坠落的初始位置做动态规划
        flag1=flag2=false; //当前云朵左右端点下面是否存在可以坠落的云朵
        Left[i]=Right[i]=10000000;
        for(j=i+1;j<=n;j++)    //寻找当前云朵下面满足坠落要求的云朵 j
            if(h[i]-h[j]>maxh)    //下落高度超过最大高度
                break;
            else {
                if(h[i]>h[j]) {//确保 i 号云朵(当前云朵)在 j 号云朵的上方
                    if((!flag1)&&(x1[j]<=x1[i])&&(x1[i]<=x2[j])){//当前云朵左端坠落
                        flag1=true;
                        Left[i]=min(Left[j]+x1[i]-x1[j],Right[j]+x2[j]-x1[i]);
                    }
                    if((!flag2)&&(x1[j]<=x2[i])&&(x2[i]<=x2[j])){//当前云朵右端坠落
                        fLag2=true;
                        Right[i]=min(Left[j]+x2[i]-x1[j],Right[j]+x2[j]-x2[i]);
                    }
                }
                if(flag1&&flag2) //当前云朵两端的下方都找到同一个云朵,
                //则以当前云朵为初始坠落位置的情况处理结束(子问题)
                    break;
            }
        if(h[i]<=maxh) { //直接落到地面的情况
            if(!flag1) Left[i]=0;
            if(!flag2) Right[i]=0;
        }
    }
    if(Left[0]<10000000)    //输出时加上下落高度
        cout<<Left[0]+h[0]<<endl;
    else
        cout<<-1<<endl; //无法到达地面,输出 -1
}
int main()
{
    init();
    work();
    return 0;
}
```

图 17-4   求解"悟空坠落"问题的程序描述及解析

【例 17-3】 最优布线。

问题描述：学校为各个办公室配置了电脑，为了方便数据传输，需要将这些电脑用数据线连接起来。由于电脑分布在不同的位置，因此两台电脑之间直接连接的费用是不同的。能否找到一种费用最少的连接方法？

本题题面是一个实际应用问题，基于演绎思维，从学过的知识出发，不能直接得到解决的方法，具备明显的隐式应用特征。因此，必须首先对题目进行分析，基于归纳思维，将该应用问题归纳到某个（或某些）已知模型，以便利用模型的求解算法来解决问题。

针对本题，首先，两台电脑之间不一定非要直接连接，可以通过其他电脑间接传输，这样可以节省大量费用。其次，任意两台电脑之间必须保持连通，否则就会有电脑不能完成数据传输。为了解决这个问题，可以以电脑为结点、以电脑之间两两直接连接为线边、两两直接连接的费用为线边的权值（或代价），将该问题抽象为一个网状结构模型（或带权图模型）。一旦归纳到已知的模型，就可以依据有权图的最小生成树算法，找到一种费用最少的连接方法。

有关最小生成树算法的相关知识在此不做赘述（读者可以参考其他相关资料），图 17-5 所示给出了解决本题问题的程序及其解析。

```cpp
#include<iostream>
#include<cstdio>
#include<cstring>
#include<algorithm>
using namespace std;

const int MAXN=300001;
struct node {
  int u, v, w;
} edge[MAXN];
int num=1, father[MAXN];

void init()
{
    int n, m;
    // 输入结点数(即电脑数)、边数(即电脑两两连接数)
    cin>>n>>m;
    for(int i=1; i<=n; ++i) father[i]=i;    // 去掉所有连接边
    for(int i=1; i<=m; ++i) {    // 输入每个连接边及其费用
        cin>>edge[num].u>>edge[num].v>>edge[num].w;
        num++;
    }
}

int comp(const node& a, const node& b)
{
    if(a.w<b.w) return 1;
    else return 0;
}
int find(int x)
{    // 寻找可以连接到结点 x、并且不构成环的结点
```

```
    if(father[x] ! = x)
        father[x] = find(father[x]);
    return father[x];
}


void unionn(int x, int y)
{   //增长生成树(在已有生成树上再加入一条边)
    int fx = find(x);
    int fy = find(y);
    father[fx] = fy;
}


void work()
{//最小生成树算法
    long long int k = 0;     //连通的边数
    long long int tot = 0;    //连通的费用总和
    for(int i = 1; i <= num- 1; ++i) {//依据费用由小到大,逐条边判断是否作为连接边
        if(find(edge[i].u) ! = find(edge[i].v)) { //当前边可以作为连接边
            unionn(edge[i].u, edge[i].v);   //加入当前边,增长生成树
            tot = tot+edge[i].w;       //将当前边的费用累计到费用总和
            k++;
        }
        if(k == n- 1) break;   //生成树已经完成,剩余的边不需要再判断
    }
    cout<<tot;
}


int main()
{init(); sort(edge+1, edge+num, comp); work(); return 0;}
```

图 17-5　求解"最优布线"问题的程序及其解析

【例 17-4】 小咪的旅行。

问题描述：又到暑假了,住在 A 城市的小咪想和朋友一起去 B 城市旅游。每个城市都有四个机场,分布于一个矩形的四个角(注：由于某种原因,只能提供矩形三个角的坐标)。同一个城市中每两个机场之间都有一条笔直的高速铁路,任意两个不同城市的机场之间都有航线,高速铁路和航线的单位里程价格不同。图 17-6 所示是该应用问题的直观描述。为了尽可能节省费用,在给定城市个数 s、飞机单位里程的价格 t、出发城市序号 a、目的城市序号 b、以及每个城市中任意三个机场的坐标(tx0, ty0)、(tx1, ty1)、(tx2, ty2)和该城市高速铁路单位里程价格 len 的情况下,小咪应该怎样选择旅游线路呢？

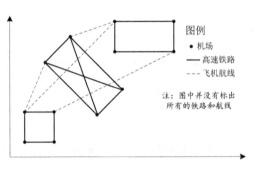

图 17-6　小咪的旅行

本题题面也是一个实际应用问题,基于演绎思维,不能直接得到解决的方法,具备明显的

隐式应用特征。因此，必须首先分析题目，基于归纳思维，将该应用问题归纳到某个或某些模型，以便利用模型的求解算法解决问题。

对于本题，如果将机场作为结点、以机场之间的铁路（同一城市）或航线（不同城市）为线边、铁路和航线的费用为线边的权值（或代价），该问题的抽象也是一个网状结构模型（或带权图模型），也可以依据有权图的一些已知算法选择费用最少的旅游线路。然而，与例 17-3 的问题不同，在此不需要连通所有城市的所有机场，仅仅需要找到 A 城市和 B 城市之间费用最少的一条路线。因此，可以依据图模型的最短路径算法来解决。另外，在建立模型之前，还必须解决每个城市的最后一个机场的坐标。该子问题可以通过相应的数学知识来解决（如图 17-7 所示的解析）。由此可见，本题在图模型基础上又叠加了一个计算几何模型，实现两个模型的综合运用。本质上，本题从一维应用拓展到二维应用。

有关最短路径算法的相关知识在此不做赘述（读者可以参考其他相关资料），图 17-8 所示给出了解决本题应用问题的参考程序及其解析。

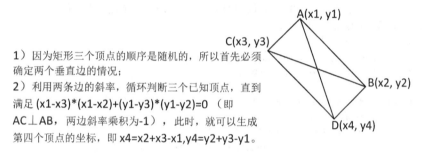

1）因为矩形三个顶点的顺序是随机的，所以首先必须确定两个垂直边的情况；
2）利用两条边的斜率，循环判断三个已知顶点，直到满足 (x1-x3)*(x1-x2)+(y1-y3)*(y1-y2)=0 （即 AC⊥AB，两边斜率乘积为-1），此时，就可以生成第四个顶点的坐标，即 x4=x2+x3-x1,y4=y2+y3-y1。

图 17-7　由矩形三个点求解第四个点的方法

```
#include<cmath>
#include<cstdio>
#include<algorithm>
using namespace std;

#define sqr(x) ((x)*(x))

const int MAXN = 100;
const double INF = 100000000.0;
int price[MAXN +3];
int x[4 *MAXN +3], y[4 *MAXN +3];
double dis[4 *MAXN +3][4 *MAXN +3];
int s, t, a, b, len, tx[4], ty[4], d[3];

double getdis(int x1, int y1, int x2, int y2)
{
    return sqrt(sqr(x1 - x2) +sqr(y1 - y2));
}
double solve()
{
    double ans = INF;
    scanf("% d% d% d% d", & s, & t, & a, & b);
    a- -, b- -;
```

```
    for(int i = 0; i<4 *s; ++I)
      for(int j = 0; j<4 *s; ++j)
        dis[i][j] = INF;
    for(int i = 0; i<s; ++i)
    {   // 暴力建图，初始化所有距离信息
      scanf("% d% d% d% d% d% d% d",
                  & tx[0], & ty[0], & tx[1], & ty[1], & tx[2], & ty[2], & len);
      d[0] = sqr(tx[0] - tx[1]) + sqr(ty[0] - ty[1]); // 求已知三个点两两之间的距离
      d[1] = sqr(tx[2] - tx[0]) + sqr(ty[2] - ty[0]);
      d[2] = sqr(tx[2] - tx[1]) + sqr(ty[2] - ty[1]);
      if(d[0] ==d[1] +d[2]) {   // 按勾股定理确定直角所在点的位置
        swap(tx[0], tx[2]); swap(ty[0], ty[2]);
      }
      else if(d[1] ==d[0] +d[2]) {
        swap(tx[0], tx[1]); swap(ty[0], ty[1]);
      }
      tx[3] = tx[1] +tx[2] - tx[0];   // 依据图 17-7 原理求第四个点的坐标位置
      ty[3] = ty[1] +ty[2] - ty[0];
        // 以下构建带权图模型
      for(int j = 0; j<4; ++j) {// 图的结点
        x[4 *i +j] = tx[j]; y[4 *i +j] = ty[j];
      }
      for(int j = 0; j<4; ++j)   // 在同一个城市结点两两之间的费用"距离"
        for(int k = j; k<4; ++k)
          dis[4 *i +k][4 *i +j] = dis[4 *i +j][4 *i +k]
                        = getdis(tx[j], ty[j], tx[k], ty[k])*len;
        for(int j = 0; j<i; ++j)   // 在不同城市结点两两之间的费用"距离"
          for(int k = 0; k<4; ++k)
            for(int l = 0; l<4; ++l)
              dis[4 *i +l][4 *j +k] = dis[4 *j +k][4 *i +l]
                          = getdis(x[4 *j +k], y[4 *j +k], tx[l], ty[l])*t;
    }
    for(int k = 0; k<4 *s; ++k) // 用 Floyd 算法求结点两两之间的最短"费用"距离
                      // (在此，也可以用 dijkstra 算法求解)
      for(int i = 0; i<4 *s; ++i)
        for(int j = i +1; j< 4 *s; ++j) {
          dis[j][i] = dis[i][j] = min(dis[i][j], dis[i][k] +dis[k][j]);
        }
    for(int i = 0; i<4; ++i) // 求城市 a 到城市 b 的最少费用
      for(int j = 0; j<4; ++j)
        ans = min(ans, dis[4 *a +i][4 *b +j]);
    return ans;
}
int main()
{
    int n;   // 可以处理多组数据
    scanf("% d", & n);
    while(n- - ) printf("% .2lf\n", solve());
    return 0;
}
```

图 17-8　求解"小咪的旅行"问题的程序及其解析

17.4 深入认识广谱隐式应用

广谱隐式应用的思维本质,在于实现演绎思维向归纳思维的转变,并且,通过这个转变实现两种思维的统一,最终实现真正的应用。

显然,实现两种思维的转变成为应用的关键或难点。为了填补两种思维之间的鸿沟并实现平滑转换,作为"建模"关键的隐性知识起到了决定性作用。图 17-9 所示给出了相应的解析。

更进一步,在此,({显性知识,隐性知识},{知识建构})再次诠释了计算思维的内涵。

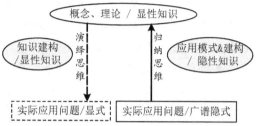

图 17-9 广谱隐式应用的思维本质

17.5 本章小结

本章通过具体案例,主要解析了广谱隐式应用的概念及其内涵和关键。并且,深入解析了广谱隐式应用的思维本质及其对计算思维原理的具体应用。

习　题

1. 什么是广谱隐式应用?"广谱"和"隐式"的具体含义指什么?

2. 如何理解"从辩证关系来看,显式应用也是一种特殊的隐式应用,它是隐式应用的退化"?

3. 广谱隐式应用具有什么样的思维特征?怎样才能培养自己的归纳思维能力?

4. 给定一个整数数组 d,求满足条件"其中前 n 个元素序列之和等于 total"的所有序列(参见第 16 章习题 6)。

5. 化学反应。给定 K(3≤K≤250)种化学物质和 N(3≤N≤500)种反应类型,每种反应都需要一些反应物并产生一些生成物,而且反应需要一定的时间。假设每种物质的数量都是无限的,每次反应后产生的若干生成物都可以完全分离,而且每次反应后产生的生成物可以立即用于其他反应。请问:给出一些已有的物质(已有物质的编号为 1~M,1≤M<K)编号为 M+1~K 的物质为生成出来的物质),求由此得到某种指定物质至少需要多少反应时间。

一个样例:4 3 1 4　　// 共 4 种物质(含未生成的)、3 种反应、已有物质数量、所求物质编号
　　　　8　　　　// 第一种反应的时间
　　　　1 1　　　// 第一种反应:1 个反应物,编号为 1
　　　　1 4　　　// 第一种反应:1 个生成物,编号为 4
　　　　3　　　　// 第二种反应的时间

1 1	// 第二种反应:1个反应物,编号为1
2 2 3	// 第二种反应:2个生成物,编号分别为2、3
2	// 第三种反应的时间
2 1 3	// 第三种反应:2个反应物,编号分别为1、3
1 4	// 第三种反应:1个生成物,编号为4

6. 重要城市。在城市交通网络中,如果某些城市交通出现问题,往往会引起其他很多城市的交通不便。当然,也有一些城市是影响不到其他城市的交通的。如果一个城市 c 被破坏后,存在两个不同城市 a 和 b(a,b 都不等于 c),a 到 b 的交通路程增长了(或不通),则认为城市 c 是重要城市。请问:对于给定的城市之间的交通图,怎样才能找出所有重要的城市?

一个样例:4 4	// 城市数(≤200),城市间的道路数
1 2 1	// 城市 1 到城市 2 的距离为 1(1~10000)
2 3 1	// 城市 2 到城市 3 的距离为 1
4 1 2	// 城市 4 到城市 1 的距离为 2
4 3 2	// 城市 4 到城市 3 的距离为 2

（注：两个城市间可能存在多条道路）

7. 对于例 17-1 问题,由于其每个数只能在前一个数基础上 +1 或 -1,因此,可以采用另一种更为简单的穷举方法。具体是:将 +1 和 -1 看成是 1 和 0 两种状态,n 个数看作是 n 个位,这样对于第 2 个数到第 n 个数可以看成是一个 n-1 位的二进制数。此时,只要穷举 0 到 $2^{n-1}-1$ 种可能即可。对于每一种可能,可以通过移位运算,统计数列的和并判断是否为 s。请编程实现之。

第 18 章　应用之道

　　本章主要解析：程序设计应用的认识方法,包括知识层面的逻辑进阶和思维层面的逻辑进阶;程序设计应用的认识原理——计算思维及其应用。
　　本章重点：程序设计应用的认识方法;程序设计应用的认识原理。

　　作为程序设计的终极目标——应用,因其所固有的开放性导致其学习的永恒行。为了有效地进行程序设计应用,必须领悟应用之道,以达到"事半功倍"的学习效能。

18.1　应用的进化之道

　　程序设计应用存在多个认识层次,不同认识层次之间的进化主要基于维度拓展,维度的具体表现主要在于知识(包括显性知识和隐性知识)和思维两个方面。图 18-1 给出了应用的认识层次及其进化原理。

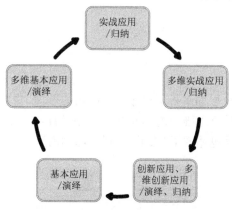

图 18-1　应用的进化原理

　　图 18-1 中,在创新应用过程中,可以挖掘各种基本应用模式,这些模式外化相应的隐性知识并建立新的基本应用,由此构成应用持续进化的机制。

18.2 应用的思维之道

程序设计应用中,相对于知识方面的维度拓展,思维方面的维度拓展具有更加重要的意义。思维维度拓展属于隐性知识层面,依据认知科学原理,它在程序设计应用中起到决定性作用,直接决定程序设计的应用能力。

具体而言,思维维度拓展主要体现在两个层面。首先,需要实现演绎思维到归纳思维的北向回归迁移,实现由单一演绎思维到归纳和演绎二维思维的拓展。也就是说,在基本应用层次,知识的学习及其应用往往都是基于演绎思维,而在实战应用层次,知识的应用基于归纳思维,因此,演绎思维到归纳思维的北向迁移成为程序设计应用的首要关键。其次,在二维思维拓展的前提下,实现思维的多维拓展。也就是说,二维思维拓展建立了思维拓展的基础,基本应用中的多维演绎、北向思维迁移过程中的多维演绎,以及在创新应用中由归纳思维到演绎思维的南向迁移过程中的高阶多维演绎,本质上都是在此基础上的高阶思维拓展。

18.3 应用之大道

所谓大道,是指道之道。程序设计应用之大道,就是计算思维及其应用。具体而言,计算思维涉及宏观(或外延)和微观(或内涵)两个方面。前者就是目前普遍意义上的定义,它是指运用计算机科学的基础概念进行问题求解、系统设计,以及人类行为理解等涵盖计算机科学之广度的一系列思维活动。其中,模型化和形式化是基础。后者是指这一系列思维活动中普遍适用或通用的一种思维,是思维的思维(或元思维),其具体原理可以通过二元组({基本元素集},{基本元素之间的关系集})表示。其中,基本元素通过其关系的合成结果,又可以成为新的更大粒度的基本元素。本质上,计算思维也是人类一切思维活动的基础。附录 H 给出了面向程序设计的若干计算思维准则。

18.4 本章小结

本章从知识和思维两个层面解析了程序设计应用的道理,并且,进一步解析了这个道理背后的元道理,从而,诠释了计算思维的内涵及其对程序设计应用的投影,为走出程序设计建立相应的认识基础。计算思维也体现了"大道至简"的深刻内涵。

习　题

1. 请从思维角度,解析课堂学习与实际做题两者之间的不同。
2. 请解析道与大道之间的区别与联系。
3. 请说明应用的进化原理为什么能够持续?
4. 举例解析思维南向迁移、北向迁移的基本应用场景。

附录 A　　ASCII 字符集

低位 高位	0	1	2	3	4	5	6	7	8	9
0	nul	soh	stx	etx	eot	enq	ack	bel	bs	ht
1	lf	vt	ff	cr	so	si	dle	dc1	dc2	dc3
2	dc4	nak	syn	etb	can	em	sub	esc	fs	gs
3	rs	us	sp	!	"	#	$	%	&	'
4	(	)	*	+	,	—	.	/	0	1
5	2	3	4	5	6	7	8	9	:	;
6	<	=	>	?	@	A	B	C	D	E
7	F	G	H	I	J	K	L	M	N	O
8	P	Q	R	S	T	U	V	W	X	Y
9	Z	[	\	]	^	_	`	a	b	c
10	d	e	f	g	h	i	j	k	l	m
11	n	o	p	q	r	s	t	u	v	w
12	x	y	z	{	|	}	~	del		

附录 B　C++语言定义的运算符

运算符	优先级	结合性	功能	用法
::	高	左	全局作用域	::name
::		左	类作用域	class::name
::		左	命名空间作用域	namespace::name
.		左	成员选择	object.member
->		左	成员选择	pointer->member
[ ]		左	下标(分量选择)	expr[expr]
( )		左	函数调用	name(expr_list)
( )		左	类型构造	type(expr_list)
++		右	后置递增	lvalue++
--		右	后置递减	lvalue—
typeid		右	类型 ID	typeid(type)
typeid		右	运行时类型 ID	typeid(expr)
explicit_cast		右	类型转换	explicit_cast<type>
dynamic_cast		右	(同族指针)类型转换	dynamic_cast<type>
static_cast		右	类型转换	static_cast<type>
reinterpret_cast		右	(任意指针)类型转换	reinterpret_cast<type>
const_cast		右	类型转换	const_cast<type>
++		右	前置递增	++lvalue
--		右	前置递减	--lvalue
–		右	位求反	-expr
!		右	逻辑非	! expr
–		右	一元负号	-expr
+		右	一元正号	+expr
*		右	解引用	*expr
&		右	取地址	&lvalue
( )		右	类型转换	(type)expr
sizeof		右	对象的大小	sizeof expr
sizeof		右	类型的大小	sizeof(type)
sizeof		右	参数包的大小	sizeof···(name)
new		右	创建对象	new type
new [ ]		右	创建数组	new type[size]
delete		右	释放对象	delete expr
delete [ ]		右	释放数组	delete [ ] expr
noexcept		右	能否抛出异常	noexcept(expr)

（续表）

运算符	优先级	结合性	功能	用法
-> * . *		左 左	指针成员选择 指针成员选择	ptr-> *ptr_to_member obj. *ptr_to_member
* / %		左 左 左	乘法 除法 取模(取余)	expr *expr expr / expr expr % expr
+ -		左 左	加法 减法	expr + expr expr - expr
<< >>		左 左	向左移位 向右移位	expr>> expr expr<< expr
< <= > >=		左 左 左 左	小于 小于等于 大于 大于等于	expr< expr expr<= expr expr> expr expr>= expr
== !=		左 左	相等 不相等	expr== expr expr != = expr
&		左	位与	expr & expr
^		左	位异或	expr ^ expr
|		左	位或	expr | expr
&&		左	逻辑与	expr && expr
||		左	逻辑或	expr || expr
? :		右	条件	expr ? expr: expr
=		右	赋值	lvalue= expr
*= , /= , %= += , -= <<= ,>>= & = , |= , ^=		右 右 右 右	复合赋值	lvalue += expr 等
throw	低	右	抛出异常	throw expr
,		左	逗号(顺序)	expr,expr

附录 C 标准库 cstring 的函数定义
（基于面向功能方法的字符串处理函数）

函数原型	功能	应用示例及解析
unsigned int strlen(char ∗s)	返回 s 的长度(不包括终止符 '\0')	char str[ ] = " how are you !" ; cout<< strlen(str) ;
int strcmp(char ∗s1, char ∗s2);	比较 s1 和 s2 大小, s1<s2,返回负数; s1 = = s2,返回 0; s1>s2,返回正数;	char ∗buf 1 = " aaa" , ∗buf 2 = " bbb" ; cout<< strcmp(buf 2, buf 1);
int strncmp(char ∗s1, char ∗s2, int n);	比较 s1 和 s2 中前 n 个字符的大小,s1<s2,返回负数,s1 = = s2,返回 0,s1>s2 返回正数	char ∗buf 1 = " aaabbb" , ∗buf 2 = " bbbccc" ; cout<< strncmp(buf 2,buf 1,3) ;
char ∗ strcpy(char ∗s1, char ∗s2);	复制 s2 到 s1	char string[10] ; char ∗str1 = " abcdefghi" ; strcpy(string,str1) ;
char ∗ strncpy(char ∗s1, char ∗s2, int n);	复制 s2 的 n 个字符到 s1	char str[10] , ∗str1 = " abcde" ; strncpy(str,str1,3) ; str[3] = '\0';
int strspn(const char ∗s1, const char ∗s2);	查找 s2 在 s1 中第一次出现位置	cout<< strspn(" out to lunch" ," aeiou") ;
char ∗ strstr(char ∗s1, char ∗s2);	查找 s2 在 s1 中第一次出现位置(不包括 s2 的串结束符)	char ∗str1 = " Open Watcom C/C++ " , ∗str2 = " Watcom" , ∗ptr; cout<< strstr(str1,str2) ;
int strcspn(char ∗s1, char ∗s2);	返回 s2 第一个字符在 str1 中第一次出现位置的长度	char ∗str1 = " 1234567890" ; char ∗str2 = " 747DC8" ; cout<< strcspn(str1, str2) ;
char ∗ strchr(char ∗s, char c);	查找字符 c 在 s 中第一次出现位置	char str[15] ;c = 'r'; strcpy(str, " This is a string") ; cout<< strchr(str, c) ;
char ∗ strrchr(char ∗s, char c);	查找字符 c 在 s 中最后一次出现位置	char str[15] ;c = 'r'; strcpy(str," This is a string") ; cout<< strrchr(str,c) ;

（续表）

函数原型	功能	应用示例及解析
char * strpbrk(const char *s1, const char *s2);	查找同时出现在 s1 和 s2 中相同字符的第一次出现位置	char *p = " Find all vowels" ; cout<< strpbrk(p," aeiouAEIOU");
char * strtok(char *s1, char *s2);	按照 s2 给定的分隔符,逐个提取 s1 中的每个单词	char *p; char *delims = { " .," } ; char *buffer = " Find all,words." ; p = strtok(buffer,delims) ; while(p ! = NULL) { cout<< p<< '\n'; p = strtok(NULL,delims) ;}
char * strcat(char *s1, char *s2);	将 s2 连接到 s1 尾部	char dest[25] ; char *b = " jun" , *c = " shen" ; strcat(dest,b) ;strcat(dest,c) ;
char * strset(char *s, char c);	将 s 中所有字符都置为字符 c	char str[10] = " 123456789" ; char c = 'c';strset(str,c) ;
char * strnset(char *s, char c, size_t n);	将 s 前 n 个字符都置为字符 c	char s = " abcdefghijklmnopqrst" ; char letter = 'x'; strnset(s,letter,13) ;
char *strupr(char *s);	将 s 中小写字母转换为大写字母	char *ptr, *s = " abcdefghijklmnopqrst" ; ptr = strupr(s) ;
char *strlwr(char *s)	将 s 中的字符转变为小写字符	char str[ ] = " HOW TO SAY?" ; cout<< strlwr(str)) ;
char *strerror(int errnum);	返回编号为 errnum 的错误信息串	char *buf; buf = strerror(errno) ; cout<< buf;

注：1. 详细的函数列表及功能说明,参见相关资料并注意版本之间的区别。
　　2. 考虑排版方便,函数原型的参数名称做了简化。

附录 D　标准库 string 类的定义

成员属性及成员函数		作　用
构造函数	string(const char *s);	以 s 为值构建实例,或将 char * 类型转变为 string 类型
	string(size_type n,char c);	以 n 个字符 c 为值,构建实例
	string()	以空串为默认值,构建实例
	string(const string & str, size_type pos = 0,size_type n = npos);	以 str 实例中 pos 位置开始的所有字符/pos 位置开始的 n 个字符为值,构建实例
	string(const char *s, size_type n);	以 s 的前 n 个字符为值,构造实例(n>s 长度时,含有无效字符)
	tempalte< class Iter> string(Iter begin, Iter end);	以迭代器 Iter 实际绑定的数据源中[begin, end)区间的字符为值,构建实例
字符操作	const char & operator[ ](int n) const;	返回第 n 个字符的位置
	const char & at(int n) const;	返回第 n 个字符的位置(可以越界检查)
	char & operator[ ](int n);	返回第 n 个字符的位置
	char & at(int n);	返回第 n 个字符的位置(可以越界检查)
	const char *data() const;	返回非 null 终止的 c 字符数组
	const char *c_str() const;	返回以 null 终止的 c 字符串
	int copy(char *s, int n, int pos = 0) const;	复制 pos 位置开始的 n 个字符到 s 开始的字符数组中,返回实际复制的字符数
特性描述	int capacity() const;	返回容量
	int max_size() const;	返回可存放的最大字符串长度
	int size() const;	返回字符串大小
	int length() const;	返回字符串长度
	bool empty() const;	字符串是否为空
	void resize(int len,char c);	将大小调整为 len,多出部分填充字符 c
	operator>>	输入
	operator<<	输出
	string & getline(istream& in, string& str, char delim); getline(istream & in,string & str);	从输入流 in 读取一行字符到 str 中,并处理各种特殊情况(如果到达输入流结尾,置输入流的 Eofbit 标志;读取字符数达到 Str 实例的最大允许值,置 Failbit 标志;分界符 delim 被读取并删除)

（续表）

	成员属性及成员函数	作 用
赋值	string & operator = (const string & s) ;	将实例 s 赋值给当前实例
	string & assign(const char ∗s) ;	将 c 字符串 s 赋值给当前实例
	string & assign(const char ∗s,int n) ;	将 c 字符串 s 开始的 n 个字符赋值给当前实例
	string & assign(const string & s) ;	将实例 s 赋值给当前实例
	string & assign(int n,char c) ;	将 n 个字符 c 赋值给当前实例
	string & assign(const string & s,int start, int n) ;	将实例 s 中 start 开始的 n 个字符赋值给当前实例
	string & assign(const_iterator first,const_itertor last) ;	将迭代器[first,last]之间的内容赋值给当前实例
连接	string & operator+ = (const string & s) ;	将实例 s 连接到当前实例尾部
	string & append(const char ∗s) ;	将 c 字符串 s 连接到当前实例尾部
	string & append(const char ∗s, size_type n) ;	将 c 字符串 s 前 n 个字符连接到当前实例尾部
	string & append(const string & s) ;	将实例 s 连接到当前实例尾部
	string& append(const string & s,size_type pos,size_type n) ;	将实例 s 中 pos 位置开始的 n 个字符连接到当前实例尾部
	string & append(size_type n,char c) ;	在当前实例尾部添加 n 个字符 c
	string & append(const_iterator first,const_iterator last) ;	将迭代器[first,last]之间的内容连接到当前实例尾部
比较	bool operator = = (const string & s1,const string & s2) const;	比较两个实例是否相等(运算符" > "," < "," > = "," < = "," ! = "都被重载用于字符串的比较)
	int compare(const string & s) const ;	比较当前实例与实例 s 的大小(结果>时返回 1,<时返回-1, = 时返回 0)
	int compare(size_type pos, size_type n,const string & s) const ;	比较当前实例中 pos 位置开始的 n 个字符组成的字符串与实例 s 的大小
	int compare(size_type pos, size_type n,const string & s, size_type pos2,size_type n2) const ;	比较当前实例中 pos 位置开始的 n 个字符组成的字符串与实例 s 中 pos2 位置开始的 n2 个字符组成的字符串
	int compare(const char ∗s) const ;	
	int compare(int pos, int n,const char ∗s) const ;	
	int compare(size_type pos, size_type n,const char ∗s, size_type pos2) const ;	
子串	string substr(int pos = 0,int n = npos) const ;	返回 pos 开始的 n 个字符组成的新实例

（续表）

成员属性及成员函数		作　用
交换	void swap(string & s2) ;	交换当前实例与实例 s2

查找	size_type find(char c, size_type pos = 0) const;
	size_type find(const char *s, size_type pos = 0) const;
	size_type find(const char *s,size_type pos, size_type n) const;
	size_type find(const string & s,size_type pos = 0) const;
		从 pos 位置开始查找字符 c 所在的位置
		从 pos 位置开始查找字符串 s 所在的位置
		从 pos 位置开始查找字符串 s 中前 n 个字符所在的位置
		从 pos 位置开始查找字符串 s 所在的位置（查找成功时返回所在位置,失败时返回 string::npos 的值）

	int rfind(char c, int pos = npos) const;
	int rfind(const char *s, int pos = npos) const;
	int rfind(const char *s, int pos, int n = npos) const;
	int rfind(const string & s,int pos = npos) const;
		从 pos 位置开始逆向查找字符 c 所在的位置
		从 pos 位置开始逆向查找字符串 s 中前 n 个字符所在的位置

	int find_first_of(char c, int pos = 0) const;
	int find_first_of(const char *s, int pos = 0) const;
	int find_first_of(const char *s, int pos, int n) const;
	int find_first_of(const string & s,int pos = 0) const;
		从 pos 位置开始查找字符 c 第一次出现的位置
		从 pos 位置开始查找字符串 s 前 n 个字符的第一次出现的位置

	Int find_first_not_of(char c, int pos = 0) const;
	int find_first_not_of(const char *s, int pos = 0) const;
	int find_first_not_of(const char *s, int pos,int n) const;
	int find_first_not_of(const string & s,int pos = 0) const;
		查找第一个不在字符串 s 中的字符出现的位置

	int find_last_of(char c, int pos = npos) const;
	int find_last_of(const char *s, int pos = npos) const;
	int find_last_of(const char *s, int pos, int n = npos) const;
	int find_last_of(const string & s,int pos = npos) const;
	int find_last_not_of(char c, int pos = npos) const;
	int find_last_not_of(const char *s, int pos = npos) const;
	int find_last_not_of(const char *s, int pos, int n) const;
	int find_last_not_of(const string & s,int pos = npos) const;
		find_last_of 和 find_last_not_of 与 find_first_of 和 find_first_not_of 相似,只不过是从后向前查找

替换	string & replace(int p0, int n0,const char *s);	删除从 p0 开始的 n0 个字符,然后在 p0 处插入串 s
	string & replace(int p0, int n0,const char *s, int n);	删除 p0 开始的 n0 个字符,然后在 p0 处插入字符串 s 的前 n 个字符

（续表）

成员属性及成员函数		作　用
替换	string & replace(int p0, int n0,const string & s);	删除从 p0 开始的 n0 个字符,然后在 p0 处插入串 s
	string & replace(int p0, int n0,const string & s, int pos, int n);	删除 p0 开始的 n0 个字符,然后在 p0 处插入串 s 中从 pos 开始的 n 个字符
	string & replace(int p0, int n0,int n, char c);	删除 p0 开始的 n0 个字符,然后在 p0 处插入 n 个字符 c
	string & replace(iterator first0, iterator last0, const char *s);	将[first0,last0)之间的部分替换为字符串 s
	string & replace(iterator first0, iterator last0, const char *s, int n);	将[first0,last0)之间的部分替换为 s 的前 n 个字符
	string & replace(iterator first0, iterator last0, const string & s);	将[first0,last0)之间的部分替换为串 s
	string & replace(iterator first0, iterator last0,int n, char c);	将[first0,last0)之间的部分替换为 n 个字符 c
	string & replace(iterator first0, iterator last0, const_iterator first, const_iterator last);	将[first0,last0)之间的部分替换成[first, last)之间的字符串

插入	string & insert(int p0, const char *s);
	string & insert(int p0, const char *s, int n);
	string & insert(int p0,const string & s);
	string & insert(int p0,const string & s, int pos, int n);
	string & insert(int p0, int n, char c);
		前 4 个函数在 p0 位置插入字符串 s 中 pos 开始的前 n 个字符
		此函数在 p0 处插入 n 个字符 c

	iterator insert(iterator it, char c);
	void insert(iterator it, const_iterator first, const_iterator last);
	void insert(iterator it, int n, char c);
		在 it 处插入字符 c,返回插入后迭代器的位置
		在 it 处插入[first,last)之间的字符
		在 it 处插入 n 个字符 c

删除	iterator erase(iterator first, iterator last);	删除[first,last)之间的所有字符,返回删除后迭代器的位置
	iterator erase(iterator it);	删除 it 指向的字符,返回删除后迭代器的位置
	string & erase(int pos= 0, int n= npos);	删除 pos 开始的 n 个字符,返回修改后的字符串
迭代器处理	const_iterator begin( ) const; iterator begin( );	string 类提供了向前和向后遍历的迭代器 iterator,迭代器提供了访问各个字符的语法,类似于指针操作,迭代器不检查范围。 用 string::iterator 或 string::const_iterator 声明迭代器变量,const_iterator 不允许改变迭代的内容。常用迭代器函数有: 返回 string 的起始位置

（续表）

	成员属性及成员函数	作　用
迭代器处理	const_iterator end( )const; iterator end( );	返回 string 的最后一个字符后面的位置
	const_iterator rbegin( )const; iterator rbegin( );	返回 string 的最后一个字符的位置
	const_iterator rend( )const; iterator rend( );	返回 string 第一个字符位置的前面 rbegin 和 rend 用于从后向前的迭代访问,通过设置迭代器 string∷reverse_iterator,string∷const_reverse_iterator 实现

注：考虑到标准库版本不同,具体定义不完全一致。读者可以参考其他相关资料。

附录 E 典型风格 MFC 程序描述

```cpp
// MyWinApp.h
#include "resource.h"

class CMyWinAppApp: public CWinApp
{
    public:
            CMyWinAppApp();
    public:
            virtual BOOL InitInstance();
            afx_msg void OnAppAbout();
            DECLARE_MESSAGE_MAP()
    };

// MyWinApp.cpp
#include "stdafx.h"
#include "MyWinApp.h"

#include "MainFrm.h"
#include "ChildFrm.h"
#include "MyWinAppDoc.h"
#include "MyWinAppView.h"

BEGIN_MESSAGE_MAP(CMyWinAppApp, CWinApp)
    ON_COMMAND(ID_APP_ABOUT, OnAppAbout)
    ON_COMMAND(ID_FILE_NEW, CWinApp::OnFileNew)
    ON_COMMAND(ID_FILE_OPEN, CWinApp::OnFileOpen)
    ON_COMMAND(ID_FILE_PRINT_SETUP, CWinApp::OnFilePrintSetup)
END_MESSAGE_MAP()

CMyWinAppApp::CMyWinAppApp()
{}

CMyWinAppApp theApp;

BOOL CMyWinAppApp::InitInstance()
{
    AfxEnableControlContainer();
```

```
        SetRegistryKey(_T("Local AppWizard- Generated Applications"));
        LoadStdProfileSettings();

        CMultiDocTemplate*pDocTemplate;
        pDocTemplate = new CMultiDocTemplate(
                        IDR_MYWINATYPE,
                        RUNTIME_CLASS(CMyWinAppDoc),
                        RUNTIME_CLASS(CChildFrame),
                        RUNTIME_CLASS(CMyWinAppView));
        AddDocTemplate(pDocTemplate);

        CMainFrame*pMainFrame = new CMainFrame;
        if (! pMainFrame->LoadFrame(IDR_MAINFRAME))
            return FALSE;
        m_pMainWnd = pMainFrame;

        CCommandLineInfo cmdInfo;
        ParseCommandLine(cmdInfo);

        if (! ProcessShellCommand(cmdInfo))
            return FALSE;

        pMainFrame->ShowWindow(m_nCmdShow);
        pMainFrame->UpdateWindow();

        return TRUE;
}
class CAboutDlg: public CDialog
{
    public:
        CAboutDlg();
        enum {IDD = IDD_ABOUTBOX};
    protected:
        virtual void DoDataExchange(CDataExchange*pDX);
        DECLARE_MESSAGE_MAP()
};

CAboutDlg::CAboutDlg(): CDialog(CAboutDlg::IDD)
{}

void CAboutDlg::DoDataExchange(CDataExchange*pDX)
{
  CDialog::DoDataExchange(pDX);
}
BEGIN_MESSAGE_MAP(CAboutDlg, CDialog)
END_MESSAGE_MAP()

void CMyWinAppApp::OnAppAbout()
{
  CAboutDlg aboutDlg;
```

```
    aboutDlg.DoModal();
}

// MainFrm.h
class CMainFrame: public CMDIFrameWnd
{
        DECLARE_DYNAMIC(CMainFrame)
    public:
        CMainFrame();
    public:
        virtual BOOL PreCreateWindow(CREATESTRUCT& cs);
        virtual ~CMainFrame();
    protected:
        CStatusBar    m_wndStatusBar;
        CToolBar      m_wndToolBar;
        afx_msg int OnCreate(LPCREATESTRUCT lpCreateStruct);
        DECLARE_MESSAGE_MAP()
};

// MainFrm.cpp
#include "stdafx.h"
#include "MyWinApp.h"

#include "MainFrm.h"

IMPLEMENT_DYNAMIC(CMainFrame, CMDIFrameWnd)

BEGIN_MESSAGE_MAP(CMainFrame, CMDIFrameWnd)
    ON_WM_CREATE()
END_MESSAGE_MAP()

static UINT indicators[] =
{ID_SEPARATOR, ID_INDICATOR_CAPS, ID_INDICATOR_NUM, ID_INDICATOR_SCRL,};

CMainFrame::CMainFrame()
{}

CMainFrame:: ~CMainFrame()
{}

int CMainFrame::OnCreate(LPCREATESTRUCT lpCreateStruct)
{
    if (CMDIFrameWnd::OnCreate(lpCreateStruct) == - 1)
        return - 1;

    if (! m_wndToolBar.CreateEx(this, TBSTYLE_FLAT, WS_CHILD | WS_VISIBLE | CBRS_TOP | CBRS_
GRIPPER | CBRS_TOOLTIPS | CBRS_FLYBY | CBRS_SIZE_DYNAMIC) || ! m_wndToolBar.LoadToolBar
(IDR_MAINFRAME))
    {
            TRACE0("Failed to create toolbar\n");
```

```
        return - 1;
    }
    if (! m_wndStatusBar.Create(this) || ! m_wndStatusBar.SetIndicators(indicators, sizeof(indicators)/
sizeof(UINT)))
    {
        TRACE0("Failed to create status bar\n");
        return - 1;
    }
    m_wndToolBar.EnableDocking(CBRS_ALIGN_ANY);
    EnableDocking(CBRS_ALIGN_ANY);
    DockControlBar(& m_wndToolBar);
    return 0;
}

BOOL CMainFrame::PreCreateWindow(CREATESTRUCT& cs)
{
    if(! CMDIFrameWnd::PreCreateWindow(cs))
    return FALSE;
    return TRUE;
}
```

```
// ChildFrm.h
class CChildFrame: public CMDIChildWnd
{
            DECLARE_DYNCREATE(CChildFrame)
    public:
            CChildFrame();
    protected:
            CSplitterWnd m_wndSplitter;
    public:
            virtual BOOL OnCreateClient(LPCREATESTRUCT lpcs, CCreateContext*pContext);
            virtual BOOL PreCreateWindow(CREATESTRUCT& cs);
            virtual ~CChildFrame();
    protected:
            DECLARE_MESSAGE_MAP()
};
// ChildFrm.cpp
#include "stdafx.h"
#include "MyWinApp.h"

#include "ChildFrm.h"

IMPLEMENT_DYNCREATE(CChildFrame, CMDIChildWnd)

BEGIN_MESSAGE_MAP(CChildFrame, CMDIChildWnd)
END_MESSAGE_MAP()

CChildFrame::CChildFrame()
```

```
{ }
CChildFrame:: ~CChildFrame()
{ }

BOOL CChildFrame::OnCreateClient(LPCREATESTRUCT / *lpcs*/, CCreateContext*pContext)
{
        return m_wndSplitter.Create(this, 2, 2, CSize(10, 10), pContext);
}

BOOL CChildFrame::PreCreateWindow(CREATESTRUCT& cs)
{
        if( ! CMDIChildWnd::PreCreateWindow(cs))
        return FALSE;
        return TRUE;
}
```

```
// MyWinAppDoc.h
class CMyWinAppDoc: public CDocument
{
        protected:
            CMyWinAppDoc();
            DECLARE_DYNCREATE(CMyWinAppDoc)
        public:
            int data[100];
            int length;
            int *updata;
            int *downdata;
            void setdata(CString m_data);
            void Ascending(int *updata);
            void Descending(int *downdata);
            virtual BOOL OnNewDocument();
            virtual void Serialize(CArchive& ar);
            virtual ~CMyWinAppDoc();
        protected:
            afx_msg void OnMenudata();
            DECLARE_MESSAGE_MAP()
};
// MyWinAppDoc.cpp
#include "stdafx.h"
#include "MyWinApp.h"
#include "MyDlg.h"
#include "MyWinAppDoc.h"

IMPLEMENT_DYNCREATE(CMyWinAppDoc, CDocument)

BEGIN_MESSAGE_MAP(CMyWinAppDoc, CDocument)
    ON_COMMAND(ID_MENUDATA, OnMenudata)
END_MESSAGE_MAP()
```

```
CMyWinAppDoc::CMyWinAppDoc()
{ }
CMyWinAppDoc:: ~CMyWinAppDoc()
{ }
BOOL CMyWinAppDoc::OnNewDocument()
{
    if (! CDocument::OnNewDocument())
    return FALSE;
    return TRUE;
}
void CMyWinAppDoc::Serialize(CArchive& ar)
{
    if (ar.IsStoring()) { }
    else  { }
}
void CMyWinAppDoc::setdata(CString m_data)
{
    int i=0, j=0, num=0;
    while(i<m_data.GetLength()){
        if(m_data[i] ! =' ')  num=num*10+(m_data[i]-'0');
        else { data[j++]=num; num=0;  }
        i++;
    }
    data[j++]=num;   length=j;
    updata=new int[length];   downdata=new int[length];
    for(int k=0;k<length;k++)
        updata[k]=downdata[k]=data[k];
}
void CMyWinAppDoc::Ascending(int *updata)
{
    for(int i=0;i<this->length;i++) {
        for(int j=i;j<this->length;j++) {
            if(updata[i]>updata[j]) {
            int temp=updata[i]; updata[i]=updata[j]; updata[j]=temp;
        }
            }
        }
}
void CMyWinAppDoc::Descending(int *downdata)
{
    for(int i=0;i<this->length;i++) {
        for(int j=i;j<this->length;j++) {
    if(downdata[i]<downdata[j]) {
        int temp=downdata[i]; downdata[i]=downdata[j]; downdata[j]=temp;
    }
            }
        }
}
void CMyWinAppDoc::OnMenudata()
{
    MyDlg mydlg;
    if (mydlg.DoModal()==1) {
        AfxMessageBox("success");    this->setdata(mydlg.m_data);
    }
}
```

```
// MyWinAppView.h
class CMyWinAppView: public CScrollView
{
    protected:
            CMyWinAppView();
            DECLARE_DYNCREATE(CMyWinAppView)
    public:
            CMyWinAppDoc*GetDocument();
            int cur;
            virtual void OnDraw(CDC*pDC);    // overridden to draw this view
            virtual BOOL PreCreateWindow(CREATESTRUCT& cs);
            virtual void OnInitialUpdate();
    protected:
            virtual BOOL OnPreparePrinting(CPrintInfo*pInfo);
            virtual void OnBeginPrinting(CDC*pDC, CPrintInfo*pInfo);
            virtual void OnEndPrinting(CDC*pDC, CPrintInfo*pInfo);
    public:
            virtual  ~CMyWinAppView();
    protected:
            afx_msg void OnMenushow();
            afx_msg void OnMenuup();
            afx_msg void OnMenudown();
            afx_msg void OnToobalDown();
            afx_msg void OnToobalUp();
            DECLARE_MESSAGE_MAP()
};
inline CMyWinAppDoc*CMyWinAppView::GetDocument()
{
        return (CMyWinAppDoc*)m_pDocument;
}
// MyWinAppView.cpp
#include "stdafx.h"
#include "MyWinApp.h"

#include "MyWinAppDoc.h"
#include "MyWinAppView.h"

IMPLEMENT_DYNCREATE(CMyWinAppView, CScrollView)

BEGIN_MESSAGE_MAP(CMyWinAppView, CScrollView)
    ON_COMMAND(ID_MENUSHOW, OnMenushow)
    ON_COMMAND(ID_MENUUP, OnMenuup)
    ON_COMMAND(ID_MENUDOWN, OnMenudown)
    ON_WM_PAINT()
    ON_COMMAND(ID_TOOBAL_DOWN, OnToobalDown)
    ON_COMMAND(ID_TOOBAL_UP, OnToobalUp)
    ON_WM_VSCROLL()
    ON_COMMAND(ID_FILE_PRINT, CScrollView::OnFilePrint)
    ON_COMMAND(ID_FILE_PRINT_DIRECT, CScrollView::OnFilePrint)
    ON_COMMAND(ID_FILE_PRINT_PREVIEW, CScrollView::OnFilePrintPreview)
END_MESSAGE_MAP()

CMyWinAppView::CMyWinAppView()
```

```
{    this->cur=0;    }
CMyWinAppView:: ~CMyWinAppView()
{ }
BOOL CMyWinAppView::PreCreateWindow(CREATESTRUCT& cs)
{ return CScrollView::PreCreateWindow(cs); }

void CMyWinAppView::OnDraw(CDC*pDC)
{
        CMyWinAppDoc*pDoc = GetDocument();
        ASSERT_VALID(pDoc);
        if(cur= =0)    pDC->TextOut(20,20,"Hello !");
        else {
                    int *numbers;   CString temp;
                    if(cur= =1){
                        temp="数据:";    numbers=pDoc->data;
                    }
                     else if(cur= =2) {
                                    temp="升序:";
                                    pDoc->Ascending(pDoc->updata); numbers=pDoc->updata;
                                }
                            else if(cur= =3){
                                temp="降序:";
                                pDoc->Descending(pDoc->downdata); numbers=pDoc->downdata;
                                }
                    for(int i=0;i<pDoc->length;i++){
                    CString a;    a.Format("% d",numbers[i]);    temp=temp+a+" ";
                    }
                    pDC->TextOut(20,20,temp);

                    CPen*PenOld,PenNew;    CBrush*BrushOld,BrushNew;
                    PenOld = (CPen*)pDC->SelectStockObject(BLACK_PEN);
                    BrushOld = (CBrush*)pDC->SelectStockObject(LTGRAY_BRUSH);
                    int x=30, y=100, r=20;
                    for(i=0;i<pDoc->length;i++){
                        pDC->Ellipse(x- r,y- r,x+r,y+r);
                        CString num;    num.Format("% d",numbers[i]);
                        pDC->SetBkColor(RGB(190,190,190));
                        pDC->TextOut(x- 7,y- 7,num);    x=x+60;
                    }
            }
}
BOOL CMyWinAppView::OnPreparePrinting(CPrintInfo*pInfo)
{    return DoPreparePrinting(pInfo);    }
void CMyWinAppView::OnBeginPrinting(CDC*/ *pDC*/, CPrintInfo*/ *pInfo*/)
{ }
void CMyWinAppView::OnEndPrinting(CDC*/ *pDC*/, CPrintInfo*/ *pInfo*/)
{ }
CMyWinAppDoc*CMyWinAppView::GetDocument()
{
```

```cpp
        ASSERT(m_pDocument->IsKindOf(RUNTIME_CLASS(CMyWinAppDoc)));
        return (CMyWinAppDoc*)m_pDocument;
}
void CMyWinAppView::OnMenushow()
{   this->cur=1;   this->Invalidate(true);   this->UpdateWindow();   }
void CMyWinAppView::OnMenuup()
{   this->cur=2;   this->Invalidate(true);   this->UpdateWindow();   }
void CMyWinAppView::OnMenudown()
{

        CMyWinAppDoc*pDoc = GetDocument();
        this->cur=3;   this->Invalidate(true);   this->UpdateWindow();   pDoc->UpdateAllViews(this);

}
void CMyWinAppView::OnToobalDown()
{   this->OnMenudown();   }
void CMyWinAppView::OnToobalUp()
{   this->OnMenuup();   }
void CMyWinAppView::OnInitialUpdate()
{

        CScrollView::OnInitialUpdate();
        CSize sizeTotal(1000,1600);
        SetScrollSizes(MM_TEXT, sizeTotal);

}
```

```cpp
// MyDlg.h
class MyDlg: public CDialog
{
        public:
            MyDlg(CWnd*pParent = NULL);
            enum {IDD = IDD_DIALOG1};
            CString m_data;
        protected:
            virtual void DoDataExchange(CDataExchange*pDX);
            virtual void OnOK();
            DECLARE_MESSAGE_MAP()
};

// MyDlg.cpp
#include "stdafx.h"
#include "MyWinApp.h"
#include "MyDlg.h"

MyDlg::MyDlg(CWnd*pParent /* =NULL*/): CDialog(MyDlg::IDD, pParent)
{   m_data = _T(""); }
void MyDlg::DoDataExchange(CDataExchange*pDX)
{

        CDialog::DoDataExchange(pDX);
        DDX_Text(pDX, IDC_EDIT1, m_data);

}
BEGIN_MESSAGE_MAP(MyDlg, CDialog)
END_MESSAGE_MAP()

void MyDlg::OnOK()
{ CDialog::OnOK(); }
```

```
// resource.h
#define IDD_ABOUTBOX          100
#define IDR_MAINFRAME         128
#define IDR_MYWINATYPE        129

#define IDD_DIALOG1           130
#define IDC_EDIT1             1000

#define ID_MENUUP             32771
#define ID_MENUDOWN           32772
#define ID_MENUDATA           32773
#define ID_MENUSHOW           32774

#define ID_TOOBAL_UP          32776
#define ID_TOOBAL_DOWN        32777

// MyWinApp.rc
#include "resource.h"
...
// Icon
IDR_MAINFRAME      ICON      DISCARDABLE          "res\\MyWinApp.ico"
IDR_MYWINATYPE     ICON      DISCARDABLE          "res\\MyWinAppDoc.ico"
// Bitmap
IDR_MAINFRAME      BITMAP    MOVEABLE PURE    "res\\Toolbar.bmp"
// Toolbar
IDR_MAINFRAME TOOLBAR DISCARDABLE    16, 15
BEGIN
    ...
    SEPARATOR
    BUTTON        ID_APP_ABOUT
    BUTTON        ID_TOOBAL_UP
    BUTTON        ID_TOOBAL_DOWN
END
// Menu
IDR_MYWINATYPE MENU PRELOAD DISCARDABLE
BEGIN
    ...
    BEGIN
        MENUITEM "关于 MyWinApp(& A)...",    ID_APP_ABOUT
    END
    MENUITEM "数据",                         ID_MENUDATA
    MENUITEM "显示",                         ID_MENUSHOW
    POPUP "排序"
    BEGIN
        MENUITEM "升序",                     ID_MENUUP
        MENUITEM "降序",                     ID_MENUDOWN
    END
END
// Accelerator
...
```

```
// Dialog
...

IDD_DIALOG1 DIALOG DISCARDABLE   0, 0, 187, 94
STYLE DS_MODALFRAME | WS_POPUP | WS_CAPTION | WS_SYSMENU
CAPTION "对话"
FONT 10, "System"
BEGIN
    DEFPUSHBUTTON    "确定",IDOK,122,67,44,14
    LTEXT            "请输入 1- 100 个正整数",IDC_STATIC,7,7,137,18
    EDITTEXT         IDC_EDIT1,7,33,173,14,ES_AUTOHSCROLL
END

...

// DESIGNINFO
#ifdef APSTUDIO_INVOKED
GUIDELINES DESIGNINFO DISCARDABLE
BEGIN

    ...
    IDD_DIALOG1, DIALOG
    BEGIN
        LEFTMARGIN, 7
        RIGHTMARGIN, 180
        TOPMARGIN, 7
        BOTTOMMARGIN, 87
    END
END
#endif

// String Table
STRINGTABLE PRELOAD DISCARDABLE
BEGIN
    IDR_MAINFRAME        "MyWinApp"
    IDR_MYWINATYPE       "\nMyWinA\nMyWinA\n\n\nMyWinApp.Document\nMyWinA Document"
END

STRINGTABLE PRELOAD DISCARDABLE
BEGIN
    AFX_IDS_APP_TITLE       "MyWinApp"
    AFX_IDS_IDLEMESSAGE     "就绪"
END

...

STRINGTABLE DISCARDABLE
BEGIN
    ID_APP_ABOUT      "显示程序信息,版本号和版权\n 关于"
    ID_APP_EXIT       "退出应用程序;提示保存文档\n 退出"
END

...

#endif
...
```

```
// StdAfx.h
#if ! defined(AFX_STDAFX_H__93409C0D_A3BB_4f56_A751_D7015FB5478C__INCLUDED_)
#define AFX_STDAFX_H__93409C0D_A3BB_4f56_A751_D7015FB5478C__INCLUDED_

#if _MSC_VER > 1000
#pragma once
#endif

#define VC_EXTRALEAN

#include <afxwin.h>
#include <afxext.h>
#include <afxdisp.h>
#include <afxdtctl.h>
#ifndef _AFX_NO_AFXCMN_SUPPORT
#include <afxcmn.h>
#endif

#endif

// StdAfx.cpp
#include "stdafx.h"
```

```
// ReadMe.txt
===============================================================
===================================
        MICROSOFT FOUNDATION CLASS LIBRARY: MyWinApp
===============================================================
===================================
AppWizard has created this MyWinApp application for you.   This application not only demonstrates the
basics of using the Microsoft Foundation classes but is also a starting point for writing your application.
This file contains a summary of what you will find in each of the files that make up your MyWinApp
application.
MyWinApp.dsp
        This file (the project file) contains information at the project level and is used to build a single project
or subproject. Other users can share the project (.dsp) file, but they should export the makefiles locally.
MyWinApp.h
        This is the main header file for the application. It includes other project specific headers (including
Resource.h) and declares the CMyWinAppApp application class.
MyWinApp.cpp
        This is the main application source file that contains the application class CMyWinAppApp.
MyWinApp.rc
        This is a listing of all of the Microsoft Windows resources that the program uses. It includes the icons,
bitmaps, and cursors that are stored in the RES subdirectory. This file can be directly edited in Microsoft
Visual C++.
MyWinApp.clw
        This file contains information used by ClassWizard to edit existing classes or add new classes.
ClassWizard also uses this file to store information needed to create and edit message maps and dialog
data maps and to create prototype member functions.
res\MyWinApp.ico
```

This is an icon file, which is used as the application's icon. This icon is included by the main resource file MyWinApp.rc.

res\MyWinApp.rc2

This file contains resources that are not edited by Microsoft Visual C++. You should place all resources not editable by the resource editor in this file.

//

For the main frame window:

MainFrm.h, MainFrm.cpp

These files contain the frame class CMainFrame, which is derived from CMDIFrameWnd and controls all MDI frame features.

res\Toolbar.bmp

This bitmap file is used to create tiled images for the toolbar. The initial toolbar and status bar are constructed in the CMainFrame class. Edit this toolbar bitmap using the resource editor, and update the IDR_MAINFRAME TOOLBAR array in MyWinApp.rc to add toolbar buttons.

//

For the child frame window:

ChildFrm.h, ChildFrm.cpp

These files define and implement the CChildFrame class, which supports the child windows in an MDI application.

//

AppWizard creates one document type and one view:

MyWinAppDoc.h, MyWinAppDoc.cpp - the document These files contain your CMyWinAppDoc class. Edit these files to add your special document data and to implement file saving and loading

(via CMyWinAppDoc::Serialize).

MyWinAppView.h, MyWinAppView.cpp - the view of the document

These files contain your CMyWinAppView class.

CMyWinAppView objects are used to view CMyWinAppDoc objects.

res\MyWinAppDoc.ico

This is an icon file, which is used as the icon for MDI child windows for the CMyWinAppDoc class. This icon is included by the main resource file MyWinApp.rc.

//

Other standard files:

StdAfx.h, StdAfx.cpp

These files are used to build a precompiled header (PCH) file named MyWinApp. pch and a precompiled types file named StdAfx.obj.

Resource.h

This is the standard header file, which defines new resource IDs. Microsoft Visual C++ reads and updates this file.

//

Other notes:

AppWizard uses "TODO:" to indicate parts of the source code you should add to or customize.

If your application uses MFC in a shared DLL, and your application is in a language other than the operating system's current language, you will need to copy the corresponding localized resources MFC42XXX.DLL from the Microsoft Visual C++ CD-ROM onto the system or system32 directory, and rename it to be MFCLOC. DLL. ("XXX" stands for the language abbreviation. For example, MFC42DEU.DLL contains resources translated to German.) If you don't do this, some of the UI elements of your application will remain in the language of the operating system.

//

附录 F MFC 程序去框架特征的回归

```
// empty.h: main header file for the empty application
#pragma once

#include "resource.h"

class CEmptyApp: public CWinApp
{
  public:
        CEmptyApp();
  public:
        virtual BOOL InitInstance();
        afx_msg void OnAppAbout();
  private:
        static const AFX_MSGMAP_ENTRY _messageEntries[];
  protected:
        static AFX_DATA const AFX_MSGMAP messageMap;
        static const AFX_MSGMAP*PASCAL _GetBaseMessageMap();
        virtual const AFX_MSGMAP*GetMessageMap() const;
};

// empty.cpp: Defines the class behaviors for the application.
#include "stdafx.h"
#include "Empty.h"
#include "MainFrm.h"
#include "ChildFrm.h"
#include "emptyDoc.h"
#include "emptyView.h"

const AFX_MSGMAP*PASCAL CEmptyApp::_GetBaseMessageMap()
{ return & CWinApp::messageMap; }

const AFX_MSGMAP*CEmptyApp::GetMessageMap() const
{ return & CEmptyApp::messageMap; }

AFX_COMDAT AFX_DATADEF const AFX_MSGMAP CEmptyApp::messageMap=
{ & CEmptyApp::_GetBaseMessageMap, & CEmptyApp::_messageEntries[0] };
```

```
AFX_COMDAT const AFX_MSGMAP_ENTRY CEmptyApp::_messageEntries[ ] =
{{WM_COMMAND, CN_COMMAND, (WORD)ID_APP_ABOUT, (WORD)ID_APP_ABOUT,
AfxSig_vv, (AFX_PMSG)& OnAppAbout},
{WM_COMMAND, CN_COMMAND, (WORD)ID_FILE_NEW, (WORD)ID_FILE_NEW,
AfxSig_vv, (AFX_PMSG)& CWinApp::OnFileNew},
{WM_COMMAND, CN_COMMAND, (WORD)ID_FILE_OPEN, (WORD)ID_FILE_OPEN,
AfxSig_vv, (AFX_PMSG)& CWinApp::OnFileOpen},
{WM_COMMAND, CN_COMMAND, (WORD)ID_FILE_PRINT_SETUP, (WORD)ID_FILE_
PRINT_SETUP,
AfxSig_vv, (AFX_PMSG)& CWinApp::OnFilePrintSetup},
{0, 0, 0, 0, AfxSig_end, (AFX_PMSG)0}};

CEmptyApp::CEmptyApp()
{}

CEmptyApp theApp;

BOOL CEmptyApp::InitInstance()
{
    AfxEnableControlContainer();
    Enable3dControls();
    SetRegistryKey(_T("Local AppWizard- Generated Applications"));

    LoadStdProfileSettings();
    CMultiDocTemplate*pDocTemplate;
    pDocTemplate = new CMultiDocTemplate (
        IDR_EMPTYTYPE,
        (CRuntimeClass*)(& CEmptyDoc::classCEmptyDoc),
        (CRuntimeClass*)(& CChildFrame::classCChildFrame),
        (CRuntimeClass*)(& CEmptyView::classCEmptyView)
    );
    AddDocTemplate(pDocTemplate);

    CMainFrame*pMainFrame = new CMainFrame;
    if(! pMainFrame->LoadFrame(IDR_MAINFRAME))
    return FALSE;
    m_pMainWnd = pMainFrame;

    CCommandLineInfo cmdInfo;
    ParseCommandLine(cmdInfo);

    if(! ProcessShellCommand(cmdInfo))
    return FALSE;

    pMainFrame->ShowWindow(m_nCmdShow);
    pMainFrame->UpdateWindow();

    return TRUE;
}

class CAboutDlg: public CDialog
```

```
{
    public:
CAboutDlg();
        enum {IDD = IDD_ABOUTBOX};
    protected:
virtual void DoDataExchange(CDataExchange*pDX);
    protected:
    private:
static const AFX_MSGMAP_ENTRY _messageEntries[ ];
    protected:
static AFX_DATA const AFX_MSGMAP messageMap;
static const AFX_MSGMAP *PASCAL _GetBaseMessageMap( );
virtual const AFX_MSGMAP *GetMessageMap( ) const;
};

CAboutDlg::CAboutDlg(): CDialog(CAboutDlg::IDD)
{}

void CAboutDlg::DoDataExchange(CDataExchange*pDX)
{CDialog::DoDataExchange(pDX);}

const AFX_MSGMAP *PASCAL CAboutDlg::_GetBaseMessageMap( )
{return & CDialog::messageMap;}

const AFX_MSGMAP *CAboutDlg::GetMessageMap( ) const
{return & CAboutDlg::messageMap;}

AFX_COMDAT AFX_DATADEF const AFX_MSGMAP CAboutDlg::messageMap = { &
CAboutDlg::_GetBaseMessageMap, & CAboutDlg::_messageEntries[0]};

AFX_COMDAT const AFX_MSGMAP_ENTRY CAboutDlg::_messageEntries[ ] = {{0, 0, 0, 0,
AfxSig_end, (AFX_PMSG)0}};

void CEmptyApp::OnAppAbout()
{CAboutDlg aboutDlg;    aboutDlg.DoModal();}
```

```
// MainFrm.h: interface of the CMainFrame class
#pragma once

class CMainFrame: public CMDIFrameWnd
{
    protected:
        static CRuntimeClass *PASCAL _GetBaseClass( );
    public:
        static const CRuntimeClass classCMainFrame;
        virtual CRuntimeClass *GetRuntimeClass( ) const;

    public:
```

```
        CMainFrame();
    public:
        virtual BOOL PreCreateWindow(CREATESTRUCT& cs);
    public:
        virtual ~CMainFrame();
    protected:
        CStatusBar   m_wndStatusBar;
        CToolBar      m_wndToolBar;
    protected:
        afx_msg int OnCreate(LPCREATESTRUCT lpCreateStruct);
    private:
        static const AFX_MSGMAP_ENTRY _messageEntries[];
    protected:
        static AFX_DATA const AFX_MSGMAP messageMap;
        static const AFX_MSGMAP *PASCAL _GetBaseMessageMap();
        virtual const AFX_MSGMAP *GetMessageMap() const;
};

// MainFrm.cpp: implementation of the CMainFrame class
#include "stdafx.h"
#include "Empty.h"
#include "MainFrm.h"

CRuntimeClass *PASCAL CMainFrame::_GetBaseClass()
{ return (CRuntimeClass*)(& CMDIFrameWnd::classCMDIFrameWnd); }

AFX_COMDAT const AFX_DATADEF CRuntimeClass CMainFrame::classCMainFrame=
{ "CMainFrame", sizeof(class CMainFrame), 0xFFFF, NULL,
& CMainFrame::_GetBaseClass, NULL };

CRuntimeClass *CMainFrame::GetRuntimeClass() const
{ return (CRuntimeClass*)(& CMainFrame::classCMainFrame); }

const AFX_MSGMAP *PASCAL CMainFrame::_GetBaseMessageMap()
{ return & CMDIFrameWnd::messageMap; }

const AFX_MSGMAP*CMainFrame::GetMessageMap() const
{ return & CMainFrame::messageMap; }

AFX_COMDAT AFX_DATADEF const AFX_MSGMAP CMainFrame::messageMap=
{ & CMainFrame::_GetBaseMessageMap, & CMainFrame::_messageEntries[0] };

AFX_COMDAT const AFX_MSGMAP_ENTRY CMainFrame::_messageEntries[] = { {WM_
CREATE, 0, 0, 0, AfxSig_is,
(AFX_PMSG)(AFX_PMSGW)(int (AFX_MSG_CALL CWnd::*)(LPCREATESTRUCT)) &
OnCreate},
{0, 0, 0, 0, AfxSig_end, (AFX_PMSG)0} };

static UINT indicators[] = {
        ID_SEPARATOR,
        ID_INDICATOR_CAPS,
```

```
        ID_INDICATOR_NUM,
        ID_INDICATOR_SCRL,
};

CMainFrame::CMainFrame()
{}

CMainFrame:: ~CMainFrame()
{}

int CMainFrame::OnCreate(LPCREATESTRUCT lpCreateStruct)
{
    if(CMDIFrameWnd::OnCreate(lpCreateStruct) = = - 1)
return - 1;

if(! m_wndToolBar.CreateEx(this, TBSTYLE_FLAT, WS_CHILD | WS_VISIBLE
    | CBRS_TOP | CBRS_GRIPPER | CBRS_TOOLTIPS | CBRS_FLYBY | CBRS_SIZE_DYNAMIC)   ||
! m_wndToolBar.LoadToolBar(IDR_MAINFRAME))
    {TRACE0("Failed to create toolbar\n"); return - 1;   }

    if(! m_wndStatusBar.Create(this) ||! m_wndStatusBar.SetIndicators(indicators,
            sizeof(indicators) / sizeof(UINT)))
    {TRACE0("Failed to create status bar\n");   return - 1;   }
    m_wndToolBar.EnableDocking(CBRS_ALIGN_ANY);
    EnableDocking(CBRS_ALIGN_ANY);
    DockControlBar(& m_wndToolBar);
    return 0;

}

BOOL CMainFrame::PreCreateWindow(CREATESTRUCT& cs)
{
    if(! CMDIFrameWnd::PreCreateWindow(cs))
return FALSE;
    return TRUE;
}
// ChildFrm.h: interface of the CChildFrame class
#pragma once

class CChildFrame: public CMDIChildWnd
{
  protected:
      static CRuntimeClass *PASCAL _GetBaseClass( );
    public:
      static const CRuntimeClass classCChildFrame;
      static CRuntimeClass *PASCAL GetThisClass( );
      virtual CRuntimeClass *GetRuntimeClass( ) const;
    public:
      static CObject *PASCAL CreateObject( );
    public:
      CChildFrame();
```

```
    public:
        virtual BOOL PreCreateWindow(CREATESTRUCT& cs);
    public:
        virtual ~CChildFrame();
    private:
        static const AFX_MSGMAP_ENTRY _messageEntries[];
    protected:
        static AFX_DATA const AFX_MSGMAP messageMap;
        static const AFX_MSGMAP *PASCAL _GetBaseMessageMap();
        virtual const AFX_MSGMAP *GetMessageMap() const;
};

// ChildFrm.cpp: implementation of the CChildFrame class
#include "stdafx.h"
#include "Empty.h"
#include "ChildFrm.h"

CObject *PASCAL CChildFrame::CreateObject()
{ return new CChildFrame; }

CRuntimeClass *PASCAL CChildFrame::_GetBaseClass()
{ return (CRuntimeClass *)(& CMDIChildWnd::classCMDIChildWnd); }

AFX_ COMDAT const AFX _ DATADEF CRuntimeClass CChildFrame:: classCChildFrame = { "
CChildFrame", sizeof(class CChildFrame), 0xFFFF, CChildFrame::CreateObject, CChildFrame::
_GetBaseClass, NULL};

CRuntimeClass *CChildFrame::GetRuntimeClass() const
{ return (CRuntimeClass *)(& CChildFrame::classCChildFrame); }

const AFX_MSGMAP *PASCAL CChildFrame::_GetBaseMessageMap()
{ return & CMDIChildWnd::messageMap; }

const AFX_MSGMAP *CChildFrame::GetMessageMap() const
{ return & CChildFrame::messageMap; }

AFX _ COMDAT AFX _ DATADEF const AFX _ MSGMAP CChildFrame:: messageMap = { &
CChildFrame::_GetBaseMessageMap,
& CChildFrame::_messageEntries[0]};

AFX_COMDAT const AFX_MSGMAP_ENTRY CChildFrame::_messageEntries[] = {{0, 0, 0, 0,
AfxSig_end, (AFX_PMSG)0}};

CChildFrame::CChildFrame()
{}

CChildFrame::~CChildFrame()
{}

BOOL CChildFrame::PreCreateWindow(CREATESTRUCT& cs)
{
    if(! CMDIChildWnd::PreCreateWindow(cs))
    return FALSE;
    return TRUE;
}
```

```
// emptyDoc.h: interface of the CEmptyDoc class
#pragma once

class CEmptyDoc: public CDocument
{
    protected:
        CEmptyDoc();
    protected:
        static CRuntimeClass *PASCAL _GetBaseClass();
    public:
        static const CRuntimeClass classCEmptyDoc;
        static CRuntimeClass *PASCAL GetThisClass();
        virtual CRuntimeClass *GetRuntimeClass() const;

    public:
        static CObject *PASCAL CreateObject();
    public:
        virtual BOOL OnNewDocument();
        virtual void Serialize(CArchive& ar);
    public:
        virtual ~CEmptyDoc();
    private:
        static const AFX_MSGMAP_ENTRY _messageEntries[];
    protected:
        static AFX_DATA const AFX_MSGMAP messageMap;
        static const AFX_MSGMAP *PASCAL _GetBaseMessageMap();
        virtual const AFX_MSGMAP *GetMessageMap() const;
};

// emptyDoc.cpp: implementation of the CEmptyDoc class
#include "stdafx.h"
#include "Empty.h"
#include "EmptyDoc.h"

CObject *PASCAL CEmptyDoc::CreateObject()
{ return new CEmptyDoc; }

CRuntimeClass *PASCAL CEmptyDoc::_GetBaseClass()
{ return (CRuntimeClass *)(& CDocument::classCDocument); }

AFX_COMDAT const AFX_DATADEF CRuntimeClass CEmptyDoc::classCEmptyDoc=
{ "CEmptyDoc", sizeof(class CEmptyDoc), 0xFFFF, CEmptyDoc::CreateObject,
& CEmptyDoc::_GetBaseClass, NULL};

CRuntimeClass *CEmptyDoc::GetRuntimeClass() const
{ return (CRuntimeClass *)(& CEmptyDoc::classCEmptyDoc); }

const AFX_MSGMAP *PASCAL CEmptyDoc::_GetBaseMessageMap()
{ return & CDocument::messageMap; }
```

```
const AFX_MSGMAP *CEmptyDoc::GetMessageMap() const
{return & CEmptyDoc::messageMap;}

AFX_COMDAT AFX_DATADEF const AFX_MSGMAP CEmptyDoc::messageMap=
{& CEmptyDoc::_GetBaseMessageMap, & CEmptyDoc::_messageEntries[0]};

AFX_COMDAT const AFX_MSGMAP_ENTRY CEmptyDoc::_messageEntries[] = {{0, 0, 0, 0,
AfxSig_end, (AFX_PMSG)0}};

CEmptyDoc::CEmptyDoc()
{}

CEmptyDoc:: ~CEmptyDoc()
{}

BOOL CEmptyDoc::OnNewDocument()
{
    if(! CDocument::OnNewDocument())
    return FALSE;
    return TRUE;
}

void CEmptyDoc::Serialize(CArchive& ar)
{
    if(ar.IsStoring())
    {}
    else
    {}
}
```

```
// emptyView.h: interface of the CEmptyView class
#pragma once

class CEmptyView: public CView
{
    protected:
        CEmptyView();
    protected:
        static CRuntimeClass *PASCAL _GetBaseClass();
    public:
        static const CRuntimeClass classCEmptyView;
        static CRuntimeClass *PASCAL GetThisClass();
        virtual CRuntimeClass *GetRuntimeClass() const;
public:
        static CObject *PASCAL CreateObject();
    public:
        CEmptyDoc*GetDocument();
    public:
```

```
            virtual void OnDraw(CDC*pDC);
            virtual BOOL PreCreateWindow(CREATESTRUCT& cs);
        protected:
            virtual BOOL OnPreparePrinting(CPrintInfo*pInfo);
            virtual void OnBeginPrinting(CDC*pDC, CPrintInfo*pInfo);
            virtual void OnEndPrinting(CDC*pDC, CPrintInfo*pInfo);
        public:
            virtual ~CEmptyView();
        private:
            static const AFX_MSGMAP_ENTRY _messageEntries[];
        protected:
            static AFX_DATA const AFX_MSGMAP messageMap;
            static const AFX_MSGMAP *PASCAL _GetBaseMessageMap();
            virtual const AFX_MSGMAP *GetMessageMap() const;
};

inline CEmptyDoc*CEmptyView::GetDocument()
{ return (CEmptyDoc*)m_pDocument; }

// emptyView.cpp: implementation of the CEmptyView class
#include "stdafx.h"
#include "Empty.h"
#include "EmptyDoc.h"
#include "EmptyView.h"

CObject *PASCAL CEmptyView::CreateObject()
{ return new CEmptyView; }

CRuntimeClass *PASCAL CEmptyView::_GetBaseClass()
{ return (CRuntimeClass *)(& CView::classCView); }

AFX_COMDAT const AFX_DATADEF CRuntimeClass CEmptyView::classCEmptyView=
{ "CEmptyView", sizeof(class CEmptyView), 0xFFFF, CEmptyView::CreateObject, &
CEmptyView::_GetBaseClass, NULL};

CRuntimeClass *CEmptyView::GetRuntimeClass() const
{ return (CRuntimeClass *)(& CEmptyView::classCEmptyView); }

const AFX_MSGMAP *PASCAL CEmptyView::_GetBaseMessageMap()
{ return & CView::messageMap; }

const AFX_MSGMAP *CEmptyView::GetMessageMap() const
{ return & CEmptyView::messageMap; }

AFX_COMDAT AFX_DATADEF const AFX_MSGMAP CEmptyView::messageMap=
{ & CEmptyView::_GetBaseMessageMap, & CEmptyView::_messageEntries[0]};

AFX_COMDAT const AFX_MSGMAP_ENTRY CEmptyView::_messageEntries[]=
{ {WM_COMMAND, CN_COMMAND, (WORD)ID_FILE_PRINT, (WORD)ID_FILE_PRINT,
AfxSig_vv, (AFX_PMSG)& CView::OnFilePrint},
```

```
{WM_COMMAND, CN_COMMAND, (WORD)ID_FILE_PRINT_DIRECT, (WORD)ID_FILE_
PRINT_DIRECT,
AfxSig_vv, (AFX_PMSG)& CView::OnFilePrint},
{WM_COMMAND, CN_COMMAND, (WORD)ID_FILE_PRINT_DIRECT, (WORD)ID_FILE_
PRINT_DIRECT,
AfxSig_vv, (AFX_PMSG)& CView::OnFilePrint},
{0, 0, 0, 0, AfxSig_end, (AFX_PMSG)0}};

CEmptyView::CEmptyView()
{}

CEmptyView:: ~CEmptyView()
{}

BOOL CEmptyView::PreCreateWindow(CREATESTRUCT& cs)
{return CView::PreCreateWindow(cs);}

void CEmptyView::OnDraw(CDC*pDC)
{
    CEmptyDoc*pDoc = GetDocument();
    ASSERT_VALID(pDoc);
}

BOOL CEmptyView::OnPreparePrinting(CPrintInfo*pInfo)
{return DoPreparePrinting(pInfo);}

void CEmptyView::OnBeginPrinting(CDC*/*pDC*/, CPrintInfo*/*pInfo*/)
{}

void CEmptyView::OnEndPrinting(CDC*/*pDC*/, CPrintInfo*/*pInfo*/)
{}
```

```
// WinMainTest.cpp: The access point of the project
#include "stdafx.h"

extern "C" int WINAPI
_tWinMain(HINSTANCE hInstance, HINSTANCE hPrevInstance,
         LPTSTR lpCmdLine, int nCmdShow)
{
ASSERT(hPrevInstance==NULL);

int nReturnCode = -1;
CWinThread*pThread = AfxGetThread();
CWinApp *pApp= AfxGetApp();

if(! AfxWinInit(hInstance, hPrevInstance, lpCmdLine, nCmdShow))
   goto InitFailure;

if(pApp ! = NULL && ! pApp->InitApplication())
   goto InitFailure;
```

```
if(！pThread->InitInstance())
{
if(pThread->m_pMainWnd！= NULL)
{
    TRACE0("Warning: Destroying non- NULL m_pMainWnd \n");
    pThread->m_pMainWnd->DestroyWindow();
}
nReturnCode = pThread->ExitInstance();
goto InitFailure;
}
nReturnCode = pThread->Run();
InitFailure:
AfxWinTerm();
return nReturnCode;
}

BOOL AFXAPI AfxInitialize(BOOL bDLL, DWORD dwVersion)
{
AFX_MODULE_STATE*pModuleState = AfxGetModuleState();
pModuleState->m_bDLL = (BYTE)bDLL;
ASSERT(dwVersion <= _MFC_VER);
UNUSED(dwVersion);
return TRUE;
}
char _afxInitAppState = (char)(AfxInitialize(FALSE, _MFC_VER));

// stdafx.h: include file for standard system include files, or project specific
// include files that are used frequently, but are changed infrequently
#pragma once

#define VC_EXTRALEAN
#include<afxwin.h>
#include<afxext.h>
#include<afxdisp.h>
#include<afxdtctl.h>
#include<afxcmn.h>

// stdafx.cpp: source file that includes just the standard includes
#include "stdafx.h"

资源文件(EMPTY.RC)略。
```

附录 G C++ 开发环境简介

一、概述

程序开发环境(也称程序开发工具)用于辅助程序的构造,它本身也是一个/一些预先构造好的特殊程序。程序构造一般涉及编辑、编译、连接、运行、调试及发布几个阶段,每个阶段都需要相应工具的支持,对这些工具如何管理以及如何让开发者使用方便,导致开发环境通常呈现两种基本形态:分离式环境(Command Line)和集成式环境(Integrated Development Enveonment,IDE)。分离式环境针对每个阶段都提供相应的独立工具,供开发者按需使用。例如:常见的编辑器有 Vim,Sublime,Notepad++,Ultraedit 等等。集成式环境将所有工具集成起来并提供风格统一的界面,方便开发者使用。随着程序构造活动的普及,集成式环境成为程序开发的主流环境。

现代基于 GUI(Graphics User Interface)的程序通常都涉及各种界面资源,并且,程序规模也较大,程序分布在多个文件中。另外,程序还需要各种系统库的支持。因此,集成式环境基于工程(项目)管理思想,定义其基本的开发过程模型。也就是,将构造一个程序看作是完成一个工程,首先需要找一个地方(外存某个位置)用于存放工程中的各种内容(即新建一个项目),然后使用各种工具构造相应的资源并保存到指定位置,最后生成并构建整个工程。

二、基于 Visual Studio Enterprise 2015 的程序开发

本节以输出"Hello, world!"信息的程序构造为例,分别介绍使用 VS2015 集成式环境构建基于面向功能方法和基于面向对象方法的程序构造基本过程。

1. 面向功能方法的程序构造

步骤一:启动 VS2015,弹出如图 G-1 所示的工作界面。

步骤二:创建一个新项目

在图附录 G-1 所示工作界面中,点击菜单命令项"文件(F)→新建(N)→项目(P)",弹出新建项目对话框,如图 G-2 所示。在"已安装→模板"目录中,选择"Visual C++",然后在中间区域".NET Framnework"已安装的模板区中选择"Win32 控制台应用程序"。并且,在对话框下部区域按需给出项目名称(在此为 HelloWorld)、解决方案名称(在此也为 HelloWorld)以及项目信息存放的具体位置(在此为 D:\mycode\C++\test)(参见图 G-2)。

然后,单击"确定"按钮打开所选模板的程序参数输入对话框,如图 G-3 所示。在此,选择"控制台应用程序(O)"类型,以及"空项目(E)"。

最后,点击"完成"按钮,完成一个空 C++ 项目的建立(即新项目的初始化)。如图 G-4 所示。

图 G-1 Visual Studio 2015 主工作界面

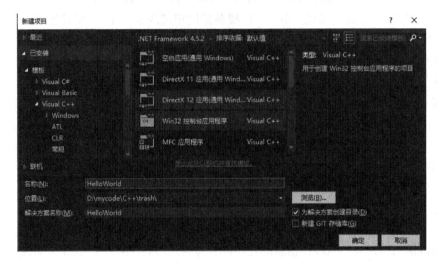

图 G-2 选择工程类型、名称及存放位置

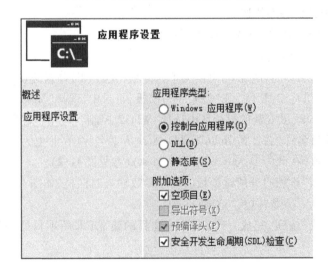

图 G-3 选择应用程序类型

图 G-4　完成新空项目的建立

图 G-5　添加新的程序文件

步骤三：构造新项目的各种资源及内容

1. 添加 C++ 源文件

在图 G-4 中，右击 HelloWorld 项目名，点击下拉菜单中的命令项"添加→新建项"，选择 C++ 文件，并命名为 Hello.cpp。此时，解决方案管理区呈现相应内容。如图 G-5 所示。此时，可以在程序编辑区编辑源程序（如图 G-6 所示）。

图 G-6　编辑新的程序文件

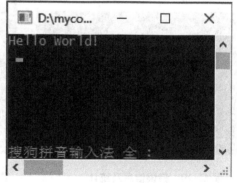

图 G-7　运行结果

步骤四：生成并运行程序

点击菜单栏命令项"调试→开始运行（不调试）"，或者直接按功能键 f5，开发环境将生成可执行程序并运行，程序运行结果如图 G-7 所示。

2. 面向对象方法的程序构造

面向对象方法程序构造的过程与面向功能方法程序构造的过程类似，在此主要给出源程序,如图 G-8 所示。程序运行结果如图 G-9 所示。

```cpp
// Hello1.cpp
#include <iostream>
using namespace std;

class Hello
{
  public:
  void print()
  {
    cout << "Hello World!" << endl;
  }
};

int main()
{
  Hello h;
  h.print();
  cin.get();
  return 0;
}
```

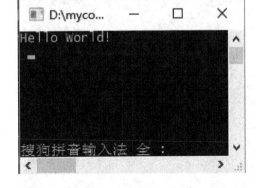

图 G-8 编辑新的程序文件(面向对象方法)　　图 G-9 面向对象方法新程序的执行结果

3. 程序调试

如果程序源文件存在错误,VS2015 在编译时会逐条指出错误之处并给出错误原因(如图 G-10 所示),帮助使用者调试程序。用鼠标双击某条错误,VS2015 会直接定位到源程序中产生该错误的相应程序行(如图 G-11 所示),以便使用者进行分析并做修改。此外,通过菜单命令项"调试(D)"中的各个子菜单命令项,使用者可以使用断点设置、单步跟踪、变量当前值查看等各种辅助调试功能和手段。有关各种调试方法的详细解析,在此不再展开。

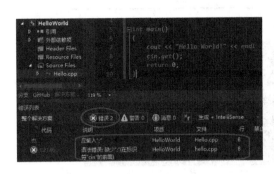

图 G-10 错误信息及统计　　　　　　图 G-11 双击某条错误信息定位对应的程序行

附录 H 程序设计之计算思维准则

1. 程序 = 数据组织 + 数据处理　◆

2. 数据组织 = 单个数据组织方法 + 单个数据组织方法之间的关系　◆

3. 数据处理 = 基本数据处理机制 + 基本数据处理机制之间的关系　◆

4. 单个数据组织方法 = 常量 + 变量

5. 单个数据组织方法之间的关系 = 堆叠 + 关联 + 绑定

6. 基本数据处理机制 = 表达式 ◆+计算赋值语句与输入/输出语句 + 流程控制语句

7. 基本数据处理机制之间的关系 = 堆叠 + 嵌套　◆

8. 环境 = 程序构造基本步骤 + 程序构造基本步骤之间的关系　◆

9. 程序构造基本步骤 = 编辑 + 编译 + 连接 + 运行 + 调试

10. 程序构造基本步骤之间的关系 = 分离式关系机制（Command Line） + 集成式 （Intergrated Development Environment/ Intergrated Development and Learning Environment，IDE/IDLE）关系机制

11. 应用 = 基本应用模式+基本应用模式之间的建构关系　◆

12. 基本应用模式 = 两数交换+求最值+排序+查找+数字分解与合并+素数判断+回文数+穷举母算法+……

13. 基本应用模式之间的建构关系 = 叠加（或堆叠）+（无关联）嵌套（或非铰链嵌套）+关联嵌套（或铰链嵌套）+递归+……　◆

14. 程序基本范型 = 基本构成元素+基本构成元素之间的关系　◆

15. 基本构成元素 = 函数+对象+组件+可配置组件+服务+智能件+……

16. 基本构成元素之间的关系 = 内向关系（或纵向关系）+外向关系（或横向关系）　◆

17. 内向关系 = 族关系

18. 外向关系 = 主动式耦合+被动式耦合+通过第三方耦合

注：◆ 表示计算思维原理具体运用

参 考 文 献

1. 沈军,翟玉庆.大学计算机基础：面向应用思维的解析方法［M］.北京：高等教育出版社, 2011

2. 沈军.大学程序设计基础：系统化方法解析 & Java 描述［M］.南京：东南大学出版社, 2015

3. 侯俊杰.深入浅出 MFC［M］.2 版.武汉：华中科技大学出版社,2001

4. 沈军.软件体系结构：面向思维的解析方法［M］.南京：东南大学出版社,2012

5. 侯捷.STL 源码剖析［M］.武汉：华中科技大学出版社,2002

6. Angelike Langer, Klaus Kreft. 标准 C++ 输入输出流与本地化［M］. 何渝,孙悦红,刘宏志,等译.北京：人民邮电出版社,2001

7. 沈军.计算机语言课程中的编码知识和意会知识分析及创新能力培养［J］.东南大学学报,2001(2)：18-22

8. 沈军.程序设计语言教材体系研究［J］.东南大学学报,2002(1)：55-57

9. 沈军,沈凌翔.计算思维之快乐编程(中级 • C++描述)［M］.南京：东南大学出版社,2021

10. 沈军,李立新,王晓敏.青少年信息学奥林匹克竞赛实战辅导丛书——精选试题解析(江苏、山东、上海)［M］.南京：东南大学出版社,2010